中国科学院科学出版基金资助项目

现代数学基础丛书·典藏版　41

单复变函数论中的几个论题

庄圻泰　杨重骏　何育赞　闻国椿　著

科学出版社

北　京

内 容 简 介

本书对复分析中四个重要论题的现代进展作了系统的介绍，同时提出尚未解决的问题. 全书共四章. 第一、二章分别介绍亚纯函数微分多项式及亚纯函数分解论的深人的研究成果. 第三章阐述 Bloch 函数、Bloch 空间及其相关的理论第四章论述偏微分方程的复分析方法.

本书可供大学数学系学生、研究生、教师和有关的科技工作者参考.

图书在版编目(CIP)数据

单复变函数论中的几个论题/庄圻泰等著. —北京：科学出版社，1995.8（2016.6 重印）

(现代数学基础丛书·典藏版;41)

ISBN 978-7-03-004510-2

I.①单… II.①庄… III.①单复变函数一研究 IV.①O174.5

中国版本图书馆 CIP 数据核字(2016) 第 113171 号

责任编辑：张 扬／责任校对：林青梅

责任印制：徐晓晨／封面设计：王 浩

科学出版社 出版

北京东黄城根北街 16 号

邮政编码：100717

http://www.sciencep.com

北京厚诚则铭印刷科技有限公司印刷

科学出版社发行 各地新华书店经销

*

1995 年 8 月第 一 版 开本：B5(720×1000)

2016 年 6 月印 刷 印张：21 1/2

字数:280 000

定价：148.00 元

(如有印装质量问题，我社负责调换)

前　　言

近年来复变函数理论的发展，一方面在经典理论中不断取得深入的结果，比如值分布理论及其应用，特别是微分多项式和亚纯函数因子分解方面的研究；另一方面进展表明复变函数与数学的其它分支有密切的联系，比如解析函数空间和偏微分方程的复分析方法等．

本书包括单复变函数论中的下列四个论题：亚纯函数的微分多项式，函数分解论，Bloch 函数及其它，边值问题的复分析方法．这四个论题在国内外，特别在美国、英国、前苏联、德国、芬兰及日本等国有不少学者一直从事研究并取得一系列成果，国内也已开展一些研究工作．本书共四章，依次由庄圻泰、杨重骏、何育赞、闻国椿撰写．四位作者对于这四个论题的概况都分别颇为了解，并有专著及重要贡献．例如杨重骏是函数分解论研究的开创者之一，并且曾主编了这方面的论文集．本书各章总结了有关论题的一些新的内容和作者们的研究成果，并提出未解决的问题．这些将对于国内开展有关论题的学习、整理和研究有所帮助．

目　录

第一章　亚纯函数的微分多项式

在本章中亚纯函数均为复平面$\mathbb{C}$上的亚纯函数．非有理函数的亚纯函数称为超越亚纯函数．整函数可以看做是特别的一类亚纯函数，即不取值∞的亚纯函数．我们将用Nevanlinna建立的亚纯函数的理论中所引进的符号$m(r,f)$，$N(r,f)$，$T(r,f)$，$\overline{N}(r,f)$及有关定理，读者可参考[30]，[23]和[5]．

设$f(z)$为一超越亚纯函数．$f(z)$的一个微分多项式即为$f(z)$与其前几阶导数$f^{(j)}(z)(j=1,2,\cdots,q)$的一个多项式：

$$P(f,f',\cdots,f^{(q)})=\sum_{k=1}^{n}a_k(z)(f)^{s_{k0}}(f')^{s_{k1}}\cdots(f^{(q)})^{s_{kq}},$$

其中系数$a_k(z)$为关于$f(z)$的小函数，即在某种意义下，$T(r,a_k)$的增长性较慢于$T(r,f)$的增长性，指数s_{kj}均为非负整数．特别$a_k(z)$可为常数．$f(z)$的最简单的微分多项式为$f(z)$的各阶导数．在亚纯函数的理论中，时常涉及微分多项式．例如在推广Nevanlinna的第二基本定理到小函数的情形的证明中所用的Wronskian即为一类微分多项式．

本章着重论述关于亚纯函数的增长性及值分布的理论中涉及微分多项式的一些内容．

§1．亚纯函数与其微分多项式的增长性的比较

1.1　基本概念

我们从作者的下列定理出发．这个定理和以下两个推论的证明已发表在论文[1]及书[5]中．

定理 1.1 若 $f(z)$ 为一超越亚纯函数，则存在一个正数 r_0，使得当 $\lambda>1$ 及 $r>r_0$ 时，有

$$T(r,f')<A\frac{\lambda}{\lambda-1}T(\lambda r,f) \tag{1.1}$$

和

$$T(r,f)<B\frac{\lambda}{\lambda-1}\log\frac{B\lambda}{\lambda-1}T(\lambda r,f'), \tag{1.2}$$

其中 A 及 B 为二正绝对常数，f' 表示 $f(z)$ 的导数 $f'(z)$.

定义 1.1 我们称一个函数 $U(r)$ 满足条件(C)，如果 $U(r)$ 满足下列两个条件：

1°$U(r)$ 于 $r>0$ 为连续、正并且随 r 趋于无穷.

2° 存在一函数 $\delta(r)$ 于 $r>0$ 为连续、正，使

$$\lim_{r\to+\infty}\frac{\log\left\{1+\dfrac{1}{\delta(r)}\right\}}{\log U(r)}=0$$

和

$$\varlimsup_{r\to+\infty}\frac{\log U(R)}{\log U(r)}=1,\quad R=r\{1+\delta(r)\}.$$

推论 1.2 若 $f(z)$ 为一超越亚纯函数并且 $U(r)$ 为一函数满足条件(C)，则有

$$\varlimsup_{r\to+\infty}\frac{\log T(r,f)}{\log U(r)}=\varlimsup_{r\to+\infty}\frac{\log T(r,f')}{\log U(r)}$$

和

$$\varliminf_{r\to+\infty}\frac{\log T(r,f)}{\log U(r)}=\varliminf_{r\to+\infty}\frac{\log T(r,f')}{\log U(r)}.$$

推论 1.3 若 $f(z)$ 为一超越亚纯函数，则有

$$\varlimsup_{r\to+\infty}\frac{\log T(r,f)}{\log r}=\varlimsup_{r\to+\infty}\frac{\log T(r,f')}{\log r}$$

和

$$\varliminf_{r\to+\infty}\frac{\log T(r,f)}{\log r}=\varliminf_{r\to+\infty}\frac{\log T(r,f')}{\log r}.$$

推论 1.3 表示一个超越亚纯函数和它的导数有相同的级和相

同的下级.

在本节中我们的主要目的是推广定理 1.1,将其中的 f' 换为 f 的一个较一般的微分多项式并得出两个类似的不等式. 从以上的两个推论来看,这样的推广是很有意义的,为此我们先给出一个定义.

定义 1.2 设 $f(z)$ 及 $g(z)$ 为二超越亚纯函数. 我们说 $f(z)$ 和 $g(z)$ 的增长性是差不多相同的,如果存在两个正数 A,B,两个正整数 p,q 和一个正数 r_0 使得当 $\lambda>1$ 及 $r>r_0$ 时,有

$$T(r,f)<A\left(\frac{\lambda}{\lambda-1}\right)^{p}T(\lambda r,g) \tag{1.3}$$

和

$$T(r,g)<B\left(\frac{\lambda}{\lambda-1}\right)^{q}T(\lambda r,f). \tag{1.4}$$

定理 1.4 若二超越亚纯函数 $f(z)$ 及 $g(z)$ 的增长性是差不多相同的并且 $U(r)$ 为一函数满足条件(C),则有

$$\varlimsup_{r\to+\infty}\frac{\log T(r,f)}{\log U(r)}=\varlimsup_{r\to+\infty}\frac{\log T(r,g)}{\log U(r)}$$

和

$$\varliminf_{r\to+\infty}\frac{\log T(r,f)}{\log U(r)}=\varliminf_{r\to+\infty}\frac{\log T(r,g)}{\log U(r)}.$$

这个定理的证明方法与推论 1.2 的证明方法相同. 不过为了完全起见,我们给出证明如下:

取一正数 a 使得当 $r\geqslant a$ 时,有

$$T(r,f)>1,\quad T(r,g)>1,\quad U(r)>1.$$

定义函数

$$F(r)=\frac{\log T(r,f)}{\log U(r)},\quad F_1(r)=\frac{\log T(r,g)}{\log U(r)}$$

于 $r\geqslant a$, 并设

$$\overline{L}=\varlimsup_{r\to+\infty}F(r),\quad \underline{L}=\varliminf_{r\to+\infty}F(r),$$

$$\overline{L}_1=\varlimsup_{r\to+\infty}F_1(r),\quad \underline{L}_1=\varliminf_{r\to+\infty}F_1(r).$$

设 $\delta(r)$ 为定义 1.1 中函数，并在(1.3)及(1.4)二式中取 $\lambda = 1 + \delta(r)$. 则当 $r > r_0$ 时，有

$$T(r,f) < A\left\{1 + \frac{1}{\delta(r)}\right\}^p T(R,g),$$

$$T(r,g) < B\left\{1 + \frac{1}{\delta(r)}\right\}^q T(R,f),$$

其中

$$R = r\{1 + \delta(r)\}.$$

于 $r > b = \max(a, r_0)$ 定义

$$\varphi(r) = \frac{\log A}{\log U(r)} + \frac{p\log\left\{1 + \frac{1}{\delta(r)}\right\}}{\log U(r)},$$

$$\varphi_1(r) = \frac{\log B}{\log U(r)} + \frac{q\log\left\{1 + \frac{1}{\delta(r)}\right\}}{\log U(r)},$$

$$\psi(r) = \frac{\log U(R)}{\log U(r)}.$$

则，当 $r > b$ 时，有

$$F(r) < \varphi(r) + \psi(r)F_1(R), \tag{1.5}$$

$$F_1(r) < \varphi_1(r) + \psi(r)F(R). \tag{1.6}$$

根据定义 1.1 中条件 1°及 2°，有

$$\lim_{r\to+\infty} \varphi(r) = 0, \quad \lim_{r\to+\infty} \varphi_1(r) = 0, \quad \overline{\lim_{r\to+\infty}}\, \psi(r) = 1.$$

故由式(1.5)得

$$\overline{L} \leqslant \overline{L}_1, \quad \underline{L} \leqslant \underline{L}_1.$$

同样由式(1.6)得

$$\overline{L}_1 \leqslant \overline{L}, \quad \underline{L}_1 \leqslant \underline{L}.$$

故有

$$\overline{L} = \overline{L}_1, \quad \underline{L} = \underline{L}_1.$$

推论 1.5 若二超越亚纯函数 $f(z)$ 及 $g(z)$ 的增长性是差不多相同的，则有

$$\overline{\lim_{r\to+\infty}} \frac{\log T(r,f)}{\log r} = \overline{\lim_{r\to+\infty}} \frac{\log T(r,g)}{\log r} \tag{1.7}$$

和

$$\varliminf_{r \to +\infty} \frac{\log T(r,f)}{\log r} = \varliminf_{r \to +\infty} \frac{\log T(r,g)}{\log r}. \tag{1.8}$$

证 显然函数$U(r) = r$满足条件(C),事实上取$\delta(r) = 1$,则定义1.1中条件2°即满足.故由定理1.4立即推出推论1.(1.7),(1.8)二式分别表示$f(z)$及$g(z)$有相同的级和相同的下级.

定理1.6 设$f(z),g(z),h(z)$为三超越亚纯函数.如果$f(z)$和$g(z)$的增长性是差不多相同的,并且$g(z)$和$h(z)$的增长性是差不多相同的,则$f(z)$和$h(z)$的增长性是差不多相同的.

证 按假定,当$\lambda > 1$及$r > r_0$时,有(1.3)及(1.4)二式.另外,当$\lambda > 1$及$r > r_1$时,有

$$T(r,g) < A_1\left(\frac{\lambda}{\lambda - 1}\right)^{p_1} T(\lambda r,h) \tag{1.9}$$

和

$$T(r,h) < B_1\left(\frac{\lambda}{\lambda - 1}\right)^{q_1} T(\lambda r,g). \tag{1.10}$$

设$\lambda > 1$及$r > r'_0 = \max(r_0,r_1)$,令

$$\mu = \frac{\lambda + 1}{2} > 1, \quad \lambda_1 = \frac{\lambda}{\mu} > 1.$$

则由式(1.3),有

$$T(r,f) < A\left(\frac{\mu}{\mu - 1}\right)^{p} T(\mu r,g),$$

又由式(1.9),有

$$T(\mu r,g) < A_1\left(\frac{\lambda_1}{\lambda_1 - 1}\right)^{p_1} T(\lambda_1 \mu r,h)$$

$$= A_1\left(\frac{2\lambda}{\lambda - 1}\right)^{p_1} T(\lambda r,h).$$

故有

$$T(r,f) < A'\left(\frac{\lambda}{\lambda - 1}\right) T(\lambda r,h),$$

$$A' = 2^{p+p_1} A A_1,$$

$$p' = p + p_1.$$

同样,当 $\lambda > 1$ 及 $r > r'_0$ 时,有

$$T(r,h) < B'\left(\frac{\lambda}{\lambda - 1}\right)^{q'} T(\lambda r, f),$$

$$B' = 2^{q+q'} BB_1,$$

$$q' = q + q_1.$$

定义 1.3 设 $\Omega(f)$ 为一算子使得对于每一亚纯函数 f 有一亚纯函数 $\Omega(f)$ 相应. 我们说算子 $\Omega(f)$ 保持增长性,如果对于每一超越亚纯函数 f,相应的亚纯函数 $\Omega(f)$ 是超越的并且二函数 f 及 $\Omega(f)$ 的增长性差不多是相同的.

定理 1.7 若二算子 $\Phi(f)$ 及 $\Psi(f)$ 均保持增长性,则复合算子 $\Omega(f) = \Psi\{\Phi(f)\}$ 亦保持增长性.

证 设 f 为一超越亚纯函数. 则按假定,亚纯函数 $\Phi(f)$ 为超越的并且 f 及 $\Phi(f)$ 二函数的增长性是差不多相同的. 然后亚纯函数 $\Omega(f) = \Psi\{\Phi(f)\}$ 为超越的并且 $\Phi(f)$ 及 $\Omega(f)$ 二函数的增长性是差不多相同的. 故根据定理 1.6, f 及 $\Omega(f)$ 二函数的增长性是差不多相同的.

下面我们举例说明.

1)首先根据定理 1.1,算子 $\omega_1(f) = f'$ 显然保持增长性,其中 f' 为 f 的导数. 然后根据定理 1.7,下列各算子均保持增长性:

$$\omega_1(f) = f',$$

$$\omega_2(f) = \omega_1\{\omega_1(f)\} = f'',$$

$$\omega_3(f) = \omega_1\{\omega_2(f)\} = f''',$$

$$\cdots\cdots\cdots\cdots\cdots\cdots\cdots\cdots\cdots$$

$$\omega_p(f) = \omega_1\{\omega_{p-1}(f)\} = f^{(p)}.$$

2)设 q 为一正整数并定义算子

$$\pi_q(f) = f^q.$$

我们知道对于任意一个亚纯函数 f,公式

$$T(r, f^q) = qT(r, f)$$

成立. 由此显然算子 $\pi_q(f)$ 保持增长性.

从算子 $\omega_p(f)$ 及 $\pi_q(f)$ 出发利用复合的手续，可以得出许多算子，例如：

$$\Omega_{q,p}(f) = \pi_q\{\omega_p(f)\} = \{f^{(p)}\}^q,$$

$$\Omega_{p,q}(f) = \omega_p\{\pi_q(f)\} = \{f^q\}^{(p)},$$

$$\Omega_{p_1,q,p}(f) = \omega_{p_1}\{\Omega_{q,p}(f)\} = (\{f^{(p)}\}^q)^{(p_1)},$$

$$\Omega_{q_1,p,q}(f) = \pi_{q_1}\{\Omega_{p,q}(f)\} = (\{f^q\}^{(p)})^{q_1}.$$

注意，无论这个手续进行多少次，我们总是得到一个保持增长性的算子，它可以表示为 f 和 f 的前几阶导数 $f^{(j)}(j=1,2,\cdots,n)$ 的一个齐次多项式，其系数为正整数．例如：

$$\omega_3\{\pi_2(f)\} = \{f^2\}^{(3)} = 2(ff''' + 3f'f'') .$$

所有这些齐次多项式构成 f 的一类齐次微分多项式．以下为方便起见，我们用符号 (h) 表示这个类.

作为(h)类微分多项式的一个应用，让我们先回顾 Edrei[15]的一个定理：

设 $f(z)$ 为一超越亚纯函数. 考虑由

$$re^{i\omega_1},\quad re^{i\omega_2},\quad \cdots,\quad re^{i\omega_q}\qquad (r\geqslant 0)\tag{1.11}$$

定义的 q 条从原点出发的半线，其中

$$0\leqslant \omega_1 < \omega_2 < \cdots < \omega_q < 2\pi\qquad (q\geqslant 1)\tag{1.12}$$

和 Edrei 一样，我们称方程

$$f(z) = a$$

的根分布在半线(1.11)上，如果这个方程最多只有有穷个根不在半线(1.11)上．

在这个定义下，Edrei 证明了如果下列三个方程：

$$f(z)=0,\quad f(z)=\infty,\quad f^{(l)}(z)=1\quad (l\geqslant 0,\quad f^{(0)}=f)$$

的根分布在半线(1.11)上，并且

$$\delta(0,f)+\delta(\infty,f)+\delta(1,f^{(l)})>0,$$

其中左边三项都表示亏量，则 $f(z)$ 的级 ρ 满足不等式

$$\rho\leqslant \sup\left\{\frac{\pi}{\omega_2-\omega_1},\quad \frac{\pi}{\omega_3-\omega_2},\cdots,\frac{\pi}{\omega_{q+1}-\omega_q}\right\}(\omega_{q+1}=2\pi+\omega_1).$$

在本章作者和马立志合作的论文[9]中，我们给出上述 Edrei 定理的一个推广．我们将定理中的 $f^{(l)}(z)$ 换成 $f(z)$ 的一个齐次微分多项式：

$$g(z)=\sum_{n=1}^{k}c_n\prod_{j=0}^{p}\{f^{(j)}(z)\}\lambda_{n_j},$$

其中系数 $c_n(n=1,2,\cdots,k)$ 为常数并且 $\lambda_{n_j}(n=1,2,\cdots,k;j=0,1,\cdots,p)$ 为非负整数使

$$\sum_{j=0}^{p}\lambda_{n_j}=d\quad(d>0),\ n=1,2,\cdots,k.$$

我们证明如果 $g(z)$ 不为常数并且与 $f(z)$ 有相同的级，则 Edrei 定理中的结论仍成立．显然以上定义的(h)类微分多项式满足对 $g(z)$ 的全部要求．

在下面我们需要下列两个引理．

引理 1.8 设 $f(z)$ 为一不恒等于零的亚纯函数并设 $n\geqslant 1$ 为一正整数．则存在正常数 A,B,C,D 使得当 $1\leqslant r<\rho$ 时，有

$$m\left(r,\frac{f^{(n)}}{f}\right)<A\overset{+}{\log}T(\rho,f)+B\log\rho+C\overset{+}{\log}\frac{1}{\rho-r}+D.\tag{1.13}$$

关于这个引理的证明可参阅[30]及[10]．

引理 1.9 设 $U(r)$ 为在一区间 $r_0<r<\rho(r_0\geqslant 0)$ 的一个非负并且非减函数．设 a 及 b 为二正数使 $b\geqslant 2a$ 及 $b\geqslant 8a^2$．若当 $r_0<r<R<\rho$ 时，有

$$U(r)<a\overset{+}{\log}U(R)+a\log\frac{R}{R-r}+b,\tag{1.14}$$

则当 $r_0<r<R<\rho$ 时，有

$$U(r)<2a\log\frac{R}{R-r}+2b.\tag{1.15}$$

关于这个引理的证明可参阅[27]，[5]和[10]．

现在我们继续研究定理 1.1 的推广，将其中的 f' 换为 f 的一个较一般的微分多项式．为此我们分别研究线性微分多项式及一

般微分多项式两种情形.

1.2 线性微分多项式

考虑 p 个线性无关的亚纯函数 $\psi_k(z)(k=1,2,\cdots,p;p\geqslant 1)$ 及一亚纯函数 $f(z)$. 以 $A_0=W(\psi_1,\psi_2,\cdots,\psi_p)$ 表示 $\psi_k(z)(k=1,2,\cdots,p)$ 的 Wronskian，并以 $W(\psi_1,\psi_2,\cdots,\psi_p,f)$ 表示 $\psi_k(z)(k=1,2,\cdots,p)$，$f(z)$ 的 Wronskian. 定义[3]

$$L(f)=\frac{W(\psi_1,\psi_2,\cdots,\psi_p,f)}{W(\psi_1,\psi_2,\cdots,\psi_p)}=f^{(p)}+\frac{A_1}{A_0}f^{(p-1)}+\cdots$$

$$+\frac{A_{p-1}}{A_0}f'+\frac{A_p}{A_0}f. \tag{1.16}$$

如果我们将 $\psi_k(z)(k=1,2,\cdots,p)$ 固定，而让 $f(z)$ 变化，则 $L(f)$ 为一线性算子. 特别当 $p=1,\psi_1=1$ 时，有 $L(f)=f'$，并且当 $p\geqslant 2,\psi_k=z^{k-1}(k=1,2\cdots,p)$ 时，有 $L(f)=f^{(p)}$.

在论文[6]中我们得出了利用函数

$$F(z)=L\{f(z)\} \tag{1.17}$$

来表示函数 $f(z)$ 的反演公式:

$$f(z)=\sum_{k=1}^{p}c_k(z)\psi_k(z), \tag{1.18}$$

其中 $c_k(z)(k=1,2,\cdots,p)$ 为亚纯函数满足恒等式:

$$c'_k=(-1)^{p+k}\frac{\Phi_k}{A_0}F,\quad k=1,2,\cdots,p, \tag{1.19}$$

其中 Φ_k 是从行列式

$$A_0=\begin{vmatrix}\psi_1 & \psi_2 & \cdots & \psi_p\\ \psi'_1 & \psi'_2 & \cdots & \psi'_p\\ \cdots & \cdots & \cdots & \cdots\\ \psi_1^{(p-1)} & \psi_2^{(p-1)} & \cdots & \psi_p^{(p-1)}\end{vmatrix} \tag{1.20}$$

中去掉第 p 行及第 k 列所得的行列式.

证明公式(1.18)的方法是首先考虑微分方程:

$$L(w)=F, \tag{1.21}$$

其中 w 为未知函数而 F 为式(1.17) 定义的亚纯函数，然后利用

Lagrange 的一个方法，即为常数变化法[21]，求出方程(1.21)的一个具有形式：

$$w = \sum_{k=1}^{p} c_k(z)\psi_k(z) \tag{1.22}$$

的解. 按照此法，我们令

$$\begin{aligned} &\psi_1^{(j)}c'_1 + \psi_2^{(j)}c'_2 + \cdots + \psi_p^{(j)}c'_p = 0, \\ &j = 0,1,\cdots,p-2. \end{aligned} \tag{1.23}$$

则

$$\begin{aligned} w^{(j)} &= c_1\psi_1^{(j)} + c_2\psi_2^{(j)} + \cdots + c_p\psi_p^{(j)}, \\ j &= 1,2,\cdots,p-1 \end{aligned} \tag{1.24}$$

和

$$\begin{aligned} w^{(p)} = {} & c_1\psi_1^{(p)} + c_2\psi_2^{(p)} + \cdots + c_p\psi_p^{(p)} + \psi_1^{(p-1)}c'_1 \\ & + \psi_2^{(p-1)}c'_2 + \cdots + \psi_p^{(p-1)}c'_p. \end{aligned} \tag{1.25}$$

将(1.22)，(1.24)及(1.25)代入(1.21)，得

$$\begin{aligned} L(w) &= \sum_{k=1}^{p} c_k L(\psi_k) + \psi_1^{(p-1)}c'_1 + \psi_2^{(p-1)}c'_2 + \cdots + \psi_p^{(p-1)}c'_p \\ &= \psi_1^{(p-1)}c'_1 + \psi_2^{(p-1)}c'_2 + \cdots + \psi_p^{(p-1)}c'_p. \end{aligned}$$

我们又令

$$\psi_1^{(p-1)}c'_1 + \psi_2^{(p-1)}c'_2 + \cdots + \psi_p^{(p-1)}c'_p = F. \tag{1.26}$$

由等式(1.23)及(1.26)解出 $c'_k (k = 1,2,\cdots,p)$，得公式(1.19).

现在假定我们可以找到亚纯函数 $c_k (k = 1,2,\cdots,p)$ 满足式(1.19)，则由式(1.22)定义的亚纯函数 w 为方程(1.21)的一个解. 故有

$$L(f - w) = 0,$$

所以

$$f - w = \sum_{k=1}^{p} b_k\psi_k, \tag{1.27}$$

其中 $b_k (k = 1,2,\cdots,p)$ 为常数. 由公式(1.22)及(1.27)，得

$$f = \sum_{k=1}^{p} (c_k + b_k)\psi_k.$$

由于 $c_k + b_k (k = 1,2,\cdots,p)$ 亦为亚纯函数满足式(1.19)，这就得

到公式(1.18).

所以为了证明公式(1.18)，我们只需证明存在亚纯函数 $c_k(k=1,2,\cdots,p)$ 满足式(1.19). 为此，令

$$g_k=(-1)^{p+k}\frac{\Phi_k}{A_0}F,\quad k=1,2,\cdots,p, \tag{1.28}$$

并将式(1.19)写为

$$c'_k=g_k,\quad k=1,2,\cdots,p. \tag{1.29}$$

设 z_0 为一点使函数 $g_k(k=1,2\cdots,p)$ 中最少有一个以 z_0 为极点. 然后设 $g_{k_j}(j=1,2,\cdots,q)$ 为函数 $g_k(k=1,2,\cdots,p)$ 中以 z_0 为极点的全部. 考虑一圆 $\gamma:|z-z_0|<\delta$ 使得在区域 $d:0<|z-z_0|<\delta$ 中函数 $\psi_k(k=1,2,\cdots,p)$，$1/A_0$ 及 f 为全纯. 则在 d 内，$g_k(k=1,2,\cdots,p)$ 为全纯并有

$$g_{k_j}(z)=p_j(z)+\varphi_j(z),p_j(z)$$

$$=\frac{\alpha_j}{z-z_0}+\cdots+\frac{\beta_j}{(z-z_0)m_j},\quad j=1,2,\cdots,q, \tag{1.30}$$

其中 $p_j(z)$ 为 $g_{k_j}(z)$ 在 z_0 的主要部分并且 $\varphi_j(z)$ 在 γ 为全纯. 在以下我们证明

$$\alpha_j=0,\quad j=1,2,\cdots,q. \tag{1.31}$$

事实上，考虑区域

$$d_1:0<|z-z_0|<\delta,\quad 0<\arg(z-z_0)<2\pi \tag{1.32}$$

及在 d_1 为全纯的函数

$$\log(z-z_0)=\log|z-z_0|+i\arg(z-z_0),$$

其中 $\arg(z-z_0)$ 由式(1.32)定义. 我们有

$$\{\log(z-z_0)\}'=\frac{1}{z-z_0}.$$

由式(1.30)，我们可以找到一函数 $\lambda_j(z)$ 在 d 为全纯使得在 d_1 有

$$\frac{d}{dz}\{\alpha_j\log(z-z_0)+\lambda_j(z)\}=g_{k_j}(z),\quad j=1,2,\cdots,q.$$

为了确切起见，假定 $q=3$ 且 $k_j=j\ (j=1,2,3)$，并令

$$\Gamma_j(z) = \alpha_j \log(z - z_0) + \lambda_j(z), \quad j = 1, 2, 3.$$

则 $\Gamma_j(z)(j = 1,2,3)$ 在 d_1 为全纯并且

$$\Gamma'_j(z) = g_j(z), \quad j = 1, 2, 3.$$

另一方面，$g_j(z)(j = 4,5,\cdots,p)$ 在 γ 为全纯，故可得函数 $G_j(z)$ $(j = 4,5,\cdots,p)$ 在 γ 为全纯使

$$G'_j(z) = g_j(z), \quad j = 4, 5, \cdots, p.$$

所以函数

$$w = \sum_{j=1}^{\zeta} \Gamma_j(z)\psi_j(z) + \sum_{j=4}^{p} G_j(z)\psi_j(z)$$

在 d_1 满足方程(1.21)，并且和式(1.27)的情形一样，在 d_1 有

$$w - f = \sum_{k=1}^{p} b'_k\psi_k,$$

其中 $b'_k(k = 1,2,\cdots,p)$ 为常数. 故在 d_1 有

$$(\alpha_1\psi_1 + \alpha_2\psi_2 + \alpha_3\psi_3)\log(z - z_0) = \Psi, \qquad (1.33)$$

其中 Ψ 在 d 为全纯．式(1.33)隐含 $\alpha_j = 0(j = 1,2,3)$. 事实上，如果这是不对的，则由于 $\psi_k(k = 1,2,\cdots,p)$ 为线性无关，$\sum_{j=1}^{\zeta}\alpha_j\psi_j$ 在 d 不恒等于零. 所以有一点 $z' = z_0 + h(0 < h < \delta)$ 使

$$\zeta = \sum_{j=1}^{\zeta}\alpha_j\psi_j(z') \neq 0.$$

现在让 $z \to z'$，先保持 $\mathrm{Im}z > \mathrm{Im}z_0$，然后保持 $\mathrm{Im}z < \mathrm{Im}z_0$，我们由式(1.33)，分别得到

$$\zeta\log|z' - z_0| = \Psi(z'), \zeta(\log|z' - z_0| + 2\pi i) = \Psi(z'),$$

然后得 $\zeta 2\pi i = 0$，这是不可能的．

现在我们证明，对于固定的 k，我们可以找到一个亚纯函数 c_k 满足式(1.29). 先假定 $g_k(z)$ 有无穷个极点 $z_j(j = 0,1,2,\cdots)$ 使

$$z_0 = 0, 0 < |z_1| \leqslant |z_2| \leqslant \cdots \leqslant |z_j| \leqslant |z_{j+1}| \leqslant \cdots,$$

$$\lim_{j\to+\infty}|z_j| = +\infty.$$

考虑级数

$$u(z) = U_0(z) + \sum_{j=1}^{\infty}\{U_j(z) - P_j(z)\}, \qquad (1.34)$$

其中$U_j(z)(j\geqslant 0)$为$g_k(z)$在z_j的主要部分并且$P_j(z)(j\geqslant 1)$是z的一个多项式使

$$|U_j(z)-P_j(z)|<\frac{1}{2^j},\text{当}\ |z|\leqslant\frac{1}{2}|z_j|\ \text{时}. \tag{1.35}$$

容易看出级数(1.34)在区域$D=\mathbb{C}-\{z_j(j=0,1,2,\cdots)\}$局部一致收敛并且定义一个亚纯函数$u(z)$，其极点为$z_j(j=0,1,2,\cdots)$并以$U_j(z)(j=0,1,2,\cdots)$为相应的主要部分. 故有

$$g_k(z)=E(z)+u(z),$$

其中$E(z)$为一整函数. 因此我们只需证明可以找到一个亚纯函数$v(z)$满足

$$v'(z)=u(z). \tag{1.36}$$

为此，以上所得的结果(1.31)是关键的. 根据这个结果，我们可以写

$$\begin{aligned}U_j(z)&=\sum_{n=2}^{h_j}\frac{a_{jn}}{(z-z_j)^n},\quad j=0,1,2,\cdots,\\P_j(z)&=\sum_{n=0}^{k_j}b_{jn}z^n,\qquad\quad j=1,2,\cdots.\end{aligned} \tag{1.37}$$

定义

$$\begin{aligned}v_0(z)&=\sum_{n=2}^{h_0}\frac{-a_{0n}}{n-1}\frac{1}{z^{n-1}},\\v_j(z)&=\sum_{n=2}^{h_j}\frac{-a_{jn}}{n-1}\frac{1}{(z-z_j)^{n-1}}-\sum_{n=0}^{k_j}b_{jn}\frac{z^{n+1}}{n+1},j=1,2,\cdots.\end{aligned} \tag{1.38}$$

设ζ_0为区域D中一点，我们证明级数

$$v(z)=\sum_{j=0}^{\infty}\{v_j(z)-v_j(\zeta_0)\} \tag{1.39}$$

定义一亚纯函数$v(z)$满足式(1.36). 事实上，先考虑，一圆$\overline{\gamma}$: $|z-z_0|\leqslant r$属于D. 然后设j_0为一正整数使$\overline{\gamma}\subset(|z|<\frac{1}{2}|z_{j_0}|)$. 则根据式(1.35)，当$j\geqslant j_0$时，在$\overline{\gamma}$有

$$|U_j(z)-P_j(z)|<\frac{1}{2^j}.$$

故可得一收敛的正项级数 $\sum_{j=0}^{\infty} M_j$ 使得在 $\bar{\gamma}$，有

$$|U_0(z)| \leqslant M_0, |U_j(z) - P_j(z)| \leqslant M_j, \quad j = 1,2,\cdots.$$

现在考虑圆 γ：$|z-\zeta_0|<r$. 在 γ，函数 $U_0(z)$, $U_j(z)-P_j(z)$ $(j=1,2,\cdots)$ 及 $v_j(z)-v_j(\zeta_0)$ $(j=0,1,2,\cdots)$ 为全纯并满足

$$\{v_0(z) - v_0(\zeta_0)\}' = U_0(z),$$

$$\{v_j(z) - v_j(\zeta_0)\}' = U_j(z) - P_j(z), j = 1,2,\cdots.$$

故在 γ 有

$$v_0(z) - v_0(\zeta_0) = \int_{\zeta_0}^{z} U_0(z) dz,$$

$$v_j(z) - v_j(\zeta_0) = \int_{\zeta_0}^{z} \{U_j(z) - P_j(z)\} dz, j = 1,2,\cdots,$$

$$|v_0(z) - v_0(\zeta_0)| \leqslant rM_0, |v_j(z) - v_j(\zeta_0)| \leqslant rM_j, j = 1,2,\cdots.$$

所以级数(1.39)在 γ 绝对并一致收敛.

同样可以证明，一般地，如果 j' 为一非负整数并且 ζ' 为一点使得当 $j \geqslant j'$ 时 $\zeta' \neq z_j$，并且如果 $\bar{\gamma}'$：$|z-\zeta'| \leqslant r'$ 为一圆不包含所有的点 $z_j(j \geqslant j')$，则在圆 γ'：$|z-\zeta'| \leqslant r'$，级数

$$\sum_{j=j'}^{\infty} \{v_j(z) - v_j(\zeta_0)\}$$

绝对并一致收敛，只要级数

$$\sum_{j=j'}^{\infty} |v_j(\zeta') - v_j(\zeta_0)|$$

收敛.

现在考虑区域 D 内一点 ζ 使 $\zeta \neq \zeta_0$. 用一属于 D 的折线 L(即几个直线段连接起来所成的曲线)连接 ζ_0 及 ζ，并设 ρ 为一正数使得对于每一点 $a \in L$，圆 $\bar{c}_a$：$|z-a| \leqslant \rho$ 属于 D. 顺着由 ζ_0 到 ζ 的次序，选一组点 $a_i \in L(i=0,1,2,\cdots,m)$ 使

$$|a_i - a_{i-1}| < \rho \quad (i = 1,2,\cdots,m), a_0 = \zeta_0, a_m = \zeta.$$

根据前面的一个结果，级数(1.39)在圆 $c_{a_0} = c_{\zeta_0}$：$|z-\zeta_0|<\rho$ 绝对收敛. 然后考虑圆 c_{a_1}：$|z-a_1|<\rho$. 因为级数(1.39)在 $z=a_1$ 绝对收敛. 所以根据以上的一个结果，级数(1.39)在圆 c_{a_1} 绝对并一

致收敛. 同样,级数(1.39)也在圆 c_{a_2}: $|z - a_2| < \rho$ 绝对并一致收敛. 照这样继续下去, 最后即知级数(1.39)在圆 $c_{a_m} = c_\zeta$: $|z - \zeta| < \rho$ 绝对并一致收敛.

所以级数(1.39)在区域 D 局部一致收敛,故定义一函数 $v(z)$ 在 D 为全纯,而且在 D 有

$$v'(z) = \sum_{j=0}^{\infty} \{v_j(z) - v_j(\zeta_0)\}' = U_0(z) + \sum_{j=1}^{\infty} \{U_j(z) - P_j(z)\} = u(z).$$

只剩下证明点 $z_j (j = 0,1,2,\cdots)$ 是 $v(z)$ 的极点. 为此,考虑一点 z_{j_0} 及一区域 $0 < |z - z_{j_0}| < r$ 不包含所有的点 $z_j (j = 0,1,2,\cdots)$. 取一点 ζ' 使 $|\zeta' - z_{j_0}| = \frac{r}{4}$. 则圆 $|z - \zeta'| \leqslant \frac{r}{2}$ 不包含所有的点 $z_j (j \neq j_0)$. 而且由于级数(1.39) 在 $z = \zeta'$ 绝对收敛,级数

$$\sum_{j=j_0+1}^{\infty} |v_j(\zeta') - v_j(\zeta_0)|$$

收敛,所以根据以上的一个结果,级数

$$\varphi(z) = \sum_{j=j_0+1}^{\infty} \{v_j(z) - v_j(\zeta_0)\}$$

在圆 γ': $|z - \zeta'| < \frac{r}{2}$ 绝对并一致收敛并定义一函数 $\varphi(z)$ 在 γ' 为全纯. 因为 γ' 包含圆 c: $|z - z_{j_0}| < \frac{r}{4}$, $\varphi(z)$ 在 c 为全纯. 另一方面, c 不包含所有的点 $z_j (j = 0, 1, \cdots, j_0 - 1)$, 所以函数

$$\psi(z) = \sum_{j=0}^{j_0-1} \{v_j(z) - v_j(\zeta_0)\}$$

在 c 为全纯. 故在区域 $0 < |z - z_{j_0}| < \frac{r}{4}$, 有

$$v(z) = v_{j_0}(z) - v_{j_0}(\zeta_0) + \psi(z) + \varphi(z).$$

这显然表示 z_{j_0} 为函数 $v(z)$ 的一个极点.

在以上我们证明了,对于一个固定的 k,可以找到一个亚纯函数 c_k 满足恒等式(1.29),如果函数 g_k 有无穷个极点. 如果函数 g_k

只有有穷个极点，证明比较简单．

证明了公式(1.18)以后，下一步是比较亚纯函数 $f(z)$ 和式(1.16)定义的亚纯函数 $F(z)=L\{f(z)\}$ 的增长性，其中将用到公式(1.18)．

引理 1.10 设 $f(z)$ 为一不恒等于零的亚纯函数并且 $\psi_k(z)(k=1,2,\cdots,p;p\geqslant 1)$ 为一组线性无关的亚纯函数．设 $F(z)=L\{f(z)\}$ 为式(16)所定义的亚纯函数．则当 $r>1$ 时，有

$$T(r,F)\leqslant T(r,f)+p\overline{N}(r,f)$$

$$+A\sum_{k=1}^{p}\left\{N(r,\psi_k)+N\left(r,\frac{1}{\psi_k}\right)\right\}+S(r),\quad(1.40)$$

其中 $S(r)$，当 $1<r<R$ 时，满足不等式

$$S(r)<a\left\{\overset{+}{\log}T(R,f)+\sum_{k=1}^{p}\overset{+}{\log}T(R,\psi_k)\right\}$$

$$+b\overset{+}{\log}\frac{1}{R-r}+c\log R+d,\qquad(1.41)$$

其中 A,a,b,c,d 为正常数．

证 我们有

$$T(r,F)=m(r,F)+N(r,F)$$

$$\leqslant m(r,f)+m\left(r,\frac{F}{f}\right)+N(r,F).\qquad(1.42)$$

根据式(1.16)，有

$$m\left(r,\frac{F}{f}\right)\leqslant\sum_{k=1}^{p}m\left(r,\frac{f^{(k)}}{f}\right)+\sum_{k=1}^{p}m\left(r,\frac{A_k}{A_0}\right)+\log(p+1).$$

由于

$$\frac{A_k}{A_0}=\frac{\dfrac{1}{\psi_1\psi_2\cdots\psi_p}A_k}{\dfrac{1}{\psi_1\psi_2\cdots\psi_p}A_0}=(-1)^k\frac{D_k}{D_0},$$

其中 D_k 为从矩阵

$$\begin{bmatrix} 1 & 1 & \cdots & 1 \\ \frac{\psi_1'}{\psi_1} & \frac{\psi_2'}{\psi_2} & \cdots & \frac{\psi_p'}{\psi_p} \\ \frac{\psi_1''}{\psi_1} & \frac{\psi_2''}{\psi_2} & \cdots & \frac{\psi_p''}{\psi_p} \\ \cdots & \cdots & \cdots & \cdots \\ \frac{\psi_1^{(p)}}{\psi_1} & \frac{\psi_2^{(p)}}{\psi_2} & \cdots & \frac{\psi_p^{(p)}}{\psi_p} \end{bmatrix}$$

中去掉第 $p-k+1$ 行所得的行列式，故有

$$\begin{aligned} m\left(r,\frac{A_k}{A_0}\right) &\leqslant m(r,D_k)+m\left(r,\frac{1}{D_0}\right) \\ &= N(r,D_0)-N\left(r,\frac{1}{D_0}\right)+m(r,D_0)+m(r,D_k)+\beta, \end{aligned}$$

其中 β 为一常数. 又根据关系式

$$D_0=\frac{1}{\psi_1\psi_2\cdots\psi_p}A_0$$

和一个已知的公式[30]，有

$$\begin{aligned} N(r,D_0)-N\left(r,\frac{1}{D_0}\right) &= \sum_{k=1}^{p}N\left(r,\frac{1}{\psi_k}\right)-\sum_{k=1}^{p}N(r,\psi_k) \\ &\quad +N(r,A_0)-N\left(r,\frac{1}{A_0}\right). \end{aligned}$$

故得

$$\begin{aligned} m\left(r,\frac{F}{f}\right) \leqslant & \sum_{k=1}^{p}m\left(r,\frac{f^{(k)}}{f}\right)+pm(r,D_0)+\sum_{k=1}^{p}m(r,D_k) \\ & +p\left\{\sum_{k=1}^{p}N\left(r,\frac{1}{\psi_k}\right)-\sum_{k=1}^{p}N(r,\psi_k)+N(r,A_0)\right. \\ & \left.-N\left(r,\frac{1}{A_0}\right)\right\}+p\beta+\log(p+1). \end{aligned} \tag{1.43}$$

为了求出 $N(r,F)$ 的一个上界，我们引进符号 $\omega(g,z_0)$，定义为 z_0 的级，如果点 z_0 是亚纯函数 $g(z)$ 的一个极点，否则定义为零. 然后由式(1.16)及(1.17)，不难看出，对于任意一点 z_0 恒有

$$\omega(F,z_0)\leqslant\omega(f^{(p)},z_0)+\sum_{k=1}^{p}\omega(\psi_k^{(p)},z_0)+\omega\left(\frac{1}{A_0},z_0\right).$$

将此不等式的两边对于在圆 $|z| \leqslant r$ 中函数 $F(z)$ 的全部极点 z_0 求和，得

$$n(r,F) \leqslant n(r,f^{(p)}) + \sum_{k=1}^{p} n(r,\psi_k^{(p)}) + n\left(r,\frac{1}{A_0}\right)$$

$$= n(r,f) + p\bar{n}(r,f) + \sum_{k=1}^{p}\{n(r,\psi_k) + p\bar{n}(r,\psi_k)\} + n\left(r,\frac{1}{A_0}\right).$$

故当 $r > 1$ 时，有

$$N(r,f) \leqslant N(r,f) + p\overline{N}(r,f) + \sum_{k=1}^{p}\{N(r,\psi_k) + p\overline{N}(r,\psi_k)\} + N\left(r,\frac{1}{A_0}\right). \tag{1.44}$$

由式(1.42)，(1.43)及(1.44)，当 $r > 1$ 时，有

$$T(r,F) \leqslant T(r,f) + p\overline{N}(r,f) + \varphi(r) + S(r), \tag{1.45}$$

其中

$$\varphi(r) = p\left\{\sum_{k=1}^{p}\left[\overline{N}(r,\psi_k) + N\left(r,\frac{1}{\psi_k}\right)\right] + N(r,A_0)\right\}, \tag{1.46}$$

$$S(r) = \sum_{k=1}^{p} m\left(r,\frac{f^{(k)}}{f}\right) + pm(r,D_0) + \sum_{k=1}^{p} m(r,D_k) + h, \tag{1.47}$$

其中 h 为一常数. 考虑 $N(r,A_0)$ 这一项. 行列式 A_0 的每一项具有形式

$$\pi = \pm\, \psi_{i_1}\psi_{i_2}^{1}\cdots\psi_{i_p}^{(p-1)},$$

其中 $(i_1,i_2,\cdots,i_p)$ 为$(1,2,\cdots,p)$ 的一个排列. 我们有

$$N(r,\pi) \leqslant \sum_{k=1}^{p} N\left(r,\psi_{i_k}^{(k-1)}\right)$$

$$= \sum_{k=1}^{p}\{N(r,\psi_{i_k}) + (k-1)\overline{N}(r,\psi_{i_k})\}$$

$$\leqslant \sum_{k=1}^{p} N(r,\psi_k) + (p-1)\sum_{k=1}^{p}\overline{N}(r,\psi_k),$$

故有

$$N(r,A_0) \leqslant p!\left\{\sum_{k=1}^{p} N(r,\psi_k)\right.$$

$$\left. + (p-1)\sum_{k=1}^{p}\overline{N}(r,\psi_k)\right\}. \qquad (1.48)$$

由式(1.46)及(1.48)得

$$\varphi(r) \leqslant A\sum_{k=1}^{p}\left\{N(r,\psi_k) + N\left(r,\frac{1}{\psi_k}\right)\right\}, \qquad (1.49)$$

其中 A 为一正常数. 另一方面，根据行列式 D_k 的定义，有

$$m(r,D_k) \leqslant p!\sum_{j=1}^{p}\left\{m\left(r,\frac{\psi_j'}{\psi_j}\right) + m\left(r,\frac{\psi_j''}{\psi_j}\right) + \cdots\right.$$

$$\left. + m\left(r,\frac{\varphi_j^{(p)}}{\psi_j}\right)\right\} + \log p!, \quad k = 0,1,\cdots,p. \quad (1.50)$$

由式(1.47)及(1.50)并根据引理 1.8，显然，当 $1<r<R$ 时，$S(r)$ 满足具有形状(1.41)的一个不等式．这个结果结合式(1.45)及(1.49)即证明了引理 1.10.

引理 1.11 设 $f(z)$ 为一亚纯函数并且 $\psi_k(z)(k=1,2,\cdots,p;p\geqslant 1)$ 为一组线性无关的亚纯函数. 设 $F(z)=L\{f(z)\}$ 为式(1.16)所定义的亚纯函数. 则可得一数 $r_1>1$ 使得当 $r_1<r<R$ 时，有

$$T(r,f) < Bp\frac{R+r}{R-r}\log\frac{e(R+r)}{R-r}\left\{T(R,F) + b_1\sum_{k=1}^{p}T(R,\psi_k)\right.$$

$$\left. + b_2\overset{+}{\log}\frac{2}{R-r} + b_3\log R + b_4\right\}, \qquad (1.51)$$

其中 B 为一正绝对常数并且 $b_j(j=1,2,3,4)$ 为正常数．

证 根据公式(1.18)，当 $r>1$ 时，有

$$T(r,f) \leqslant \sum_{k=1}^{p}T(r,c_k) + \sum_{k=1}^{p}T(r,\psi_k) + \log p. \quad (1.52)$$

将 k 固定并分别两种情形：

1) $c_k(z)$ 为一有理函数. 则有

$$T(r,c_k)=O(\log r). \tag{1.53}$$

2) $c_k(z)$ 非为有理函数. 则根据定理 1.1, 存在一正数 $r_0(r_0>1)$ 使得当 $\lambda>1, r>r_0$ 时, 有

$$T(r,c_k)<B\frac{\lambda}{\lambda-1}\log\frac{e\lambda}{\lambda-1}T(\lambda r,c_k'). \tag{1.54}$$

由式(1.19), 有

$$\begin{aligned}T(r,c_k')&\leqslant T(r,\Phi_k)+T\left(r,\frac{1}{A_0}\right)+T(r,F)\\&=T(r,\Phi_k)+T(r,A_0)+T(r,F)+\alpha,\end{aligned} \tag{1.55}$$

其中 α 为一常数. 我们有

$$T(r,A_0)=m(r,A_0)+N(r,A_0).$$

由(1.48), 有

$$N(r,A_0)\leqslant p(p!)\sum_{k=1}^{p}N(r,\psi_k).$$

另一方面, 由恒等式

$$A_0=(\psi_1\psi_2\cdots\psi_p)D_0,$$

有

$$m(r,A_0)\leqslant\sum_{k=1}^{p}m(r,\psi_k)+m(r,D_0).$$

故有

$$T(r,A_0)\leqslant p(p!)\sum_{k=1}^{p}T(r,\psi_k)+m(r,D_0).$$

然后根据式(1.50), 当 $1<r<R$ 时, 有

$$\begin{aligned}T(r,A_0)<{}&p(p!)\sum_{k=1}^{p}T(r,\psi_k)+a_1\sum_{k=1}^{p}\overset{+}{\log}T(R,\psi_k)\\&+a_2\overset{+}{\log}\frac{1}{R-r}+a_3\log R+a_4,\end{aligned} \tag{1.56}$$

其中 $a_j(j=1,2,3,4)$ 为正常数. 由于行列式 Φ_k 与 A_0 有相同形式, 所以对不等式(1.56)将 A_0 换成 Φ_k 后所得的不等式仍成立.

现在考虑二数 r,R 满足 $r_0<r<R$. 在不等式(1.54)中令 $\lambda=(R+r)/2r$, 得

$$T(r,c_k) < B\frac{R+r}{R-r}\log\frac{e(R+r)}{R-r}T\left(\frac{R+r}{2},c_k'\right).$$

又根据式(1.55)及(1.56)，得

$$\begin{aligned}T\left(\frac{R+r}{2},c_k'\right) < T\left(\frac{R+r}{2},F\right) + \alpha + 2\Big\{p(p!)\\ \times\sum_{k=1}^{p}T\left(\frac{R+r}{2},\psi_k\right) + a_1\sum_{k=1}^{p}\overset{+}{\log}\,T(R,\psi_k)\\ + a_2\overset{+}{\log}\frac{2}{R-r} + a_3\log R + a_4\Big\}.\end{aligned}$$

故当 $r_0 < r < R$ 时，有

$$\begin{aligned}T(r,c_k) < B\frac{R+r}{R-r}\log\frac{e(R+r)}{R-r}\Big\{T(R,F) + B_1\sum_{k=1}^{p}T(R,\psi_k)\\ + B_2\overset{+}{\log}\frac{2}{R-r} + B_3\log R + B_4\Big\},\end{aligned}\tag{1.57}$$

其中 $B_j(j=1,2,3,4)$ 为正常数. 显然在情形 1)，根据式(1.53)，亦可得一数 $r_0'>1$ 使得当 $r_0'<r<R$ 时，$T(r,c_k)$ 也满足同样的一个不等式(1.57).

最后由式(1.52)及(1.57)，显然可得一数 $r_1>1$ 使得当 $r_1<r<R$ 时，有不等式(1.51).

定义 1.4 设 $u(r)$ 及 $v(r)$ 为二实函数于 $r>0$ 有定义并且 $v(r)$ 随 r 趋于 $+\infty$. 则符号

$$u(r)=\tilde{o}\{v(r)\}$$

的意思是:存在一数 $0<\eta<1$ 使

$$u(r)=o\{v(\eta r)\}.$$

这个条件等价于存在一数 $\lambda>1$ 使

$$u(\lambda r)=o\{v(r)\}.$$

定理 1.12 设 $f(z)$ 为一超越亚纯函数并且 $\psi_k(z)(k=1,2,\cdots,p;p\geqslant 1)$ 为一组线性无关的亚纯函数满足条件:

$$T(r,\psi_k)=\tilde{o}\{T(r,f)\},\qquad k=1,2,\cdots,p.\tag{1.58}$$

设 $F(z)=L\{f(z)\}$ 为式(16)所定义的亚纯函数. 则 $F(z)$ 是超越的，并且 $f(z)$ 和 $F(z)$ 的增长性是差不多相同的.

证 根据引理 1.10 及条件(1.58),显然可得一数 $r_0>1$. 使得当 $r_0<r<R$ 时,有

$$T(r,F)<(p+2)T(r,f)+a(p+1)\overset{+}{\log}T(R,f)$$
$$+b\overset{+}{\log}\frac{1}{R-r}+c\log R+d$$
$$\leqslant a'T(R,f)+b\overset{+}{\log}\frac{1}{R-r}+c\log R+d,$$

其中 $a'=p+2+a(p+1)$. 故当 $\lambda>1,r>r_0$ 时,有

$$T(r,F)<a'T(\lambda r,f)+b\overset{+}{\log}\frac{1}{(\lambda-1)r}+c\log(\lambda r)+d.$$

由于

$$\overset{+}{\log}\frac{1}{(\lambda-1)r}\leqslant\overset{+}{\log}\frac{1}{\lambda-1}<\frac{\lambda}{\lambda-1},$$

故有

$$T(r,F)<\frac{\lambda}{\lambda-1}\{a'T(\lambda r,f)+c\log(\lambda r)+d'\}.$$

最后由于 $f(z)$ 为一超越亚纯函数,可得一数 $r_0'\geqslant r_0$ 使得当 $\lambda>1$, $r>r_0'$ 时,有

$$T(r,F)<(a'+1)\frac{\lambda}{\lambda-1}T(\lambda r,f).\tag{1.59}$$

另一方面根据引理 1.11,当 $\lambda>1,r>r_1$ 时,有

$$T(r,f)<Bp\frac{\lambda+1}{\lambda-1}\log\frac{e(\lambda+1)}{\lambda-1}\Big\{T(\lambda r,F)+b_1\sum_{k=1}^{p}T(\lambda r,\psi_k)$$
$$+b_2\overset{+}{\log}\frac{2}{(\lambda-1)r}+b_3\log(\lambda r)+b_4\Big\}.\tag{1.60}$$

根据条件(58),存在一数 $\mu>1$ 使

$$T(\mu r,\psi_k)=o\{T(r,f)\},\qquad k=1,2,\cdots,p.$$

在不等式(1.60)易 λ 为 μ,并注意,这样作了以后,括号中后四项之和等于 $o\{T(r,f)\}$,故当 r 充分大时,有

$$\frac{1}{2}T(r,f)<Bp\frac{\mu+1}{\mu-1}\log\frac{e(\mu+1)}{\mu-1}T(\mu r,F).$$

这表示函数 $F(z)$ 是超越的并且

$$T(r,\psi_k) = o\{T(r,F)\}, \qquad k = 1,2,\cdots,p. \qquad (1.61)$$

最后由式(1.60)及(1.61)即知存在一数 $r_1' \geqslant r_1$ 使得当 $\lambda > 1, r > r_1'$ 时，有

$$T(r,f) < 8e\mathrm{BP}\left(\frac{\lambda}{\lambda-1}\right)^3 T(\lambda r,F). \qquad (1.62)$$

式(1.59)及(1.62)表示函数 $f(z)$ 及 $F(z)$ 的增长性是差不多相同的，这就证明了定理 1.12.

推论 1.13 设 $\psi_k(z)(k=1,2,\cdots,p;p\geqslant 1)$ 为一组线性无关的有理函数．则(1.16)式定义的算子 $L(f)$ 保持增长性．

现在考虑一超越亚纯函数 $f(z)$．我们用符号 $\sigma(f)$ 表示满足条件

$$T(r,\psi) = \tilde{o}\{T(r,f)\}$$

的亚纯函数 $\psi(z)$ 所成的集合. 特别，有理函数属于 $\sigma(f)$. 此外，我们用符号 $\hat{\sigma}(f)$ 表示 $\sigma(f)$ 与常量 ∞ 所成的并集：

$$\hat{\sigma}(f) = \sigma(f) \cup (\infty).$$

对于每一 $\varphi \in \hat{\sigma}(f)$，我们联系上一个数 $\delta(\varphi,f)$ 定义如下：

$$\delta(\infty,f) = \varliminf_{r\to+\infty}\frac{m(r,f)}{T(r,f)} = 1 - \varlimsup_{r\to+\infty}\frac{N(r,f)}{T(r,f)},$$

并且当 $\varphi \in \sigma(f)$ 时，

$$\delta(\varphi,f) = \varliminf_{r\to+\infty}\frac{m\left(r,\dfrac{1}{f-\varphi}\right)}{T(r,f)} = 1 - \varlimsup_{r\to+\infty}\frac{N\left(r,\dfrac{1}{f-\varphi}\right)}{T(r,f)}.$$

我们恒有

$$0 \leqslant \delta(\varphi,f) \leqslant 1.$$

作为定理 1.12 的一个应用，我们有以下定理[6]：

定理 1.14 设 $f(z)$ 为一有穷级超越亚纯函数. 假定存在一 $\varphi_0 \in \hat{\sigma}(f)$ 满足条件：

$$N\left(r,\frac{1}{f-\varphi_0}\right) = \tilde{o}\{T(r,f)\}. \qquad (1.63)$$

则对于任意有穷个判别的 $\varphi_j \in \tilde{\sigma}(f)(j=1,2,\cdots,q;q\geqslant 2)$，有

$$\sum_{j=1}^{q}\delta(\varphi_j,f)\leqslant 2-\varliminf_{r\to+\infty}\frac{N(r,\Lambda)+N\left(r,\frac{1}{\Lambda}\right)}{T(r,\Lambda)}, \tag{1.64}$$

其中 $\Lambda=\Lambda(z)$ 为一超越亚纯函数使 $f(z)$ 和 $\Lambda(z)$ 有相同的级及相同的下级．

在条件(1.63)中，如果 $\varphi_0=\infty$，我们定义

$$N\left(r,\frac{1}{f-\varphi_0}\right)=N(r,f).$$

另外 $\varphi_j\in\dot{\sigma}(f)(j=1,2,\cdots,q;q\geqslant 2)$ 为判别的，如果当 $j\neq j'(1\leqslant j,\ j'\leqslant q)$ 时有 $\varphi_j\not\equiv\varphi_{j'}$．

证 分三种情形证明．

1) $\varphi_0=\infty$．在此情形，条件(1.63)为

$$N(r,f)=\tilde{o}\{T(r,f)\}. \tag{1.65}$$

设 $\varphi_j(z)(j=1,\ 2,\ \cdots,\ q;\ q\geqslant 2)$ 是属于集合 $\sigma(f)$ 的判别的亚纯函数．则可找到一个正整数 $p(1\leqslant p\leqslant q)$ 使得在 q 个函数 $\varphi_j(z)(j=1,\ 2,\ \cdots,\ q)$ 中有 p 个函数

$$\psi_k(z)=\varphi_{j_k}(z),\qquad k=1,\ 2,\ \cdots,\ p$$

满足下列条件：

1°函数 $\psi_k(z)(k=1,\ 2,\ \cdots,\ p)$ 为线性无关；

2°每一函数 $\varphi_j(z)(1\leqslant j\leqslant q)$ 可以表示为

$$\varphi_j(z)=\sum_{k=1}^{p}c_{jk}\psi_k(z),$$

其中 $c_{jk}(k=1,\ 2,\ \cdots,\ p)$ 为常数．

引进辅助函数

$$g(z)=\sum_{j=1}^{q}\frac{1}{f(z)-\varphi_j(z)}.$$

根据本章§3中将证明的不等式(3.26)，有

$$m(r,g)\geqslant\sum_{j=1}^{q}m\left(r,\frac{1}{f-\varphi_j}\right)-q\sum_{1\leqslant j_1<j_2\leqslant q}m\left(r,\frac{1}{\varphi_{j_1}-\varphi_{j_2}}\right)+h, \tag{1.66}$$

其中 h 为一常数(参阅[3]). 另一方面,设 $L(f)$ 由式(1.16)定义,并注意

$$L(f-\varphi_j)=L(f),\quad j=1,2,\cdots,q,$$

则有

$$\begin{aligned}g(z)&=\frac{1}{L\{f(z)\}}\sum_{j=1}^{q}\frac{L\{f(z)\}}{f(z)-\varphi_j(z)}\\&=\frac{1}{L\{f(z)\}}\sum_{j=1}^{q}\frac{L\{f(z)-\varphi_j(z)\}}{f(z)-\varphi_j(z)},\end{aligned}$$

故有

$$m(r,g)\leqslant m\left(r,\frac{1}{L(f)}\right)+\sum_{j=1}^{q}m\left(r,\frac{L(f-\varphi_j)}{f-\varphi_j}\right)+\log q.\tag{1.67}$$

由式(1.66)及(1.67)得

$$\begin{aligned}&\sum_{j=1}^{q}m\left(r,\frac{1}{f-\varphi_j}\right)\\&\leqslant m\left(r,\frac{1}{L(f)}\right)+\sum_{j=1}^{q}m\left(r,\frac{L(f-\varphi_j)}{f-\varphi_j}\right)\\&\quad+q\sum_{1\leqslant j_1<j_2\leqslant q}m\left(r,\frac{1}{\varphi_{j_1}-\varphi_{j_2}}\right)+\log q-h.\end{aligned}\tag{1.68}$$

在不等式(1.43)中将 f 换为 $f-\varphi_j$ 得

$$\begin{aligned}m\left(r,\frac{L(f-\varphi_j)}{f-\varphi_j}\right)\leqslant&\sum_{k=1}^{l}m\left(r,\frac{(f-\varphi_j)^{(k)}}{f-\varphi_j}\right)+pm(r,D_0)\\&+\sum_{k=1}^{p}m(r,D_k)+p\left\{\sum_{k=1}^{p}N\left(r,\frac{1}{\psi_k}\right)\right.\\&\left.+N(r,A_0)\right\}+\alpha,\end{aligned}\tag{1.69}$$

其中 α 为一常数. 因为 $f(z)$ 的级为有穷,根据不等式(1.50),易知不等式(1.69)的右边前三项之和等于 $O(\log r)$. 另一方面,由于 $\varphi_j(z)\in\sigma(f)(j=1,2,\cdots,q)$ 并根据条件(1.65),可得一数 $\mu>1$ 使

$$T(r,\varphi_j)=o\left\{T\left(\frac{r}{\mu},f\right)\right\},\qquad j=1,2,\cdots,q,$$

$$N(r,f)=o\left\{T\left(\frac{r}{\mu},f\right)\right\},$$

故根据不等式(1.48)，$N\left(r,\frac{1}{\psi_k}\right)$，$N(r,A_0)$及$m\left(r,\frac{1}{\varphi_{j_1}-\varphi_{j_2}}\right)$均等于$o\left\{T\left(\frac{r}{\mu},f\right)\right\}$. 故由不等式(1.68)得

$$\sum_{j=1}^{q}m\left(r,\frac{1}{f-\varphi_j}\right)\leqslant m\left(r,\frac{1}{L(f)}\right)+o\left\{T\left(\frac{r}{\mu},f\right)\right\}. \quad (1.70)$$

令

$$F(z)=L(f).$$

根据引理1.10，在其中取$R=2r$，易知

$$T(r,F)\leqslant T(r,f)\{1+o(1)\}. \quad (1.71)$$

另一方面，根据不等式(1.62)，当r充分大时，有

$$T(r,f)<8e\mathrm{BP}\left(\frac{\mu}{\mu-1}\right)^3T(\mu r,F). \quad (1.72)$$

此外，由式(1.44)及(1.56)，有

$$N(r,F)\leqslant o\left\{T\left(\frac{r}{\mu},f\right)\right\}, \quad (1.73)$$

然后利用式(1.71)及(1.72)，则由式(1.70)得

$$\sum_{j=1}^{q}\varliminf_{r\to+\infty}\frac{m\left(r,\frac{1}{f-\varphi_j}\right)}{T(r,f)}\leqslant\varliminf_{r\to+\infty}\frac{1}{T(r,f)}\sum_{j=1}^{q}m\left(r,\frac{1}{f-\varphi_j}\right)$$

$$\leqslant\varliminf_{r\to+\infty}\frac{1}{T(r,F)}\sum_{j=1}^{q}m\left(r,\frac{1}{f-\varphi_j}\right)\leqslant\varliminf_{r\to+\infty}\frac{m\left(r,\frac{1}{F}\right)}{T(r,F)}.$$

故有

$$\sum_{j=1}^{q}\delta(\varphi_j,f)\leqslant1-\varlimsup_{r\to+\infty}\frac{N\left(r,\frac{1}{F}\right)}{T(r,F)}.$$

这个不等式也可以写为

$$\sum_{j=1}^{q}\delta(\varphi_j,f)\leqslant1-\varlimsup_{r\to+\infty}\frac{N(r,F)+N\left(r,\frac{1}{F}\right)}{T(r,F)}, \quad (1.74)$$

因为由(1.72)及(1.73)有

$$\lim_{r\to+\infty}\frac{N(r, F)}{T(r, F)}=0.$$

根据条件(1.65),有 $\delta(\infty, f)=1$,故不等式(1.74)亦可写为

$$\delta(\infty, f)+\sum_{j=1}^{q}\delta(\varphi_j, f)\leqslant 2-\varliminf_{r\to+\infty}\frac{N(r,F)+N\left(r,\dfrac{1}{F}\right)}{T(r,F)}.$$

根据定理1.12, $F(z)$ 为一超越亚纯函数使 $f(z)$ 和 $F(z)$ 有相同的级及相同的下级.

2) $\varphi_0=0$. 在此情形,条件(1.63)为

$$N\left(r, \frac{1}{f}\right)=\tilde{o}\{T(r, f)\}. \tag{1.75}$$

考虑函数

$$g(z)=\frac{1}{f(z)}.$$

由于

$$T(r, f)=T(r ,g)+\alpha,$$

其中 α 为一常数,显然 $g(z)$ 亦为一超越亚纯函数并且 $f(z)$ 和 $g(z)$ 有相同的级及相同的下级,而且有

$$N(r, g)=\tilde{o}\{T(r, g)\}.$$

容易看出

$$\delta(\infty, g)=\delta(o, f),\qquad \delta(o, g)=\delta(\infty, f), \tag{1.76}$$

并且若 $\varphi\in\sigma(f)$,$\varphi\neq 0$,则 $\dfrac{1}{\varphi}\in\sigma(g)$, 且根据恒等式

$$\frac{1}{f-\varphi}=-\frac{1}{\varphi}\left\{1+\frac{1}{\varphi}\frac{1}{g-\dfrac{1}{\varphi}}\right\},$$

易知有

$$\delta\left(\frac{1}{\varphi}, g\right)=\delta(\varphi, f). \tag{1.77}$$

现在设 $\varphi_j\in\hat{\sigma}(f)(j=1, 2, \cdots, q;\ q\geqslant 2)$ 是判别的,则 $1/\varphi_j\in\hat{\sigma}(g)(j=1, 2, \cdots, q)$ 也是判别的,并且根据(1.76)及(1.77)有

$$\sum_{j=1}^{q}\delta(\varphi_j, f)=\sum_{j=1}^{q}\delta\left(\frac{1}{\varphi_j}, g\right)$$

$$\leqslant 2-\varliminf_{r\to\infty}\frac{N(r,G)+N\left(r,\frac{1}{G}\right)}{T(r,G)},$$

其中$G(z)$为一超越亚纯函数使$f(z)$与$G(z)$有相同的级和相同的下级.

3) φ_0与∞及o为判别的. 在此情形,考虑函数

$$h(z)=f(z)-\varphi_0(z).$$

我们有

$$T(r, f)=T(r, h)+o(T(r, f)).$$

所以$h(z)$亦为一超越亚纯函数,并且$f(z)$和$h(z)$有相同的级和相同的下级. 我们有

$$N\left(r,\frac{1}{h}\right)=o(T(r, h)).$$

容易看出

$$\delta(\infty, h)=\delta(\infty, f),\qquad \delta(o, h)=\delta(\varphi_0, f), \tag{1.78}$$

并且若$\varphi\in\sigma(f)$,$\varphi\not\equiv\varphi_0$,则$\varphi-\varphi_0\in\sigma(h)$,且有

$$\delta(\varphi-\varphi_0, h)=\delta(\varphi, f). \tag{1.79}$$

由(1.78)及(1.79)可知,在情形3),定理1.14的结论也是对的. 这就完全证明了定理1.14.

根据Nevantinna的一个定理[illegible],若$f(z)$为一有穷非整数级ρ的超越亚纯函数,则有

$$\varliminf_{r\to+\infty}\frac{N(r,f)+N\left(r,\frac{1}{f}\right)}{T(r,f)}\geqslant k(\rho), \tag{1.80}$$

其中$k(\rho)>0$为一数且只依赖于ρ. 关于这个定理可参阅[23],[16],[17]及[18]. 故由定理1.14可得到下列推论:

推论1.15 设$f(z)$为一有穷非整数级ρ的超越亚纯函数. 假定存在一$\varphi_0\in\sigma(f)$满足条件(1.63),则对于任意有穷个判别的$\varphi_j\in\sigma(f)(j=1, 2, \cdots, q; q\geqslant 2)$,有

$$\sum_{j=1}^{q}\delta(\varphi_j, f) \leqslant 2 - k(\rho).$$

特别对于整函数有下列推论：

推论1.16 设 $f(z)$ 为一有穷非整数级 ρ 的超越整函数. 则对于任意有穷个判别的有理函数 $R_j(z)(j = 1, 2, \cdots, q; q \geqslant 2)$，有

$$\sum_{j=1}^{q}\delta(R_j, f) \leqslant 1 - k(\rho).$$

1.3 一般微分多项式

考虑一个超越亚纯函数 $f(z)$ 和它的前 n 阶导数 $f^{(j)}(z)(j = 1, 2, \cdots, q)$. $f(z)$ 的一个微分多项式是 $f^{(j)}(z)(j = 0, 1, 2, \cdots, q; f^{(0)}(z) = f(z))$ 的一个多项式，具有如下形式：

$$P(z) = P(f, f', \cdots, f^{(q)}) = \sum_{k=1}^{n} a_k(z) \prod_{j=0}^{q} \{f^{(j)}(z)\}^{s_{kj}}, \tag{1.81}$$

其中 $a_k(z)(k = 1, 2, \cdots, n)$ 为亚纯函数，满足条件：

$$T(r, a_k) = o\{T(r, f)\}, \quad k = 1, 2, \cdots, n, \tag{1.82}$$

并且 $s_{kj}(k = 1, 2, \cdots, n; j = 0, 1, 2, \cdots, q)$ 为非负整数. 我们定义

$$\overline{d}(P) = \max_{1\leqslant k\leqslant n}\left(\sum_{j=0}^{q} s_{kj}\right), \quad \underline{d}(P) = \min_{1\leqslant k\leqslant n}\left(\sum_{j=0}^{q} s_{kj}\right). \tag{1.83}$$

如果 $\overline{d}(P) = \underline{d}(P) = d$，则 $P(f, f', \cdots, f^{(q)})$ 是齐次的其次数为 d. 如果 $\overline{d}(P) > \underline{d}(P)$，则 $P(f, f', \cdots, f^{(q)})$ 是非齐次的并且可表示为

$$P(f, f', \cdots, f^{(q)}) = \sum_{i=1}^{h} P_i(f, f', \cdots, f^{(q)}), \tag{1.84}$$

其中 $P_i(f, f', \cdots, f^{(q)})$ 是一个齐次微分多项式，其次数 d_i 满足

$$o \leqslant d_1 < d_2 < \cdots < d_h, \quad d_1 = \underline{d}(P), \quad d_h = \overline{d}(P). \tag{1.85}$$

在关于一般微分多项式的研究中，时常用到下列引理[7]：

引理1.17 设 $f(z)$ 为一超越亚纯函数并且 $P(f, f', \cdots, f^{(q)})$ 为式(1.81) 所定义的 $f(z)$ 的一个微分多项式. 则有

$$m\left(r, \frac{P}{f^{\underline{d}(P)}}\right) \leqslant \{\overline{d}(P) - \underline{d}(P)\} m\left(r, \frac{1}{f}\right)$$

$$+ o\{T(r, f)\} + S(r), \qquad (1.86)$$

其中 $S(r)$，当 $1 \leqslant r < R$ 时，满足不等式：

$$S(r) < A \overset{+}{\log} T(R, f) + B \log R + C \overset{+}{\log} \frac{1}{R - r} + D, \quad (1.87)$$

其中 A, B, C, D 为正常数.

证 分两种情形证明.

1) $\overline{d}(p) = \underline{d}(p) = d$. 令

$$\varphi_k(z) = a_k(z) \prod_{j=0}^{q} \{f^{(j)}(z)\}^{s_{kj}}.$$

我们有

$$m\left(r, \frac{p}{f^d}\right) \leqslant \sum_{k=1}^{n} m\left(r, \frac{\varphi_k}{f^d}\right) + \log n,$$

$$m\left(r, \frac{\varphi_k}{f^d}\right) = m\left\{r, a_k \prod_{j=0}^{q} \left(\frac{f^{(j)}}{f}\right)^{s_{kj}}\right\}$$

$$\leqslant m(r, a_k) + \sum_{j=0}^{q} m\left(r, \left(\frac{f^{(j)}}{f}\right)^{s_{kj}}\right)$$

$$= m(r, a_k) + \sum_{j=0}^{q} s_{kj} m\left(r, \frac{f^{(j)}}{f}\right).$$

$$k = 1, 2, \cdots, n.$$

然后根据条件(1.82)及引理1.8，显然不等式(1.86)及(1.87)成立.

2) $\overline{d}(P) > \underline{d}(P)$ 在此情形我们利用式(1.84)并定义

$$G_\lambda = \sum_{i=1}^{\lambda} P_i, \qquad \lambda = 1, 2, \cdots, h.$$

我们有

$$m\left(r, \frac{P}{f^{d_h}}\right) = m\left(r, \frac{P_h}{f^{d_h}} + \frac{G_{h-1}}{f^{d_h}}\right)$$

$$\leqslant m\left(r, \frac{p_h}{f^{d_h}}\right) + m\left(r, \frac{G_{h-1}}{f^{d_h}}\right) + \log 2,$$

$$m\left(r, \frac{G_{h-1}}{f^{d_h}}\right) = m\left(r, \frac{G_{h-1}}{f^{d_{h-1}}} \cdot \frac{1}{f^{d_h - d_{h-1}}}\right)$$

$$\leqslant m\left(r, \frac{G_{h-1}}{f^{d_{h-1}}}\right) + (d_h - d_{h-1}) m\left(r, \frac{1}{f}\right),$$

故有

$$m\left(r, \frac{\mathrm{p}}{f^{d_h}}\right) \leqslant m\left(r, \frac{P_h}{f^{d_h}}\right) + m\left(r, \frac{G_{h-1}}{f^{d_{h-1}}}\right)$$

$$+ (d_h - d_{h-1}) m\left(r, \frac{1}{f}\right) + \log 2.$$

同样可得

$$m\left(r, \frac{G_{h-1}}{f^{d_{h-1}}}\right) \leqslant m\left(r, \frac{P_{h-1}}{f^{d_{h-1}}}\right) + m\left(r, \frac{G_{h-2}}{f^{d_{h-2}}}\right)$$

$$+ (d_{h-1} - d_{h-2}) m\left(r, \frac{1}{f}\right) + \log 2$$

………………………………

$$m\left(r, \frac{G_2}{f^{d_2}}\right) \leqslant m\left(r, \frac{P_2}{f^{d_2}}\right) + m\left(r, \frac{P_1}{f^{d_1}}\right)$$

$$+ (d_2 - d_1) m\left(r, \frac{1}{f}\right) + \log 2.$$

将以上 $h-1$ 个不等式相加，得

$$m\left(r, \frac{P}{f^{d_h}}\right) \leqslant \sum_{i=1}^{h} m\left(r, \frac{P_i}{f^{d_i}}\right) + (d_h - d_1) m\left(r, \frac{1}{f}\right)$$

$$+ (h-1)\log 2. \tag{1.88}$$

由不等式(1.88)即得不等式(1.86)，因 P_i 是齐次的并且它的次数是 d_i.

引理1.18 设 $f(z)$ 为一超越亚纯函数并且 $P(z) = P(f, f', \cdots, f^{(q)})$ 为式(1.81)所定义的 $f(z)$ 的一个微分多项式. 假定 $\underline{d}(P) > 0$ 并且 $P(z) \not\equiv 0$. 则有

$$\underline{d}(P) T(r, f) \leqslant T(r, P) + \underline{d}(P) N\left(r, \frac{1}{f}\right)$$

$$-N\left(r,\frac{1}{P}\right)+o\{T(r,f)\}+S(r), \qquad (1.89)$$

其中 $S(r)$，当 $1\leqslant r<R$ 时，满足不等式(1.87).

证 根据引理1.17有

$$\overline{d}(P)m\left(r,\frac{1}{f}\right)=m\left(r,\frac{1}{f^{\overline{d}(P)}}\right)\leqslant m\left(r,\frac{1}{P}\right)+m\left(r,\frac{P}{f^{\overline{d}(P)}}\right)$$

$$\leqslant m\left(r,\frac{1}{P}\right)+\{\overline{d}(P)-\underline{d}(P)\}m\left(r,\frac{1}{f}\right)$$

$$+o\{T(r,f)\}+S(r),$$

$$\underline{d}(P)m\left(r,\frac{1}{f}\right)\leqslant m\left(r,\frac{1}{P}\right)+o\{T(r,f)\}+S(r),$$

$$\underline{d}(P)T(r,f)\leqslant T(r,P)+\underline{d}(P)N\left(r,\frac{1}{f}\right)$$

$$-N\left(r,\frac{1}{P}\right)+o\{T(r,f)\}+S(r)+\alpha,$$

其中 α 为一常数. 故有不等式(1.89).

一个有兴趣的问题是从不等式(1.89)的右边消去 $\underline{d}(P)N\left(r,\frac{1}{f}\right)$ 这一项. 关于这个问题有下面的引理:

引理1.19 设 $f(z)$ 为一超越亚纯函数并且

$$Q(z)=fP(f,f',\cdots,f^{(q)}), \qquad (1.90)$$

其中 $P(z)=P(f,f',\cdots,f^{(q)})$ 为式(1.81)所定义的 $f(z)$ 的一个微分多项式. 假定 $P(z)\not\equiv 0$. 则有

$$T(r,f)\leqslant T(r,Q)-\underline{d}(P)m\left(r,\frac{1}{f}\right)$$

$$+o\{T(r,f)\}+S(r), \qquad (1.91)$$

其中 $S(r)$，当 $1\leqslant r<R$ 时，满足不等式(1.87).

证 首先根据引理1.18有

$$(\underline{d}(P)+1)T(r,f)\leqslant T(r,Q)+(\underline{d}(P)+1)N\left(r,\frac{1}{f}\right)$$

$$-N\left(r,\frac{1}{Q}\right)+o\{T(r,f)\}+S(r).$$

然后容易看出只需证明

$$N\left(r, \frac{1}{Q}\right) \geqslant N\left(r, \frac{1}{f}\right) - o\{T(r, f)\}. \tag{1.92}$$

为了证明这个不等式，我们利用在不等式(1.44)的证明中引进的符号$\omega(g, z_0)$. 我们也利用符号$\Omega(g, z_0)$，它定义为z_0的级，如果z_0是亚纯函数$g(z)(g(z) \not\equiv 0)$的一个零点，否则它定义为零. 下面我们证明：如果z_0是函数$f(z)$的一个零点，则有

$$\Omega(Q, z_0) \geqslant \Omega(f, z_0) - \sum_{k=1}^{n} \omega(a_k, z_0), \tag{1.93}$$

其中$a_k(z)(k = 1, 2, \cdots, n)$为式(1.81)中多项式的系数. 事实上，如果$z_0$不是$P(z)$的一个极点，不等式(1.93)是显然的. 现在假定z_0是$P(z)$的一个极点，则易知

$$\Omega(Q, z_0) \geqslant \Omega(f, z_0) - \omega(P, z_0),$$

$$\omega(P, z_0) \leqslant \max_{1 \leqslant k \leqslant n} \omega(a_k, z_0) \leqslant \sum_{k=1}^{n} \omega(a_k, z_0).$$

所以不等式(1.93)仍成立.

现在考虑一圆$|z| \leqslant r$并将不等式(1.93)的两边对于在此圆中$f(z)$的全部零点z_0求和，得

$$n\left(r, \frac{1}{Q}\right) \geqslant n\left(r, \frac{1}{f}\right) - \sum_{k=1}^{n} n(r, a_k).$$

由此不等式及条件(1.82)即得不等式(1.92).

定理1.20 在引理1.19的相同的条件下，函数$Q(z)$是超越的并且函数$f(z)$和$Q(z)$的增长性差不多相同.

证 由式(1.90)及(1.81)，有

$$\begin{aligned} T(r, Q) &\leqslant T(r, f) + T(r, P) \\ &\leqslant T(r, f) + o\{T(r, f)\} + \sum_{j=0}^{q} \sigma_j T(r, f^{(j)}) \\ &= (1 + \sigma_0) T(r, f) + o\{T(r, f)\} \\ &\quad + \sum_{j=0}^{q} \sigma_j T(r, f^{(j)}), \end{aligned} \tag{1.94}$$

其中$\sigma_j(j = 0, 1, \cdots, q)$为非负整数.

根据本节开始部分中的一个结果，对于每一个 $j(1 \leqslant j \leqslant q)$，算子 $\omega_j(f) = f^{(j)}$ 保持增长性. 所以函数 $f^{(j)}(z)$ 为超越的，并且函数 $f(z)$ 和 $f^{(j)}(z)$ 的增长性差不多是相同的. 因此，存在一正数 A_j，一正整数 m_j 和一正数 r_j 使得当 $\lambda > 1, r > r_j$ 时，有

$$T(r, f^{(j)}) < A_j \left(\frac{\lambda}{\lambda - 1} \right)^{m_j} T(\lambda r, f). \tag{1.95}$$

由式(1.94)及(1.95)易知存在一正数 A，一正整数 m 和一正数 r_0 使得当 $\lambda > 1, r > r_0$ 时，有

$$T(r, Q) < A \left(\frac{\lambda}{\lambda - 1} \right)^{m} T(\lambda r, f). \tag{1.96}$$

另一方面，根据式(1.91)及(1.87)，当 $1 \leqslant r \leqslant R$ 时，有

$$\begin{aligned} T(r, f) < & T(r, Q) + o\{T(r, f)\} \\ & + K\left(\overset{+}{\log} T(R, f) + \log R + \overset{+}{\log} \frac{1}{R - r} + 1 \right), \end{aligned}$$

其中 K 为一正常数. 取一数 $r_1 > 1$ 使得当 $r > r_1$ 时，有

$$o\{T(r, f)\} < \frac{1}{2} T(r, f), \qquad \log r > 16K.$$

设 ρ 为一数使 $r_1 < \rho$. 则，当 $r_1 < r < R < \rho$ 时，有

$$\begin{aligned} T(r, f) < & 2T(r, Q) \\ & + 2K\left(\overset{+}{\log} T(R, f) + \log R + \overset{+}{\log} \frac{1}{R - r} + 1 \right) \\ < & a \overset{+}{\log} T(R, f) + a \log \frac{R}{R - r} + b, \end{aligned}$$

其中

$$a = 2K, \quad b = 2T(\rho, Q) + 2K(\log \rho + 1).$$

由于条件 $b \geqslant 2a, b \geqslant 8a^2$ 满足，故根据引理 1.9，当 $r_1 < r < R < \rho$ 时，有

$$T(r, f) < 2a \log \frac{R}{R - r} + 2b.$$

将 r 固定并令 $R \to \rho$，得

$$T(r, f) \leqslant 4K \log \frac{\rho}{\rho - r} + 4T(\rho, Q) + 4K(\log \rho + 1),$$

当 $r_1 < r < \rho$ 时,成立. 设 $\lambda > 1, r > r_1$,在此式中取 $\rho = \lambda r$,得

$$T(r, f) \leqslant 4K\log\frac{\lambda}{\lambda - 1} + 4T(\lambda r, Q) + 4K(\log(\lambda r) + 1).$$

这个不等式表示函数 $Q(z)$ 是超越的. 然后由不等式

$$T(r, f) < \frac{\lambda}{\lambda - 1}\{4K + 4T(\lambda r, Q) + 4K(\log(\lambda r) + 1)\},$$

容易看出存在一数 $r_1'(r_1' \geqslant r_1)$ 使,当 $\lambda > 1$, $r > r_1'$ 时,有

$$T(r, f) < 5\frac{\lambda}{\lambda - 1}T(\lambda r, Q). \tag{1.97}$$

最后由不等式(1.96)及(1.97)即知函数 $f(z)$ 和 $Q(z)$ 的增长性差不多相同.

现在考虑一个特别情形,即在式(1.81)中函数 $a_k(z)(k = 1, 2, \cdots, n)$ 为有理函数. 如果我们将 $a_k(z)(k = 1, 2, \cdots, n)$ 固定而让 $f(z)$ 变化,则

$$Q(f, f', \cdots, f^{(q)}) = fP(f, f', \cdots, f^{(q)}) \tag{1.98}$$

为一算子. 如果进一步假定对于每一个超越亚纯函数 $f(z)$,有 $P(f, f', \cdots, f^{(q)}) \not\equiv 0$,则根据定理 1.20,算子 $Q(f, f', \cdots, f^{(q)})$ 保持增长性.

由于有了这个结果,值得给出满足下列两个条件的 $P(f, f', \cdots, f^{(q)})$ 的几个例子:

1° $P(f, f', \cdots, f^{(q)})$ 的系数 $a_k(z)(k = 1, 2, \cdots, n)$ 为有理函数.

2°对于每一个超越亚纯函数 $f(z)$,有 $P(f, f', \cdots, f^{(q)}) \not\equiv 0$.

1) $P_1(f, f', \cdots f^{(q)}) = a(z)\prod_{j=0}^{q}\{f^{(j)}(z)\}^{s_j}$,

其中 $a(z) \not\equiv 0$ 为一有理函数,并且 $s_j(j = 0, 1, \cdots, q)$ 为非负整数.

2) $P_2(f, f', \cdots, f^{(q)}) = fP(f, f', \cdots, f^{(q)}) + b(z)$,

其中 $P(f, f', \cdots, f^{(q)})$ 具有形式(1.81)以有理函数 $a_k(z)(k = 1, 2, \cdots, n)$ 为系数,并且 $b(z) \not\equiv 0$ 为一有理函数.

显然 $P_2(f, f', \cdots f^{(q)})$ 满足条件1°. 另外也容易看出它满足条件2°. 事实上,设 $f(z)$ 为一超越亚纯函数,分两种情形:如果 $P(f, f', \cdots, f^{(q)}) \equiv 0$,则显然 $P_2(f, f', \cdots, f^{(q)}) \not\equiv 0$;如果 $P(f, f', \cdots, f^{(q)}) \not\equiv 0$,则根据定理 1.20 函数 $fP(f, f', \cdots, f^{(q)})$ 是超越的,故亦有 $P_2(f, f', \cdots, f^{(q)}) \not\equiv 0$.

3) $P_3(f, f', \cdots, f^{(q)}) = W(\alpha_1, \alpha_2, \cdots, \alpha_h, \beta_1 f, \beta_2 f, \cdots, \beta_k f)$,

其中 $q = h + k - 1$, $\alpha_j(j = 1, 2, \cdots, h)$ 和 $\beta_j(j = 1, 2, \cdots, k)$ 为两组有理函数,其中每一组都是线性无关的,并且 $W(\alpha_1, \alpha_2, \cdots, \alpha_h, \beta_1 f, \beta_2 f, \cdots \beta_k f)$ 为函数 $\alpha_j(j = 1, 2, \cdots, h)$, $\beta_j f(j = 1, 2, \cdots, k)$ 的 Wronskian.

显然 $P_3(f, f', \cdots, f^{(q)})$ 满足条件 1°. 为了证明它也满足条件 2°,设 $f(z)$ 为一超越亚纯函数. 假定

$$P_3(f, f', \cdots, f^{(q)}) \equiv 0,$$

则函数 $\alpha_j(j = 1, 2, \cdots, h)$, $\beta_j f(j = 1, 2, \cdots, k)$ 为线性有关,故存在不全等于零的常数 $c_j(j = 1, 2, \cdots, h)$, $c_j'(j = 1, 2, \cdots, k)$ 使

$$\sum_{j=1}^{h} c_j\alpha_j(z) + \sum_{j=1}^{k} c_j'\beta_j(z)f(z) \equiv 0.$$

$c_j'(j = 1, 2, \cdots, k)$ 不可能全等于零. 因为 $\alpha_j(z)(j = 1, 2, \cdots, k)$ 为线性无关. 同理

$$\sum_{j=1}^{k} c_j'\beta_j(z) \not\equiv 0.$$

故有

$$f(z) = \frac{-\sum_{j=1}^{h} c_j\alpha_j(z)}{\sum_{j=1}^{k} c_j'\beta_j(z)}.$$

这与 $f(z)$ 为超越的假定矛盾.

设 $P(f, f', \cdots, f^{(q)})$ 满足以上条件1°及2°. 我们已经知道,此时,式(1.98)定义的算子 $Q(f, f', \cdots, f^{(q)})$ 保持增长性. 设

$\omega(f)$ 为一保持增长性的算子. 根据定理1.7算子

$$\Omega(f)=\omega(f)P\{\omega(f),\ \omega(f)',\cdots,\ \omega(f)^{(q)}\}\quad(1.99)$$

保持增长性. 例如设 μ 为一正整数,则算子

$$\Omega(f)=f^{(\mu)}P(f^{(\mu)},\ f^{(\mu+1)},\ \cdots,\ f^{(\mu+q)})\quad(1.100)$$

保持增长性. 这个结果 的一个简单推论是:如果 $a(z)\neq 0$ 为一有理函数,则具有如下形式的算子保持增长性:

$$\Omega(f)=a(z)\prod_{j=0}^{q}(f^{(j)})^{S_j},\quad(1.101)$$

其中 $S_j(j=0,\ 1,\ \cdots,\ q)$ 为非负整数使 $\sum_{j=0}^{p}S_j>0$. 事实 上,如果 $S_0>0$,则 $\Omega(f)$ 具有形式(1.98). 一般地,如果 $S_j=0(j=0,\ 1,\ \cdots,\ \mu-1)$, $S_\mu\neq 0$, 则 $\Omega(f)$ 具有形式(1.100).

在本节中,从开始到现在,我们已经得出几类满足下列两个条件的算子 $\Omega(f)$:

a) $\Omega(f)=P(f,\ f',\ \cdots,\ f^{(q)})$ 具有形式(1.81),其中 $a_k(z)(k=1,\ 2,\ \cdots,\ n)$ 为有理函数.

b) $\Omega(f)$ 保持增长性.

例如 (h) 类微分多项式,推论1.13中的算子 $L(f)$ 以及式(1.98)定义的算子 $Q(f,\ f',\ \cdots,\ f^{(q)})$ 都满足条件 a)及 b). 下面我们给出这样的算子 $\Omega(f)$ 的一个应用. 为此我们需要先给出几个定义.

定义1.5 设 $f(z)$ 为一无穷级亚纯函数. 一个函数 $\rho(r)$ 称为 $f(z)$ 的一个级[24],如果 $\rho(r)$ 满足下列各条件:

1° $\rho(r)$ 于 $r\geqslant r_0(r_0>0)$ 为连续,非减并且随 r 趋于无穷.

2° 令 $U(r)=r^{\rho(r)}(r\geqslant r_0)$,有

$$\lim_{r\to\infty}\frac{\log U(R)}{\log U(r)}=1,\quad R=r+\frac{r}{\log U(r)}.$$

3° $\overline{\lim_{r\to+\infty}}\dfrac{\log T(r,\ f)}{\rho(r)\log r}=1.$

关于 $\rho(r)$ 的存在性,参阅文献[25],[35]和[2]. 在文献[2]中给出了 $\rho(r)$ 的存在性的一个简单证明.

定义1.6 设 $f(z)$ 为一非常数亚纯函数并设 σ :

$$|\arg z - \theta_0| < \eta \quad \left(0 < \eta < \frac{\pi}{2}\right), \quad 0 < |z| < r$$

为一扇形区域. 设 w 为一值. 按照 w 为有穷或无穷，我们分别以 $n_f(r, \theta_0, \eta, w)$ 表示函数 $f(z) - w$ 在 σ 内的零点个数或函数 $f(z)$ 在 σ 内的极点个数(零点或极点均按重级计算).

定义1.7 设 $f(z)$ 为一无穷级亚纯函数并设 $\rho(r)$ 为 $f(z)$ 的一个级. 一条半线 $\arg z = \theta_0$ 称为 $f(z)$ 的一个 $\rho(r)$ 级 Borel 方向，如果无论正数 $\eta\left(0 < \eta < \frac{\pi}{2}\right)$ 如何小，对于每一个值 w 有

$$\overline{\lim_{r \to +\infty}} \frac{\log n_f(r, \theta_0, \eta, w)}{\rho(r) \log r} = 1,$$

最多除去两个例外值 w.

关于无穷级亚纯函数 $f(z)$ 的 $\rho(r)$ 级 Borel 方向的存在性，参阅文献[25],[35]和[5].

本章作者和胡振军利用 Nevanlinna 的在一角域的亚纯函数的理论[29]，证明了下面的定理[12]：

定理1.21 设 $f(z)$ 为一无穷级亚纯函数以 $\rho(r)$ 为一级. 设 $P(z) = P(f, f', \cdots, f^{(q)})$ 为式(1.81)所定义的亚纯函数，其中系数 $a_k(z)(k=1, 2, \cdots, n)$ 为亚纯函数，满足条件：

$$\overline{\lim_{r \to +\infty}} \frac{\log T(r, a_k)}{\rho(r) \log r} < 1, \qquad k = 1, 2, \cdots, n.$$

如果 $P(z)$ 的级为无穷并且也以 $\rho(r)$ 为一级，则 $P(z)$ 的每一 $\rho(r)$ 级 Borel 方向亦为 $f(z)$ 的一 $\rho(r)$ 级 Borel 方向.

考虑一个算子 $\Omega(f)$ 满足以上条件 a) 及 b). 设 $f(z)$ 为一无穷级亚纯函数以 $\rho(r)$ 为一级，则根据定理1.4及推论1.5，容易看出亚纯函数 $\Omega\{f(z)\}$ 满足定理1.21中对 $P(z)$ 要求的全部条件. 所以 $\Omega\{f(z)\}$ 的每一 $\rho(r)$ 级 Borel 方向亦为 $f(z)$ 的一 $\rho(r)$ 级 Borel 方向.

§ 2. Nevanlinna 的第二基本定理涉及微分多项式的推广

2.1 Milloux 定理的推广

Hayman[22, 23]证明了下面的定理.它精确化了 Milloux[27]的一个定理.

定理2.1 设 $f(z)$ 为一超越亚纯函数并设

$$\psi(z) = \sum_{\nu=0}^{l} a_\nu(z) f^{(\nu)}(z),$$

其中 $a_\nu(z)$ $(\nu = 0, 1, \cdots, l)$ 为亚纯函数满足条件:

$$T(r, a_\nu) = S(r, f), \qquad \nu = 0, 1, \cdots, l.$$

如果 $\psi(z)$ 非为常数,则有

$$T(r, f) < \overline{N}(r, f) + N\left(r, \frac{1}{f}\right) + \overline{N}\left(r, \frac{1}{\psi - 1}\right)$$
$$- N_0\left(r, \frac{1}{\psi'}\right) + S(r, f),$$

其中关于 $N_0(r, 1/\psi')$ 只考虑 $\psi'(z)$ 的那一些零点它们不是 $\psi(z) - 1$ 的重零点.

在这个定理中,符号 $S(r, f)$ 是 Hayman 引进的,它的意义为:一般设 $g(z)$ 为一非常数亚纯函数,则 $S(r, g)$ 表示一个定义在区间 $r > 0$ 上的实函数,满足条件:存在区间 $r > 0$ 上的一个线性测度为有穷的点集 σ 使

$$\lim_{r \to +\infty \quad r \notin \sigma} \frac{S(r, g)}{T(r, g)} = 0.$$

下面我们将时常用到符号 $S(r, f)$.

证明了定理2.1以后,Hayman 接着根据这个定理并经过深入的分析,得到下面突出的定理:

定理2.2 设 $f(z)$ 为一超越亚纯函数,并设 $l \geqslant 1$ 为一整数.则有

$$T(r,f)\leqslant\left(2+\frac{1}{l}\right)N\left(r,\frac{1}{f}\right)$$
$$+\left(2+\frac{2}{l}\right)\overline{N}\left(r,\frac{1}{f^{(l)}-1}\right)+S(r,f).$$

下面我们将以上两个定理推广到一般的微分多项式的情形.为此,设 $f(z)$ 为一超越亚纯函数,并考虑 $f(z)$ 的一个具有形式(1.81)的微分多项式:

$$P(z)=P(f,f',\cdots,f^{(q)})=\sum_{k=1}^{n}a_k(z)\prod_{j=0}^{q}\{f^{(j)}(z)\}^{\nu_{kj}}.\quad(2.1)$$

不过我们现在假定系数 $a_k(z)(k=1,2,\cdots,n)$ 为满足下列较宽条件的亚纯函数:

$$T(r,a_k)=S(r,f),\qquad k=1,2,\cdots,n.\qquad(2.2)$$

容易看出,在这个较宽的条件下,引理1.17应改为下列形式:

引理2.3 设 $f(z)$ 为一超越亚纯函数并且 $P(z)$ 由式(2.1)定义.则有

$$m\left(r,\frac{P}{f^{\overline{d}(P)}}\right)\leqslant\{\overline{d}(P)-\underline{d}(\mathrm{p})\}m\left(r,\frac{1}{f}\right)+S(r,f).\ (2.3)$$

这个引理的证明方法和引理1.17的证明方法相同,只需注意根据条件(2.2)和引理1.8,在引理1.17的证明中出现的 $m(r,a_k)$ 及 $m\left(r,\frac{f^{(j)}}{f}\right)$ 均等于 $S(r,f)$.

定理2.4 设 $f(z)$ 为一超越亚纯函数并设 $P(z)$ 由式(2.1)定义.如果 $P(z)$ 非为常数并且 $\underline{d}(P)>0$,则有

$$\underline{d}(P)T(r,f)\leqslant\overline{N}(r,f)+\underline{d}(P)N\left(r,\frac{1}{f}\right)+\overline{N}\left(r,\frac{1}{P-1}\right)$$
$$-N_0\left(r,\frac{1}{P'}\right)+S(r,f),\qquad(2.4)$$

其中关于 $N_0(r,1/P')$ 只考虑 $P'(z)$ 的那一些零点,它们不是 $P(z)-1$ 的重零点.

证 根据Nevanlinna的第二基本定理,有

$$m(r,P)+m\left(r,\frac{1}{P}\right)+m\left(r,\frac{1}{P-1}\right)$$

$$\leqslant 2T(r, P) - N_1(r) + S(r, P), \tag{2.5}$$

其中

$$N_1(r) = \{2N(r, P) - N(r, P')\} + N\left(r, \frac{1}{P'}\right).$$

又根据 Nevanlinna 的第一基本定理，有

$$2T(r, P) = m(r, P) + N(r, P)$$
$$+ m\left(r, \frac{1}{P-1}\right) + N\left(r, \frac{1}{P-1}\right) + O(1),$$

并得

$$2T(r, P) - N_1(r) = m(r, P) + m\left(r, \frac{1}{P-1}\right) + \overline{N}(r, P)$$
$$+ \overline{N}\left(r, \frac{1}{P-1}\right) - N_0\left(r, \frac{1}{P'}\right) + O(1).$$

故有

$$m\left(r, \frac{1}{P}\right) \leqslant \overline{N}(r, P) + \overline{N}\left(r, \frac{1}{P-1}\right)$$
$$- N_0\left(r, \frac{1}{P'}\right) + S(r, P).$$

由式(2.1)及条件(2.2)，显然

$$\overline{N}(r, P) \leqslant \overline{N}(r, f) + \sum_{k=1}^{q} \overline{N}(r, a_k) = \overline{N}(r, f) + S(r, f).$$

所以有

$$m\left(r, \frac{1}{P}\right) \leqslant \overline{N}(r, f) + \overline{N}\left(r, \frac{1}{P-1}\right)$$
$$- N_0\left(r, \frac{1}{P'}\right) + S(r, f) + S(r, P). \tag{2.6}$$

又根据引理2.3，有

$$\overline{d}(P) m\left(r, \frac{1}{f}\right) - m\left(r, \frac{1}{f^{\overline{d}(P)}}\right) = m\left(r, \frac{1}{P} \frac{P}{f^{\overline{d}(P)}}\right)$$
$$\leqslant m\left(r, \frac{1}{P}\right) + m\left(r, \frac{P}{f^{\overline{d}(P)}}\right)$$
$$\leqslant m\left(r, \frac{1}{P}\right)$$

$$+\{\overline{d}(P)-\underline{d}(P)\}m\left(r,\frac{1}{f}\right)+S(r,f).\qquad(2.7)$$

由式(2.6)及(2.7),得

$$\underline{d}(P)m\left(r,\frac{1}{f}\right)\leqslant\overline{N}(r,f)+\overline{N}\left(r,\frac{1}{P-1}\right)$$
$$-N_0\left(r,\frac{1}{P'}\right)+S(r,f)+S(r,P).$$

将此式的两边均加上 $\underline{d}(P)N(r,1/f)$ 并应用一个已知的公式,得

$$\underline{d}(P)T(r,f)\leqslant\overline{N}(r,f)+\underline{d}(P)N\left(r,\frac{1}{f}\right)+\overline{N}\left(r,\frac{1}{P-1}\right)$$
$$-N_0\left(r,\frac{1}{P'}\right)+S(r,f)+S(r,P)+\alpha,$$

其中 α 为一常数.

显然只剩下证明 $S(r,P)$ 为 $S(r,f)$. 事实上,由式(2.1),有

$$T(r,P)\leqslant\sum_{k=1}^{n}T(r,a_k)+\sum_{j=0}^{q}\lambda_j T(r,f^{(j)})+\log n,$$

其中 $\lambda_j(j=0,1,\cdots,q)$ 为非负整数. 另外,当 $1\leqslant j\leqslant q$ 时,有

$$T(r,f^{(j)})=m(r,f^{(j)})+N(r,f^{(j)})$$
$$\leqslant m(r,f)+m\left(r,\frac{f^{(j)}}{f}\right)+N(r,f)+j\overline{N}(r,f)$$
$$\leqslant(j+1)T(r,f)+S(r,f).$$

故有

$$T(r,P)\leqslant AT(r,f)+S(r,f),$$

其中 A 为一正整数. 由此式显然可知 $S(r,P)$ 为 $S(r,f)$.

由于在式(2.4)中 $\overline{N}(r,f)\leqslant T(r,f)$,所以如果 $\underline{d}(P)\geqslant 2$,则从定理2.4立即推出:

推论2.5 设 $f(z)$ 为一超越亚纯函数并设 $P(z)$ 由式(2.1)定义. 如果 $P(z)$ 非为常数并且 $\underline{d}(P)\geqslant 2$,则有

$$T(r,f)\leqslant\frac{\underline{d}(P)}{\underline{d}(P)-1}N\left(r,\frac{1}{f}\right)+\frac{1}{\underline{d}(P)-1}\overline{N}\left(r,\frac{1}{P-1}\right)$$
$$-\frac{1}{\underline{d}(P)-1}N_0\left(r,\frac{1}{P'}\right)+S(r,f).\qquad(2.8)$$

当 $\underline{d}(P)=1$ 时，上述推论方法不再适用．这是一个颇有兴趣的研究问题．在微分多项式 P 为线性的特别情形，可参阅论文[37].

2.2 其它定理

可能会想到，在定理2.2中，我们能否将 $N\left(r,\frac{1}{f}\right)$ 换为 $N(r,f)$ 并证明具有下述形式的一个不等式：

$$T(r,f)\leqslant AN(r,f)+B\overline{N}\left(r,\frac{1}{f^{(l)}-1}\right)+S(r,f),$$

其中 A 及 B 为正常数. 这是不可能的. 事实上，考虑整函数 $f(z)=e^z+\frac{z^l}{l!}$. 我们有

$$f^{(l)}(z)-1=(e^z+1)-1=e^z,$$

所以 $N(r,f)$ 和 $\overline{N}(r,1/(f^{(l)}-1))$ 均恒等于零. 不过我们有下面的定理[26]：

定理2.6 设 $f(z)$ 为一超越亚纯函数并设 $a\neq 0$ 为一复数. 则下列三个结论成立：

1° 若 $n\geqslant 3$ 为一正整数，则有

$$T(r,f)\leqslant\frac{2}{n-2}\overline{N}\left(r,\frac{1}{f^nf'-a}\right)+S(r,f).$$

2° $$T(r,f)\leqslant\overline{N}(r,f)+2\overline{N}\left(r,\frac{1}{f^2f'-a}\right)+S(r,f).$$

3° $$T(r,f)\leqslant 5\overline{N}(r,f)+4N\left(r,\frac{1}{ff'-a}\right)+S(r,f).$$

为了证明这个定理我们需要以下两个引理.

引理2.7 设 $f(z)$ 为一非常数亚纯函数并设 $P(z)$ 及 $Q(z)$ 为 $f(z)$ 的两个微分多项式：

$$P(z)=\sum_{k=1}^{\lambda}a_k(z)\prod_{j=0}^{p}\{f^{(j)}(z)\}^{s_{kj}},$$

$$Q(z)=\sum_{k=1}^{\mu}b_k(z)\prod_{j=0}^{q}\{f^{(j)}(z)\}^{t_{kj}},$$

其中 $a_k(z)$ 及 $b_k(z)$ 为亚纯函数满足条件：

$$m(r,a_k)=S(r,f),\qquad m(r,b_k)=S(r,f),\qquad(2.9)$$

并且 s_{kj} 及 t_{kj} 为非负整数．如果对于一个整数 $n \geqslant 0$ 有

$$\{f(z)\}^n P(z) \equiv Q(z), \qquad \bar{d}(Q) \leqslant n,$$

则有 $m(r, P) = S(r, f)$．

这个引理来自 Clunie 的工作[13]．在它的原来的证明中假定了 $a_k(z)$ 及 $b_k(z)$ 满足较强的条件．

$$T(r, a_k) = S(r, f), \qquad T(r, b_k) = S(r, f)$$

(参阅[23])，但从证明的过程来看只需要满足条件(2.9)．

引理2.8 设 $f(z)$ 为一亚纯函数并且 $k \geqslant 1$ 为一整数．如果 $f^{(k)}(z) \not\equiv 0$，则有

$$N\left(r, \frac{1}{f^{(k)}}\right) \leqslant k\bar{N}(r, f) + N\left(r, \frac{1}{f}\right) + S(r, f). \quad (2.10)$$

证 我们有

$$m(r, f^{(k)}) \leqslant m(r, f) + m\left(r, \frac{f^{(k)}}{f}\right) = m(r, f) + S(r, f),$$

$$m\left(r, \frac{1}{f}\right) \leqslant m\left(r, \frac{1}{f^{(k)}}\right) + m\left(r, \frac{f^{(k)}}{f}\right) = m\left(r, \frac{1}{f^{(k)}}\right) + S(r, f).$$

故有

$$\begin{aligned}
& m\left(r, \frac{1}{f}\right) + N\left(r, \frac{1}{f^{(k)}}\right) \\
& \leqslant T\left(r, \frac{1}{f^{(k)}}\right) + S(r, f) \\
& = T(r, f^{(k)}) + S(r, f) \\
& = m(r, f^{(k)}) + N(r, f) + k\bar{N}(r, f) + S(r, f) \\
& \leqslant T(r, f) + k\bar{N}(r, f) + S(r, f) \\
& = T\left(r, \frac{1}{f}\right) + k\bar{N}(r, f) + S(r, f).
\end{aligned}$$

从两边消去 $m\left(r, \frac{1}{f}\right)$ 即得不等式(2.10)．

现在证明定理2.6．设 $n \geqslant 1$ 为一整数并令

$$F = f^n f' - a, \qquad g = \frac{F'}{F}. \quad (2.11)$$

则易知有

$$f^n P = ag. \tag{2.12}$$

其中

$$P = gf' - n\frac{f'}{f}f' - f''. \tag{2.13}$$

由式(2.13)，若 z_0 为 P 的一个极点，则 z_0 为 f 的一个极点，或为 f 的一个单零点，或为 F 的一个零点. 另一方面，由式(2.11)，若 z_0 为 f 的一个极点，则 z_0 为 g 的一个单极点，故 z_0 非为 P 的极点. 故由式(2.11)及(2.12)，有

$$N(r, P) \leqslant N_{1)}\left(r, \frac{1}{f}\right) + \overline{N}\left(r, \frac{1}{F}\right), \tag{2.14}$$

其中关于 $N_{1)}\left(r, \frac{1}{f}\right)$ 只考虑 f 的单零点. 由式(2.11)，有

$$m(r, g) = S(r, F),$$

又根据前面已经得到的一个结果，知 $S(r, F)$ 为 $S(r, f)$. 故由式(2.12)，可应用引理2.7. 得

$$m(r, P) = S(r, f),$$

然后结合式(2.14)，得

$$T(r, P) \leqslant N_{1)}\left(r, \frac{1}{f}\right) + \overline{N}\left(r, \frac{1}{F}\right) + S(r, f). \tag{2.15}$$

由式(2.11)及(2.12)，显然 $P \not\equiv 0$，故有

$$f^n = \frac{ag}{P},$$

$$\begin{aligned} nT(r, f) &\leqslant T(r, g) + T(r, P) + h \\ &\leqslant N(r, g) + N_{1)}\left(r, \frac{1}{f}\right) + \overline{N}\left(r, \frac{1}{F}\right) + S(r, f) \\ &= \overline{N}(r, f) + N_{1)}\left(r, \frac{1}{f}\right) + 2\overline{N}\left(r, \frac{1}{F}\right) + S(r, f). \end{aligned}$$

根据此不等式，当 $n \geqslant 3$ 及 $n = 2$ 时，即分别得定理 2.6 中的结论 1° 及 2°. 为了得出结论 3°，设 $n = 1$，则有

$$T(r, f) \leqslant \overline{N}(r, f) + N_{1)}\left(r, \frac{1}{f}\right) + 2\overline{N}\left(r, \frac{1}{F}\right) + S(r, f) \tag{2.16}$$

及

$$F = ff' - a. \tag{2.17}$$

对 F 求两次导数，得

$$F' = ff'' + f'^2, \tag{2.18}$$

$$F'' = 3f'f'' + ff'''. \tag{2.19}$$

令

$$q = \frac{F''}{F'}, \tag{2.20}$$

则有

$$3f'f'' + ff''' = q(ff'' + f'^2), \tag{2.21}$$

将此式写为

$$\frac{f''' - qf''}{f'} = \frac{qf' - 3f''}{f} = h, \tag{2.22}$$

则

$$f''' - qf'' = hf', \tag{2.23}$$

$$qf' - 3f'' = hf. \tag{2.24}$$

将式(2.24)的两边求导数，得

$$q'f' + qf'' - 3f''' = h'f + hf'. \tag{2.25}$$

现在从式(2.23),(2.24)及(2.25)中消去 f'' 和 f'''. 先从式(2.23)及(2.25)得

$$q'f' - 2qf'' = h'f + 4hf'. \tag{2.26}$$

然后从式(2.24)及(2.26)得

$$(3h' - 2qh)f = (3q' - 2q^2 - 12h)f'. \tag{2.27}$$

现在分两种情形讨论：

1) $3q' - 2q^2 - 12h \equiv 0$. 在此情形，有

$$3h' - 2qh \equiv 0. \tag{2.28}$$

另一方面，有

$$3q'' - 4qq' - 12h' = 0. \tag{2.29}$$

由式(2.28)及(2.29)，得

$$8qh = 12h' = 3q'' - 4qq',$$

故有

$$\frac{1}{12}(3q' - 2q^2) = \frac{1}{8q}(3q'' - 4qq'),$$

所以

$$4q^3 = 18qq' - 9q''. \tag{2.30}$$

下面我们证明函数 q 无极点. 事实上,假定 q 有一极点 z_0. 根据式(2.20),z_0 为 F' 的一个零点或极点. 故在 z_0 的邻域内,有

$$F' = (z - z_0)^n \varphi(z),$$

其中 $n \neq 0$ 为一整数并且 $\varphi(z)$ 在 z_0 的邻域内为全纯,使 $\varphi(z_0) \neq 0$. 故有

$$q = \frac{F''}{F'} = \frac{n}{z - z_0} + \psi(z),$$

$$q' = \frac{-n}{(z - z_0)^2} + \psi'(z),$$

$$q'' = \frac{2n}{(z - z_0)^3} + \psi''(z),$$

其中 $\psi(z)$ 在 z_0 的邻域内为全纯. 然后由式(2.30),得

$$4n^3 = -18n^2 - 18n.$$

因为 $n \neq 0$, 所以

$$2n^2 = -9(n + 1).$$

显然必须有 $n < 0$. 故 $n = -3$. 这隐含 z_0 为 F 的一个 2 阶极点. 但从式(2.17),F 的极点的阶不小于3,故发生矛盾. 更进一步,我们证明 q 为一常数. 事实上,假定 q 非为常数. 将式(2.30) 写为

$$q^2(4q) = 18qq' - 9q'',$$

并应用引理2.7,得

$$m(r, q) = S(r, q).$$

但 q 无极点,故有

$$T(r, q) = S(r, q),$$

这是不可能的. 所以 q 为常数:

$$q = c.$$

故由式(2.20),得

$$F' = be^{cz},$$

其中 b 及 c 为不等于零的常数. 然后由式(2.17),得

$$(f^2)'' = 2be^{cz},$$

$$f^2 = b'e^{cz} + c_1z + c_2,\quad b' \neq 0. \tag{2.31}$$

下面我们证明

$$c_1z + c_2 \equiv 0. \tag{2.32}$$

事实上,假定 $c_1z + c_2 \not\equiv 0$. 则由式(2.31)并根据一个已知的定理(参阅[4]),有

$$\begin{aligned}2T(r, f) &\leqslant T(r, e^{cz}) + \log r + k\\ &\leqslant \overline{N}(r, e^{cz}) + \overline{N}\left(r, \frac{1}{e^{cz}}\right)\\ &\quad + \overline{N}\left(r, \frac{1}{e^{cz} + \frac{1}{b'}(c_1z + c_2)}\right) + S(r, e^{cz}),\end{aligned}$$

故有

$$2T(r, f) \leqslant \overline{N}\left(r, \frac{1}{f}\right) + S(r, e^{cz}),$$

$$T(r, f) \leqslant S(r, e^{cz}). \tag{2.33}$$

但另一方面,由式(2.31),有

$$T(r, e^{cz}) \leqslant 2T(r, f) + \log r + k'. \tag{2.34}$$

由式(2.33)及(2.34)导出矛盾,故式(2.32)成立并有

$$f^2 = b'e^{cz}.$$

此式隐含 f 无零点和极点,故由式(2.16),得

$$T(r, f) \leqslant 2\overline{N}\left(r, \frac{1}{F}\right) + S(r, f).$$

这证明了在情形1),定理2.6中的结论3°成立.

现在考虑第二种情形:

2) $3q' - 2q^2 - 12h \not\equiv 0$. 根据式(2.20),有

$$m(r, q) = S(r, F').$$

又根据式(2.16)和前面已得到的一个结果, $S(r, F')$ 为 $S(r, f)$.所以

$$m(r, q) = S(r, f). \tag{2.35}$$

又从式(2.22),有

$$m(r, h) \leqslant m\left(r, \frac{f'}{f}\right) + m\left(r, \frac{f''}{f}\right) + m(r, q) + k,$$

故有

$$m(r, h) = S(r, f). \tag{2.36}$$

现在证明也有

$$m(r, q') = S(r, f). \tag{2.37}$$

事实上,如果 q 为常数,这是显然的. 如果 q 非为常数,则有

$$m(r, q') \leqslant m(r, q) + S(r, q).$$

所以只需证明 $S(r, q)$ 为 $S(r, f)$. 我们有

$$\begin{aligned} N(r, q) &\leqslant N(r, F') + N\left(r, \frac{1}{F'}\right) \leqslant 2T(r, F') + k' \\ &\leqslant 12T(r, f) + S(r, f). \end{aligned} \tag{2.38}$$

由式(2.35) 及(2.38),得

$$T(r, q) \leqslant 12T(r, f) + S(r, f).$$

由此即知 $S(r, q)$ 为 $S(r, f)$. 根据式(2.35),(2.36)及(2.37),得

$$\begin{aligned} m(r, 3q' - 2q^2 - 12h) &\leqslant m(r, q') + 2m(r, q) + m(r, h) + k'' \\ &= S(r, f). \end{aligned} \tag{2.39}$$

另一方面,根据式(2.20)及(2.22),有

$$q = \frac{ff^{(3)} + 3f'f''}{ff'' + f'^2}, \qquad h = \frac{qf' - 3f''}{f}. \tag{2.40}$$

故有

$$h = \frac{f'f^{(3)} - 3f''^2}{ff'' + f'^2}. \tag{2.41}$$

经过计算,得

$$\begin{aligned} &(ff'' + f'^2)^2(3h' - 2qh) \\ &= f'\{3(ff'' + f'^2)f^{(4)} - 5(6f'f'' + ff^{(3)})f^{(3)} + 45(f'')^3\}. \end{aligned} \tag{2.42}$$

从式(2.27)及(2.42),得

$$3q' - 2q^2 - 12h$$
$$= \frac{f\{3(ff'' + f'^2)f^{(4)} - 5(6f'f'' + ff^{(3)})f^{(3)} + 45(f'')^3\}}{(ff'' + f'^2)^2}. \tag{2.43}$$

这个公式隐含 f 的每一个单零点是 $3q' - 2q^2 - 12h$ 的一个零点，故有

$$N_{1)}\left(r, \frac{1}{f}\right) \leqslant N\left(r, \frac{1}{3q' - 2q^2 - 12h}\right)$$
$$\leqslant T(r, 3q' - 2q^2 - 12h) + k_1,$$

然后根据式(2.39)，有

$$N_{1)}\left(r, \frac{1}{f}\right) \leqslant N(r, 3q' - 2q^2 - 12h) + S(r, f). \tag{2.44}$$

根据式(2.43)，$3q' - 2q^2 - 2h$ 的极点是 f 的极点或 $F' = ff'' + f'^2$ 的零点．考虑 f 的一个 m 阶极点 z_0. 则 z_0 为 F' 的一个 $2m + 2$ 阶极点，并且 z_0 最多是式(2.43) 的分子的一个 $4m + 6$ 阶的极点．因此，z_0 最多是 $3q' - 2q^2 - 12h$ 的一个2阶极点. 故有

$$N(r, 3q' - 2q^2 - 12h) \leqslant 2\overline{N}(r, f) + 2N\left(r, \frac{1}{F'}\right). \tag{2.45}$$

根据引理2.8有

$$N\left(r, \frac{1}{F'}\right) \leqslant \overline{N}(r, F) + N\left(r, \frac{1}{F}\right) + S(r, F).$$

由于

$$\overline{N}(r, F) = \overline{N}(r, f),$$

并且 $S(r, F)$ 为 $S(r, f)$，我们有

$$N\left(r, \frac{1}{F'}\right) \leqslant \overline{N}(r, f) + N\left(r, \frac{1}{F}\right) + S(r, f). \tag{2.46}$$

最后由式(2.44)，(2.45) 及(2.46)，得

$$N_{1)}\left(r, \frac{1}{f}\right) \leqslant 4\overline{N}(r, f) + 2N\left(r, \frac{1}{F}\right) + S(r, f). \tag{2.47}$$

然后代入式(2.16)，得

$$T(r, f) \leqslant 5\overline{N}(r, f) + 4N\left(r, \frac{1}{F}\right) + S(r, f).$$

这就是定理2.6中的结论3°.

现在给出定理2.6的一个推广，为此，需要下列引理：

引理2.9 设 $f(z)$ 为一超越亚纯函数，并设 $Q(z)=f^hP(z)$，其中 $h\geqslant 1$ 为一整数并且 $P(z)$ 由式(2.1)定义. 假定 $P(z)\not\equiv 0$. 则有

$$T(r,f)\leqslant\frac{1}{h}T(r,Q)-\frac{\underline{d}(P)}{h}m\left(r,\frac{1}{f}\right)+S(r,f).\quad(2.48)$$

这个引理的证明方法和引理2.3的证明方法相同. 首先根据引理2.3，有

$$\overline{d}(Q)m\left(r,\frac{1}{f}\right)\leqslant m\left(r,\frac{1}{Q}\right)+m\left(r,\frac{Q}{f^{\overline{d}(Q)}}\right)$$

$$\leqslant m\left(r,\frac{1}{Q}\right)+\{\overline{d}(Q)-\underline{d}(Q)\}m\left(r,\frac{1}{f}\right)$$

$$+S(r,f),$$

$$\underline{d}(Q)m\left(r,\frac{1}{f}\right)\leqslant m\left(r,\frac{1}{Q}\right)+S(r,f).$$

故有

$$\underline{d}(Q)T(r,f)\leqslant T(r,Q)+\underline{d}(Q)N\left(r,\frac{1}{f}\right)$$

$$-N\left(r,\frac{1}{Q}\right)+S(r,f).$$

由于 $\underline{d}(Q)=\underline{d}(P)+h$，易知为了得式(2.48)，只需证明

$$N\left(r,\frac{1}{Q}\right)\geqslant hN\left(r,\frac{1}{f}\right)-S(r,f).$$

为了证明这个不等式，我们只需注意，类似于式(1.93)，现在如果 z_0 是函数 $f(z)$ 的一个零点，则有

$$\Omega(Q,z_0)\geqslant h\Omega(f,z_0)-\sum_{k=1}^{n}\omega(a_k,z_0).$$

推论2.10 设 $f(z)$ 为一超越亚纯函数并设 $Q(z)=f^hP(z)$，其中 $h\geqslant 1$ 为一整数并且 $P(z)$ 由式(2.1)定义. 假定 $P(z)\not\equiv 0$ 并设 $a\neq 0$ 为一复数，则下列三个结论成立：

1° 若 $n \geqslant 3$ 为一正整数，则有

$$T(r, f) \leqslant \frac{2}{h(n-2)} \overline{N}\left(r, \frac{1}{Q^n Q' - a}\right) + S(r, f).$$

2° $T(r, f) \leqslant \frac{1}{h} \overline{N}(r, f) + \frac{2}{h} \overline{N}\left(r, \frac{1}{Q^2 Q' - a}\right) + S(r, f).$

3° $T(r, f) \leqslant \frac{5}{h} \overline{N}(r, f) + \frac{4}{h} N\left(r, \frac{1}{QQ' - a}\right) + S(r, f).$

证 首先由式(2.48)，有

$$T(r, f) \leqslant \frac{1}{h} T(r, Q) + S(r, f). \tag{2.49}$$

此式表示函数 $Q(z)$ 是超越的，故根据定理2.6，下列三个结论成立：

1) 若 $n \geqslant 3$ 为一正整数，则有

$$T(r, Q) \leqslant \frac{2}{n-2} \overline{N}\left(r, \frac{1}{Q^n Q' - a}\right) + S(r, Q).$$

2) $T(r, Q) \leqslant \overline{N}(r, Q) + 2\overline{N}\left(r, \frac{1}{Q^2 Q' - a}\right) + S(r, Q).$

3) $T(r, Q) \leqslant 5\overline{N}(r, Q) + 4N\left(r, \frac{1}{QQ' - a}\right) + S(r, Q).$

从这三个不等式和不等式(2.49)，并注意

$$\overline{N}(r, Q) \leqslant \overline{N}(r, f) + \sum_{k=1}^{n} N(r, a_k)$$

以及根据前面已经得到的一个结果，$S(r, Q)$ 为 $S(r, f)$，即得出推论2.11中三个结论.

定义2.1 设 $f(z)$ 为一超越亚纯函数并设 $P(z)$ 由式(2.1)定义. 我们引进符号：

$$w(P) = \max_{1 \leqslant k \leqslant n} \left(\sum_{j=0}^{q} (j+1) S_{kj} \right). \tag{2.50}$$

显然

$$\overline{d}(P) \leqslant w(P) \leqslant (q+1)\overline{d}(P), \tag{2.51}$$

其中 $\overline{d}(P)$ 由式(1.83)定义.

我们有下面的定理[11]：

定理2.11 设 $f(z)$ 为一超越亚纯函数并设 $P(z)$ 由式(2.1)

定义. 设 u 和 v 为二正整数满足

$$u \geqslant 3, \qquad (u-2)v-\left(2-\frac{3}{u}\right)w(P)>0. \tag{2.52}$$

并设 $b_i(z)(i=0, 1, \cdots, v-1)$ 为亚纯函数满足

$$T(r, b_i)=S(r, f), \quad i=0, 1, \cdots, v-1. \tag{2.53}$$

令

$$g=(f^v+b_{v-1}f^{v-1}+\cdots+b_0)^u, \quad F=Pg. \tag{2.54}$$

若 $P(z)\not\equiv 0$ 并且 $\varphi(z)\not\equiv 0$ 为一亚纯函数满足

$$T(r, \varphi)=S(r, f), \tag{2.55}$$

则有

$$T(r, f)<\frac{1}{(u-2)v-\left(2-\dfrac{3}{u}\right)w(P)}\overline{N}\left(r, \frac{1}{F-\varphi}\right)+S(r, f). \tag{2.56}$$

在这个定理的证明中我们将用符号 $\omega(f, z_0)$. 这个符号在 §1 和本节中已经用过几次. 在 §1 我们给出了这个符号的定义. 容易看出它有下列性质:

1° 设 $f_j(z)(j=1, 2, \cdots, n)$ 为有穷个亚纯函数. 则有

$$\omega\left(\sum_{j=1}^{n}f_j, z_0\right)\leqslant \max_{1\leqslant j\leqslant n}\omega(f_j, z_0),$$

$$\omega\left(\prod_{j=1}^{n}f_j, z_0\right)\leqslant \sum_{j=1}^{n}\omega(f_j, z_0).$$

2° 设 $\overline{\omega}(f, z_0)$ 定义为1或0, 按照 z_0 为 $f(z)$ 的极点或否, 则有

$$\omega(f^{(m)}, z_0)=\omega(f, z_0)+m\overline{\omega}(f, z_0),$$

其中 $f^{(m)}$ 为 f 的 m 阶导数.

此外, 为了证明定理2.11, 我们需要以下几个引理.

引理2.12 设 $f(z)$ 为一超越亚纯函数并且 $q\geqslant 1$ 为一整数. 设 $\alpha_j(z)(j=0, 1, \cdots, q-1)$ 为亚纯函数, 满足条件:

$$m(r, \alpha_j)=S(r, f), \quad j=0, 1, \cdots, q-1. \tag{2.57}$$

则有

$$qm(r, f) = m(r, f^q + \alpha_{q-1}f^{q-1} + \cdots + \alpha_0) + S(r, f). \quad (2.58)$$

证 令 $\varphi = f^q + \alpha_{q-1}f^{q-1} + \cdots + \alpha_0$. 固定 $r > 0$,先将区间 $0 \leqslant \theta \leqslant 2\pi$ 分为两部分 $E_i(i = 1, 2)$:

$$E_1: \{\theta | 0 \leqslant \theta \leqslant 2\pi, |f(re^{i\theta})| \geqslant 1\},$$

$$E_2: \{\theta | 0 \leqslant \theta \leqslant 2\pi, |f(re^{i\theta})| < 1\}.$$

若 $\theta \in E_1$, 则有

$$|\varphi| \leqslant |f|^q(1 + |\alpha_{q-1}| + \cdots + |\alpha_0|).$$

故有

$$\int_{E_1} \overset{+}{\log} |\varphi| d\theta \leqslant q\int_{E_1} \overset{+}{\log} |f| d\theta + \sum_{j=0}^{q-1}\int_{E_1} \overset{+}{\log} |\alpha_j| d\theta$$
$$+ (\text{mes}E_1) \log(q + 1).$$

显然

$$\int_{E_2} \overset{+}{\log} |\varphi| d\theta \leqslant \sum_{j=0}^{q-1}\int_{E_2} \overset{+}{\log} |\alpha_j| d\theta$$
$$+ (\text{mes}E_2) \log(q + 1),$$

故有

$$m(r, \varphi) \leqslant qm(r, f) + \sum_{j=0}^{q-1} m(r, \alpha_j) + \log(q + 1). \quad (2.59)$$

现在将区间 $0 \leqslant \theta \leqslant 2\pi$ 分为两部分 $H_i(i = 1, 2)$:

$$H_1: \{\theta | 0 \leqslant \theta \leqslant 2\pi, |f(re^{i\theta})| \geqslant \max\left(1, 2\sum_{j=0}^{q-1} |\alpha_j(re^{i\theta})|\right)\},$$

$$H_2: \{\theta | 0 \leqslant \theta \leqslant 2\pi, |f(re^{i\theta})| < \max\left(1, 2\sum_{j=0}^{q-1} |\alpha_j(re^{i\theta})|\right)\}.$$

若 $\theta \in H_1$, 则有

$$|\varphi| \geqslant |f|^q\left\{1 - \frac{1}{|f|}(|\alpha_{q-1}| + \cdots + |\alpha_0|)\right\} \geqslant \frac{1}{2}|f|^q,$$

故有

$$q\int_{H_1} \overset{+}{\log} |f| d\theta \leqslant \int_{H_1} \overset{+}{\log} |\varphi| d\theta + (\text{mes}H_1)\log 2.$$

显然

$$\int_{H_2} \overset{+}{\log} |f| d\theta \leqslant \sum_{j=0}^{q-1} \int_{H_2} \overset{+}{\log} |\alpha_j| d\theta + (\text{mes} H_2) \log 4q,$$

故有

$$qm(r, f) \leqslant m(r, \varphi) + q \sum_{j=0}^{q-1} m(r, \alpha_j) + q\log 4q. \quad (2.60)$$

根据条件(2.57)，由式(2.59)及(2.60)即得式(2.58).

关于引理2.12参阅文献[36].

引理2.13 设 $f(z)$ 为一超越亚纯函数并设 $P(z)$ 由式(2.1)定义. 则有

$$m(r, P) \leqslant \overline{d}(P) m(r, f) + S(r, f), \quad (2.61)$$

$$N(r, P) \leqslant w(P) N(r, f) + S(r, f). \quad (2.62)$$

证 为了证明式(2.61)，分两种情形讨论. 若微分多项式 P 为齐次的，则根据引理2.8，有

$$m(r, P) \leqslant m(r, f^{\overline{d}(P)}) + m\left(r, \frac{P}{f^{\overline{d}(P)}}\right)$$

$$\leqslant \overline{d}(P) m(r, f) + S(r, f).$$

若微分多项式 P 为非齐次的，则 P 具有形式(1.84). 令

$$\beta_i = \frac{P_i}{f^{d_i}}, \quad i = 1, 2, \cdots, h.$$

则

$$P = \sum_{i=1}^{h} \beta_i f^{d_i}, \quad m(r, \beta_i) \leqslant S(r, f), \quad i = 1, 2, \cdots, h. \quad (2.63)$$

所以只需证明，具有形式(2.63)的 f 的多项式，有

$$m(r, P) \leqslant d_h m(r, f) + S(r, f). \quad (2.64)$$

当 $h = 1$ 时，这是显然的. 假定式(2.64)对于一个正整数 h 成立. 则对于 $h + 1$，有

$$P = f^{d_1}\left(\beta_1 + \sum_{i=2}^{h+1} \beta_i f^{d_i - d_1}\right),$$

$$m(r, P) \leqslant d_1 m(r, f) + m(r, \beta_1) + m\left(r, \sum_{i=2}^{h+1} \beta_i f^{d_i - d_1}\right) + \log 2$$

$$\leqslant d_1 m(r, f) + (d_{h+1} - d_1) m(r, f) + S(r, f)$$

$$= d_{h+1}m(r, f) + S(r, f).$$

故对于 $h+1$，式(2.64)仍成立.

现在证明式(2.62). 为此我们先证明对于任意一点 z_0，有

$$\omega(P, z_0) \leqslant \omega(P)\omega(f, z_0) + \sum_{k=1}^{n}\omega(a_k, z_0). \qquad (2.65)$$

事实上根据符号 $\omega(f, z_0)$ 的性质，有

$$\omega(P, z_0) \leqslant \max_{1\leqslant k\leqslant n}\omega\left(a_k\prod_{j=0}^{q}(f^{(j)})^{s_{kj}}, z_0\right), \qquad (2.66)$$

$$\omega\left(a_k\prod_{j=0}^{q}(f^{(j)})^{s_{kj}}, z_0\right) \leqslant \omega(a_k, z_0) + \sum_{j=0}^{q}s_{kj}\omega(f^{(j)}, z_0), \qquad (2.67)$$

$$\begin{aligned}\sum_{j=0}^{q}s_{kj}\omega(f^{(j)}, z_0) &= \sum_{j=0}^{q}s_{kj}\{\omega(f, z_0) + j\bar{\omega}(f, z_o)\}\\ &\leqslant \sum_{j=0}^{q}(j+1)s_{kj}\omega(f, z_0)\\ &\leqslant \omega(P)\omega(f, z_0). \qquad (2.68)\end{aligned}$$

由式(2.66),(2.67),(2.68)即得式(2.65).

考虑一圆 $c: |z| \leqslant r$ 并设 E 为 c 中满足下列条件的点 z_0 所成的集合：z_0 最少是函数 $P, f, a_k(k=1, 2, \cdots, n)$ 中的一个的极点. 将式(2.65) 的两边对于 E 求和，得

$$n(r, P) \leqslant w(P)n(r, f) + \sum_{k=1}^{n}n(r, a_k).$$

根据这个不等式及条件(2.2)即得式(2.62).

引理2.14 设 $f(z)$ 为一超越亚纯函数并且 $g(z)$ 为在式(2.54)中定义的亚纯函数. 则对于任意一点 z_0，有

$$uv\omega(f, z_0) \leqslant \omega(g, z_0) + uv\sum_{i=P}^{v-1}\omega(b_i, z_0).$$

证 令 $\psi = f^v + b_{v-1}f^{v-1} + \cdots + b_0$. 由于

$$\omega(g, z_0) = u\omega(\psi, z_0),$$

故只需证明

$$v\omega(f, z_0) \leqslant \omega(\psi, z_0) + v\sum_{i=0}^{v-1}\omega(b_i, z_0). \qquad (2.69)$$

如果 z_0 不是 f 的一个极点，式(2.69)是显然的．假定 z_0 是 f 的一个 m 阶极点，分两种情形证明：

1) $\omega(b_{v-1}f^{v-1}+\cdots+b_0, z_0)<vm$. 则 z_0 为 ψ 的一个 vm 阶极点，故有 $v\omega(f, z_0)=\omega(\psi, z_0)$.

2) $\omega(b_{v-1}f^{v-1}+\cdots+b_0, z_0)\geqslant vm$. 则存在一整数 $i(0\leqslant i\leqslant v-1)$ 使 $\omega(b_if^i, z_0)\geqslant vm$. 故有

$$\omega(b_i, z_0)+im\geqslant vm,\quad \omega(f, z_0)\leqslant\omega(b_i, z_0).$$

所以在上述两种情形下，式(2.69)均成立．

现在证明定理2.11. 考虑由式(2.54)定义的亚纯函数．我们有

$$m(r, F)\leqslant m(r, P)+m(r, g).$$

根据引理2.13及2.12有

$$m(r, P)\leqslant\overline{d}(P)m(r, f)+S(r, f),$$

$$m(r, g)=um(r, f^v+b_{v-1}f^{v-1}+\cdots+b_0)$$

$$\leqslant uvm(r, f)+S(r, f),$$

故有

$$m(r, F)\leqslant(\overline{d}(P)+uv)m(r, f)+S(r, f).$$

类似地，也有

$$N(r, F)\leqslant(w(P)+uv)N(r, f)+S(r, f).$$

所以有

$$T(r, F)\leqslant(w(P)+uv)T(r, f)+S(r, f).\quad(2.70)$$

另一方面，根据恒等式

$$f^{\overline{d}}g=\frac{f^{\overline{d}}}{P}F,\quad \overline{d}=\overline{d}(P),$$

由引理2.12得

$$(\overline{d}+uv)m(r, f)=m\left(r, \frac{f^{\overline{d}}}{P}F\right)+S(r, f)$$

$$\leqslant m(r, F)+m\left(r, \frac{f^{\overline{d}}}{P}\right)+S(r, f)$$

$$=m(r, F)+m\left(r, \frac{P}{f^{\overline{d}}}\right)+N\left(r, \frac{P}{f^{\overline{d}}}\right)$$

$$-N\left(r,\frac{f^d}{P}\right)+S(r,f).$$

应用引理2.3又得

$$\begin{aligned}(\bar{d}+uv)m(r,f)\leqslant & m(r,F)+\bar{d}m\left(r,\frac{1}{f}\right)+N(r,P)\\ & -N\left(r,\frac{1}{P}\right)+\bar{d}\left\{N\left(r,\frac{1}{f}\right)-N(r,f)\right\}\\ & +S(r,f)\\ = & m(r,F)+\bar{d}m(r,f)+N(r,P)\\ & -N\left(r,\frac{1}{P}\right)+S(r,f),\end{aligned}$$

故有

$$\begin{aligned}uvm(r,f)\leqslant & m(r,F)+N(r,P)\\ & -N\left(r,\frac{1}{P}\right)+S(r,f).\end{aligned}\qquad(2.71)$$

关于 $N(r,f)$,首先从引理2.14推出

$$uvN(r,f)\leqslant N(r,g)+S(r,f),$$

然后根据恒等式 $g=F/P$,得

$$uvN(r,f)\leqslant N(r,F)+N\left(r,\frac{1}{P}\right)+S(r,f).\quad(2.72)$$

由(2.71)及(2.72)得

$$uvT(r,f)\leqslant T(r,F)+N(r,P)+S(r,f),$$

再根据引理2.13,最后得

$$(uv-w(P))T(r,f)\leqslant T(r,F)+S(r,f).\quad(2.73)$$

式(2.70)及(2.73)隐含下列事实:如果一个实函数 $\psi(r)$ 满足 $\psi(r)=S(r,F)$,则 $\psi(r)=S(r,f)$,并且反过来也对.

现在考虑函数 $P(z)$ 的零点所成的集合,它可以分为四个子集合 $\sigma_j(j=1,2,3,4)$ 如下:

$$\sigma_1=\{z\,|\,P(z)=0,\ f(z)\neq\infty\},$$

$$\sigma_2=\{z\,|\,P(z)=0,\ f(z)=\infty,\ F(z)=0\},$$

$$\sigma_3=\{z\,|\,P(z)=0,\ f(z)=\infty,\ F(z)=\infty\},$$

$$\sigma_4 = \{z \mid P(z) = 0,\ f(z) = \infty,\ F(z) \neq 0,\ \infty\}.$$

然后对于每一个 σ_j 引进一个符号 $\Omega_j(z_0)$，其定义为：若 $z_0 \in \sigma_j$，则 $\Omega_j(z_0)$ 为 $P(z)$ 的零点 z_0 的阶；若 $z_0 \notin \sigma_j$，则 $\Omega_j(z_0) = 0$. 借助这个定义，我们证明以下两个不等式对于任意一点 z_0 是对的.

$$uv\overline{\omega}(F,\ z_0) \leqslant \omega(F,\ z_0) + \Omega_3(z_0) + uv\left\{\sum_{i=0}^{v-1}\omega(b_i,\ z_0) + \sum_{k=1}^{n}\omega(a_k,\ z_0)\right\}, \tag{2.74}$$

$$u\overline{\omega}\left(\frac{1}{F},\ z_0\right) \leqslant \omega\left(\frac{1}{F},\ z_0\right) + (u-1)\{\Omega_1(z_0) + \Omega_2(z_0)\} + w(P)\sum_{i=0}^{v-1}\omega(b_i,\ z_0) + \sum_{k=1}^{n}\omega(a_k,\ z_0). \tag{2.75}$$

若 z_0 不是 F 的极点，式(2.74)是显然的. 若 z_0 是 F 的极点，分两种情形：

1) z_0 不是 f 的极点，则 z_0 最少是函数 $b_i(i = 0,\ 1,\ \cdots,\ v-1)$ 和 $a_k(k = 1,\ 2,\ \cdots,\ n)$ 之中的一个的极点，故有

$$uv \leqslant uv\left\{\sum_{i=0}^{v-1}\omega(b_i,\ z_0) + \sum_{k=1}^{n}\omega(a_k,\ z_0)\right\}.$$

2) z_0 是 f 的一个极点. 则根据引理2.14，有

$$uv \leqslant uv\omega(f,\ z_0) \leqslant \omega(g,\ z_0) + uv\sum_{i=0}^{v-1}\omega(b_i,\ z_0)$$
$$\leqslant \omega(F,\ z_0) + \Omega_3(z_0) + uv\sum_{i=0}^{v-1}\omega(b_i,\ z_0).$$

所以在这两种情形，式(2.74)都成立. 类似地，设 z_0 是 F 的一个零点并分三种情形：

1) z_0 为 g 的零点并为 P 的一个极点，则根据式(2.65)及引理2.14有

$$u \leqslant \omega\left(\frac{1}{g},\ z_0\right) \leqslant \omega\left(\frac{1}{F},\ z_0\right) + \omega(P,\ z_0)$$
$$\leqslant \omega\left(\frac{1}{F},\ z_0\right) + w(P)\omega(f,\ z_0) + \sum_{k=1}^{n}\omega(a_k,\ z_0)$$

$$\leqslant \omega\left(\frac{1}{F}, z_0\right) + w(P)\sum_{i=0}^{v-1}\omega(b_i, z_0) + \sum_{k=1}^{n}\omega(a_k, z_0).$$

2) z_0 为 g 的零点并非为 P 的极点，则

$$u \leqslant \omega\left(\frac{1}{F}, z_0\right).$$

3) z_0 非为 g 的零点，则 z_0 为 P 的零点并且

$$u \leqslant \omega\left(\frac{1}{F}, z_0\right) + (u-1)\{\Omega_1(z_0) + \Omega_2(z_0)\}.$$

所以式(2.75)在每一种情形均成立.

现在对每一 $j(1 \leqslant j \leqslant 4)$，引进符号 $n_j(r)$，它表示 P 在集合 $\sigma_j \cap (|z| \leqslant r)$ 上的零点的个数(按重阶计算)，并令

$$N_j(r) = \int_0^r \frac{n_j(t) - n_j(0)}{t}dt + n_j(0)\log r.$$

则

$$N\left(r, \frac{1}{P}\right) = \sum_{j=1}^{4} N_j(r). \tag{2.76}$$

由式(2.74)及(2.75)，我们分别得出两个不等式：

$$uv\overline{N}(r, F) \leqslant N(r, F) + N_3(r) + S(r, f), \tag{2.77}$$

$$u\overline{N}\left(r, \frac{1}{F}\right) \leqslant N\left(r, \frac{1}{F}\right) + (u-1)\{N_1(r) + N_2(r)\} + S(r, f). \tag{2.78}$$

考虑一个亚纯函数 $\varphi(z) \not\equiv 0$ 满足条件(2.55). 根据以上得到的一个结果，有 $T(r, \varphi) = S(r, F)$. 所以可以应用一个已知的定理[30, 4]，得

$$T(r, F) < \overline{N}(r, F) + \overline{N}\left(r, \frac{1}{F}\right) + \overline{N}\left(r, \frac{1}{F-\varphi}\right) + S(r, f).$$

由式(2.77)，(2.78)及(2.76)，有

$$\overline{N}(r, F) + \overline{N}\left(r, \frac{1}{F}\right) \leqslant \frac{2}{u}T(r, F) + \frac{u-1}{u}N\left(r, \frac{1}{P}\right) + S(r, f),$$

故根据引理2.13，有

$$\begin{aligned}
T(r, F) &< \frac{u-1}{u-2}N\left(r, \frac{1}{P}\right) + \frac{u}{u-2}\overline{N}\left(r, \frac{1}{F-\varphi}\right) + S(r, f) \\
&\leqslant \frac{u-1}{u-2}T(r, P) + \frac{u}{u-2}\overline{N}\left(r, \frac{1}{F-\varphi}\right) + S(r, f) \\
&\leqslant \frac{u-1}{u-2}w(P)T(r, f) + \frac{u}{u-2}\overline{N}\left(r, \frac{1}{F-\varphi}\right) + S(r, f)
\end{aligned}$$

代入式(2.73)，最后得不等式(2.56).

从定理2.6的前两个结论立即推出 Hayman[22]的一个定理：

推论2.15 设 $f(z)$ 为一超越亚纯函数．则当整数 $n \geqslant 3$ 时，函数 $f(z)^n f'(z)$ 取每一非零有穷值无穷多次．若 $f(z)$ 为一超越整函数，则当 $n \geqslant 2$ 时，函数 $f(z)^n f'(z)$ 取每一非零有穷值无穷多次.

Clunie[14]证明了推论2.15的第二部分，当 $n=1$ 时，结论也是对的. Clunie 的这个结果从定理2.6的第三个结论也可立即推出.

Hayman[23]猜测推论2.15的第一部分当 $n=1, 2$ 时，结论也是对的．当 $n=2$ 时，这个问题已被 Mues[28]及 Steinmetz[33]解决. 但当 $n=1$ 时，这个问题尚未完全解决. 不过我们有下面的推论：

推论 2.16 设 $f(z)$ 为一超越亚纯函数．如果 $N\left(r, \frac{1}{f}\right) = S(r, f)$ 或 $\overline{N}(r, f) = S(r, f)$，则函数 $f(z)f'(z)$ 取每一非零有穷值无穷多次.

证 设 $a \neq 0$ 为一复数并在推论 2.5 中特别取 $P(z) = \frac{1}{a}ff'$，得

$$T(r, f) \leqslant 2N\left(r, \frac{1}{f}\right) + \overline{N}\left(r, \frac{1}{ff'-a}\right) + S(r, f). \quad (2.79)$$

显然推论2.16可由式(2.79)及定理2.6的第三个结论立即推出.

§3. Nevanlinna 的第二基本定理推广到小函数的情形

3.1 一般性定理

Nevanlinna[30]提出的将他的第二基本定理推广到小函数的情

形的问题曾先后被本章作者[3]、Frank 及 Weissenborn[19, 20]、Osgood[31, 32]及 Steinmetz[34]研究过．现在这个问题已经解决．Steinmetz 的证明最简单，在其中，他利用了 Wronskian：

$$P(f) = W(\beta_1, \beta_2, \cdots, \beta_{I'}, f\alpha_1, f\alpha_2, \cdots, f\alpha_I). \quad (3.1)$$

这是一种微分多项式，是作者[3]用过的 Wronskian$W(\psi_1, \psi_2, \cdots, \psi_p, f)$ 的一个推广．在本节中我们的主要目的是证明几个一般性定理[8]，它们特别隐含 Nevanlinna 的第二基本定理、本章作者[3]的一个结果和 Steinmetz 的定理．

在本节中除去常用的符号 $m(r, f)$，$N(r, f)$，$T(r, f)$，$\overline{N}(r, f)$ 外，还将用符号 $N_\lambda(r, f)$，定义如下：

定义3.1 设 $f(z)$ 为一亚纯函数并设 $\lambda \geqslant 1$ 为一数．对于 $f(z)$ 的每一极点 a 以 $\mu(a, f)$ 表示 a 的级．我们定义

$$n_\lambda(r, f) = \sum_{|a| \leqslant r} \min\{\mu(a, f), \lambda\},$$

其中右边是对于 $f(z)$ 在圆 $|z| \leqslant r$ 中的所有极点 a 求和，并定义

$$N_\lambda(r, f) = \int_0^r \frac{n_\lambda(t, f) - n_\lambda(o, f)}{t} dt + n_\lambda(o, f)\log r, \quad (3.2)$$

特别有

$$N_1(r, f) = \overline{N}(r, f).$$

注意在这个定义中 λ 不一定是整数．

现在我们说明 Wronskian(3.1)是如何定义的，我们采用的方式与 Steinmetz 所采用的略有不同．

设 $f(z)$ 为一超越亚纯函数并设 $\psi_k(z)(k = 1, 2, \cdots, p;\ p \geqslant 1)$ 为 p 线性无关的亚纯函数，满足条件：

$$T(r, \psi_k) = S(r, f), \qquad k = 1, 2, \cdots, p. \quad (3.3)$$

设 $\nu \geqslant 0$ 为一整数．以 $E_\nu(\psi_1, \psi_2, \cdots, \psi_p)$ 表示具有形式：

$$\prod_{k=1}^{p} \psi_k^{n_k} \left(n_k \geqslant 0 (k = 1, 2, \cdots, p) \text{ 为整数}, \sum_{k=1}^{p} n_k = \nu \right)$$

的亚纯函数所成之集和．设 $I = J\{E_\nu(\psi_1, \psi_2, \cdots, \psi_p)\}$ 为最大的正整数使得存在集和 $E_\nu(\psi_1, \psi_2, \cdots, \psi_p)$ 的 I 个线性无关的函数 $\alpha_j(z)(j = 1, 2, \cdots, I)$．再设 $I' = J\{E_{\nu+1}(\psi_1, \psi_2, \cdots, \psi_p)\}$ 并且

$\beta_j(z)(j=1,2,\cdots,I')$ 为集合 $E_{\nu+1}(\psi_1,\psi_2,\cdots,\psi_p)$ 的 I' 个线性无关的函数. 则式(3.1)即表示函数 $\beta_j(j=1,2,\cdots,I')$ 及 $f\alpha_j(j=1,2,\cdots,I)$ 的 Wronskian. 显然这些函数是线性无关的,故有

$$P(f)\not\equiv 0. \tag{3.4}$$

最后设

$$\varphi_j(z)=\sum_{k=1}^{p}c_{jk}\psi_k(z),\quad j=1,2,\cdots,q;\ q\geqslant 2 \tag{3.5}$$

为 $\psi_k(z)(k=1,2,\cdots,p)$ 的 q 个判别的常系数线性组合.

符号的定义如上,我们有下列两个一般性定理:

定理3.1 我们有

$$\sum_{j=1}^{q}m\left(r,\frac{1}{f-\varphi_j}\right)\leqslant T(r,f)+\frac{I'}{I}N(r,f)-\frac{1}{I}N\left(r,\frac{1}{P(f)}\right)+S(r,f) \tag{3.6}$$

及

$$\sum_{j=1}^{q}m\left(r,\frac{1}{f-\varphi_j}\right)\leqslant T(r,f)+\left(I'+\frac{I-1}{2}\right)\overline{N}(r,f)-\frac{1}{I}N\left(r,\frac{1}{P(f)}\right)+S(r,f). \tag{3.7}$$

定理3.2 定义

$$\lambda=I'+\frac{I-1}{2}, \tag{3.8}$$

$$l=\min\left\{\frac{I'}{I}\varlimsup_{r\to+\infty}\frac{N(r,f)}{T(r,f)},\quad \lambda\varlimsup_{r\to+\infty}\frac{\overline{N}(r,f)}{T(r,f)}\right\}, \tag{3.9}$$

$$l_1=\min\left\{\varlimsup_{r\to+\infty}\frac{\frac{I'}{I}N(r,f)-N_\lambda(r,f)}{T(r,f)},\ \varlimsup_{r\to+\infty}\frac{\lambda\overline{N}(r,f)-N_\lambda(r,f)}{T(r,f)}\right\}. \tag{3.10}$$

我们有

$$(q-1-l)T(r,f)\leqslant\sum_{j=1}^{q}N_\lambda\left(r,\frac{1}{f-\varphi_j}\right)+S(r,f) \tag{3.11}$$

及

$$(q-1-l_1)T(r,f)\leqslant\sum_{j=1}^{l}N_{\lambda}\left(r,\frac{1}{f-\varphi_j}\right)+N_{\lambda}(r,f)+S(r,f).\quad(3.12)$$

下面我们先给出定理3.1的证明. 为此我们需要先证明几个引理.

引理3.3 我们有

$$m\left\{r,\frac{1}{f^l}P(f)\right\}=S(r,f).\quad(3.13)$$

证 首先显然有

$$m(r,\alpha_j)=S(r,f),\ j=1,2,\cdots,I,$$

$$m(r,\beta_j)=S(r,f),\quad j=1,2,\cdots,I'.$$

其次我们有

$$\frac{1}{f^l}P(f)=\left(\prod_{j=1}^{I}\alpha_j\right)\left(\prod_{j=1}^{I'}\beta_j\right)\begin{vmatrix}1&\cdots&1&1&\cdots&1\\ \frac{\beta'_1}{\beta_1}&\cdots&\frac{\beta'_{I'}}{\beta_{I'}}&\frac{(f\alpha_1)'}{f\alpha_1}&\cdots&\frac{(f\alpha_I)'}{f\alpha_I}\\ \frac{\beta''_1}{\beta_1}&\cdots&\frac{\beta''_{I'}}{\beta_{I'}}&\frac{(f\alpha_1)''}{f\alpha_1}&\cdots&\frac{(f\alpha_I)''}{f\alpha_I}\\ \cdots&\cdots&\cdots&\cdots&\cdots&\cdots\\ \frac{\beta_1^{(h)}}{\beta_1}&\cdots&\frac{\beta_{I'}^{(h)}}{\beta_{I'}}&\frac{(f\alpha_1)^{(h)}}{f\alpha_1}&\cdots&\frac{(f\alpha_I)^{(h)}}{f\alpha_I}\end{vmatrix},\quad(3.14)$$

其中 $h=I+I'-1$. 我们已知如果 $g(z)$ 是一个非常数的亚纯函数,则对于任意整数 $n\geqslant1$, 有

$$m\left(r,\frac{g^{(n)}}{g}\right)=S(r,g),$$

所以容易看出行列式(3.14)的每一项 F 满足条件

$$m(r,F)=S(r,f).$$

故有式(3.13).

引理3.4 我们有

$$P(f-\varphi_j)=P(f),\ j=1,2,\cdots,q.\quad(3.15)$$

证

$$P(f-\varphi_j)=W(\beta_1,\beta_2,\cdots,\beta_{I'},f\alpha_1-\varphi_j\alpha_1,\cdots,f\alpha_I-\varphi_j\alpha_I)$$

$$
\begin{aligned}
&= W(\beta_1, \beta_2, \cdots, \beta_I', f\alpha_1, f\alpha_2 - \varphi_j\alpha_2, \cdots, \\
&\quad f\alpha_I - \varphi_j\alpha_I) \\
&\quad - W(\beta_1, \beta_2, \cdots, \beta_I', \varphi_j\alpha_1, f\alpha_2 - \varphi_j\alpha_2, \\
&\quad \cdots, f\alpha_I - \varphi_j\alpha_I).
\end{aligned}
$$

根据式(3.5)，有

$$
\varphi_j\alpha_1 = \sum_{k=1}^{p} c_{jk}\psi_k\alpha_1.
$$

由于 $\psi_k\alpha_1 \in E_{\nu+1}(\psi_1, \psi_2, \cdots, \psi_p)$，所以 $\psi_k\alpha_1$ 是 $\beta_j(j = 1, 2, \cdots, I')$ 的一个常系数的线性组合，故有

$$
W(\beta_1, \beta_2, \cdots, \beta_I', \varphi_j\alpha_1, f\alpha_2 - \varphi_j\alpha_2, \cdots, f\alpha_I - \varphi_j\alpha_I) = 0
$$

及

$$
\begin{aligned}
P(f - \varphi_j) = W(&\beta_1, \beta_2, \cdots, \beta_I', f\alpha_1, \\
& f\alpha_2 - \varphi_j\alpha_2, \cdots, f\alpha_I - \varphi_j\alpha_I).
\end{aligned}
$$

照这样继续下去，最后即得式(3.15).

引理3.5 我们有

$$
m\left\{r, \frac{1}{(f - \varphi_j)^I}P(f - \varphi_j)\right\} = S(r, f), \quad j = 1, 2, \cdots, q. \tag{3.16}
$$

证 从引理3.3的证明来看，显然只需证明

$$
T(r, \psi_k) = S(r, f - \varphi_j), \quad k = 1, 2, \cdots, p, \tag{3.17}
$$

$$
S(r, f - \varphi_j) = S(r, f). \tag{3.18}
$$

事实上，由于

$$
T(r, f) \leqslant T(r, f - \varphi_j) + T(r, \varphi_j) + \log 2,
$$

$$
T(r, \varphi_j) = S(r, f),
$$

可知存在区间 $r > 0$ 上的一个线性测度为有穷的点集 σ 使得当 r 充分大并且 $r \notin \sigma$ 时，有

$$
T(r, f) < 2T(r, f - \varphi_j).
$$

然后根据条件(3.3)即得式(3.17). 同法可证式(3.18).

现在我们求出 $N\{r, P(f)\}$ 的两个上界估计，为此我们将用符号 $\omega(g, z_0)$. 这个符号的定义在 §1 已经给出. 在 §2 我们还给

出这个符号的几个性质.

引理3.6 我们有

$$N\{r, P(f)\} \leqslant I\left\{N(r, f) + \left(I' + \frac{I-1}{2}\right)\overline{N}(r, f)\right\} + S(r, f). \tag{3.19}$$

证 因为$P(f)$由式(9.1)定义,$P(f)$是具有形式:

$$F = \pm \prod_{j=1}^{I'} \beta_j^{(n_j)} \prod_{j=1}^{I} (f\alpha_j)^{(m_j)}$$

的一些乘积之和,其中$n_j (j = 1, 2, \cdots, I')$为判别整数使$0 \leqslant n_j \leqslant I + I' - 1 (j = 1, 2, \cdots, I')$,而$m_j (j = 1, 2, \cdots, I)$为判别整数使$0 \leqslant m_j \leqslant I + I' - 1 (j = 1, 2, \cdots, I)$. 根据符号$\omega(g, z_0)$的性质,我们有

$$\omega(F, z_0) \leqslant \sum_{j=1}^{I'} \omega(\beta_j^{(n_j)}, z_0) + \sum_{j=1}^{I} \omega\{(f\alpha_j)^{(m_j)}, z_0\},$$

$$\omega(\beta_j^{(n_j)}, z_0) \leqslant (n_j + 1)\omega(\beta_j, z_0) \leqslant (I + I')\omega(\beta_j, z_0),$$

故有

$$\sum_{j=1}^{I'} \omega(\beta_j^{(n_j)}, z_0) \leqslant (I + I') \sum_{j=1}^{I'} \omega(\beta_j, z_0).$$

另一方面,有

$$\begin{aligned}
\omega\{(f\alpha_j)^{(m_j)}, z_0\} &= \omega(f\alpha_j, z_0) + m_j \overline{\omega}(f\alpha_j, z_0) \\
&\leqslant \omega(f, z_0) + \omega(\alpha_j, z_0) \\
&\quad + m_j\{\overline{\omega}(f, z_0) + \overline{\omega}(\alpha_j, z_0)\} \\
&\leqslant \omega(f, z_0) + m_j \overline{\omega}(f, z_0) \\
&\quad + (I + I')\omega(\alpha_j, z_0),
\end{aligned}$$

故有

$$\sum_{j=1}^{I} \omega\{(f\alpha_j)^{(m_j}, z_0)\} \leqslant I\omega(f, z_0) + \left(\sum_{j=1}^{I} m_j\right)\overline{\omega}(f, z_0) + (I + I') \sum_{j=1}^{I} \omega(\alpha_j, z_0).$$

显然

$$\sum_{j=1}^{I} m_j \leqslant I' + (I'+1) + (I'+2) + \cdots + (I'+I-1)$$

$$= I\left(I' + \frac{I-1}{2}\right),$$

所以有

$$\omega(F, z_0) \leqslant I\left\{\omega(f, z_0) + \left(I' + \frac{I-1}{2}\right)\overline{\omega}(f, z_0)\right\}$$

$$+ (I+I')\left\{\sum_{j=1}^{I'}\omega(\beta_j, z_0) + \sum_{j=1}^{I}\omega(\alpha_j, z_0)\right\}.$$

最后得

$$\omega\{P(f), z_0\} \leqslant I\left\{\omega(f, z_0) + \left(I' + \frac{I-1}{2}\right)\overline{\omega}(f, z_0)\right\}$$

$$+ (I+I')\left\{\sum_{j=1}^{I'}\omega(\beta_j, z_0) + \sum_{j=1}^{I}\omega(\alpha_j, z_0)\right\}. \quad (3.20$$

现在设 M 为在一圆 $|z| \leqslant r$ 中满足下列条件的点 z_0 所成之集合：z_0 最少是函数 $f(z)$ 及 $\psi_k(z)(k=1, 2, \cdots, p)$ 中的一个的极点．显然 $P(f)$ 在圆 $|z| \leqslant r$ 中的极点属于 M. 将式(3.20)的两边对 z_0 在集合 M 上求和，得

$$n\{r, P(f)\} \leqslant I\left\{n(r, f) + \left(I' + \frac{I-1}{2}\right)\overline{n}(r, f)\right\}$$

$$+ (I+I')\left\{\sum_{j=1}^{I'} n(r, \beta_j) + \sum_{j=1}^{I} n(r, \alpha_j)\right\}. \quad (3.21)$$

然后由此即得式(3.19).

引理3.7 设 $g_j(z)(j=1, 2, \cdots, n; n \geqslant 2)$ 及 $h(z)$ 为亚纯函数. 则有

$$W(hg_1, hg_2, \cdots, hg_n) = h^n W(g_1, g_2, \cdots, g_n), \quad (3.22)$$

其中 $W(g_1, g_2, \cdots, g_n)$ 表示 $g_j(j=1, 2, \cdots, n)$ 的 Wronskian.

证 行列式 $D = W(hg_1, hg_2, \cdots, hg_n)$ 的第二行为

$$(hg_1)' = hg_1' + h'g_1,$$

$$(hg_2)' = hg_2' + h'g_2, \cdots, (hg_n)' = hg_n' + h'g_n.$$

所以 D 的第二行可用

$$hg_1', hg_2', \cdots, hg_n'$$

代替.类似地可以看出 D 的第三行可用

$$hg_1'', hg_2'', \cdots, hg_n''$$

代替.照这样继续下去,最后即得式(3.22).

引理3.8 我们有

$$N\{r, P(f)\} \leqslant (I + I')N(r, f) + S(r, f). \quad (3.23)$$

$N\{r, P(f)\}$ 的这个估计式在 Steinmetz[34] 的证明中是关键的.

证 首先根据式(3.1)及引理3.7有

$$P(f) = f^{I+I'}W\left(\frac{1}{f}\beta_1, \frac{1}{f}\beta_2, \cdots, \frac{1}{f}\beta_{I'}, \alpha_1, \alpha_2, \cdots, \alpha_I\right). \quad (3.24)$$

考虑一点 z_0 并分为两种情形:

1) z_0 为 $f(z)$ 的一个极点,则有

$$\omega\{P(f), z_0\} \leqslant (I + I')\omega(f, z_0) + \omega(\Delta, z_0),$$

其中 Δ 表示式(3.24)的右边的 Wronskian. 应用式(3.20)到 $\omega(\Delta, z_0)$,得

$$\omega(\Delta, z_0) \leqslant I'\left\{\omega\left(\frac{1}{f}, z_0\right) + \left(I + \frac{I'-1}{2}\right)\bar{\omega}\left(\frac{1}{f}, z_0\right)\right\} + (I + I')\left\{\sum_{j=1}^{I}\omega(\alpha_j, z_0) + \sum_{j=1}^{I'}\omega(\beta_j, z_0)\right\}.$$

由于

$$\omega\left(\frac{1}{f}, z_0\right) = \bar{\omega}\left(\frac{1}{f}, z_0\right) = 0,$$

我们有

$$\omega\{P(f), z_0\} \leqslant (I + I')\left\{\omega(f, z_0) + \sum_{j=1}^{I}\omega(\alpha_j, z_0) + \sum_{j=1}^{I'}\omega(\beta_j, z_0)\right\}. \quad (3.25)$$

2) z_0 不是 $f(z)$ 的一个极点.则根据式(3.20),有

$$\omega\{P(f), z_0\} \leqslant (I + I')\left\{\sum_{j=1}^{I'}\omega(\beta_j, z_0) + \sum_{j=1}^{I}\omega(\alpha_j, z_0)\right\}.$$

所以在这两种情形，式(3.25)是对的. 然后由式(3.25)即可推出式(3.23).

为了证明定理3.1，引进辅助函数

$$F(z)=\sum_{j=1}^{q}\frac{1}{\{f(z)-\varphi_j(z)\}^I},$$

并按照 Nevanlinna 用过的步骤，先求出 $m(r, F)$ 的一个下界. 考虑一个圆 $|z|=r(r>0)$. 我们假定在圆 $|z|=r$ 上函数 $f(z)$，$\varphi_j(z)(j=1, 2, \cdots, q)$ 没有极点，并且函数 $f(z)-\varphi_j(x)(j=1, 2, \cdots, q)$，$\varphi_{j_1}(z)-\varphi_{j_2}(z)$ $(1\leqslant j_1<j_2\leqslant q)$ 没有零点. 定义

$$\mu(\theta)=\min\{|\varphi_{j_1}(re^{i\theta})-\varphi_{j_2}(re^{i\theta})|$$
$$(1\leqslant j_1<j_2\leqslant q)\}\ (0\leqslant\theta\leqslant 2\pi)$$

并设 S_j 为满足不等式

$$|f(re^{i\theta})-\varphi_j(re^{i\theta})|<\frac{\mu(\theta)}{2q}$$

的值 $\theta(0\leqslant\theta\leqslant 2\pi)$ 所成之集合. 在 s_j 上当 $h\neq j$，有

$$|f(re^{i\theta})-\varphi_h(re^{i\theta})|\geqslant|\varphi_j(re^{i\theta})-\varphi_h(re^{i\theta})|-|f(re^{i\theta})-\varphi_j(re^{i\theta})|$$
$$>\mu(\theta)-\frac{\mu(\theta)}{2q}\geqslant\frac{3}{4}\mu(\theta).$$

然后将 $F(re^{i\theta})$ 写为

$$F(re^{i\theta})=\frac{1}{\{f(re^{i\theta})-\varphi_j(re^{i\theta})\}^I}\left\{1+\sum_{h\neq j}\left(\frac{f(re^{i\theta})-\varphi_j(re^{i\theta})}{f(re^{i\theta})-\varphi_h(re^{i\theta})}\right)^I\right\},$$

在 s_j 上，有

$$|F(re^{i\theta})|>\left|\frac{1}{f(re^{i\theta})-\varphi_j(re^{i\theta})}\right|^I\left\{1-(q-1)\left(\frac{2}{3q}\right)^I\right\}$$
$$>\frac{1}{3}\left|\frac{1}{f(re^{i\theta})-\varphi_j(re^{i\theta})}\right|^I.$$

故有

$$\int_{s_j}\overset{+}{\log}|F(re^{i\theta})|d\theta\geqslant I\int_{s_j}\overset{+}{\log}\left|\frac{1}{f(re^{i\theta})-\varphi_j(re^{i\theta})}\right|d\theta-2\pi\log 3.$$

因为集合 $s_j(j=1, 2, \cdots, q)$ 彼此无公共点，我们有

$$m(r, F) \geqslant \frac{1}{2\pi} \sum_{j=1}^{q} \int_{s_j} \overset{+}{\log} |F(re^{i\theta})| d\theta$$

$$\geqslant \frac{I}{2\pi} \sum_{j=1}^{q} \int_{s_j} \overset{+}{\log} \left| \frac{1}{f(re^{i\theta}) - \varphi_j(re^{i\theta})} \right| d\theta - q \log 3.$$

现在设 cs_j 为对于区间 $0 \leqslant \theta \leqslant 2\pi$, s_j 的余集. 则

$$\frac{1}{2\pi} \int_{s_j} \overset{+}{\log} \left| \frac{1}{f(re^{i\theta}) - \varphi_j(re^{i\theta})} \right| d\theta$$

$$= m\left(r, \frac{1}{f - \varphi_j}\right) - \frac{1}{2\pi} \int_{cs_j} \overset{+}{\log} \left| \frac{1}{f(re^{i\theta}) - \varphi_j(re^{i\theta})} \right| d\theta$$

$$\geqslant m\left(r, \frac{1}{f - \varphi_j}\right) - \frac{1}{2\pi} \int_{cs_j} \overset{+}{\log} \frac{2q}{\mu(\theta)} d\theta.$$

于是得

$$m(r, F) \geqslant I \sum_{j=1}^{q} m\left(r, \frac{1}{f - \varphi_j}\right) - \frac{Iq}{2\pi} \int_0^{2\pi} \overset{+}{\log} \frac{2q}{\mu(\theta)} d\theta - q \log 3.$$

由于

$$\frac{1}{\mu(\theta)} \leqslant \sum_{1 \leqslant j_1 < j_2 \leqslant q} \frac{1}{|\varphi_{j_1}(re^{i\theta}) - \varphi_{j_2}(re^{i\theta})|},$$

我们有

$$\frac{1}{2\pi} \int_0^{2\pi} \overset{+}{\log} \frac{2q}{\mu(\theta)} d\theta \leqslant \log 2q + \sum_{1 \leqslant j_1 < j_2 \leqslant q} m\left(r, \frac{1}{\varphi_{j_1} - \varphi_{j_2}}\right) + A_q,$$

其中 A_q 为一常数只依赖于 q. 故得

$$m(r, F) \geqslant I \left\{ \sum_{j=1}^{q} m\left(r, \frac{1}{f - \varphi_j}\right) \right.$$

$$\left. - q \sum_{1 \leqslant j_1 < j_2 \leqslant q} m\left(r, \frac{1}{\varphi_{j_1} - \varphi_{j_2}}\right) - A_q' \right\} - q \log 3. \quad (3.26)$$

在得出式(3.26)以前,我们在以上曾对于圆 $|z| = r$ 作了某些假定. 不过根据连续性式(3.26)对于 r 一般恒成立.

为了求出 $m(r, F)$ 的一个上界,我们应用引理 3.4 及 3.5,并将 $F(z)$ 表示为

$$F(z) = \frac{1}{P(f)} \sum_{j=1}^{q} \frac{P(f - \varphi_j)}{\{f(z) - \varphi_j(z)\}^I}.$$

然后得

$$m(r, F) \leqslant m\left(r, \frac{1}{P(f)}\right) + \sum_{j=1}^{q} m\left\{r, \frac{P(f-\varphi_j)}{(f-\varphi_j)^I}\right\} + \log q$$

$$= m\left(r, \frac{1}{P(f)}\right) + S(r, f). \tag{3.27}$$

由式(3.26)及(3.27)推出

$$I\sum_{j=1}^{q} m\left(r, \frac{1}{f-\varphi_j}\right) \leqslant m\left(r, \frac{1}{P(f)}\right) + S(r, f). \tag{3.28}$$

再应用公式

$$m(r, P(f)) + N(r, P(f)) = m\left(r, \frac{1}{P(f)}\right) + N\left(r, \frac{1}{P(f)}\right) + h$$

和引理3.3及3.6，得

$$m\left(r, \frac{1}{P(f)}\right) \leqslant Im(r, f) + (I + I')N(r, f)$$

$$- N\left(r, \frac{1}{P(f)}\right) + S(r, f). \tag{3.29}$$

最后由式(3.28)及(3.29)即得式(3.6)．类似地应用引理3.6即得式(3.7)．

为了证明定理3.2，我们需要下面的引理：

引理3.9 我们有

$$-\frac{1}{I}N\left(r, \frac{1}{P(f)}\right) \leqslant \sum_{j=1}^{q}\left\{N_\lambda\left(r, \frac{1}{f-\varphi_j}\right) - N\left(r, \frac{1}{f-\varphi_j}\right)\right\}$$

$$+ S(r, f), \tag{3.30}$$

其中

$$\lambda = I' + \frac{I-1}{2}.$$

在这个引理的证明中，我们用到在 §1 定义的符号 $\Omega(g, z_0)$ 和它的几个性质：

1° 若 $\sum_{j=1}^{n} g_j \neq 0$, $g_j \neq 0$ $(j = 1, 2, \cdots, n)$，则

$$\Omega\left(\sum_{j=1}^{n} g_j, z_0\right) \geqslant \min_{1\leqslant j\leqslant n} \Omega(g_j, z_0).$$

2° 若 $\prod_{j=1}^{n} g_j \not\equiv 0$, $g_j(z_0) \neq \infty (j = 1, 2, \cdots, n)$, 则

$$\Omega(\prod_{j=1}^{n} g_j, z_0) = \sum_{j=1}^{n} \Omega(g_j, z_0).$$

3° 若 $g_1 g_2 \not\equiv 0$, 则

$$\Omega(g_1 g_2, z_0) \geqslant \Omega(g_1, z_0) - \omega(g_2, z_0).$$

4° 若 $g^{(m)} \not\equiv 0$, 则

$$\Omega(g^{(m)}, z_0) \geqslant \Omega(g, z_0) - m.$$

现在证明引理3.9. 先证明对于任意一点 z_0 有

$$\Omega(P(f), z_0) + I \sum_{1 \leqslant j_1 < j_2 \leqslant q} \Omega(\varphi_{j_1} - \varphi_{j_2}, z_0)$$

$$\geqslant I \Big\{ \sum_{j=1}^{q} \max[\Omega(f - \varphi_j, z_0) - \lambda, o]$$

$$- \Big[\sum_{j=1}^{I} \omega(\alpha_j, z_0) + (I + I') \sum_{j=1}^{I'} \omega(\beta_j, z_0) \Big] \Big\}, \quad (3.31)$$

其中 $\lambda = I' + \dfrac{I-1}{2}$.

设

$$\Omega(f - \varphi_{j_0}, z_0) = \max_{1 \leqslant j \leqslant q} \Omega(f - \varphi_j, z_0).$$

则当 $j \neq j_0$ 时, 有

$$\varphi_j - \varphi_{j_0} = (f - \varphi_{j_0}) - (f - \varphi_j),$$

$$\Omega(\varphi_j - \varphi_{j_0}, z_0) \geqslant \min\{\Omega(f - \varphi_{j_0}, z_0), \Omega(f - \varphi_j, z_0)\}$$

$$= \Omega(f - \varphi_j, z_0).$$

更有

$$\sum_{j \neq j_0} \max[\Omega(f - \varphi_j, z_0) - \lambda, o] \leqslant \sum_{1 \leqslant j_1 < j_2 \leqslant q} \Omega(\varphi_{j_1} - \varphi_{j_2}, z_0).$$

因此, 只需证明

$$\Omega(P(f), z_0) \geqslant I \Big\{ \max[\Omega(f - \varphi_{j_0}, z_0) - \lambda, o]$$

$$- \Big[\sum_{j=1}^{I} \omega(\alpha_j, z_0)$$

$$+ (I+I')\sum_{j=1}^{I'}\omega(\beta_j, z_0)\Big]\Big\}. \tag{3.32}$$

根据引理3.4，

$$P(f-\varphi_{j_0}) = P(f),$$

所以，令 $g = f-\varphi_{j_0}$，可将式(3.32) 表示为

$$\Omega(P(f), z_0) \geqslant IM, \tag{3.33}$$

其中

$$M = \max[\Omega(g, z_0)-\lambda, 0]$$

$$-\Big[\sum_{j=1}^{I}\omega(\alpha_j, z_0) + (I+I')\sum_{j=1}^{I'}\omega(\beta_j, z_0)\Big].$$

如果 $M \leqslant 0$，式(3.33) 是显然的，现在假定 $M > 0$. 则

$$\max[\Omega(g, z_0)-\lambda, o] > 0,$$

所以

$$\max[\Omega(g, z_0)-\lambda, o] = \Omega(g, z_0)-\lambda,$$

并且

$$\Omega(g, z_0) = M+\lambda+\sum_{j=1}^{I}\omega(\alpha_j, z_0)$$

$$+ (I+I')\sum_{j=1}^{I'}\omega(\beta_j, z_0). \tag{3.34}$$

由于 $P(g)$ 是一些具有形式

$$G = \pm\prod_{j=1}^{I'}\beta_j{}^{(n_j)}\prod_{j=1}^{I}(g\alpha_j)^{(m_j)}$$

的乘积之和，其中 $n_j(j=1, 2, \cdots, I')$ 及 $m_j(j=1, 2, \cdots, I)$ 为判别的整数，使 $0 \leqslant n_j, m_j \leqslant I+I'-1$. 假定 $G \neq 0$，根据以上性质1°，只待证明

$$\Omega(G, z_0) \geqslant IM. \tag{3.35}$$

为此，先注意，根据性质3°及式(3.34)，有

$$\Omega(g\alpha_j, z_0) \geqslant \Omega(g, z_0)-\omega(\alpha_j, z_0) > 0, \tag{3.36}$$

此式隐含 z_0 为 $g\alpha_j$ 的一个零点. 然后根据以上性质2°，3°，4°，有

$$\Omega\Big\{\prod_{j=1}^{I}(g\alpha_j)^{(m_j)}, z_0\Big\} = \sum_{j=1}^{I}\Omega\{(g\alpha_j)^{(m_j)}, z_0\}$$

$$\geqslant \sum_{j=1}^{I} \{\Omega(g\alpha_j, z_0) - m_j\}$$

$$\geqslant \sum_{j=1}^{I} \{\Omega(g, z_0) - \omega(\alpha_j, z_0) - m_j\}.$$

然后从式(3.34)并利用不等式

$$\sum_{j=1}^{I} m_j \leqslant I\left(I' + \frac{I-1}{2}\right) = I\lambda,$$

得

$$\Omega\left\{\prod_{j=1}^{I}(g\alpha_j)^{(m_j)}, z_0\right\} \geqslant I\left\{M + (I+I')\sum_{j=1}^{I'}\omega(\beta_j, z_0)\right\}. \quad (3.37)$$

另一方面,根据性质3°,

$$\Omega(G, z_0) \geqslant \Omega\left\{\prod_{j=1}^{I}(g\alpha_j)^{(m_j)}, z_0\right\} - \omega\left\{\prod_{j=1}^{I'}\beta_j^{(n_j)}, z_0\right\}, \quad (3.38)$$

其中

$$\omega\left\{\prod_{j=1}^{I'}\beta_j^{(n_j)}, z_0\right\} \leqslant \sum_{j=1}^{I'}\omega(\beta_j^{(n_j)}, z_0)$$

$$= \sum_{j=1}^{I'}\{\omega(\beta_j, z_0) + n_j\overline{\omega}(\beta_j, z_0)\}$$

$$\leqslant \sum_{j=1}^{I'}(n_j+1)\omega(\beta_j, z_0)$$

$$\leqslant (I+I')\sum_{j=1}^{I'}\omega(\beta_j, z_0). \quad (3.39)$$

最后由式(3.38),(3.37)及(3.39),即得式(3.35).

为了完成引理3.9的证明,考虑一圆 $|z| \leqslant r (r > 0)$ 并设 E 为圆 $|z| \leqslant r$ 中满足下列条件的点 z_0 所成之集合:z_0 最少是函数 $P(f)$,$\varphi_{j_1} - \varphi_{j_2} (1 \leqslant j_1 < j_2 \leqslant q)$,$f - \varphi_j (j = 1, 2, \cdots, q)$ 中的一个的零点或最少是函数 $\psi_k (k = 1, 2, \cdots, p)$ 中的一个的极点.将式(3.31)的两边对 z_0 在集合 E 上求和,并注意

$$\max[\Omega(f-\varphi_j, z_0) - \lambda, o]$$

$$= \Omega(f-\varphi_j, z_0) - \min[\Omega(f-\varphi_j, z_0), \lambda],$$

即得

$$n\left(r, \frac{1}{P(f)}\right) + I \sum_{1 \leqslant j_1 < j_2 \leqslant q} n\left(r, \frac{1}{\varphi_{j_1} - \varphi_{j_2}}\right)$$

$$\geqslant I\left\{ \sum_{j=1}^{q} \left[n\left(r, \frac{1}{f - \varphi_j}\right) - n_\lambda\left(r, \frac{1}{f - \varphi_j}\right) \right] \right.$$

$$\left. - \left[\sum_{j=1}^{I} n(r, \alpha_j) + (I + I') \sum_{j=1}^{I'} n(r, \beta_j) \right] \right\}.$$

由此即可推出式(3.30).

现在证明定理3.2. 首先由定理3.1及引理3.9,得

$$\sum_{j=1}^{q} T\left(r, \frac{1}{f - \varphi_j}\right) \leqslant T(r, f) + \frac{I'}{I} N(r, f)$$

$$+ \sum_{j=1}^{q} N_\lambda\left(r, \frac{1}{f - \varphi_j}\right) + S(r, f),$$

$$\sum_{j=1}^{q} T\left(r, \frac{1}{f - \varphi_j}\right) \leqslant T(r, f) + \left(I' + \frac{I - 1}{2}\right) \overline{N}(r, f)$$

$$+ \sum_{j=1}^{q} N_\lambda\left(r, \frac{1}{f - \varphi_j}\right) + S(r, f).$$

然后注意

$$\frac{N(r, f)}{T(r, f)} \leqslant \sup_{r' \geqslant r} \frac{N(r', f)}{T(r', f)} = \overline{\lim_{r \to +\infty}} \frac{N(r, f)}{T(r, f)} + o(1)$$

$$\frac{\overline{N}(r, f)}{T(r, f)} \leqslant \overline{\lim_{r \to +\infty}} \frac{\overline{N}(r, f)}{T(r, f)} + o(1),$$

即得式(3.11). 类似地也可得式(3.12).

3.2 几个推论

下面我们给出定理3.1及 3.2的几个推论.

1) $p = 1$, $\psi_1(z) = 1$. 在此情形, $I = I' = 1$, $\alpha_1(z) = \beta_1(z) = 1$, 故有 $P(f) = W(1, f) = f'$ 及 $\varphi_j(z) = c_j (j = 1, 2, \cdots, q; q \geqslant 2)$, 其中 $c_j (j = 1, 2, \cdots, q)$ 为判别的常数. 所以根据定理3.1, 有

$$\sum_{j=1}^{q} m\left(r, \frac{1}{f - c_j}\right) + m(r, f) \leqslant 2T(r, f)$$

$$- N_1(r) + S(r, f), \tag{3.40}$$

其中

$$N_1(r) = N(r, f) - \overline{N}(r, f) + N\left(r, \frac{1}{f'}\right).$$

式(3.40)显然是 Nevanlinna 的第二基本定理.

2) $p \geqslant 1$, $\nu = 0$. 在此情形, $I = 1$, $\alpha_1(z) = 1$ 及 $I' = p$, $\beta_j(z) = \psi_j(z)(j = 1, 2, \cdots, p)$, 故有 $P(f) = W(\psi_1, \psi_2, \cdots, \psi_p, f)$ 并且根据定理3.1, 有

$$\sum_{j=1}^{q} m\left(r, \frac{1}{f - \varphi_j}\right) \leqslant T(r, f) + p\overline{N}(r, f)$$

$$- N\left(r, \frac{1}{p(f)}\right) + S(r, f). \tag{3.41}$$

这是本章作者[3]过去得到的一个结果. 略去 $N\left(r, \frac{1}{p(f)}\right)$ 并令

$$L = \varlimsup_{r \to +\infty} \frac{p\overline{N}(r, f) - N(r, f)}{T(r, f)}, \tag{3.42}$$

则式(3.41)可表示为

$$\sum_{j=1}^{q} m\left(r, \frac{1}{f - \varphi_j}\right) + m(r, f) \leqslant (2 + L)T(r, f)$$

$$+ S(r, f). \tag{3.43}$$

显然, 若

$$\lim_{r \to +\infty} \frac{\overline{N}(r' f)}{T(r' f)} = 0, \tag{3.44}$$

则

$$L \leqslant 0. \tag{3.45}$$

特别地, 当 $f(z)$ 只有有穷个极点时, 有 $L = 0$. 现在假定 $f(z)$ 有无穷个极点并设 $\tau > 0$ 为一数. 定义

$$\overline{N}'(r, f) = \int_0^r \frac{\overline{n}'(t, f) - \overline{n}'(o, f)}{t} dt + \overline{n}'(o, f)\log r,$$

$$\overline{N}''(r, f) = \int_0^r \frac{\overline{n}''(t, f) - \overline{n}''(o, f)}{t} dt + \overline{n}''(o, f)\log r,$$

其中 $\overline{n}'(t, f)$ 及 $\overline{n}''(t, f)$ 分别表示 $f(z)$ 在圆 $|z| \leqslant t$ 中的级 $< \tau$

的极点个数和级 $\geqslant \tau$ 的极点个数，每一极点只计算一次. 显然

$$\overline{N}'(r, f) = \overline{N}'(r, f) + \overline{N}''(r, f).$$

现在假定下列条件已满足：存在一数 $K > 0$ 使得对于任意数 $\eta > 0$ 有

$$\overline{N}'(r, f) \leqslant \eta\overline{N}(r, f) + k\log r, \tag{3.46}$$

当 r 充分大时，这个条件是对于 $f(z)$ 的级 $< \tau$ 的极点的稀少性的一个描述. 由式(3.46)，当 r 充分大时，有

$$\overline{N}'(r, f) \leqslant 2\eta\overline{N}(r, f)$$

及

$$T(r, f) \geqslant N(r, f) \geqslant \tau\overline{N}''(r, f) > \tau(1 - 2\eta)\overline{N}(r, f), \tag{3.47}$$

此式隐含

$$\frac{p}{\tau}N(r, f) > p\overline{N}(r, f) - 2\eta p\overline{N}(r, f),$$

$$\frac{p\overline{N}(r, f) - N(r, f)}{T(r, f)} < \left(\frac{p}{\tau} - 1\right)\frac{N(r, f)}{T(r, f)} + 2\eta p\frac{\overline{N}(r, f)}{T(r, f)}.$$

由于 η 是任意的，故有

$$L \leqslant \overline{\lim_{r\to+\infty}}\left(\frac{p}{\tau} - 1\right)\frac{N(r, f)}{T(r, f)}. \tag{3.48}$$

式(3.48)的右边的上极限，当 $\tau = p$ 时，等于 0，而当 $\tau < p$ 或 $\tau > p$ 时，分别等于

$$\left(\frac{p}{\tau} - 1\right)\overline{\lim_{r\to+\infty}}\frac{N(r, f)}{T(r, f)} \text{或} \left(\frac{p}{\tau} - 1\right)\underline{\lim_{r\to+\infty}}\frac{N(r, f)}{T(r, f)}.$$

另一方面，根据定理3.2，有

$$(q - 1 - l)T(r, f) \leqslant \sum_{j=1}^{q} N_p\left(r, \frac{1}{f - \varphi_j}\right) + S(r, f), \tag{3.49}$$

$$(q - 1 - l_1)T(r, f) \leqslant \sum_{j=1}^{q} N_p\left(r, \frac{1}{f - \varphi_j}\right) + N_p(r, f) + S(r, f), \tag{3.50}$$

其中

$$l = p \overline{\lim_{r\to+\infty}} \frac{\overline{N}(r, f)}{T(r, f)},$$

$$l_1 = \overline{\lim_{r\to+\infty}} \frac{p\overline{N}(r, f) - N_p(r, f)}{T(r,f)}. \quad (3.51)$$

假定$f(z)$有无穷个极点并且条件(3.46)已满足，则从式(3.47)及不等式

$$N_p(r, f) \geqslant \min(p, \tau)\overline{N}''(r, f),$$

得

$$l \leqslant \frac{p}{\tau}, \ l_1 \leqslant p - \min(p, \tau). \quad (3.52)$$

最后我们指出，如果$g(z)$为一超越亚纯函数具有无穷个极点并且$s \geqslant \tau$, $s' \geqslant \max(\tau - 1, o)$为整数，则条件(3.46)，对于具有形式：

$$f(z) = \{g(z)\}^s, \quad f(z) = g^{(s')}(z)$$

的函数，是满足的.

3）在一般情形，从定理3.1可以推出 Steinmetz[34]的一个定理. 为此，M 我们需要他指出的下列事实：任给一数$\varepsilon > 0$，可以找到任意大的正整数ν使相应的正整数I及I'满足不等式

$$\frac{I'}{I} \leqslant 1 + \varepsilon. \quad (3.53)$$

下面我们给出这个事实的证明. 令

$$I = I_\nu, \quad I' = I_{\nu+1},$$

并设ν_0为一正整数. 假定当$\nu \geqslant \nu_0$时，有

$$I_{\nu+1} > (1 + \varepsilon) I_\nu,$$

则

$$I_{\nu_0+n} > (1 + \varepsilon)^n I_{\nu_0} \quad (n \geqslant 1),$$

或，令$n = \nu - \nu_0$，

$$I_\nu > A(1 + \varepsilon)^\nu \quad (\nu > \nu_0) \quad (3.54)$$

其中A为一正常数. 另一方面，显然，当$\nu > p$，有

$$I_\nu < C_{p(\nu+1)}^p = \frac{p(\nu + 1)\{p(\nu + 1) - 1\}\cdots\{p(\nu + 1) - p + 1\}}{p!}$$

$$\leqslant \{p(\nu+1)\}^p, \tag{3.55}$$

其中 p 为式(3.3)中的正整数. 式(3.54)与(3.55)相矛盾.

由定理 3.1 及式(3.53)立即推出:对于任意一数 $\varepsilon>0$, 有

$$\sum_{j=1}^{q} m\left(r, \frac{1}{f-\varphi_j}\right)+m(r, f) \leqslant 2T(r, f) \\ +\varepsilon N(r, f)+S(r, f). \tag{3.56}$$

这个结果隐含 Steinmetz[34]的定理:

设 $f(z)$ 为一超越亚纯函数, $a_j(z)(j=1, 2, \cdots, q; q \geqslant 2)$ 为 q 个判别的亚纯函数使

$$T(r, a_j)=S(r, f), \quad j=1, 2, \cdots, q$$

并且 $\varepsilon>0$ 为一数. 则有

$$\sum_{j=1}^{q} m\left(r, \frac{1}{f-a_j}\right)+m(r, f) \leqslant(2+\varepsilon) T(r, f) \\ +S(r, f). \tag{3.57}$$

事实上设 p 为满足下列条件的最大的正整数:在函数 $a_j(z)(j=1, 2, \cdots, q)$ 中存在 p 个线性无关的函数 $a_{j_k}(z)(k=1, 2, \cdots, p)$. 则每一函数 $a_j(z)(1 \leqslant j \leqslant q)$ 为 $a_{j_k}(z)(k=1, 2, \cdots, p)$ 的一个常系数的线性组合. 再注意在式(3.56)中 $N(r, f) \leqslant T(r, f)$, 故由式(3.56)即得式(3.57).

现在我们给上述 Steinmetz 定理的一个推论. 容易看出有

$$T\left(r, \frac{1}{f-a_j}\right)=T(r, f)+h_j(r)$$

$$h_j(r)=S(r, f), \quad j=1, 2, \cdots, q.$$

故对于每一 $j(1 \leqslant j \leqslant q)$ 存在区间 $r>0$ 上的一个线性外测度为有穷的点集 σ_j 使

$$\lim_{\substack{r \to +\infty \\ r \notin \sigma_j}} \frac{h_j(r)}{T(r, f)}=0.$$

另一方面, 对于式(3.57)中的函数 $S(r, f)$ 也存在区间 $r>0$ 上的一个线性测度为有穷的点集 σ_0 使

$$\lim_{\substack{r \to +\infty \\ r \notin \sigma_0}} \frac{S(r, f)}{T(r, f)}=0.$$

令 $\sigma=\bigcup_{j=0}^{q}\sigma_j$，并定义

$$\delta_\sigma(a_j, f)=\varliminf_{\substack{r\to+\infty\\ r\notin\sigma}}\frac{m\left(r, \frac{1}{f-a_j}\right)}{T(r, f)}$$

$$=1-\varlimsup_{\substack{r\to+\infty\\ r\notin\sigma}}\frac{N\left(r, \frac{1}{f-a_j}\right)}{T(r, f)}, \ j=1,2, \cdots, q,$$

$$\delta_\sigma(\infty, f)=\varliminf_{\substack{r\to+\infty\\ r\notin\sigma}}\frac{m(r, f)}{T(r, f)}=1-\varlimsup_{\substack{r\to+\infty\\ r\notin\sigma}}\frac{N(r, f)}{T(r, f)},$$

则由式(3.57)得

$$\sum_{j=1}^{q}\delta_\sigma(a_j, f)+\delta_\sigma(\infty, f)\leqslant 2+\varepsilon.$$

另一方面，定义

$$\delta(a_j, f)=\varliminf_{r\to+\infty}\frac{m\left(r, \frac{1}{f-a_j}\right)}{T(r, f)}, \quad j=1, 2, \cdots, q,$$

$$\delta(\infty, f)=\varliminf_{r\to+\infty}\frac{m(r, f)}{T(r, f)}, \tag{3.58}$$

则

$$\delta(a_j, f)\leqslant\delta_\sigma(a_j, f) \quad (j=1, 2, \cdots, q),$$
$$\delta(\infty, f)\leqslant\delta_\sigma(\infty, f). \tag{3.59}$$

故有

$$\sum_{j=1}^{q}\delta(a_j, f)+\delta(\infty, f)\leqslant 2+\varepsilon.$$

由于 ε 可任意小，故有

$$\sum_{j=1}^{q}\delta(a_j, f)+\delta(\infty, f)\leqslant 2. \tag{3.60}$$

如果我们定义

$$\delta(a_j, f)=1-\varlimsup_{r\to+\infty}\frac{N\left(r, \frac{1}{f-a_j}\right)}{T(r, f)}, \ j=1, 2, \cdots, q,$$

$$\delta(\infty, f) = 1 - \overline{\lim_{r\to+\infty}} \frac{N(r, f)}{T(r, f)}, \tag{3.61}$$

则式(3.58)仍成立，所以亦有式(3.59).

另一方面，由定理3.2及式(3.53)可以推出下面的结果：

对于任意一数 $\varepsilon > 0$，存在一数 $\Lambda \geqslant 1$，只依赖于函数 $\psi_k(z)(k = 1, 2, \cdots, p)$ 及 ε，使

$$(q - \alpha)T(r, f) \leqslant \sum_{j=1}^{q} N_\Lambda\left(r, \frac{1}{f - \varphi_j}\right) + S(r, f)$$

及

$$(q + 1 - \beta)T(r, f) \leqslant \sum_{j=1}^{q} N_\Lambda\left(r, \frac{1}{f - \varphi_j}\right) + N_\Lambda(r, f) + S(r, f),$$

其中

$$\alpha = 1 + (1 + \varepsilon) \overline{\lim_{r\to+\infty}} \frac{N(r, f)}{T(r, f)},$$

$$\beta = 2 + \overline{\lim_{r\to+\infty}} \frac{(1 + \varepsilon)N(r, f) - N_\Lambda(r, f)}{T(r, f)}.$$

4) $p \geqslant 2$, $\psi_k(z) = z^{k-1}(k = 1, 2, \cdots, p)$ 并且 $\nu \geqslant 1$. 在此情形，$I = \nu p - \nu + 1$, $\alpha_j(z) = z^{j-1}(j = 1, 2, \cdots, I)$；$I' = (\nu + 1)p - (\nu + 1) + 1$, $\beta_j(z) = z^{j-1}(j = 1, 2, \cdots, I')$. 所以

$$P(f) = W(1, z, z^2, \cdots, z^{I'-1}, f, zf, z^2 f, \cdots, z^{I-1}f).$$

容易看出

$$P(f) = AW(f^{(I')}, (zf)^{(I')}, (z^2 f)^{(I')}, \cdots, (z^{I-1}f)^{(I')}),$$

其中 A 为一正整数. 然后利用两个函数的乘积的 n 阶导数的公式，得

$$P(f) = A\begin{vmatrix} f^{(I')} & c_{12}f^{(I'-1)} & c_{13}f^{(I'-2)} & \cdots & c_{12}f^{(I'-I+1)} \\ f^{(I'+1)} & c_{22}f^{(I')} & c_{23}f^{(I'-1)} & \cdots & c_{22}f^{(I'-I+2)} \\ \cdots & \cdots & \cdots & \cdots & \cdots \\ f^{(I'+I-1)} & c_{I2}f^{(I'+I-2)} & c_{I3}f^{(I'+I-3)} & \cdots & c_{II}f^{(I')} \end{vmatrix},$$

其中系数 C_{mn} 为正整数. 所以 $P(f)$ 是一些具有形式：

$$Bf^{(I'+m_1-1)}f^{(I'+m_2-1)}\cdots f^{(I'+m_I-I)} \tag{3.62}$$

的乘积之和，其中$B\neq 0$为一常数并且$(m_1, m_2, \cdots, m_I)$为$(1,2,\cdots, I)$的一个置换. 如果z_0是$f(z)$的一个零点它的级$\Omega > I'$，则

$$\sum_{j=1}^{I}\{\Omega-(I'+m_j-j)\}=I(\Omega-I')>0,$$

这隐含z_0是乘积(3.62)的一个零点，所以也是$P(f)$的一个零点，它的级最少等于$I(\Omega-I')$. 利用这个结果，可以证明对于任意一点z_0，有

$$\Omega\{P(f), z_0\}+I\sum_{1\leqslant j_1<j_2\leqslant q}\Omega(\varphi_{j_1}-\varphi_{j_2}, z_0)$$

$$\geqslant I\sum_{j=1}^{q}\max\{\Omega(f-\varphi_j, z_0)-I', 0\}, \qquad (3.63)$$

其中

$$\varphi_j(z)=\sum_{k=1}^{p}c_{jk}z^{k-1},\ j=1, 2, \cdots, q;\ q\geqslant 2 \qquad (3.64)$$

是$z^{k-1}(k=1, 2, \cdots, p)$的任意$q$个判别的常系数的线性组合. 式(3.63)的证明方法与式(3.31)的证明方法相同. 根据式(3.63)，像证明引理3.9那样，得

$$-\frac{1}{I}N\left(r, \frac{1}{P(f)}\right)\leqslant\sum_{j=1}^{q}\left\{N_{I'}\left(r, \frac{1}{f-\varphi_j}\right)\right.$$

$$\left.-N\left(r, \frac{1}{f-\varphi_j}\right)\right\}+o\{T(r, f)\}.$$

然后，像证明定理3.2那样，又得

$$(q-1-l)T(r, f)\leqslant\sum_{j=1}^{q}N_{I'}\left(r, \frac{1}{f-\varphi_j}\right)+S(r, f) \qquad (3.65)$$

及

$$(q-1-l_1)T(r, f)\leqslant\sum_{j=1}^{q}N_{I'}\left(r, \frac{1}{f-\varphi_j}\right)$$

$$+N_{I'}(r, f)+S(r, f). \qquad (3.66)$$

其中

$$l=\min\left\{\frac{I'}{I}\varlimsup_{r\to+\infty}\frac{N(r, f)}{T(r, f)}, h\varlimsup_{r\to+\infty}\frac{\overline{N}(r, f)}{T(r, f)}\right\},$$

$$l_1 = \min\left\{ \varlimsup_{r\to+\infty} \frac{\frac{I'}{I}N(r, f) - N_{I'}(r, f)}{T(r, f)}, \right.$$

$$\left. \varlimsup_{r\to+\infty} \frac{h\overline{N}(r, f) - N_{I'}(r, f)}{T(r, f)} \right\},$$

$$\frac{I'}{I} = \frac{(\nu+1)p-\nu}{\nu p - \nu + 1} = 1 + \frac{p-1}{\nu(p-1)+1} < 1 + \frac{1}{\nu},$$

$$h = I' + \frac{I-1}{2} = \frac{1}{2}((3\nu+2)p - 3\nu),$$

并且 $\varphi_j (j = 1, 2, \cdots, q)$ 由式(3.64)定义. 让我们将式(3.65)及(3.66)与式(3.11)及(3.12)分别作一比较. 由于

$$I' < \lambda = I' + \frac{I-1}{2},$$

有

$$N_{I'}\left(r, \frac{1}{f-\varphi_j}\right) \leqslant N_\lambda\left(r, \frac{1}{f-\varphi_j}\right).$$

在这个意义下,式(3.65)及(3.66)较好于式(3.11)及(3.12).

3.3 其它定理

现在我们借助于型函数的概念对以上论述作一些进一步的补充. 首先给出定义:

定义3.2 设 $u(r)$ 及 $v(r)$ 为二实函数于 $r > 0$ 有定义并满足下列条件:

1° 存在一值 r_0 使得当 $r > r_0$ 时,有 $u(r) \leqslant v(r)$.

2° 存在一个趋于无穷的序列 $r_n (n = 1, 2, \cdots)$ 使 $u(r_n) = v(r_n) (n = 1, 2, \cdots)$.

则称函数 $v(r)$ 上联系于函数 $u(r)$.

在文献[2]中作者比较简单地得到了下列两个结果:

A. 设 $f(z)$ 为一有穷级超越亚纯函数. 则存在一正值函数 $U(r) (r > 0)$ 满足下列条件:

1) $U(r)$ 上连系于 $T(r, f)$.

2）对于每一正数 k 有

$$\lim_{r\to+\infty}\frac{U(kr)}{U(r)}=k^{\rho},$$

其中 ρ 为 $f(z)$ 的级.（关于型函数读者亦可参阅文献[35]和[5].）

B. 设 $f(z)$ 为一无穷级超越亚纯函数，则存在一正值函数 $U(r)(r>0)$ 满足下列条件：

1）$U(r)$ 上联系于 $T(r,f)$.

2）我们有

$$\lim_{r\to+\infty}\frac{\log U(r')}{\log U(r)}=1,\ r'=r+\frac{r}{\log U(r)}.$$

定义3.3 设 $U(r)(r>0)$ 为一正值函数满足下列条件：

1° $\lim\limits_{r\to+\infty}U(r)=+\infty$.

2° 存在一正值函数 $\mu(r)(r>r_0,\ r_0\geqslant 0)$ 使

$$\overset{+}{\log}U\{r+\mu(r)\}=o\{U(r)\},\quad \overset{+}{\log}\mu(r)=o\{U(r)\},$$

$$\overset{+}{\log}\frac{1}{\mu(r)}=o\{U(r)\}.$$

则称 $U(r)$ 为一型函数.

容易看出在 A 及 B 中的函数 $U(r)$ 均为型函数. 事实上，其中的条件 1）隐含条件 1°. 另一方面，由于在结果 A 中特别可取 $k=2$，所以对于结果 A 中的 $U(r)$ 可取 $\mu(r)=r$，面对于结果 B 中的 $U(r)$ 可取 $\mu(r)=r/\log U(r)$，则条件2°亦满足. 故有下列结果：

对于任意一个超越亚纯函数 $f(z)$，存在一个型函数 $U(r)$ 上联系于 $T(r,f)$，更有

$$\varlimsup_{r\to+\infty}\frac{T(r,f)}{U(r)}=1. \tag{3.67}$$

引理3.10 设 $f(z)$ 为一超越亚纯函数并且 $U(r)$ 为一型函数满足条件(3.67). 设 $a(z)\not\equiv 0$ 为一亚纯函数满足条件：

$$T(r,a)=o\{U(r)\}. \tag{3.68}$$

则对于每一正整数 $n\geqslant 1$，有

$$m\left(r,\frac{f^{(n)}}{f}\right)=o\{U(r)\},\quad m\left(r,\frac{a^{(n)}}{a}\right)=o\{U(r)\}. \tag{3.69}$$

证 设 $n \geqslant 1$ 为一正整数. 根据引理 1.8,存在正常数 A, B, C, D 使得当 $1 \leqslant r < R$ 时,有

$$m\left(r, \frac{f^{(n)}}{f}\right) < A \overset{+}{\log} T(R, f) + B\log R$$

$$+ C \overset{+}{\log} \frac{1}{R - r} + D.$$

根据条件(3.67),当 $r > r_1 (r_1 > 1)$ 时,有 $T(r, f) < 2U(r)$, 故当 $r_1 < r < R$ 时,有

$$m\left(r, \frac{f^{(n)}}{f}\right) < A \overset{+}{\log} U(R) + B\log R$$

$$+ C \overset{+}{\log} \frac{1}{R - r} + D + \log 2.$$

特别取 $R = r + \mu(r) (r > \max(r_0, r_1) 1$, 其中 $\mu(r)$ 为定义3.3中函数,得

$$m\left(r, \frac{f^{(n)}}{f}\right) < A \overset{+}{\log} U\{r + \mu(r)\} + B(\log r + \overset{+}{\log} \mu(r))$$

$$+ C \overset{+}{\log} \frac{1}{\mu(r)} + D',$$

其中 D' 为一常数. 然后根据定义3.3中条件2°即得(3.69)中第一式.

根据条件(3.68),仿上可证(3.69)中第二式.

现在设 $f(z)$ 为一超越亚纯函数并且 $U(r)$ 为一型函数满足条件(3.67). 设 $\psi_k(z) (k = 1, 2, \cdots, p; p \geqslant 1)$ 为 p 线性无关的亚纯函数满足条件:

$$T(r, \psi_k) = o\{U(r)\}, \quad k = 1, 2, \cdots, p. \tag{3.70}$$

设 $\nu \geqslant 0$ 为一整数. 然后与本节开始时一样,定义 I, $\alpha_j(z) (j = 1, 2, \cdots, I)$, I', $\beta_j(z) (j = 1, 2, \cdots, I')$, 最后得 $P(f)$ 由式(3.1)定义. 根据条件(3.67)及(3.70),易知

$$P(f) \not\equiv 0. \tag{3.71}$$

最后设 $\varphi_j(z) (j = 1, 2, \cdots, q; q \geqslant 2)$ 为 $\psi_k(z) (k = 1, 2, \cdots, p)$ 的 q 个判别的常系数线性组合由式(3.5)定义.

符号的定义如上，我们有下列两个定理：

定理3.11 我们有

$$\sum_{j=1}^{q} m\left(r, \frac{1}{f-\varphi_j}\right) \leqslant T(r, f) + \frac{I'}{I} N(r, f) - \frac{1}{I} N\left(r, \frac{1}{P(f)}\right) + o\{U(r)\} \quad (3.72)$$

及

$$\sum_{j=1}^{q} m\left(r, \frac{1}{f-\varphi_j}\right) \leqslant T(r, f) + \left(I' + \frac{I-1}{2}\right) \overline{N}(r, f) - \frac{1}{I} N\left(r, \frac{1}{p(f)}\right) + o\{U(r)\}. \quad (3.73)$$

定理3.12 设λ, l, l_1分别由式(3.8)，(3.9)，(3.10)定义. 我们有

$$(q-1-l) T(r, f) \leqslant \sum_{j=1}^{q} N_\lambda\left(r, \frac{1}{f-\varphi_j}\right) + o\{U(r)\} \quad (3.74)$$

及

$$(q-1-l_1) T(r, f) \leqslant \sum_{j=1}^{q} N_\lambda\left(r, \frac{1}{f-\varphi_j}\right) + N_\lambda(r, f) + o\{U(r)\}. \quad (3.75)$$

这两个定理在形式上与定理3.1及3.2的不同之处只是将$S(r, f)$换成$o\{U(r)\}$.

从定理3.11及3.2的证明过程，容易看出为了证明定理3.11及3.12我们只需证明：如果在引理3.3，3.5，3.6，3.8及3.9中将$S(r, f)$换成$o\{U(r)\}$，则所得的五个引理都是对的. 利用引理3.10，这是不难证明的.

前面，从定理3.1及3.2，我们曾作出推论1)－4). 现在从定理3.11及3.12也可以相应地作出四个推论，不过我们不一一叙述，我们只叙述下面的定理，它相应于以上推论3)中的 Steinmetz 的定理.

设$f(z)$为一超越亚纯函数并且$U(r)$为一型函数满足条件：

$$\varlimsup_{r\to+\infty}\frac{T(r,f)}{U(r)}=1. \tag{3.76}$$

设 $a_j(z)(j=1,2,\cdots,q;q\geqslant 2)$ 为 q 个判别的亚纯函数使

$$T(r,a_j)=o\{U(r)\},\ j=1,2,\cdots,q,$$

并且 $\varepsilon>0$ 为一数. 则有

$$\sum_{j=1}^{q}m\left(r,\frac{1}{f-a_j}\right)+m(r,f)\leqslant(2+\varepsilon)T(r,f)+o\{U(r)\}. \tag{3.77}$$

从这个不等式及条件(3.76)容易推出:如果我们定义

$$\delta_V(a_j,f)=\varliminf_{r\to+\infty}\frac{m\left(r,\frac{1}{f-a_j}\right)}{U(r)},\ j=1,2,\cdots,q, \tag{3.78}$$

$$\delta_V(\infty,f)=\varliminf_{r\to+\infty}\frac{m(r,f)}{U(r)},$$

则有

$$\sum_{j=1}^{q}\delta_V(a_j,f)+\delta_V(\infty,f)\leqslant 2. \tag{3.79}$$

另一方面,注意

$$T(r,f)=T\left(r,\frac{1}{f-a_j}\right)+o\{U(r)\},\ j=1,2,\cdots,q,$$

由式(3.76)得

$$(q+1)T(r,f)\leqslant(2+\varepsilon)T(r,f)+\sum_{j=1}^{q}N\left(r,\frac{1}{f-a_j}\right)+N(r,f)+o\{U(r)\}.$$

从这个不等式及条件(3.76)又可推出:如果我们定义

$$\delta_V(a_j,f)=1-\varlimsup_{r\to+\infty}\frac{N\left(r,\frac{1}{f-a_j}\right)}{U(r)},\ j=1,2,\cdots,q, \tag{3.80}$$

$$\delta_V(\infty,f)=1-\varlimsup_{r\to+\infty}\frac{N(r,f)}{U(r)},$$

则式(3.79)亦成立.

最后让我们比较一下式(3.60)及(3.79). 为此,设 $a_j(z)(j=$

1, 2, …, q; $q \geqslant 2$) 为 q 个判别的亚纯函数使

$$T(r, a_j) = o\{T(r, f)\}, j = 1, 2, \cdots, q.$$

则下列两个条件均满足:

$$T(r, a_j) = S(r, f), \quad T(r, a_j) = o\{U(r)\},$$

所以式(3.60)及(3.79)均成立. 如果 $\delta(a_j, f)$, $\delta(\infty, f)$ 由式(3.61)定义,而 $\delta_U(a_j, f)$, $\delta_U(\infty, f)$ 由式(3.80)定义,并且如果我们选取 $U(r)$ 上联系于 $T(r, f)$,则有

$$\delta_U(a_j, f) \geqslant \delta(a_j, f), \ \delta_U(\infty, f) \geqslant \delta(\infty, f).$$

在这个意义下,式(3.79)较好于式(3.60).

参考文献

[1] Chuang, Chitai, Sur la comparaison de la croissance d'une fonetion m'eromorphe et de celle de sa dérivée, Bull. Sc. Math. , 75 (1951), 1—20.

[2] Chuang, Chitai, Sur les fonctions-types, Scientia Sinica, 10 (1961), 171-181.

[3] Chuang, Chitai, Une généralisation d'une inégalité de Nevanlinna, Scientia Sinica, 13 (1964), 887-895.

[4] 庄圻泰,关于亚纯函数的值分布,数学年刊,1 (1980), 91-114.

[5] 庄圻泰,亚纯函数的奇异方向,科学出版社,1982.

[6] Chuang, Chitai, On the inversion of a linear differential polynomial, Contemporary Mathematics, 48 (1985), 1-20.

[7] Chuang, Chitai, On Differential Polynomials, Analysis of One Complex, Variable, World Scientific Publishing Co. , 1987.

[8] Chuang, Chitai, Generalizations of Nevanlinna's Second Fundamental Theorem to the Case of q Small Functions, Analysis of One Completx Variable, World Scientific Publishing Co. , 1987.

[9] Chuang, Chitai and Ma, Lizhi, Generalization of a Theorem of Edrei, Lectures on Complex Analysis, World Scientific Publishing Co. , 1988.

[10] 庄圻泰与杨重骏,亚纯函数的不动点与分解论,北京大学出版社,1988.

[11] 庄圻泰和华歆厚,关于亚纯函数的增长性,中国科学,A 辑,6(1990), 569—576.

[12] 庄圻泰和胡振军,无穷级亚纯函数及其微分多项式的公共 Borel 方向,科学通报,(13), (1991), 965-970.

[13] Clunie, J., On integral and meromorphic functions, J. London Math. Soc., 37(1962), 17—27.

[14] Clunie, J., On a result of Hayman, J. London Math. Soc., 42(1967), 389—392.

[15] Edrei, A., Meromorphic functions with three radially distributed values, Trans. Amer. Math. Soc., 78(1955), 276—293.

[16] Edrei, A. and Fuchs, W. H. J., On the growth of meromorphic functions with several deficient values, Trans. Amer. Math. Soc., 93(1959), 292—328.

[17] Edrei, A. and Fuchs, W. H. J., The deficiencies of meromorphic functions of order less than one, Duke Math. J., 27(1960), 233—249.

[18] Edrei, A., The deficiencies of meromorphic functions of finite lower order. Duke Math. J., 31(1964), 1—21.

[19] Frank, G. and Weissenborn, G., Rational deficient functions of meromorphic functions, Bull. London Math. Soc., 18(1986), 29—33.

[20] Frank, G. and Weissenborn, G., On the zeros of linear differential polynomials of meromorphic functions, Complex Variables, 12(1989), 77—81.

[21] Goursat, E., Cours d'analyse mathématique, Tome 2, Gauthier-Villars, 1933.

[22] Hayman, W. K., Pieard values of meromorphic functions and their derivatives, Ann. of Math., 70 (1959), 9—42.

[23] Hayman, W. K., Meromorphic Functions, Oxford, Clarendon Press, 1964.

[24] Hayman, W. K., Research Problems in Function Theory, Athlone Press, 1967.

[25] Hiong, Kinglaï, Sur les fonctions entières et les fonctions méromorphes d'ordre infini, J. de Math., 14 (1935).

[26] Hua, Xinhou and Chuang Chitai, On a conjecture of Hayman, Acta Math. Sinica, New Series, 7(1991), 119—126.

[27] Milloux, H., Les fonctions méromorphes et leur dérivées. Extensions d'un théoreme de M. R. Nevanlinna. Applications, Actualités Scient. et Ind., 1940.

[28] Mues, E., Über ein Problem von Hayman, Math. Z., 164(1979), 239—259.

[29] Nevanlinna, R., Über die Eigenschaften meromorpher Funktionen in einem

Winkelraum, Acta Soc. Sci. fenn. ,50(1925), 1—45.
[30] Nevanlinna, R. , Le théorème de Picard-Borel et la théorie des fonctions méromorphes, Gauthier-Villars, 1929.
[31] Osgood, C. F. , Sometimes effective Thue-Siegel-Roth-Schmidt-Nevanlinna bounds or better, J. Number Th. , 21(1985), 347—389.
[32] Osgood, C. F. , Simplified Proofs of Generalizations of the n-Small Function Theorem, Analysis of One Complex Variable, World Scientific Publishing Co. , 1987.
[33] Steinmetz, N. , Über die Nullstellen von Differentialpolynomen, Math. Z. , 176(1981), 255—264.
[34] Steinmetz, N. , Eine Verallgemeinerung des zweiten Nevanlinnaschen Hauptsatzes, J. Reine Angew. Math. , 368(1986), 134—141.
[35] Valiron, G. , Directions de Borel des fonctions méromorphes, Móm. Sci. Math. , Fasc. 89, 1938.
[36] Yang, Chungchun, On deficiencies of differential polynomials, Math. Z. , 116(1970), 197—204.
[37] Yang, Lo. A general criterion for normality, Acta Math. Sinica , New Series, 1 (1985), 181—192.

第二章　函数分解论

自从 P. Fatou,G. Julia 等人对有理函数及其叠代(iterate)的不动点几何作了深入的研究后,试将同样问题推广到对超越整函数及其叠代的不动点的研究也就成为很自然的事了．随着 R. Nevanlinna 对亚纯函数的创新值分布论的两个基本定理的建立,为函数论研究者提供了有力的工具．1952 年,P. C. Rosenbloom[19]开始利用 Nevanlinna 理论对两个整函数 f,g 的合成函数 $f(g)$ 不动点的数量作了探讨．很明显,如果一个超越的合成函数只有有限多个(也可能一个也没有)不动点,那么我们就会得到如下形式的恒等式:

$$f(g(z)) - z = P(z)e^{\alpha(z)},$$

其中 $P(z)$ 为一多项式(可为一非零的常数)及 $\alpha(z)$ 为一整函数. Rosenbloom 在[19]中首次给出了所谓素函数(prime function)的定义．

定义 1　一个整函数 $F(z)$ 称为素函数,如果它的任何具 $F(z)=f(g(z))$ 的分解,当 f,g 皆为整函数时,必导至 f 或 g 为线性函数(即一次式).

Rosenbloom 特别指出(但没有在文中给出任何的证明):e^z+z 为一素函数,并声称它的证明相当繁复．后来,F. Gross 与 I. N. Baker 对此声明及其推广($e^z+P(z)$,$P(z)$ 为一非常数多项式)作了具体的证明．之后,Gross 将分解的研究推广到亚纯函数,并引进所谓的“拟素函数”(pseudo-prime function)的定义．

定义 2　设 $F(z)$ 为一亚纯函数,若其任何具下列形式的分解

$$F(z) = f(g(z));$$

f 为亚纯函数,g 为整函数(也可为亚纯函数,若 f 为一有理函数),必导至 f 或 g 为双(或分式)线性函数(有理函数)时,则称 F

为为素(拟素)函数;f,g 分别称为 F 的左及右因子.

有时,我们称一个函数 F 是 E 素的(拟素的)是强调在只考虑整函数为因子的分解下为素的(拟素的).但由于后来 Gross 证明了一个很简单及有用的事实:任何一个非周期性的整函数为素的与 E 素的是同时成立的,于是,在很多时候,我们就可以只考虑因子为整函数的讨论.

函数分解论在 F. Gross,C. C. Yang(杨重骏),R. Glodstein, M. Ozawa, E. Mues, N. Steinmetz, A. Gold′ bag, G. S. Prokopovich,W. Bergweiler,H. Urabe(中国在此方面研究较著名者有何育赞,宋国栋,郑建华等人)的努力下,总算在国际数学界推展开来了.一般说来,对于任一给定的亚纯函数要判定其是否为素或拟素的是相当困难的.在早期的10年(1970--1980)中所得到的有关分解的理论,不外是具体地建造出一族素函数或拟素函数.而其中大多主要用到 $F(z)=e^z+z$ 这一函数的一些特殊性质:(1)$F(z)$无(或只有有限个)不动点;(2)$F(z)$的零点趋向于一直线(虚轴);(3)$F(z)$满足一系数为多项式的线性微分方程式;(4)$F'(z)$具有一 Picard 例外值1.对于其较整体性的刻画的研究结果,一直都没能得到什么重大的突破.有关的零零星星的研究结果,主要的都被收集到几册专辑中了(参阅[5],[8],[27]和[28]).尤其是[27]及[28]介绍了有相关的古典函数理论及常用的基础值分布理论,及分解论由开始到1980年前后的进展.1978年 N. Steinmetz 在值分布论,尤其是在分解理论研究上取得了一相当重大的成果,也就是他的博士论文[20]中的主要结果.这一成果使人们可以把具某种超越性形式的函数方程变化成较单纯只具多项式形式的函数方程来处理.这也是本章中所谓的 Steinmetz 定理.利用它很容易就可证明一个广泛的结果:任何一个满足以多项式为系数的线性微分方程的亚纯函数解必为拟素的.从此,人们特别是最近的 W. Bergweiler 利用 Steinmetz 定理,并配合古典函数论中的 Wiman-Valiron 对函数局部增长的特性研究结果,完满地解决了几个分解论中较长期及重大的臆测,并把分解论的研究作了大幅度的推进．特别是证明了 Gross 的臆测：任何一个由两非线性函数合成的超越整函数必有无穷多个不动点．本章的主要目的就是介绍这些有关的新研究成果及其方法．特别是在(i)不动点与函数分解的关系及函数 $f(z)-\alpha$ 的零点定量性估计；(ii)代数微分方程及其超越函数为系数的线性微分方程解的分解；(iii)函数分解唯一性等三方面的介绍．作者在书写本章时力求完备性，但也假定读者对古典函数论及 Nevanlinna 基本定理有所了解，对其符号有所认识．

§1. Steinmetz 定理及其证明

定理 1.1[20] 设 $F_j(z)$ 与 $h_j(z)(j=0,1,2,\cdots,m)$ 为非恒等于零的亚纯函数，$g(z)$ 为非常数整函数，并且满足

$$\sum_{j=0}^{m}T(r,h_j)\leqslant KT(r,g)+S(r,g),\tag{1.1}$$

其中 K 为一正的常数，$S(r,g)$ 是所谓的余项一般表示除去一个线测度为有限的 r 值集外，满足

$$S(r,g)=o\{T(r,g)\}$$

的一数量．

若下列关系式成立：

$$F_0(g(z))h_0(z)+F_1(g(z))h_1(z)+\cdots\cdots+F_m(g(z))h_m(z)\equiv 0,\tag{1.2}$$

则有两个结论：

(i)存在有不全恒为零的多项式 $P_j(z)(j=0,1,2,\cdots,m)$ 使得

$$P_0(g(z))h_0(z)+P_1(g(z))h_1(z)+\cdots+P_m(g(z))h_m(z)\equiv 0.\tag{1.3}$$

(ii)存在有不全恒为零的多项式 $Q_j(z)(j=0,1,2,\cdots,m)$ 使得

$$F_0(z)Q_0(z)+F_1(z)Q_1(z)+\cdots+F_m(z)Q_m(z)\equiv 0\tag{1.4}$$

注. 在一般分解问题中所用到的以结论(i)为多，但若涉及微分方程解的分解讨论时，结论(ii)就显得有用了.

证 首先是任意选取一个不可列的无穷点$\{\tau\}=E\subset\mathbb{C}$，则除去至多可列点的子集$E_0$外，所有$E\backslash E_0$中的点可使：

(1)对$\tau\in E$，有$F_j(\tau)\neq 0,\ \infty(j=0,1,2,\cdots,m)$.

(2)对$\tau\in E$，$g(z)-\tau$的零点不是$h_j(z)(j=0,1,2,\cdots,m)$之极点(因事实上，不符合(1)或(2)的点集至多是可列的). 我们在以下任何有限步骤的讨论中，所要由E中除去的子集总是至多为可列的，所以为了简便，我们用同一记号E表示凡从E中除去一个可列子集的余集.

现对$\tau_{\mu_1}\in E$，作辅助函数

$$H_{\mu_1}(z)=\frac{\sum_{j=0}^{m}F_j(\tau_{\mu_1})h_j(z)}{g(z)-\tau_{\mu_1}}=\frac{\sum_{j=0}^{m}P_{j\mu_1}(g(z))h_j(z)}{Q_{\mu_1}(g(z))},$$

其中$P_{j\mu_1}(z)=F_j(\tau_{\mu_1})$，$Q_{\mu_1}(z)=z-\tau_{\mu_1}$. 则不难验证$P_{j\mu_1}$与$Q_{\mu_1}$具有下列性质：

(i)$P_{j\mu_1}(\tau_{\mu_1})=F_j(\tau_{\mu_1})\neq 0,\infty$;

(ii)$P_{j\mu_1}(z)$的次数$\deg P_{j\mu_1}(z)=0,j=0,1,2,\cdots,m$;

(iii)若z_0为$H_{\mu_1}(z)$分母的P重零点，则z_0至多为$H_{\mu_1}(z)$的$P-1$重极点(这是因为：在$z=z_0$时，$H_{\mu_1}(z)$的分子$=\sum_{j=0}^{m}F_j(\tau_{\mu_1})h_j(z_0)=\sum_{j=0}^{m}F_j(g(z_0))h_j(z_0)=0$). 当$\tau_{\mu_1}$历遍$E$时，可得一族函数，记为

$$H_1=\{H_{\mu_1}(z),\tau_{\mu_1}\in E\}.$$

下面对两不同的$\tau_{\mu_1},\tau_{\mu_2}\in E$，作辅助函数

$$H_{\mu_1\mu_2}=H_{\mu_1}(z)-a_{\mu_2}H_{\mu_2}(z)=\frac{\sum_{j=0}^{m}P_{j\mu_1}(g(z))h_j(z)}{Q_{\mu_1}(g(z))}$$

$$-a_{\mu_2}\frac{\sum_{j=0}^{m}P_{j\mu_2}(g(z))h_j(z)}{Q_{\mu_2}(g(z))}=\frac{\sum_{j=0}^{m}P_{j\mu_1\mu_2}(g(z))h_j(z)}{Q_{\mu_1\mu_2}(g(z))},$$

其中

$$Q_{\mu_1\mu_2}(z)=(z-\tau_{\mu_1})(z-\tau_{\mu_2}),P_{j\mu_1\mu_2}(z)$$
$$=P_{j\mu_1}(z)Q_{\mu_2}(z)-a_{\mu_2}P_{j\mu_2}(z)Q_{\mu_1}(z)$$
$$=F_j(\tau_{\mu_1})(z-\tau_{\mu_2})-a_{\mu_2}F_j(\tau_{\mu_2})(z-\tau_{\mu_1}).$$

这里 a_{μ_2} 选取为 $F_j(\tau_{\mu_1})/F_j(\tau_{\mu_2})(\neq 0)$. 当 τ_{μ_1} 与 τ_{μ_2} 取遍 E 时,可得一无穷族函数 $H_2=\{H_{\mu_1\mu_2}(z)\}$. 不难验证此族中函数具有下列性质:

(iv) $P_{j\mu_1\mu_2}(\tau_{\mu_2})=-a_{\mu_2}(\tau_{\mu_2}-\tau_{\mu_1})F_j(\tau_{\mu_1})\neq 0$;

(v) 对固定的 $j(j=0,1,2,\cdots,m)$, $\deg P_{j\mu_1\mu_2}(z)$ 与 τ_{μ_1} 及 τ_{μ_2} 的选取无关.(注意:这时可能要由 E 中除去一可列的子集,但我们仍用 E 表示所得的余集.)

(vi) 若 z_0 为 $H_{\mu_1\mu_2}(z)$ 的分母为 p 重零点,则它至多是 $H_{\mu_1\mu_2}(z)$ 的 $p-1$ 重极点.

以下我们将归纳地定义出一系列的函数族. 首先仿以上的建造,一般对 s 个不同的 E 中的点 $\tau_{\mu_1},\tau_{\mu_2},\cdots,\tau_{\mu_s}$ 相应地可建造出函数 $H_{\mu_1\mu_2\cdots\mu_s}$ 如下:

$$H_{\mu_1\mu_2\cdots\mu_s}(z)=\sum_{j=0}^{m}P_{j\mu_1\mu_2\cdots\mu_s}(g(z))h_j(z)/Q_{\mu_1\mu_2\cdots\mu_s}(g(z)),$$

其中 $Q_{\mu_1\mu_2\cdots\mu_s}(z)=(z-\tau_{\mu_1})\cdots(z-\tau_{\mu_s})$, $P_{j\mu_1\mu_2\cdots\mu_s}(z)$ 为 z 的多项式,且其次数 $\leqslant s-1$,它们满足:

(vii)

$$P_{j\mu_1\mu_2\cdots\mu_s}(\tau_{\mu_s})=0;$$

(viii) 对固定的 $j(j=0,1,2,\cdots,m)$, $\delta_{j_s}=\deg P_{j\mu_1\mu_2\cdots\mu_s}(z)$ 与 $(\tau_{\mu_1},\cdots,\tau_{\mu s})$ 在 E 中 的选取无关.

(ix) 若 z_0 为 $H_{\mu_1\mu_2\cdots\mu_s(z)}$ 的分母的 p 重零点,则它至多是 $H_{\mu_1\mu_2\cdots\mu_s}$ 的 p-1 重极点.

所有这样的一族函数以 $H_s=\{H_{\mu_1\mu_2\cdots\mu_s}\}$ 记之,并定义

$$H_{\mu_1\mu_2\cdots\mu_s+1}(z)=H_{\mu_1\cdots\mu_s}(z)-a_{\mu_s+1}H_{\mu_1\cdots\mu_s-1\mu_s+1}(z)$$

$$= \sum_{j=0}^{m} P_{j\mu_1\cdots\mu_{s+1}}(g(z))h_j(z)/Q_{\mu_1\cdots\mu_{s+1}}(g(z)),$$

其中 $a_{\mu_{s+1}}$ 为一常数，它的选取原则是：若 $\delta_{j_0 s} = \max\{\delta_{js}\}$，则选取 $a_{\mu_{s+1}}$ 使得多项式：

$$P_{j_0\mu_1\cdots\mu_s}(z)(z-\tau_{\mu s+1}) - a_{\mu_{s+1}}P_{j_0\mu_1\cdots\mu_{s-1}\mu_{s+1}}(z)(z-\tau_{\mu_s})$$

的最高项系数为0. 如此建造的函数族 $H_{s+1} = \{H_{\mu_1}\cdots\mu_{s+1}(z)\}$ 具有下列性质：

(X) $P_{j\mu_1\cdots\mu_{s+1}}(\tau_{\mu s+1}) = 0$. 事实上，$P_{j\mu_1\cdots\mu_{s+1}}(\tau_{\mu s+1})$

$$= -a_{\mu s+1}P_{j\mu_1\cdots\mu_{s-1}\mu_{s+1}}(\tau_{\mu s+1})(\tau_{\mu s+1} - \tau_{\mu s}) \neq 0.$$

(xi)能从 E 中选取 τ，使得对固定的 $j(j=0,1,2,\cdots,m)$，$\delta_{js+1} = \deg P_{j\mu_1}\cdots\mu_{s+1}(z)$ 与 $(\tau_1,\tau_2,\cdots,\tau_{\mu s+1})$ 在 E 中的选取无关. 事实上，因 $0 \leqslant \deg P_{j\mu_1\cdots\mu_{s+1}}(z) \leqslant s$，所以必可找到无穷多个 $\{(\tau_{\mu_1},(\tau_{\mu_2},\cdots(\tau_{\mu s+1})\}$，使得相应的 $\deg P_{m\mu_1\mu_2\cdots\mu_{s+1}}(z) = \delta_{ms+1}$ 满足 $0 \leqslant \delta_{(ms+1)} \leqslant \delta$，且是固定的. 在这个 E 集下(必要时除去一有限子集)，可使 $\deg P_{m\mu_1\mu_2\cdots\mu_{s+1}}(z) = \delta_{m-1s+1}$ 也是固定的，如此继续就可得所要求的性质.

(xi)若 z_0 是 $H_{\mu_1\cdots\mu_{s+1}}(z)$ 的分母的 p 重零点，则它至多是 $H_{\mu_1\cdots\mu_{s+1}}(z)$ 的 p-1重极点. 这是因为：从

$$H_{\mu_1\cdots\mu_{s+1}}(z) = \frac{\sum_{j=0}^{m} P_{j\mu_1\cdots\mu_s}(g(z))h_j(z)}{Q_{\mu_1\cdots\mu_s}(g(z))}$$

$$- a_{\mu s+1}\frac{\sum_{j=0}^{m} P_{j\mu_1\cdots\mu_{s-1}\mu_{s+1}}(g(z))h_j(z)}{Q_{\mu_1\cdots\mu_{s-1}\mu_{s+1}}(g(z))}$$

$$= H_{\mu_1\cdots\mu_s}(z) - a_{\mu s+1}H_{\mu_1\cdots\mu_{s-1}\mu_{s+1}}(z).$$

可见，如 z_0 为 $Q_{\mu_1\cdots\mu_{s+1}}(g(z)) = \prod_{j=1}^{s+1}(g(z)-\tau_{\mu_j})$ 的 p 重零点，即某个 $g(z)-\tau_{\mu_j}(1 \leqslant j \leqslant s+1)$ 的 p 重零点，故若 $j \leqslant s-1$，则 z_0 至多是 $H_{\mu_1\cdots\mu_s}(z)$ 和 $H_{\mu_1\cdots\mu_{s-1}\mu_{s+1}}(z)$ 的 p-1重极点；若 $j = s$(或 $s+1$)，则 z_0 至多是 $H_{\mu_1\cdots\mu_s}$(或 $H_{\mu_1\cdots\mu_{s-1}\mu_{s+1}}(z)$) 的 p-1重零点.

现在证明：若 $q > 2K + 2$，则当 $s \geqslant q_m + q - m$ 时，$\delta_{js} \leqslant s - q$.

这是因为：从 $H_{\mu_1\cdots\mu_s}$ 的建造可知：$\delta_{js} \leqslant s - 1 - \frac{s-1}{m} \leqslant s - q$（或因 $\delta_{j(q-1)(m+1)+1} \leqslant (q-1)(m-1)+1$，因此当 $s \geqslant (q-1)(m+1)+1$ 时，$\delta_{js} \leqslant (q-1)(m+1)+1 \leqslant s-q$）.

最后我们证明：若 $q > 2K + 2$ 且 $s \geqslant qm + q - m$ 时，$H_s(z) \equiv H_{\mu_1\mu_2\cdots\mu_s}(z) \equiv 0$. 因而关系式(i)成立：

$$\sum_{j=0}^{m} P_{j\mu_1\cdots\mu_s}(g(z))h_j(z) \equiv \sum_{j=0}^{m} P_j(g(z))h_j(z) \equiv 0.$$

欲证 $H_s \equiv 0$，我们令

$$Q_{\mu_1\cdots\mu_s}(z) = A(z)B(z),$$

其中

$$A(z) = \prod_{j=1}^{q}(z - \tau_{\mu_j}), B(z) = \prod_{K=q+1}^{s}(z - \tau_{\mu_k}).$$

令

$$F(z) = A(g(z)),\ G(z) = H_s(z)F(z).$$

若 $H_s(z) \not\equiv 0$，则

$$\begin{aligned} qT(r,g) &= T(r,A(g)) + O(1) = J(r,F) + O(1) \\ &= T(r,G/H_s) + O(1) \leqslant T(r,G) + T(r,H_s) + O(1). \end{aligned}$$

下面，我们将分别估计 $N(r,G)$，$N(r,H_s)$，$m(r,G)$ 及 $m(r,H_s)$. 由先前建造的条件可知，只要 $g(z_0) = \tau_{\mu_j}(j = 1,\cdots,s)$，则 G 及 H_s 的分子也在该点为零，即为 G 及 H_s 的一个零点，但重数要少于1. 于是我们有

$$N(r,H) \leqslant \sum_{j=1}^{s} N_1\left(r, \frac{1}{g - \tau_{\mu_j}}\right) + \sum_{j=0}^{m} N(r,h_j) + O(1)$$

及

$$N(r,G) \leqslant \sum_{k=q+1}^{s} N_1(r, \frac{1}{g - \tau_{\mu_k}}) + \sum_{j=0}^{m} N(r,h_j) + O(1),$$

其中 $N_1(r, \frac{1}{g-\tau})$ 表 $g(z)$ 的重 τ 值密指量，对 t 重值点只计 $t-1$ 次

$(t=2,3,\cdots)$.

对于 $m(r,H)$ 及 $m(r,G)$，我们令

$$P_{j\mu_1\cdots\mu_s}(z) = C_{js}(z-\alpha_1)\cdots(z-\alpha_{\delta_{js}}).$$

由于

$$\left|\frac{g(z)-\alpha_k}{g(z)-\tau_{\mu_k}}\right| \leqslant c_1\left(\frac{1}{|g(z)-\tau_{\mu_k}|}\right)^+,$$

此处 $(x)^+=\max\{1,x\}$，$c_1(>0)$ 为一常数，并注意到 $\delta_{js}\leqslant s-q$，我们可得

$$\left|\frac{P_{j\mu_1\cdots\mu_s}(g(z))}{Q_{\mu_1\cdots\mu_s}(g(z))}\right| \leqslant c_2\prod_{j=1}^{s}\left(\frac{1}{|g(z)-\tau_{\mu_j}|}\right)^+,$$

这里 $c_2(>0)$ 为一常数，于是

$$|H_s(z)| \leqslant C_s\prod_{j=1}^{s}\left(\frac{1}{|g(z)-\tau_{\mu_j}|}\right)^+\left(\sum_{j=0}^{m}|h_j(z)|\right),$$

因而

$$m(r,H_s) \leqslant \sum_{j=1}^{s} m\left(r,\frac{1}{g-\tau_{\mu_j}}\right) + \sum_{j=0}^{m} m(r,h_j) + O(1).$$

再次注意到 $\delta_{js}\leqslant s-q$，作同样的推演，可得

$$m(r,G) \leqslant \sum_{j=q+1}^{s} m\left(r,\frac{1}{g-\tau_{\mu_j}}\right) + \sum_{j=0}^{m} m(r,h_j) + O(1).$$

综合以上的估计，相加后得

$$\begin{aligned} qT(r,g) \leqslant & \sum_{j=1}^{s} m\left(r,\frac{1}{g-\tau_{\mu_j}}\right) + \sum_{j=1}^{S} N_1\left(r,\frac{1}{g-\tau_{\mu_j}}\right) \\ & + \sum_{j=q+1}^{S} m\left(r,\frac{1}{g-\tau_{\mu_j}}\right) + \sum_{k=q+1}^{S} N_1\left(r,\frac{1}{g-\tau_{\mu_k}}\right) \\ & + 2\sum_{j=0}^{m} m(r,h_j) + O(1). \end{aligned}$$

在上式中，引用第二基本定理得

$$qT(r,g) < (2k+2)T(r,g) + S(r,g).$$

这与 $q>2k+2$ 矛盾，因此 $H_s(z)\equiv 0$. 定理中的结论(i)因而得证.

现在来证明结论(ii). 由结论(i)及不妨设所有的 P_j 皆不恒等

于0，于是有

$$h_m = R_0(g)h_0 + \cdots + R_{m-1}(g)h_{m-1},$$

其中 $R_0, R_1, \cdots, R_{m-1}$ 为适当选取的有理函数，$R_j \equiv -P_j/P_m (j=0, 1, 2, \cdots, m-1)$. 置

$$G_j = F_j + F_m R_j, j = 0,1,2,\cdots,m-1.$$

则

$$G_0(g)h_0 + G_1(g)h_1 + \cdots + G_{m-1}(g)h_{m-1} \equiv 0.$$

若所有 $G_j(j=0,1,2,\cdots,m-1)$ 都不恒为0，则可重复上述推理过程，最后可得

$$L_0(g)h_0 \equiv 0,$$

其中 $L_0 \equiv F_0 + F_1\tilde{R}_0 + \cdots + F_m\tilde{R}_m$，$\tilde{R}_j \equiv Q_j/Q_0$；$Q_j(j=0,1,2,\cdots,m)$ 皆为多项式. 由此便得 $L_0 \equiv 0$，这也就是结论(ii)的关系式.

若在上述推证过程中的某一步，例如第一步后有一个 $G_j(0 \leqslant j \leqslant m-1)$ 恒等于0，即有 $F_j + F_m\tilde{R}_j \equiv 0$，但 $\tilde{R}_j = Q_m/Q_j$；Q_j, Q_m 皆为多项式，于是 $Q_jF_j + Q_mF_m \equiv 0$ 如形(ii)的关系式. 所以不论如何，结论(ii)总成立. 定理证毕.

定理1.1也就是本章中所谓的 Steinmetz 定理. 它可以说是目前研究分解论的一个最有力的工具性理论，不少与分解论有关的重大问题都借助于它得到解决或推进. 比如非素的超越亚纯函数必有无穷多个不动点的证明及一些代数微分方程解的分解讨论.

一般，一个以多项式为系数的 F 的微分多项式 $P(F)$ 可表示为

$$P(F) = \sum_{j=0}^{t} M_j[F], M_j[F] = a_j(z)F^{k_0}(F')^{k_1}\cdots(F^{(M)})^{k_m},$$

$$a_j(z) \not\equiv 0,$$

定义

$$\nu_{M_j} = k_0 + k_1 + \cdots + k_m, \Gamma_{M_j}$$
$$= k_0 + 2k_1 + \cdots + (m+1)k_m$$

及 $\nu_p = \max\limits_{0\leqslant j\leqslant t}\nu_{M_j}, \Omega_p = \max\limits_{0\leqslant j\leqslant t}\Gamma_{M_j}$.

则有一个对于研究微分方程解有用的推论：

推论1.2(Steinmetz[21]) 设 f 为一超越的亚纯函数，g 为一整函数. 若 $F=f(g)$ 满足一系数为多项式的代数微分方程：$P(z,\omega,\omega',\cdots,\omega^{(k)})=0$，则 f,g 分别满足代数微分方程(系数均为多项式)$P_1(z,\omega,\omega',\cdots,\omega^{(k)})=0$ 及 $P_2(z,\omega,\omega',\cdots,\omega^{(k)})=0$，而且 $\nu_{P_1}\leqslant\nu_P$ 及 $\Gamma_{P_1}\leqslant\Gamma_P$.

今介绍 Steinmetz 定理结论的另一证明，这是由 F. Gross 与 C, F. Osgood[1)]两人得到的. 此证明不但步骤简单而且只用到 Nevanlinna 第一基本定理. 其主要的关键论据是基于一组 n 元的联立一次方程，只要方程数 $m<n$，此方程组总有非平凡解. 先引进下面一个引理.

引理1.3 设 m 为一正整数，a 为一复数，及 $G_1(\neq 0),G_2(\neq 0),\cdots,G_m(\neq 0)$ 为以 $(z-a)$ 的幂次表示的 m 个形式幂级数(即不一定为收敛的)，则必存在一 $(m+1)$ 重以 z 的多项式为分量的无穷向量序列 $\{(Q_j(z),P_{1j}(z),\cdots,P_{mj}(z))\}_{j=1}^{\infty}$，使得对任一正整数 j，下面三个条件得以满足：

(i) $Q_j(z)\not\equiv 0$；

(ii) $\max\{\deg Q_j(z),\deg P_{1j}(z),\cdots,\deg P_{mj}(z)\}\leqslant mj$，对 $1\leqslant i\leqslant m$，$P_{ij}(z)$ 不全恒为0；

(iii) 对 $1\leqslant i\leqslant m$，每个函数 $Q_j(z)G_i(z)-P_{ij}(z)$ 在点 $z=a$ 具有 $(m+1)j$ 重零点(即在形式上，一个 $(z-a)$ 幂次的幂级数，第一个非0系数在 $(m+1)j+1$ 项之后.

证 条件(iii)相当于一组 $m(m+1)j$ 个由 $Q_j(z)$ 及 $P_{ij}(z)$ 系数(待定)所构成的线性齐次方程组. 依条件(ii)至多可有 $(m+1)(mj+1)$ 个系数待定. 现 $(m+1)(mj+1)>m(m+1)j$，故由线性方程组解的基本理论知：对每个 j，存在一组 $Q_j(z)$ 及 $P_{ij}(z)$ 的系数

---

1) Gross, F. & Osgood, C. F., A simplev proof of a theorem of Steinmetz, J. Math. Analysis and Applications (JMAA), 143(1989), 290—294.

不全为0，使得(iii)成立. 最后，我们证明 $Q_j(z)\neq 0$. 假如不然，对如此的 j, $-P_{ij}(z)=Q_j(z)G_j(z)-P_{ij}(z)$ 在其零点 $z=a$ 处的重度大于 $\max\{\deg Q_j,\deg P_{ij},\cdots,\deg P_{mj}\}$，因而特别大于 $\deg P_{ij}(z)$. 由此将导出 $Q_j(z)\equiv P_{1j}(z)\equiv\cdots\equiv P_{mj}(z)\equiv 0$ 这一矛盾.

定理1.1的证明 首先为了配合定理1.1及引理中的下标表示，今设定理1.1中的两族函数组为 $\{F_i\}_{i=1}^n$ 及 $\{h_i\}_{i=1}^n$ 及设相应的关系式为

$$\sum_{i=1}^n F_i(g)h_i(g)\equiv 0,$$

并在引理中设 $m=n-1$,

$$G_i(z)=F_{i+1}(z)/F_1(z),i=1,\cdots,m,$$

其中 $\{Q_j,P_{1j},\cdots,P_{nj}\}$ 如引理中所述，$j=1,2,\cdots$. 令 a 为任一复数，在其上每个 $F_{i+1}(z)/F_1(z)$ 都可展为 $(z-a)$ 的幂级数. 定义

$$K_j(z)=Q_j(g)h_1(z)+\sum_{i=1}^{n-1}P_{ij}(g)h_{i+1}(z),1\leqslant j\leqslant\infty.$$

我们将证明：只有有限个 j，使 $K_j(z)\not\equiv 0$. 今设对所有的 j，使 $K_j(z)\not\equiv 0$，并由此导出一矛盾. 首先我们证明:

$$H_j(z)=\frac{K_j(z)}{[g(z)-a]^{n_j}}=\frac{Q_j(g)h_1(z)+\sum_{i=1}^{n-1}P_{ij}(g)h_{i+1}(z)}{[g(z)-a]^{n_j}}$$

与 $K_j(z)$ 具有相同的极点点集. 今假设

$$\sum_{i=1}^n F_i(g)h_i(z)\equiv 0,\tag{1.5}$$

将上式乘以 $Q_j(g)/F_1(g)$，可得

$$\begin{aligned}H_j(z)=&-[g(z)-a]^{-n_j}[Q_j(g)h_1(z)+\\&\sum_{i=1}^{n-1}Q_j(g)\frac{F_{i+1}(g)}{F_1(g)}h_{i+1}(z)\\&-Q_j(g)h_1(z)+\sum_{i=1}^{n-1}P_{ij}(g)h_{i+1}(z)].\end{aligned}$$

于是有

$$H_j(z)=\sum_{i=1}^{n-1}[Q_j(g)G_i(g)-P_{ij}(g)][g(z)-a]^{-n_j}h_{i+1}(z).$$

(1.6)

今由引理的条件(iii)，可知对任一 j，

$$[Q_j(g)G_i(g)-P_{ij}(g)][g(z)-a]^{-n_j}$$

为一整函数，故上式中的分母$[g(z)-a]^{n_j}$不会带来及减少 K_j 的极点. 因 $g(z)-a$ 为整函数，可知 H_j 与 K_j 有相同的极点点集. 因而

$$N(r,H_j(z))=N(r,K_j(z))\leqslant\sum_{i=1}^{n}N(r,h_i). \qquad (1.7)$$

令 $T=\{z \ |g(z)-a|\leqslant 1\}$，则易知对所有 $z\in T$，

$$|[Q_j(z)G_i(g)-P_{ij}(g)[g(z)-a]^{-n_j}|$$

是有界的. 从而由(1.6)，有

$$|H_j(z)|=O\left\{\sum_{i=1}^{n-1}|h_{i+1}(z)|\right\},z\in T.$$

另一方面，由引理的条件(ii)，可知对任意的 i,j 及 $z\in\mathbb{C}\backslash T$($\mathbb{C}$ 为整个复平面)，

$$|Q_j(g)[g(z)-a]^{-n_j}| \text{ 及 } |P_{ij}(g)[g(z)-a]^{-n_j}|$$

都是有上界的. 从而有

$$|H_j(z)|=O\left\{\sum_{i=1}^{n}|h_j(z)|\right\},z\in\mathbb{C}.$$

于是存在有正实数 k，与 r 无关，使得

$$m(r,H_j(z))\leqslant\sum_{i=1}^{m}m(r,h_i(z))+k. \qquad (1.8)$$

由(1.7)与(1.8)，可得

$$T(r,H_j(z))\leqslant\sum_{i=1}^{n}T(r,h_i(z))+k=O\{T(r,g)\}+k. \qquad (1.9)$$

由此及 Nevanlinna 第一基本定理，有

$$m(r,\frac{1}{H_j(z)})\leqslant d\{T(r,g)\}+k_j, \qquad (1.10)$$

此处 d 与 k_j 为两个正的常数，但 d 与 j 无关，k_j 可能与 j 有关.

下面我们将估计出 $m(r,1/H_j(z))$ 的一下界，它将大于

(1.10)的右边值. 这一矛盾将导至定理的证明.

首先由引理的条件(ii)知: 对 $z\in\mathbb{C}\setminus T$,

$$|H_j(z)|\leqslant O\{|g(z)-a|^{-j}\max_i|h_j(z)|\}.$$

这儿用到一事实, 即$\max\limits_i\{\deg Q_j,\deg P_{ij}\}\leqslant(n-1)j$. 因此对 $z\in\mathbb{C}\setminus T$, 由以上不等式及式(1.5), 有

$$\log^+\left(\frac{1}{|H_j(z)|}\right)\geqslant\log\left(\frac{1}{|H_j(z)|}\right)\geqslant j\log|g(z)-a|$$

$$-\sum_{i=1}^n\log^+|h_i(z)|-C_0=j\log^+|g(z)-a|$$

$$-\sum_{i=1}^n\log^+|h_i(z)|-C_j, \tag{1.11}$$

其中 C_j 为一常数, 可能与 j 有关.

同样, 对 $z\in T$, 也可推得

$$\log^+\left(\frac{1}{|H_j(z)|}\right)\geqslant j\log^+|g(z)-a|$$

$$-\sum_{i=1}^n\log^+|h_i(z)|-D_j, \tag{1.12}$$

其中 D_j 为一常数, 可能与 j 有关.

综合(1.11), (1.12)两式, 立即可得

$$m(r,\frac{1}{H_j(z)})\geqslant jT(r,g)-\sum_{i=1}^n T(r,h_i(z))-(C_j+D_j). \tag{1.13}$$

当 j 充分大时, (1.13)及(1.10)两式将导至矛盾. 于是表明总有一正整数 j 存在, 使得 $K_j\equiv0$. 此时 $Q_j\equiv P_1, P_{ij}=P_i(i=2,\cdots,n-1)$, 便得

$$P_1(g)h_1(z)+P_2(g)h_2(z)+\cdots+P_n(g)h_n(z)\equiv0,$$

即定理中的(1.3)部分得证. 而(1.4)部分的证明照旧. 定理1.1证毕.

Gross 与 Osgood 还指出, 用类似的证法, 可用到多变数的整函数族, 特别可得下面一推广的结果:

定理1.4 设 $\varphi_i(\omega,z)$为 z,ω 的整函数及 $g(z)$为一整函数. 假

设存在一整函数 $\alpha(z)$，使得 $T(r,\alpha)=o\{T(r,g)\}$ 及

$$\varphi_i(\omega,z) = \sum_{j=1}^{\infty} b_{ij}(z)(\omega-\alpha)^j \not\equiv 0,$$

其中 $b_{ij}(z)$ 皆为整函数，并满足 $T(r,b_{ij}(z))=o\{T(r,g)\}$. 则当恒等式

$$\sum_{i=1}^{n} \varphi_i(g,z)h_i(z) \equiv 0$$

成立时，必存在有非全恒为0的二变数多项式 $P_i(g,z)$，其系数 a_{ij} 均为整函数，并满足 $T(r,a_{ij})=o\{T(r,g)\}$，使得

$$\sum_{i=1}^{n} P_i(g,z)h_i(z) \equiv 0.$$

最近 Gross 与 Osgood[1] 把上面的结果作了如下的推广：

定理1.5 设 $n\geqslant 2$ 为一整数，g 为非常数的整函数，$\psi_i(1\leqslant i\leqslant n)$ 为整函数，又设 f_i 及 $h_i(1\leqslant i\leqslant n)$ 均为亚纯函数及存在正实数 A,B，使得

$$A\geqslant 1,\quad B<\frac{1}{64}\frac{1}{n4A},$$

$$\sum_{i=1}^{n} T(r,h_i)\leqslant AT(r,g) \text{及} \sum_{i=1}^{n} T(r,\psi_i)\leqslant BT(r,g).$$

并设每个 f_i 在 $z=0$ 是解析的，且 $f_1(0)\neq 0$，则若

$$\sum_{i=1}^{n} f_i(\psi_i g)h_i(z) \equiv 0,$$

则存在有 n 个以 $z,\psi_1,\psi_2,\cdots,\psi_n$ 及 ω 为变数的多项式 $P_i(z,\omega)$，使得

$$\sum_{i=1}^{n} P_i(z,g)h_i(z) \equiv 0,$$

其中 $P_i(z,g)$ 不全恒为0.

---

1) Gross & Osgood, JMAA, (1), 156 (1991), 287－292.

§2. 函数 $P(z)e^{\alpha(z)}+Q(z)$ 的分解

本节中，设 $P(z)(\not\equiv 0)$，$Q(z)(\not\equiv$ 常数)为两多项式，$\alpha(z)$ 为一整函数. 下面，我们将探讨具有下列形式的整函数 $H(z)$：

$$H(z)=P(z)e^{\alpha(z)}+Q(z)$$

的分解. 本节中主要的结果(定理2.1及定理2.2均为 W. Bergweiler 得到的)包括及解决了许多过去20多年来分解论的重要臆测.

定理2.1[3] 设 $H(z)$ 如上式中所定义，则 $H(z)$ 为 E 一拟素的.

定理2.2[4] 若 $H(z)$ 如上定理中所定义，则 $H(z)$ 为素的当且仅当 P,Q 及 α 无共同的非线性右因子.

为了证明以上两个定理，我们要用到下面一系列引理. 开头两个是在值分布论研究中常用到的.

引理2.3 设 $h(z)$ 是在圆：$|z-z_1|<R$ 内的解析函数，但不取值0及1，则

$$\frac{|h'(z_1)|}{1+|h(z_1)|^2}\leqslant\frac{K}{R},$$

此处 K 为一与 h 无关的常数.

证 不妨设 $z_1=0$ 及 $R=1$，一般情形同样可证. 考虑在单位圆内不取0，1两值的解析函数族. 依据 Montel 定理，知此族是正规族. 再由 Marty 的检验法则，知此族的球面导数为局部有界的，因而可推知在原点的球面导数有一绝对的有限上界. 此引理在 $z_1=0$ 及 $R=1$ 时因而得证.

为方便叙述起见，以下我们将用 $\nu(r,g)$ 及 $\mu(r,g)$ 分别表示 $g(z)$ 的 Taylor 展开式的中心指标(central index)及最大项($|z|=r$)，并将用 F 及 E 分别表示任一具有穷对数及线性测度之集，又除了特别指明外，本节中的 c,d,ε,η 等均表示正常数.

引理2.4 设 g 为一超越整函数及 γ 为一大于 $\frac{1}{2}$ 的常数. 假

设在$|z_0|=r$，有

$$|g(z_0)| \geqslant \eta M(r,g)(\eta < 1) \text{ 及 } |\tau| < dv(r,g)^{-\gamma},$$

则

$$g(z_0 e^{\tau}) \sim g(z_0) e^{v(r,g)\tau} (r \notin F), \tag{2.1}$$

$$g'(z_0 e^{\tau}) \sim \frac{v(r,g)}{z_0 e^{\tau}} g(z_0) e^{v(r,g)\tau} (r \notin F), \tag{2.2}$$

$$v(r,g) \leqslant [\log\mu(r,g)]^{1+\varepsilon} \leqslant [\log M(r,g)]^{1+\varepsilon} (r \notin F) \tag{2.3}$$

及

$$\begin{aligned} \log M(r,g) &\leqslant (1+o(1))\log\mu(r,g) \\ &\leqslant (1+o(1))v(r,g)\log r (r \notin F). \end{aligned} \tag{2.4}$$

此引理基本上是 Wiman-Valiron 定理的一较精确的形式，由 Hayman 在论文(The local growth of power series：A survey of the Wiman-Valiron method，Canad. Math. Bull.，17(3)，1974)中得到的.

引理2.5 设$g(z)$为一超越整函数，又设$|z_0|=r$及$|g(z_0)| \geqslant \eta M(r,g)$. 若$r \notin F$，则存在于$|z-z_0| \leqslant cr\gamma/v(r,g)$ $(\frac{1}{2}<\gamma<1)$内为解析的函数$\tau(z)$，满足

$$|\tau(z)v(r,g) - 2\pi i| = o(1), \tag{2.5}$$

$$g(ze^{\tau(z)}) = g(z) \tag{2.6}$$

及

$$\frac{d(ze^{\tau(z)})}{dz} \sim 1. \tag{2.7}$$

证 由假设$|z-z_0| \leqslant cr/v(r,g)$，即$|1-z/z_0| \leqslant c/v(r,g)$，因而当$r$充分大时，有

$$z = e^u z_0, u \text{ 满足：} |u| \leqslant 2c/v(r,g).$$

依照引理2.4中的式(2.1)，存在一个σ满足条件：$|\sigma - v(r,g)u| = o(1)$，使得$g(z)=g(z_0)e^{\sigma}$，特别当$r$充分大时，可由此进一步推得$|\sigma| \leqslant 3c$. 现令

$$t = g(z_0)e^{\sigma},$$

并考虑

$$f_1(\omega) = g(z_0 e^{\omega})$$

及

$$f_2(\omega) = g(z_0)e^{v(r,g)\omega} = t\exp(v(r,g) - \sigma).$$

由引理2.3中的结论(2.1)，可知当$|v(r,g)\omega-\sigma|=\varepsilon$时，有

$$f_1(w) \sim g(z_0)e^{v(r,g)\omega} = f_2(\omega).$$

不难看出：当$|v(r,g)\omega-(\sigma+2\pi i)|=\varepsilon(0<\varepsilon<2\pi)$时，有

$$\begin{aligned}|(f_1(\omega) - t) - (f_2(\omega) - t)| &= |f_1(\omega) - f_2(\omega)| \\ &= o(|f_2(\omega)|).\end{aligned}$$

另一方面，同时又有

$$\begin{aligned}|f_2(\omega) - t| &= |t[\exp(v(r,g)\omega - \sigma) - 1]| \\ &\geqslant \delta_1|t| \geqslant \delta_2|f_2(\omega)|,\end{aligned}$$

此处$\delta_1,\delta_2(\delta_1\geqslant\delta_2>0)$都是与$\varepsilon$有关的常数，所以由 Rouche 定理，可知$f_1(\omega)-t$在$|v(r,g)\omega-(\sigma+2\pi i)|<\varepsilon$内有一零点，今以$\omega=s$表之，即

$$g(z_0e^s) - g(z_0)e^{\sigma} = g(z_0e^s) - g(z) = 0,$$

因而

$$g(z) = g(z_0e^s) = g(ze^{s-u}).$$

令$\tau(z)=s-u$，则式(2.6)得证，且式(2.5)自然成立，这只要令$\varepsilon\to0$并注意$|uv(r,g)-\sigma|=o(1)$即可.

下面证明$\tau(z)$为一解析函数. 因为依据引理2.4中的式(2.2)，在$|z-z_0|\leqslant cr/v(r,g)$内，有$g'(ze^{\tau(z)})\neq0$，故在该圆内，有$g^{-1}$的一适当分支，使得$ze^{\tau(z)}=g^{-1}g(z)$. 对此式两边进行微分，并参照(2.2)式，可得

$$\frac{dze^{\tau(z)}}{dz} = \frac{g'(z)}{g'(ze^{\tau(z)})} \sim 1.$$

引理2.5证毕.

利用以上引理 J. Clunie 在论文(The composition of entire and meromorphic functions, Math. Essays, Dedicated to A. J. Macintyre, Ohio Univ. Press, 1970, 75—92)中得到下面的结果.

引理2.6 设f与g均为整函数，则

$$M(r, f \circ g) = M((1 + o(1))M(r, g), f) \qquad (r \notin F).$$

引理2.7 设 f 与 g 均为超越的整函数，P, Q 为两多项式($Q \neq$常数)，α 为一整函数. 若以下恒等式成立：

$$f(g(z)) = Q(z) + P(z)e^{\alpha(z)}, \tag{2.8}$$

则

$$T(r, g) \leqslant (1 + o(1))T(r, \alpha') \quad (r \notin F). \tag{2.9}$$

证 由式(2.8)，可得

$$f'(g(z))g'(z) = \left(\frac{P'(z)}{P(z)} + \alpha'(z)\right)(f(g(z)) - Q(z)) + Q'(z).$$

从而易见，当 $f'(a) = 0$时，有

$$\begin{aligned} N\left(r, \frac{1}{g - a}\right) &\leqslant N\left(r, 1/\left[\left(\frac{P'}{P} + \alpha'\right)(f(a) - Q) + Q'\right]\right) \\ &\leqslant T\left(r, \left(\frac{P'}{P} + \alpha'\right)(f(a) - Q) + Q'\right) + O(1) \\ &= T(r, \alpha') + O(\log r), \end{aligned}$$

因此当 $f'(z)$有无穷多零点时，由 Nevanlinna 第二基本定理及上面的结果，可导出所求的结论. 现在我们来处理 $f'(z)$只有有限个零点的情形. 这时，

$$\begin{aligned} \overline{N}\left(r, \frac{1}{(f \circ g)'}\right) &\leqslant \overline{N}\left(r, \frac{1}{f'(g)}\right) + \overline{N}\left(r, \frac{1}{g'}\right) \\ &= O\{T(r, g)\} \ (r \notin E). \end{aligned}$$

另一方面，由式(2.8)及 $T(r, g) = o\{T(r, f(g))\}$，我们立即可得

$$T(r, f \circ g) \sim T(r, (f \circ g)') \quad (r \notin E). \tag{2.10}$$

于是

$$\overline{N}\left(r, \frac{1}{(f \circ g)'}\right) = o\{T(r, (f \circ g)')\} \quad (r \notin E). \tag{2.11}$$

因而

$$\begin{aligned} T\left(r, \frac{(f \circ g)' - Q'}{(f \circ g) - Q}\right) &= o\{T(r, (f \circ g) - Q)\} \\ &= o\{T(r, (f \circ g)')\} \ (r \notin E). \end{aligned}$$

由上立即得

$$\overline{N}\left(r,\frac{1}{(f\circ g)'-Q'}\right)=o\{T(r,(f\circ g)')\}(r\notin E). \qquad (2.12)$$

联合此式与(2.11),并注意$Q'\not\equiv 0$及Nevanlinna第二基本定理(对三个小函数的情形),将导出一矛盾,因而引理得证.

引理2.8(Hayman[10]) 设F(z)为一亚纯函数,其级及下级分别为λ及μ.用$G=G(c_1,c_2)$表示满足$T(c_1r,F)\geqslant c_2T(r,F)$之$r$的集合,其中$c_1>1$及$c_2>1$,则G的对数密度log dens G满足

$$\underline{\log\text{ dens}}\, G=\varliminf_{r\to\infty}\frac{1}{\log r}\int_{G(r)}\frac{1}{r}dr\leqslant\lambda\frac{\log c_1}{\log c_2}$$

及

$$\overline{\log\text{ dens}}\, G=\varlimsup_{r\to\infty}\frac{1}{\log r}\int_{G(r)}\frac{1}{r}dr\leqslant\mu\frac{\log c_1}{\log c_2},$$

其中$G(r)=G\cap[1,r]$.

证 令r_1为G中不小于1的r值的下限,且$r_1\in G(1,T(r,F))$为r的连续函数,(若无此r_1,就可免证了).现设r_n已取定,我们记r_{n+1}为G中满足$r\geqslant c_1r_n$的最小值.因此所有在G中的r必落在开区间$(r_n,c_1r_{n+1})(n=1,2,\cdots)$.令

$$\log G(r)=\int_{G(r)}\frac{dr}{r}\leqslant\sum_{n\leqslant r}\int_{r_n}^{c_1r_n}\frac{dr}{r}=k\log c_1,$$

其中k为满足$r_k\leqslant r$的最大整数.另一方面,由$r_1,r_2,\cdots$的建造,可得

$$T(r_{n+1},F)\geqslant T(c_1r_n,F)\geqslant c_2T(r_n,F),n=1,\cdots,k-1,$$

因而

$$T(r,F)\geqslant T(r_k,F)\geqslant c_2^{k-1}T(r,F)\geqslant c_2^{k-1}T(1,F).$$

故

$$k\log c_1=(k-1)\log c_1+\log c_2\leqslant\frac{\log c_1}{\log c_2}\log\frac{T(r,F)}{T(1,F)}+\log c_1$$

$$\leqslant\frac{\log c_1}{\log c_2}\log T(r,F)+O(1),$$

从而

$$\underline{\log\text{ dens}}\, G=\varliminf_{r\to\infty}\frac{1}{\log r}\int_{G(r)}\frac{dr}{r}$$

$$\leqslant \frac{\log c_1}{\log c_2} \varliminf_{r\to\infty} \frac{\log T(r,F)}{\log r} = \lambda \frac{\log c_1}{\log c_2},$$

同理可得

$$\overline{\log \text{dens}}\, G \leqslant \varlimsup_{r\to\infty} \frac{\log c_1}{\log c_2} \quad \frac{\log T(r,F)}{\log r} = \mu \frac{\log c_1}{\log c_2}.$$

引理2.9[2] 设 $f(x)$ 与 $\mu(x)$ 为 $x\geqslant 0$ 上两非负、渐增的凸函数. 若 $K\geqslant 1$ 及 $f(x)\leqslant \mu(x)$, $\forall\ x\geqslant 0$, 则 $f'(x)\leqslant K\mu'(x)$ 至少在一个下密度(lower density)为 $\frac{K-1}{K}$ 的点集上成立.

证 令 $E=\{x\mid f'(x)\leqslant K\mu'(x)\}$. 显而易见, 不妨设 $f(0)=\mu(0)$ 及当 $x\to\infty$ 时 $f(x)\to\infty$. 今先假设 E 的闭包 $\overline{E}$ 可表成

$$\overline{E} = \bigcup_{k=1}^{\infty} [x_k, y_k], \tag{2.13}$$

其中 $\{x_k\}\nearrow\infty$, $\{y_k\}\nearrow\infty$ 及 $0=x_0<y_0<x_1<y_1<\cdots$. 记

$$a_k = \frac{f(x_{k+1}) - f(y_k)}{x_{k+1} - y_k}, b_k = \frac{\mu(x_{k+1}) - \mu(y_k)}{x_{k+1} - y_k},$$

则 $a_k > Kb_k$. 设 $a_{-1}=b_{-1}=0$,

$$a(x) = \begin{cases} a_k, & y_k \leqslant x < y_{k+1}, \\ 0, & 0\leqslant x < y_0; \end{cases} \qquad b(x) = b_k, x_k \leqslant x < x_{k+1}$$

及

$$A(x) = \int_0^x a(t)dt, B(x) = \int_0^x b(t)dt.$$

于是将 $A(x_{k+1})-A(y_k)=f(x_{k+1})-f(y_k)$ 与 $A(y_k)-A(x_k)\leqslant f(y_k)-f(x_k)$ 相加, 可得 $A(x_n)\leqslant f(x_n)-f(0)$, 对$\forall\ n$. 同理可得 $\mu(x_n)-\mu(0)\leqslant B(x_n)$, 对$\forall\ n$. 从而有 $A(x_n)\leqslant B(x_n)$. 设 $s_k=y_k-x_k$ 及 $t_k=x_{k+1}-y_k$, 则

$$A(x_{m+1}) = \sum_{k=0}^{m} (a_{k-1}s_k + a_k t_k) \geqslant \sum_{k=0}^{m} (Kb_{k-1}s_k + Kb_k t_k)$$

及

$$B(x_{m+1}) = \sum_{k=0}^{m} (b_k s_k + b_k t_k).$$

由上面两式, 得

$$0 \leqslant B(x_{m+1}) - A(x_{m+1}) \leqslant \sum_{k=0}^{m} [(b_k - Kb_{k-1})s_k + (1-K)b_k t_k]$$

从而

$$(K-1)\sum_{k=0}^{m} b_k t_k \leqslant \sum_{k=0}^{m}(b_k - Kb_{k-1})s_k.$$

现因 μ 为凸的，故 b_k 为渐增的. 此外 $b_n>0, \forall\, n\geqslant 0$. 于是

$$\begin{aligned}(K-1)\sum_{k=0}^{n} t_k &= (K-1)\left[\frac{1}{b_n}\sum_{k=0}^{n} b_k t_k + \sum_{m=0}^{n-1}\left(\frac{1}{b_m} - \frac{1}{b_{m+1}}\right)\sum_{k=0}^{m} b_k t_k\right] \\ &\leqslant \frac{1}{b_n}\sum_{k=0}^{n}(b_k - Kb_{k-1})s_k \\ &\quad + \sum_{m=0}^{n-1}\left(\frac{1}{b_m} - \frac{1}{b_{m+1}}\right)\sum_{k=0}^{m}(b_k - Kb_{k-1})s_k \\ &= \sum_{k=0}^{n}\left(\frac{b_k - Kb_{k-1}}{b_k}\right)s_k \leqslant \sum_{k=0}^{n} s_k,\end{aligned}$$

从而

$$\frac{K-1}{K}x_{n+1} = \frac{K-1}{K}\sum_{k=0}^{n} s_k + \frac{K-1}{K}\sum_{k=0}^{n} t_k \leqslant \sum_{k=0}^{n} s_k.$$

若以 $l(x)$ 表 $E\cap[0,x]$ 的线性测度，则由上面的不等式，可得

$$\frac{l(x_{n+1})}{x_{n+1}} \geqslant \frac{K-1}{K}.$$

由于 $\frac{l(x)}{x}$ 在 $[x_{n+1}, y_{n+1}]$ 上渐增，在 $[y_n, x_{n+1}]$ 上渐减，故有

$$\frac{l(x)}{x} \geqslant \frac{K-1}{K} \quad (y_n \leqslant x \leqslant y_{n+1}),$$

即此不等式对所有的 x 均成立，引理在此情形下得证.

现在我们处理(2.13)不存在的情形. 此时不妨设 $f'(x)$ 与 $\mu'(x)$ 都是无界的(否则引理不需要证明了). 给定 $\varepsilon>0$，存在一非减的序列 $\{u_k\}\nearrow\infty$，使得 $f'(u_1)>0$ 及当 $u_k<x<u_{k+1}$ 时，

$$(1+\varepsilon)^{k-1}f'(u_1) \leqslant f'(x) \leqslant (1+\varepsilon)^k f'(u_1),$$

同样存在一序列 $\{v_k\}\nearrow\infty$，使得

$$(1+\varepsilon)^{k-1}\mu'(v_1) \leqslant \mu'(x) \leqslant (1+\varepsilon)^k \mu'(v_1).$$

结合上面两序列，我们可得一非减的序列 $\{r_k\}\nearrow\infty$，使得当 $r_k<x$

$< y < r_{k+1}$时，

$$f'(y) \leqslant (1+\varepsilon) f'(x), \quad \mu'(y) \leqslant (1+\varepsilon)\mu'(x).$$

今置$r_0=0$，并定义函数f_0如下：

$$f_0(r_k) = f(r_k), k \geqslant 0,$$

且f_0在$[r_k, r_{k+1}]$是线性的. 同样，我们可定义函数μ_0. 于是有$f_0(x) \leqslant \mu_0(x)$，且当$x > r_1$及$x \neq x_k$时，有$f'(x) \leqslant (1+\varepsilon) f'_0(x)$及$\mu'_0(x) \leqslant (1+\varepsilon)\mu'(x)$. 记$K_0 = K(1+\varepsilon)^{-2}$及$E_0 = \{x \mid f'_0(x) \leqslant K_0 \mu'_0(x)\}$. 因$f_0(x) \leqslant \mu_0(x)$及$f'_0(x)$(因而$f_0(x)$)是无界的，易知当$K_0 > 1$时，$E_0$也是无界的，并且它具有(2.13)的形式. 从而$E_0$的下密度至少为$(K_0-1)/K_0$. 另外，当$x \in E_0, x > r_1$及$x \neq r_k$时，$x \in E_0$，故$E$的下密度至少为$(K_0-1)/K_0$. 让$\varepsilon \to 0$，引理便可得证.

引理2.10[3] 假设同引理2.7，则存在一无穷对数测度集I，使得

$$v(r,g) \leqslant 20 v(r,\alpha), r \in I. \tag{2.14}$$

这个结果的证明相当冗长，且富有技巧性.

证 首先根据大家所熟知的Borel引理，很容易得到

$$\log M(r,g) \leqslant T(r,g)^{1+\varepsilon}, r \notin F,$$

这里ε为任一正数(参阅[Hayman, Meromorphic Functions, Oxford Univ. Press, 1964, 13])，由此及(2.4)，(2.5)，(2.9)，同样选取$\varepsilon < 1$且满足$(1+\varepsilon)^2 < 1+3\varepsilon$，则可得

$$\begin{aligned} v(r,g) &\leqslant [\log M(r,g)]^{1+\varepsilon} \leqslant T(r,g)^{1+3\varepsilon} \leqslant T(r,\alpha')^{1+4\varepsilon} \\ &\leqslant T(r,\alpha)^{1+5\varepsilon} \leqslant [\log M(r,\alpha)]^{1+5\varepsilon} \\ &\leqslant [v(r,\alpha)\log r]^{1+6\varepsilon}, r \notin F. \end{aligned} \tag{2.15}$$

今先假设存在一具有无穷对数测度的集J，使得

$$\log r \leqslant v(r,g)^{1/5}, r \in J. \tag{2.16}$$

由以上两式，并取$\varepsilon = 1/54$，可得

$$v(r,g)^{7/10} \leqslant v(r,\alpha), r \in J \backslash F. \tag{2.17}$$

今取z_0，使得$|z_0| = r$及$|f(g(z_0))| = M(r, f \circ g)$，引用引理2.6，有

$$|g(z_0)| \geqslant (1-o(1))M(r,g), r \notin F. \qquad (2.18)$$

又

$$\mathrm{Re}\alpha(z_0) \sim \log M(r, f\circ g) \sim \log M(r, e^{\alpha}). \qquad (2.19)$$

进而又由引理2.6,可得

$$|\alpha(z_0)| \geqslant \mathrm{Re}\alpha(z_0) \geqslant (1-o(1))M(r,\alpha), r \notin F.$$

现定义

$$l(z) = \frac{f'(g(z))}{f(g(z))}g(z).$$

取 $\tau_0 = \tau(z_0)$,如引理2.5,则有 $g(z_0) = g(z_0e^{\tau_0})$,从而 $l(z_0e^{\tau_0}) = l(z_0)$. 另一方面,$l(z)$可表为

$$l(z) = \frac{g(z)}{g'(z)}\left[\frac{Q'(z) + (P'(z) + P(z)\alpha'(z))e^{\alpha(z)}}{Q(z) + P(z)e^{\alpha(z)}}\right].$$

这时若取$|\tau| \leqslant v(r,\alpha)^{-1}$,则由引理2.4,可得

$$\mathrm{Re}\alpha(z_0e^{\tau}) \geqslant (\cos 1 - o(1))M(r,\alpha) \geqslant \frac{1}{2}M(r,\alpha), r \notin F$$

及

$$\alpha'(z_0, e^{\tau}) \sim \frac{v(r,\alpha)}{z_0e^{\tau}}\alpha(z_0)e^{v(r,\alpha)\tau}, r \notin F. \qquad (2.20)$$

现由(2.18)知,对 g 可引用引理2.4,当$|\tau| \leqslant v(r,\alpha)^{-1}$时,有

$$\frac{g(z_0e^{\tau})}{g'(z_0e^{\tau})} \sim \frac{z_0e^{\tau}}{v(r,g)}, r \in J\backslash F. \qquad (2.21)$$

综合以上四个式子,立即可得:当$|\tau| \leqslant v(r,\alpha)^{-1}$时,

$$l(z_0e^{\tau}) \sim \frac{g(z_0e^{\tau})}{g'(z_0e^{\tau})}, \alpha'(z_0e^{\tau}) \sim \frac{v(r,\alpha)}{v(r,g)}\alpha(z_0)e^{v,(r,\alpha)\tau}, r \in J\backslash F.$$

特别当 $\tau=0$时,上式也成立. 从而可得:当$|\tau| \leqslant v(r,\alpha)^{-1}$时,

$$l(z_0e^{\tau}) \sim l(z_0)e^{v(r,\alpha)\tau}, r \in J\backslash F.$$

仿引理2.5的证明及引用 Rouche 定理,可知:当$0 < |\tau| \leqslant v(r,\alpha)^{-1}$时,有 $l(z_0e^{\tau}) \neq l(z_0)$. 由此可推得:在$|\tau_0| > v(\mathrm{r},\alpha)^{-1}$,有

$$v(r,\alpha) > \frac{1}{|\tau_0|} = (1+o(1))\frac{v(r,g)}{2\pi}, r \in J\backslash F.$$

于是式(2.13)在存在一个 J 集的假设下得证. 下面处理如此一个

J 集根本不存在时的情形. 此时,我们有

$$v(r,g)=O((\log r)^5), r \notin F.$$

由引理2.4,可知 g 的级数为0. 依照引理2.8,我们有

$$T(2r,g)\leqslant 2T(r,g), r\in G,$$

这里G 是一对数密度为1的子集. 从而

$$\begin{aligned}\log\mu(r,g) &\leqslant \log M(r,g)\leqslant 3T(2r,g)\leqslant 6T(r,g)\\ &\leqslant 7T(r,\alpha')\leqslant 8T(r,\alpha)\leqslant 8\log M(r,\alpha)\\ &\leqslant 9\log\mu(r,\alpha), r\in G\backslash F.\end{aligned}\tag{2.22}$$

定义

$$h(r)=\max\{\log\mu(r,g), 10\log\mu(r,\alpha)\},$$

则由引理2.9,在一个下对数密度为正的子集上,下面的不等式成立:

$$v(r,g)=\frac{d\log\mu(r,g)}{d\log r}\leqslant 2\frac{dh(r)}{d\log r}.$$

另一方面,由(2.22)及 h 的定义,可得

$$\frac{dh(r)}{d\log r}=\frac{d10\log\mu(r,\alpha)}{d\log r}=\frac{10d\log\mu(r,\alpha)}{d\log r}=10v(r,\alpha)$$

在一个对数密度为1的子集上成立. 综合上面两式,即得

$$v(r,g)\leqslant 20v(r,\alpha), r\in I,$$

其中 I 表示一个下对数密度为1的子集,它具有无穷的对数测度. 引理2.10证毕.

现在我们可对定理2.1作出一个连贯的证明了.

假设定理2.1的结论非真,于是存在两个超越整函数 f,g 使得

$$H(z)\equiv f(g(z))\equiv P(z)+Q(z)e^{\alpha(z)}.$$

我们可选取 z_0,使得 $|z_0|=r$ 及 $|f(g(z_0))|=M(r,f\circ g)$,因而有(2.17)与(2.18). 根据引理2.5并取 $c=50$及定义

$$K(z)=ze^{\tau(z)} \text{ 与 } h(z)=\frac{f(g(z))-Q(z)}{Q(k(z))-Q(z)},\tag{2.23}$$

则当 $r\to\infty$时,

$$Q(k(z))-Q(z)\sim(e^{q\tau(z)}-1)Q(z)$$

$$\sim q\tau(z)Q(z) \sim \frac{2\pi qi}{v(r,g)},$$

其中 $q=\deg Q$. 从而当 $r \notin F$ 并且相当大时, $b(z)$ 在圆 Δ: $|z-z_0| \leqslant 50r/v(r,g)$ 中是解析的. 容易看出: h 在 r 相当大时在 Δ 中不取值0与1. 因在 Δ 中, $g(k(z))=g(z)$. 今由(2.1)与(2.8), 可知在 $r \notin F$ 时能取 $z_1=z_0e^{i\theta}$, θ 为一实数, 使得

$$|v(r,\alpha)\theta - \frac{\pi}{2}| = 0(1)$$

及

$$\operatorname{Re}\alpha(z_1) = 0. \tag{2.24}$$

于是有

$$|z - z_0| = r|e^{i\theta} - 1| \sim r\theta \sim \frac{r\pi}{2v(r,\alpha)}.$$

从而由(2.14)可得

$$|z_1 - z_0| \leqslant (1 + o(1))\frac{10\pi r}{v(r,g)} \leqslant \frac{40r}{v(r,g)}, r \in I\backslash F.$$

上式表明: 当 $r \in I\backslash F$ 时, h 在 $|z-z_1| \leqslant 10r/v(r,g)$ 上有定义且是解析的, 又在该圆中不取值0与1. 因此根据引理2.3, 有

$$\frac{|h'(z_1)|}{1 + |h(z_1)|^2} \leqslant \frac{Kv(r,g)}{10r}, r \in I\backslash F. \tag{2.25}$$

下面我们将得出一个与以上不等相反的结果, 进而将导出一个矛盾. 首先由引理2.5, 有

$$|\alpha'(z)| \sim \frac{v(r,\alpha)}{r}M(r,\alpha), r \notin F,$$

于是

$$|f'(g(z_1))g'(z_1)| \geqslant ar^{p-1}v(r,\alpha)M(r,\alpha), r \notin F, \tag{2.26}$$

其中 a 为一正常数, $p=\deg P$. 另一方面, 由点 z_1 的选取(参看(2.24)), 有

$$|f(g(z_1)) - Q(z_1)| = |P(z_1)| \leqslant br^p, r \notin F, \tag{2.27}$$

此处 b 为一正常数. 由于

$$h'(z) = \frac{f'(g(z))g'(z) - Q'(z)}{Q(k(z)) - Q(z)}$$

$$- \frac{[f(g(z)) - Q(z)][Q'(k(z))k'(z) - Q'(z)]}{[Q(k(z)) - Q(z)]^2},$$

并联合前面的一连串估计,可得

$$|h'(z_1)| \geqslant (1 - o(1)) \frac{ar^{p-1}v(r,\alpha)M(r,\alpha)v(r,g)}{2\pi q|Q(z_1)|}$$

$$\geqslant Ar^{p-1-q}M(r,\alpha)v(r,g)^2, r \in I\backslash F, \qquad (2.28)$$

其中 A 是一正常数. 同时由(2.23),有

$$|h(z_1)| = \frac{|P(z_1)|}{|Q(k(z_1)) - Q(z_1)|} \sim \left|\frac{P(z_1)}{Q(z_1)}\right| \frac{v(r,g)}{2\pi q}, r \notin F,$$

从而

$$|h(z_1)| \leqslant Br^{p-q}v(r,g) \leqslant r^p v(r,g), r \notin F, \qquad (2.29)$$

这里 B 是一正常数. 由上面两式,立即可得

$$\frac{|h'(z_1)|}{1 + |h(z_1)|^2} \geqslant \frac{Ar^{p-1-q}M(r,\alpha)v(r,g)^2}{1 + r^{2p}v(r,g)^2} \geqslant \frac{AM(r,\alpha)}{2r^{p+q+1}}, r \in I\backslash F.$$

将上式与(2.14)及(2.15)结合,可得

$$M(r,\alpha) \leqslant \frac{Kr^{p+q}v(r,g)}{5A} \leqslant \frac{4Kr^{p+q}v(r,\alpha)}{A}, r \in I\backslash F$$

或

$$\log M(r,\alpha) \leqslant \log v(r,\alpha) + O(\log r), r \in I\backslash F.$$

此式与(2.3)可导出

$$\log M(r,\alpha) \leqslant (1 + \varepsilon)\log\log M(r,\alpha) + O(\log r), r \in I\backslash F,$$

显然这是不可能的,因而定理得证.

现在我们来证明定理2.2. 首先介绍一个引理.

引理2.11(Pommerenke)[9,p.87] 设 $f(z)$ 为一超越整函数,则存在一无界的复数序列 $\{w_j\}$,满足 $|f(w_j)| \leqslant 1$ 及对任何 j,有

$$|f'(w_j)| \geqslant K\log M(|w_j|,f)/|w_j|.$$

其中 K 是一个与 f 无关的绝对常数.

证 我们先介绍 Ahlfors 对 Schwarz 引理的一个推广:

设 $u(z)$ 为一在区域 D 中非负的连续函数. 若对于任一点 $z_0 \in$

D, $u(z_0)\leqslant 1$ 或有一个在 z_0 的邻域 U_0 为解析的函数 $\psi(z)$，使得 $\psi(z_0)<1$ 及

$$v(z)=\frac{(1-|z|^2)|\psi'(z)|}{1-|\psi(z)|^2}\leqslant u(z), z\in U_0, v(z_0)=u(z_0), \tag{2.30}$$

则 $u(z)\leqslant 1, \forall\ z\in D$.

为了证明此结果，不妨设当 $|z|\to 1^-$（表由圆内趋向于1）时 $u(z)\to 0$（对一般情形，可考虑 $u(rz)(1-|z|^2)/(1-r^2|z|^2)$ 及令 $r\to 1^-$）. 于是由假设知 $u(z)$ 在 D 中某点 z_0 取极大值. 由于(2.30)在变换 $(z-z_0)/(1-\bar{z}z_0)$ 之下是不变的，故不妨设 $z_0=0$. 另外，我们也可设 $\psi(0)=0$. 这样一来，我们只需证 $u(0)=\max\limits_{z\in D}u(z)>1$ 时将导出一矛盾就行了. 假如不然，则对充分小的 $|z|$，我们有

$$v(z)\leqslant u(z)\leqslant u(0)=v(0)=|\psi'(0)|, |\psi'(0)|>1. \tag{2.31}$$

今设 $\psi(z)$ 可表为 $\psi(z)=a(z+bz^2+cz^3+\cdots)$, $|a|=|\psi'(0)|>1$. 由(2.31)可推知：当 $z\to 0$ 时，

$$v(z)=|a|[1+2\mathrm{Re}bz+3\mathrm{Re}(z^2+2(\mathrm{Im}bz)^2+|a|^2-1)|z|^2]$$
$$+O(|z|^3)\leqslant |a|.$$

因为 z 可以是任意的，故由此可得 $b=0$. 同理可证 $3|c|+|a|^2-1\leqslant 0$. 从而有 $|a|\leqslant 1$（注意：当(2.30)中的等号成立时，$b=c=o$，这在证明 Bloch 常数 $B>\sqrt{3}/4$ 及 Landau 常数 $L>\frac{1}{2}$ 时有用）. 如果 $f(z)$ 在 $|z|<1$ 内解析，且只要 $|f(z)|\leqslant 1$. 就有 $(1-|z|^2)|f'(z)|\leqslant M$，这里 M 为一正常数，则考虑函数

$$u(z)=\begin{cases}\dfrac{(1-|z|^2)|f'(z)|}{|f(z)|(2\log|f(z)|+M)}, & \text{当 } |f(z)|\geqslant 1 \text{ 时},\\ (1-|z|^2)|f'(z)|/M, & \text{当 } |f(z)|\leqslant 1 \text{ 时},\end{cases}$$

且设 $\psi(z)=\log f(z)/[M+\log f(z)]$，可证得：当 $|f(z)|\geqslant 1$ 时，有

$$(1-|z|^2)|f'(z)|\leqslant |f(z)|(2\log|f(z)|+M).$$

综合上面的讨论，一般对一个在 $|z|<1$ 内为解析的函数 $f(z)$，如果它满足

$$\sup_{|z|<1}(1-|z|^2)\frac{|f'(z)|}{1+|f(z)|^2}=a<+\infty,$$

则

$$\log^+|f(z)|\leqslant\frac{1+|z|}{1-|z|}\log^+|f(0)|+\frac{2a|z|}{1-|z|}. \quad (2.32)$$

现在我们回到引理的证明. 设 $E=\{z\,|f(z)|\leqslant 1\}$，并考虑

$$t=\varphi(z)=\exp\left(\frac{2}{\pi i}\log\frac{1+z}{1-z}\right),z\in D=\{|z|<1\}.$$

则 φ 将 $A=\{z\in D:e^{-1}\leqslant|1+z|/|1-z|\leqslant e\}$ 映射到 $\{e^{-1}\leqslant|t|\leqslant e\}$ 由于 $f(z)$ 不是多项式，故存在一系列 $c_n\in E$，满足 $|c_n|=r_n\to\infty$. 于是辅助函数 $f_n(z)=f(c_n\varphi(z))$ 在 D 内解析且满足 $|f_n(0)|\leqslant 1$. 如果 $|f_n(z)|\leqslant 1$，则 $c_n\varphi(z)\in E$，从而

$$\begin{aligned}(1-|z|^2)|f'(z)|&=r_n(1-|z|^2)|\varphi'(z)||f'(c_n\varphi(z))|\\&\leqslant r_n(1-|z_n|^2)|\varphi'(z_n)||f'(\omega_n)|,\end{aligned}$$

其中 z_n 为 D 中某一点及 $\omega_n=c_n\varphi(z_n)\in E$，$r_ne^{-1}\leqslant\rho_n=|\omega_n|\leqslant r_ne$. 注意 $\omega_n\to\infty$. 不妨设 $z_n\in A$，于是只要 $|f_n(z)|\leqslant 1$，

$$(1-|z|^2)|f'(z)|\leqslant K_1(1-|z_n|)|\omega_nf'(\omega_n)|,$$

这里 K_1 为绝对的正常数. 由(2.32)及 $|f_n(0)|\leqslant 1$，便可得：当 $|z|<1$ 时，有

$$\log^+|f_n(z)|\leqslant K_1(1-|z_n|)|\omega_nf'(\omega_n)|/(1-|z|).$$

如果我们取 $z\in A$，使得 $r_n|\varphi(z)|=\rho_n$ 及 $|f_n(z)|=|f(c_n\varphi(z))|=M(\rho_n)$，则

$$(1-|z_n|)\leqslant K_2(1-|z|),$$

这里 K_2 为一绝对的正常数. 从而

$$\log|f(\omega_n)|=\log M(\rho_n)\leqslant|\omega_nf'(\omega_n)|/K,$$

此处 K 为一绝对的正常数，引理证毕.

定理2.2的证明 设 $H(z)=Q(z)+P(z)e^{\alpha(z)}$ 可分解为 $H(z)=f(g(z))$，这里 f,g 为两适当的亚纯函数. 当 $H(z)$ 为素函数时，显然 P,Q 及 α 不可能有一共同的非线性右因子. 因此我们可只就 $H(z)$ 为非素的情形来讨论. 由前面定理 2.1的结果，我们只需讨

论下面三种情形：(i)f 为一超越的整函数，g 为一多项式.(ii)f 为一有理函数.(iii)f 为一超越的亚纯函数，但不是整函数.

情形(i)的讨论.此时我们只需讨论 α 为超越的整函数及 g 为一非线性多项式的情形(因 α 为多项式的情形.已被证明.参阅[5, p.183]).在这种情形下，$H(z)$ 及 $f(z)$ 的下级都是∞.因而由引理2.11，可知对任意的 $K>0$，有一无界的复数序列 $\{w_j\}$，使得以下两式同时成立：

$$|f(w_j)| \leqslant 1 \text{ 及 } |f'(w_j)| \geqslant |w_j|^K, j=1,2,\cdots \tag{2.33}$$

我们不妨设 $\mathrm{Re}w_j \geqslant 0, \forall\ j$(因为否则，只要考虑 $\{w_j\}$ 的一子序列及用 $f(-z)$ 代 $f(z)$ 即可).并令 $m=\deg g$ 及 $n=\deg Q$.我们先来证明 $n=tm$，这里 t 为一正整数.假如不然，则对充分大的 R，$g^{-1}(z)$ 有两个分支 $a_1(w)$ 与 $a_2(w)$，它们在 $|w|>R$ 及 $|\arg w|<\pi$ 中有定义，且具有下列的渐近性质：

$$a_1(w) \sim \sigma w^{1/m}, a_2(w) \sim \sigma e^{2\pi i/m} w^{1/m}, \text{当 } |w| \to \infty,$$

其中 σ 为一常数，$w^{1/m}$表示 w 的 m 次根的主支.定义

$$\begin{aligned} Q(a_1(w)) &= b_1(w) \sim \tau w^{n/m} \text{ 及 } Q(a_2(w)) \\ &= b_2(w) \sim \tau e^{2n\pi i/m} w^{n/m}, \end{aligned} \tag{2.34}$$

其中 τ 为一常数及 $|w| \to \infty$，且

$$b'_1(w) \sim \frac{n}{m} \tau w^{(n/m)-1} \text{ 及 } b'_2(w) \sim \frac{n}{m} \tau e^{2n\pi i/m} w^{(n/m)-1}. \tag{2.35}$$

令

$$u(w) = \frac{f(w)-b_1(w)}{b_2(w)-b_1(w)}.$$

当 R 充分大时，易知 u 在 $|w|>R$ 及 $|\arg w|<\pi$ 中均为解析，且不取值0及1.因而引理2.11可被引用，而得

$$\frac{|u'(w_j)|}{1+|u(w_j)|^2} \leqslant \frac{B}{|w_j|-R}, \text{当 } |w_j|>R \text{ 时}. \tag{2.36}$$

进而，由(2.33)，(2.34)及(2.35)，并适当地选取常数 K，当 j 充分大时，有

$$|u'(w_j)| \geqslant \left| \frac{f'(w_j)-b_1(w_j)}{b_2(w_j)-b_1(w_j)} \right|$$

$$-\left|\frac{(f(w_j)-b_1(w_j))(b'_2(w_j)-b'_1(w_j))}{(b_2(w_j)-b_1(w_j))^2}\right|\geqslant 1$$

及

$$|u(w_j)|\sim\left|\frac{b_1(w_j)}{b_2(w_j)-b_1(w_j)}\right|\sim\frac{1}{|e^{2n\pi i/m}-1|}.$$

因而

$$\frac{|u'(w_j)|}{1+|u(w_j)|^2}\geqslant d,$$

这里 d 为一正常数. 此与(2.36)相矛盾,于是必然有 $n=tm$,此处 t 为一正整数. 因此存在一次数为 t 的多项式 $R(z)$,使得多项式 $Q_0(z)=Q(z)-R(g(z))$ 之次数 $n_0<n$. 于是我们令 $f_0(z)=f(z)-R(z)$,则

$$f_0(g(z))=Q_0(z)+P(z)e^{\alpha(z)}.$$

仿照上面的推导,我们可得结论:$n_0=tm$. 这样推导下去,总可得到

$$Q(z)=S(g(z)),$$

S 为一不是常数的多项式. 于是我们有

$$f(g(z))=S(g)+P(z)e^{\alpha(z)},$$

即

$$f(g(z))-S(g)=P(z)e^{\alpha(z)},$$

这表明

$$f(w)-S(w)\equiv q(w)e^{\beta(w)},$$

其中 $q(z)$ 为一不是常数的多项式,$\beta(z)$ 为一不是常数的整函数. 由上面两式,可得

$$q(g(z))e^{\beta(g(z))}\equiv P(z)e^{\alpha(z)}.$$

从而即可得到结论:$\beta(g(z))-\alpha(z)\equiv c_1$ 及 $P(z)\equiv c_2q(g(z))$,这里 c_1 及 c_2 均为常数,且 $c_2\neq 0$. 情形(i)因而得证.

情形(ii)的证明. 此时设 $f(z)$ 为非双线性(bilinear)的一有理函数,则当 $a(\neq\infty)$ 为 f 的一个极点时,g 不取值 a,因 $H(z)$ 为一整函数. 若 f 为一多项式,则 $g(z)$ 没有(有穷值的)极点,这时可由 Tumura-Clunie 定理知 $H(z)-Q(z)$ 具有无穷多个零点,除非

$Q(z)$为一常数.

最后,我们来处理情形(iii).此时设 a 为 f 的一极点,易知 $g(z)$可表为 $g(z)=a+e^{G(z)}$,此处 $G(z)$为一整函数.定义 $F(z)=f(a+e^z)$,则 $F(G(z))=f(g(z))=H(z)$.由定理2.1知 G 为一多项式.若 $\deg G\geqslant 2$,则可由情形(ii)的论证,知 G 为 P,Q 及 α 的公共因子,但我们尚待证明 $G(z)$为非线性的多项式.假如 $G(z)$为一次式,设其为 $cz+d$,则 g 具有周期为$\frac{2\pi i}{c}$的周期函数,因而 $H(z)$亦然.再由 $H(z)$的形式,可知 $H(z)-Q(z+2k\pi i/c)$只有有限多个零点,其中 k 为任一整数.但现在 Q 为一非常数的多项式,对不同的 k,$Q(z+2k\pi i/c)$各不相等,故由 Nevanlinna(对三个小函数)的第二基本定理,可知前述结论是不可能的.这完成了定理2.2的证明.

注　由[7],如果注意到 $Q+Pe^{\alpha(z)}$不可能为周期函数的话,(ii),(iii)两情形可免于讨论.

Gross 在[8,p.24]中早曾臆测:如果 $f(z)$为一超越的亚纯函数,g 为一超越的整函数,则 $f\circ g$ 必有无穷多个不动点.此臆测经过了许多人多年的努力,间接地推动了分解论研究的开展,终于被 W. Bergweiler 完全证实了.在此之前,曾证得:当 $\rho(f\circ g)<\infty$时臆测为真(参看[5,p.172]).下面是有关合成函数不动点存在的一个最广泛的结果.

定理2.12　设 $f(z)$为任一超越的亚纯函数,g 为任一非一次式的整函数,则 $f\circ g$ 必有无穷多个不动点.

很明显,由 $f(g)$及 $g(f)$同时具有无穷多或有限多个不动点的事实及 $P(f)$(P 为任一非线性多项式)具有无穷多个不动点的结果,还有上面的定理2.2,我们只要考虑 f 为具有极点的超越亚纯函数,g 为超越整函数的情形.又据 Bergweiler 指出:当 $f(z)$有且仅有一个极点时,使用证明定理2.1的方法,可证得定理2.12的结论.所以我们就不费篇幅在此重复证明.对 f 具有两个或两个以上的极点时,其证明出乎想象的简单,而且连 Nevanlinna 第二基本定理都用不上，只需 Picard 定理的知识即可. 先介绍下面的主要引理.

引理2.13 设 $f(z)$ 为一亚纯函数，z_0 为其一 p 重的极点，则存在一在原点 $z=0$ 邻域 $N_0(\varepsilon)$ 内有定义的解析函数 $h(z)$，使得 $h(0)=0$ 及 $f(h(z)+z_0)=z^{-p}$，$\forall\ z\neq 0, z\in N_0(\varepsilon)$，此处 $N_0(\varepsilon)$ 表示以原点为中心、半径为 ε 的圆盘.

证 易知在 $z=0$ 的一邻域 $N_0(\varepsilon)$ 内，存在一个一一的解析函数 $k(z)$ 满足 $k(0)=0$ 及 $f(z+z_0)=k(z)^{-p}$. 今取 $h(z)=k^{-1}(z)$ 为 $k(z)$ 的反函数，则引理得证.

定理2.12的证明 设 z_1、z_2 为 f 的两个不同的极点，则对 $j\in\{1,2\}$，以 ρ_j 表 z_j 的重度，并取如引理2.13中相应的函数 $h_j(z)$. 记 $k_1(z)=h_1(z^{p_2})+z_1$ 及 $k_2(z)=h_2(z^{p_1})+z_2$，则 $f(k_1(z))=f(k_2(z))=z^{-p_1p_2}$ 在原点的一近邻 $N_0^*(\varepsilon)$（原点的一邻域去掉原点）内成立. 今定义 $u(z)=g(z^{-p_1p_2})$，易知 $z=0$ 为 u 的一本性奇点，并在 $N_0^*(\varepsilon_1)$ 内，有

$$u(z)=g(f(k_1(z)))=g(f(k_2(z))).$$

如果 $f\circ g$ 仅有有限个不动点，$g\circ f$ 亦然. 因而由前式可见，在某个零点不含0的近邻 $N_0^*(\varepsilon)$ 内，$u(z)-k_j(z)\neq 0\ (j=1,2)$. 此外，在某个 $N_0(\varepsilon)$ 内，$k_2(z)\neq k_1(z)$，因 $k_1(0)=z_1\neq z_2=k_2(0)$. 定义

$$v(z)=\frac{u(z)-k_1(z)}{k_2(z)-k_1(z)},$$

则 $z=0$ 为 v 的一本性奇点，且易知在原点一个不包含原点在内的近邻 $N_0^*(\varepsilon)$ 内，v 不取0，1及 ∞ 的结论. 此与 Picard 大定理相矛盾. 定理因而得证.

注 W. Bergweiler 曾指出：仿照上面的证明，可证得 f，g 为任两个超越亚纯函数，且两者之一具有三个或三个以上的极点，则 $f\circ g$ 必有无穷多个不动点.

最近，Gross-Yang-Zheng[29] 仿照先前的论据并经由适当地建造类似式(2.23)的辅助函数，证得下面两个定理.

定理2.14 设 α 为任一非常数整函数，则 $z+\cos\alpha(z)$ 为素的.

定理2.15 设 $P(z)$ 为一非常数多项式，α 如上定理中所述，则 $z+P(\cos\alpha(z))$ 为右素的.

2.1 一些推广的研究及问题

定理2.1的另一等价说法是：若 f,g 为两个超越整函数，$P(z)$ 为一非常数多项式，则 $f\circ g(z)-P(z)$ 必有无穷多零点. 现在我们要问的是：此结论当 f 为超越亚纯函数时是否仍为真？定理2.12告诉我们，如果这时 $P(z)\equiv z$ 或为一次式，则答案是"肯定的". 但对一般的多项式 $P(z)$，或 $P(z)$ 代以一个次数≥2的有理函数时结论如何？此问题是最近由杨重骏与 Bergweiler 所提及和探讨的. 虽然看来，结论一般似仍为真，但所证得的是下面一较特殊情形的结果：

定理2.16 设 f 为一超越亚纯函数，g 为一超越整函数及 $R(z)$ 为一非常数的有理函数. 若 $f(g)$ 为有穷级，则 $f(g(z))-R(z)$ 必具有无穷多个零点.

证 首先由假设 $\rho(f(z))<\infty$ 及 Edrei-Fuchs 的结果，立即可得知：f 的级 $\rho(f)=0$ 及 g 的级 $\rho(g)<\infty$. 今设 f_1 及 f_2 分别表示由 f 的零点及极点所构成的典型乘积，易知 f_1 及 f_2 都是零级的整函数. 不妨设 $f(0)=1$，则知 $f=f_1/f_2$.

今假设 $f(g(z))-R(z)$ 仅具有有限个零点，因而 $f_1(g(z))-R(z)f_2(g(z))$ 仅具有有限个零点，从而有

$$f_1(g(z))-R(z)f_2(g(z))=q(z)e^{\alpha(z)}, \qquad (2.37)$$

其中 $q(z)$ 为一有理函数，α 为一整函数.

现在我们来证明(2.37)左边的函数下级是有限的. 注意到 g 的级是有限的，故依据 Edrei-Fuchs[J. Analyse Math.,12(1964)，定理7]及 Valiron[Bull. Sci. Math.,46 (1922),200—208]的论据，可得

$$n\left(M(r,g),\frac{1}{f}\right)\leqslant n\left(r^{1+\varepsilon},\frac{1}{f(g)}\right)+O(1)$$

及

$$n(M(r,g),f) \leqslant n(r^{1+\varepsilon},f(g)) + O(1),$$

其中 ε 为一正数.

今设 $N(r)=N(r,1/f_1)+N(r,1/f_2)$，即 $N(r)=N(r,1/f)+N(r,f)$. 由于 $\rho(f)=0$，故存在一序列 $\{r_n\}\nearrow\infty$，使得：当 $t\geqslant M(r_n,g)$ 时，有

$$\frac{N(t)}{\sqrt{t}} \leqslant \frac{N(M(r_0,g))}{\sqrt{M(r_0,g)}}.$$

另一方面，使用对典型乘积的增长估计（参阅[Hayman, Meromorphic Functions, Oxford Univ. Press, 1964, 102]）可得

$$\begin{aligned}
&\log M(M(r_n,g),f_1) + \log M(M(r_n,g),f_2)\\
&\leqslant M(r_n,g)\int_{M(r_n,g)}^{\infty} \frac{N(t)}{t^2}dt\\
&\leqslant N(M(r_n,g))\sqrt{M(r_n,g)}\int_{M(r_n,g)}^{\infty} \frac{dt}{t^{3/2}}\\
&=2N(M(r_n,g)).
\end{aligned}$$

又因

$$N(r_n,1/f_j) \leqslant n(r_n,1/f_j)\log r_n + O(1)$$

及

$$N(r_n,f_j(g)) \leqslant M(M(r_n,g),f_j),\ j=1,2.$$

综合以上各式，我们得到

$$\begin{aligned}
&\log M(r_n,f_1(g)) + \log M(r_n,f_2(g))\\
&\quad\leqslant 2[n(M(r_n,g),1/f) + n(M(r_n,g),f)]\log M(r_n,g) + O(1)\\
&\quad\leqslant 2[n(r_n^{1+\varepsilon},1/f(g)) + n(r_n^{1+\varepsilon},f(g))]\\
&\qquad \log M(r_n,g) + O(\log M(r_n,g))\\
&\quad\leqslant r_n^{(1+\varepsilon)[\rho(f(g))+\varepsilon]+\rho(g)+\varepsilon}.
\end{aligned}$$

因而证得式(2.37)左边的函数具有有限的下级. 进而得知 e^{α} 具有有限的下级，而 α 必为一多项式. 现在把(2.37)微分所得的式子与式(2.37)，消去 e^{α}，可得

$$\begin{aligned}
&f'_1(g)g' - R'f_2(g) - f'_2(g)g'R\\
&= (q'/q + \alpha')(f_1(g) - Rf_2(g)).
\end{aligned}$$

上式合并后，便得

$$f'_1(g)g' - f'_2(g)g'R - f_1(g)(q'/q + \alpha')$$
$$+ f_2(g)[(q'/q + \alpha')R - R'] \equiv 0.$$

对上式，使用 Steinmetz 的结果，即存在4个不全恒为0的多项式 $P_0(z)$，$P_1(z)$，$P_2(z)$及 $P_3(z)$，使得

$$P_0(g)g' - P_1(g)g'R - P_2(g)(q'/q + \alpha')$$
$$+ P_3(g)[(q'/q + \alpha')R - R'] \equiv 0.$$

由此可推得 $g'(z)=T(g(z),z)$，此处 T 为 $g(z)$及 z 的有理函数（这儿用到 R 不是常数，即 $R'\not\equiv 0$的假设）. 再由熟知的 Malmquist 定理，可知此微分方程为 g 的 Riccati 方程. 又因 g 是整函数，由此可导出 $T(g(z),z)\equiv a(z)g(z)+b(z)$，即 T 为 g 的一次式，其中 a，b 都是有理函数，因此可得

$$g(z) = e^{A(z)}\left[\int_{z_0}^{z} b(t)e^{-A(t)}dt + c\right], \qquad (2.38)$$

其中 $A=\int_{z_0}^{z} a(t)dt$，z_0及 c 为两个适当的常数.

现假设当$|z|\to\infty$时，$A(z)=A_0e^{i\theta}z^d+o(|z|^d)$，此处 $A_0>0$，则 g 的级为 d，且当 $r\to\infty$时，$T(r,g)\sim\gamma r^d$，这里 γ 为一正数. 以下分别就 $\cos(\theta+d\varphi)<0$及 $\cos(\theta+d\varphi)\geqslant 0$进行讨论.

由式(2.38)可以看出：若 $\cos(\theta+d\varphi)<0$，则当 r 充分大时，$|g(re^{i\varphi})|<r^{\beta}$，此处 β 为一正数. 又由 $\rho(f_1)=\rho(f_2)=0$，可导出：当 r 充分大，且$0<\varepsilon<1$时，有

$$\begin{aligned}\mathrm{Re}\alpha(re^{i\varphi}) &= \log|f_1(g(re^{i\varphi}) - R(re^{i\varphi})f_2(g(re^{i\varphi}))| \\ &\leqslant \log M(r^{\beta},f_1) + \log M(r^{\beta},f_2) + O(\log r) \\ &\leqslant r^{\varepsilon},\end{aligned}$$

这样可得 α 为常数的结论.

当 $\cos(\theta+d\varphi)\geqslant 0$时，容易看出：当$|z|\to\infty$时，$\alpha(z)=\alpha_0e^{i\theta}z^d+o(|z|^d)$，因此当 $r\to\infty$时，有 $T(r,e^{\alpha})\sim\alpha_0r^d/\pi$，所以无论如何，我们总有 $T(r,e^{\alpha})=O(T(r,g))$. 这时我们可对式(2.37)，引用 Steinmetz 定理中的结论(ii)即式(1.4)，而得恒等式

$$Q_1f_1 + Q_2f_2 = Q_3,$$

其中 Q_1,Q_2,Q_3 是不全恒为0的多项式，不妨设全不恒为0. 从而

$$Q_1(g)f_1(g)+Q_2(g)f_2(g)=Q_3(g).$$

从此式与式(2.37)，消去 $f_2(g)$，可得

$$f_1(g)=[e^{\alpha}Q_2(g)+RQ_3(g)]/[Q_2(g)+RQ_1(g)],$$

于是有

$$\begin{aligned}T(r,f_1(g))&=T(r[e^{\alpha}Q_2(g)+RQ_3(g)]/[Q_2(g)+RQ_1(g)])\\&=O(r^d)=O(T(r,g)).\end{aligned}$$

由此导出：f_1 必为一多项式. 结合式(2.38)可知 f_2 也是一多项式. 这与 $f=f_1/f_2$ 为超越亚纯函数的假设相矛盾. 定理因而得证.

注　主要参照 Bergweiler 方法，最近不少有关函数 $f(g)-\alpha$ 零点的定量估计的研究，继定理2.1(等价于对任何两超越整函数，$f(g)-z$ 必有无穷多个零点)问世. 我们在此只介绍一些有关的结果及进展.

定理2.17(Zheng-Yang)[1)]　设 f,g 为两超越整函数，α 为非常数的多项式，则存在一具线性测度为∞的点集 I 及正数 $d(<1)$，使得 $r\in I$ 时，有

$$N\left(r,\frac{1}{f(g)-\alpha}\right)>dT(r^{1/3},g).$$

基于上述定理的证明技巧，华歆厚(X. H. Hua)宣称证明了以下结果(待发表).

定理2.18　设 f,g 为两超越整函数，则存在一具对数测度为∞的点集 I，使得当 $r\in I$ 时，有

$$T(r,g)=o(N(r,1/(f\circ g-z))).$$

Laine 等把上面的 α 推广到超越整函数后，将 α 及 f 推广到亚纯函数，得到下面两个结果(待发表).

定理2.19　设 f,g 为两超越整函数，$Q(z)$ 为非常数整函数，且 $\rho(f)<\infty$，$\rho(g)<\infty$ 及 $T(r,Q)=S(r,g)$. 若 π 表示 $f(g)-Q$ 的零点构成的典型乘积，则 $T(r,\pi)\neq S(r,g)$.

定理2.20　设 f 为一次数≥2的有理函数或超越亚纯函数，g

1) 此定理待发表于"Transe. Amer. Math.".

是一下级 $\mu(g)$ 为有穷的超越整函数，Q 为一亚纯函数，其级入 $(Q)<\mu(g)$. 若 π 表示 $f(g)-Q$ 的零点构成的典型乘积，则 π 的零点收敛指数 $\sigma(\pi)\geqslant\mu(g)$；特别 $f(g)-Q$ 必有无穷多个零点.

总结一下，我们提出下面的一个臆测：

设 f 为一超越亚纯函数，g 为一超越整函数，α 为一非常数的亚纯函数，且满足 $T(r,\alpha)=S(r,g)$，则 $N(r,\frac{1}{f(g)-\alpha})\neq S(r,f(g))$.

§3. 具有特殊几何点集取值的亚纯函数

3.1 具有特殊点集取值的函数增长

本节讨论当亚纯函数在特殊的点集上取某些值时对其增长的限制.

定理3.1(Edrei[6]1)) 设 $f(z)$ 为一亚纯函数，又设满足下面三方程的点集

$$f(z)=0, \tag{3.1}$$

$$f(z)=\infty, \tag{3.2}$$

$$f^{(l)}(z)=1 \quad (l\geqslant 0, f^{(0)}\equiv f) \tag{3.3}$$

除了有限个点外，均分布在下列的 q 条半射线上

$$re^{i\omega_1}, re^{i\omega_2}, \cdots, re^{i\omega_q} \quad (r\geqslant 0), \tag{3.4}$$

其中 $0\leqslant\omega_1<\omega_2<\cdots<\omega_q<2\pi(q\geqslant 1)$. 若

$$\delta(0,f)+\delta(1,f^{(l)})+\delta(\infty,f)>0,$$

则 $f(z)$ 的级 ρ 必是有限的，且满足

$$\rho\leqslant\beta=\sup\left\{\frac{\pi}{\omega_2-\omega_1},\frac{\pi}{\omega_3-\omega_2},\cdots,\frac{\pi}{\omega_{q+1}-\omega_q}\right\},$$

---

1) 按最近郑建华的一结果[J. of Mathematical Research and exposition(4), 10(1990)]，可将定理3.1中的条件(3.2)去掉，但在式(3.3)中要求 $l\neq 0$.

其中 $\omega_{q+1}=2\pi+\omega_1$.

此定理的证明较为冗长，我们先证明要用到的一串引理.

引理3.2 设函数 $F(\omega),\alpha_0(\omega),\alpha_1(\omega),\cdots,\alpha_l(\omega)$ 在 $|\omega|<1$ 为正则的，满足 $F(\omega)\neq 0,\psi(\omega)=\alpha_0(\omega)F(\omega)+\alpha_1(\omega)F'(\omega)+\cdots+\alpha_l(\omega)\cdot F^{(l)}(\omega)\neq 1$ 及 $\psi(0)\neq 0\neq\psi'(0)$，并设当 $t\to 1(0<t<1)$ 时，

$$m(r,\alpha_j(\omega))=O\left(\log\frac{1}{1-t}\right),j=1,2,\cdots,l, \tag{3.5}$$

则

$$m(r,F(\omega))=O\left(\log\frac{1}{1-t}\right).$$

证 由熟知的 Nevanlinna 的理论和方法，有

$$\begin{aligned}m(r,F)&\leqslant m(r,\psi)+m(r,F/\psi)\\&=m(r,\psi)+m(r,\psi/F)-N(r,F/\psi)\\&\quad+\log|F(0)/\psi(0)|,\end{aligned} \tag{3.6}$$

由此可得

$$\begin{aligned}m(r,F)&\leqslant m(r,\psi/F)-N(r,F/\psi)+N(r,1/\psi)\\&\quad+\log|F(0)/\psi(0)|+S(t)\\&=m(r,\psi/F)+S(t)+\log|F(0)/\psi(0)|,\end{aligned} \tag{3.7}$$

其中 $S(t)<k+4\log\frac{1}{t}+6\log\frac{1}{\tau-t}+8\log^+m(r,\psi)(0<t<\tau<1)$，$K$ 为与 $1/|\psi(0)|,1/|\psi(0)-1|$ 及 $1/|\psi'(0)|$ 有关的常数. 令

$$\begin{aligned}m(r,\psi/F)&<\log(l+1)+\sum_{j=0}^{l}m(t,\alpha_j)+\sum_{j=1}m(r,F^{(j)}/F)\\&\leqslant\sum_{i=0}^{l}m(t,\alpha_j)+K_0\log^+m(\tau^*,F)+K_1\log\frac{1}{\tau^*-t}\\&\quad+K_2\log^+|\log|F(0)||+K_3,\end{aligned} \tag{3.8}$$

其中 $0<t<\tau^*<1$ 及 $K_j(j=0,1,2,3)$ 都是仅与 l 有关的常数. 由此及(3.5)，(3.6)两式，继由熟习的 Milloux 或 Nevanlinna 的证法，就可得引理的证明.

下面一引理是将 $|\omega|<1$ 保角映射到一角域的扩张情形作一估计.

引理3.3 设 Δ_k 为角域：$\{ze^{i\theta};r=|z|>1,\omega_k<\theta<\omega_{k+1}\}$ 及保角映射：

$$\omega=\frac{u^r-u^{-r}-t}{u^r-u^{-r}+t}=\varphi_k^{-1}(u), \tag{3.9}$$

其中 t 为一正参数及 $r=\dfrac{\pi}{\omega_{k+1}-\omega_k}$，$u=e^{-i\xi_k}z$，$\xi_k=\dfrac{\omega_k+\omega_{k+1}}{2}$，则当 r 充分大时，有

$$\frac{t}{4}r^{-r}\cos(r[\theta-\xi_k])<1-|\omega|<8tr^{-\gamma}. \tag{3.10}$$

证 不难验证：$z=e^{i\zeta_k}\varphi_k(\omega)$ 将单位圆 $|\omega|<1$ 映射到 Δ_k. 由(3.9)，有

$$|\omega|^2=\frac{1-\Omega}{1+\Omega},$$

其中

$$\Omega=\frac{2t(r^\gamma-r^{-\gamma})\cos(\gamma[\theta-\zeta_k])}{r^{2\gamma}+r^{-2\gamma}+2+t^2+4\cos(\gamma[\theta-\zeta_k])}, \tag{3.11}$$

于是

$$\frac{1}{2}(1-|\omega|)<\Omega<2(1-|\omega|).$$

由此及(3.11)，当 r 充分大时，立即可得关系式(3.10).

引理3.4 设 f 为亚纯函数，若其分别满足方程(3.1)，(3.2)，(3.3)的根落在区域 $D:1<|z|<\infty$ 内时，必位于由(3.4)所示的 q 条半射线上. 考虑 q 个方程

$$F_k(\omega)=f(e^{i\xi_k}\varphi_k(\omega)),k=1,2,\cdots,q,$$

这里 ξ_k 及 φ_k 等如上引理中所述，则当 $t\to1(0<t<1)$ 时，有

$$m(r,F_k(\omega))=O\left(\log\frac{1}{1-t}\right), \tag{3.12}$$

$$m\left(r,\frac{1}{F_k(\omega)}\right)=O\left(\log\frac{1}{1-t}\right) \tag{3.13}$$

及

$$m\left(t,\frac{1}{f(l)(e^{i\xi_k}\varphi_k(\omega))-1}\right)=O\left(\log\frac{1}{1-t}\right). \tag{3.14}$$

证 今固定 $i(1\leqslant i\leqslant k)$. 考虑

$$v_j(\omega)=e^{-i\zeta_j}/\varphi_j'(\omega). \tag{3.15}$$

为了简便，以下将上式中的足标 j 省略，并用 $v(\omega)$ 代 $v_j(\omega)$ 及用 $F(\omega)$ 代 $F_j(\omega)$，于是有

$$f'(e^{i\xi}\varphi(\omega))=v(\omega)F'(\omega),$$

因而

$$f^{(l)}(e^{i\xi}\varphi(\omega))=\sum_{j=1}^{l}\alpha_jF^{(j)}(\omega), \tag{3.16}$$

其中 α_j 为函数 v 的一常系数的微分多项式. 置

$$\psi(\omega)=f^{(l)}(e^{i\zeta}\varphi(\omega)),$$

并选取(3.9)中的参数 t，使得 $\psi(0)\neq0\neq\psi'(0)$. 这样的 t 总是存在的，除非 $f^{(l+1)}(z)\equiv0$. 此时引理自然成立. 于是引理3.2的条件成立，因此只要能证明 $\alpha_j(\omega)$ 满足条件(3.7)，那么引理得证.

现在由(3.15)及(3.9)，可得

$$V(\omega)=\left|\frac{d\omega}{dz}\right|=\frac{\gamma}{2t}|(1-\omega)^2[u^{\gamma-1}+u^{-\gamma-1}]|$$

再由(3.15)及(3.10)，当 $\gamma>1$ 及 r 充分大时，有

$$|V(\omega)|<\frac{4\gamma}{t}\left(\frac{8t}{1-|\omega|}\right)^{(\gamma-1)/\gamma}. \tag{3.17}$$

注意当 $\gamma\leqslant1$ 时，$V(\omega)$ 在 $|\omega|<1$ 中是有界的，令 $\tau=|\omega|+\frac{1}{2}(1-|\omega|)$，由(3.16)及 Cauchy 定理，当 $|\omega|<\tau<1$ 时，有

$$\begin{aligned}|V^{(j)}(\omega)|&\leqslant\frac{j!}{(\tau-|\omega|)^{j+1}}M(\tau,V(\alpha))\\&\leqslant\frac{j!}{(\tau-|\omega|)^{j+1}}\frac{4\nu}{t}\left(\frac{8t}{1-\tau}\right)^{(\gamma-1)/\nu}.\end{aligned}$$

从而当 $\nu>1$ 时，

$$|V^{(j)}(\omega)|=O\left\{\left(\frac{1}{1-|\omega|}\right)^{j+1+(\gamma-1)/\nu}\right\}.$$

同理可证：当 $\gamma\leqslant1$ 时，也可得到类似的不等式. 这样不难看出：$\alpha_j(\omega)$ 必满足不等式(3.5). 于是式(3.12)得证. 再使用 Jensen 定理，可证式(3.13)成立. 现在由式(3.16)，有

$$m(t,f^{(l)}(e^{i\xi}\varphi(\omega))) \leqslant m(t,F(\omega)) + \log l + \sum_{j=1}^{l} m(t,\alpha_j)$$

$$+ \sum_{j=1}^{l} m(t,F^{(j)}/F).$$

由此及式(3.7)，可得

$$T(t,f^{(l)}(e^{i\xi}\varphi(\omega))) = O(\log \frac{1}{1-t}).$$

再由 Nevanlinna 第一基本定理，式(3.14)得证.

下面一引理是对一函数在一圆周上其绝对值为较大时的弧长的估计.

引理3.5 设 $h(z)$ 为一非常数的亚纯函数，满足 $\delta(\infty,h)=\delta>0$. 又设 $A(r)=\left\{\theta \mid \log|h(re^{i\theta})|>\frac{\delta}{4}T(r,h)\right\}$，则对任一给定 $\varepsilon(>0)$，相应有 $\sigma_0(\varepsilon)$，使得当 $\sigma>\sigma_0(\varepsilon)$ 及 $r\in(\sigma,2\sigma)$ 时，

$$A(r) \text{ 的测度} = \operatorname{mes} A(r) > \frac{1}{T^{\varepsilon}(r,h)(\log r)^{1+\varepsilon}}. \quad (3.18)$$

证 用 $\{b_j\}_{j=1}^{\infty}$ 表示 $h(z)$ 所有的极点按绝对值由小到大的一序列(k 重的极点出现 k 次)及用 I_j 表示区间$(|b_j|-1/j^2,|b_j|+1/j^2)$. 由 Poisson-Jensen 公式，当 $r\notin\Sigma I_j$ 时，可得

$$\log^{+}|h(re^{i\theta})| \leqslant \frac{R+r}{R-r}m(R,h)$$

$$+ n(R)[\log 2R + 2\log n(R)] \quad (R>r), \quad (3.19)$$

其中 $n(R)$ 表示 $h(z)$ 在 $|z|\leqslant R$ 内的极点数.

选取 R' 满足 $R'-R=R-r$，则

$$N(R',h) - N(R,h) = \int_R^{R'} \frac{n(t)}{t}dt > \frac{n(R)}{R'} \frac{R'-r}{2}.$$

于是由式(3.19)可得

$$\log^{+}|h(re^{i\theta})| \leqslant \frac{4R'}{R'-r}T(R',h) + \frac{2R'N(R',h)}{R'-r}$$

$$\left[\log 2R' + 2\log\left(\frac{2R'N(R',h)}{R'-r}\right)\right]$$

$$\leqslant \frac{4R'}{R'-r}T(R',h)\left[1 + \frac{3}{2}\log 2\right.$$

$$+ \frac{1}{2}\log R' + \frac{R'}{R'-r} + \log T(R',h)]. \tag{3.20}$$

显然，当 r 充分大（$>\sigma_0$）时，式(3.20)中最后的[ ]中的4项每项均大于1，因而

$$[\cdots] \leqslant 4\left(1+\frac{3}{2}\log 2\right)\left(\frac{1}{2}\log R'\right)\left(\frac{R'}{R'-r}\right)\log T(R',h),$$

所以

$$\log^+ |h(re^{i\theta})| \leqslant B\left(\frac{R'}{R'-r}\right)^2 (\log R')T(R',h)\log T(R',h), \tag{3.21}$$

此处 B 为一常数，$r>\sigma_1$ 及 $r \notin \Sigma I_j$. 而当 $r>\sigma_1$ 时，

$$V(r) = [T(r,h)\log T(r,h)]\log r$$

为一连续渐增的正函数，且趋于∞. 故对任意给定的 $\eta(>0)$，由熟知的所谓 Borel 引理，可得：当 $r>\sigma_1$ 及 $r \notin E(\eta)$ 时，有

$$V\left(r\left(1+\frac{1}{\log V(r)}\right)\right) < V^{1+\eta}(r),$$

这里 $E(\eta)$ 是一对数测度为有限的子集.

如果在式(3.21)中取 $R'=r\left(1+\frac{1}{\log V(r)}\right)$，则当 r 充分大及 $r \notin E(\eta)\cup\Sigma I_j$ 时，有

$$\log^+ |h(re^{i\theta})| \leqslant V^{1+2\eta}(r). \tag{3.22}$$

由于区间$[\sigma, 2\sigma]$的对数测度为 $\log 2$，$E(\eta)\cup\Sigma I_j$ 的对数测度也是有限的，因此只要 σ 充分大，总可在$(\sigma, 2\sigma)$内找到 $r(\sigma)$，使式(3.22)成立. 今定义 $E=\left\{\theta \,\middle|\, \log^+|h(re^{i\theta})|>\frac{1}{2}m(r,h)\right\}$，它是一可测集，于是有

$$2\pi m(r,h) \leqslant \int_E \log^+ |h(re^{i\theta})|d\theta + \pi m(r,h) \tag{3.23}$$

及

$$\pi m(r(\sigma),h) < V^{1+2\eta}(r(\sigma))m(E).$$

注意到：当 r 充分大时，由 $\delta(\infty,h)=\delta>0$，可得

$$m(r,h) > \frac{\delta}{2}T(r,h)$$

及

$$E \subset A(r).$$

故由式(3.23)得

$$\frac{(\frac{\pi}{2})\delta T(V(r),h)}{T^{1+2\eta}(r(\sigma),h)[\log T(r(\sigma),h)]^{1+2\eta}\log^{1+2\eta}r} < \operatorname{mes}A(r),$$

在上式中取 $\eta=\varepsilon/3$，便可导出式(3.18).

现在来叙述和证明使用上述引理得到的一个结果.

引理3.6 设 $h(z)$ 为一亚纯函数，其级为 $\rho(\leqslant\infty)$，满足 $\delta(\infty,h)>0$，且 $h(z)$ 的所有极点不是在 $|z|\leqslant 1$ 内就是在由(3.4)所确定的 q 条半射线上. 如果

$$\beta = \sup\left\{\frac{\pi}{\omega_2-\omega_1},\frac{\pi}{\omega_3-\omega_2},\cdots,\frac{\pi}{\omega_{q+1}-\omega_q}\right\} < \rho,$$

这里 $\omega_{q+1}=2\pi+\omega_1$，那么对某一正整数 $k(\leqslant q)$，有

$$\limsup_{t\to 1}\frac{m(t,h(e^{i\xi_k}\varphi_k(\omega))}{\log\left(\frac{1}{1-t}\right)} = +\infty(0<t<1), \tag{3.24}$$

其中 ξ_k 及 φ_k 如引理3.3中所述.

证 由假设 $\beta<\rho$，故有三正数 β_1,β_2 及 η_1，使得

$$\rho > \beta_1 > \beta_2 > \beta + \eta_1. \tag{3.25}$$

然后可选取一无界的正数序列 $\{R_j\}_{j=1}^{\infty}$，使得

$$T(R_j) = T(R_j,h) \geqslant R_j^{\beta_1}, j = 1,2,\cdots. \tag{3.26}$$

引用引理3.5，取其中的 $\varepsilon=\frac{1}{2}\left(1-\frac{\beta_2}{\beta_1}\right)$，那么只要 $R_n>\sigma_0(\varepsilon)$，总有一值 $r_n\in(R_n,2R_n)$，使得不等式(3.18)在 $r=r_n$ 时成立. 于是对每一 $r_n(>\sigma_0(\varepsilon))$，相应地有一个 θ_n，它属于下列 q 段弧中之一：

$$w_k + \frac{1}{2qT^{\varepsilon}(r_n)\log^{1+\varepsilon}r_n} \leqslant \theta \leqslant w_{k+1} - \frac{1}{2qT^{\varepsilon}(r_n)\log^{1+\varepsilon}r_n},$$

使得

$$\log|h_n(r_ne^{i\theta_n})| > \frac{\delta}{4}T(r_n). \tag{3.27}$$

对无穷点集 $D=\{r_ne^{i\theta_n}\}$，我们不妨设 Δ_k 为一角域，它包含有 D 的一无穷子集，而且不妨设 $D\subset\Delta_k$(因可将该无穷子集作为 D 集来

讨论）. 于是由引理3.3的记号及结果，得知当 n 充分大时，

$$|\theta_n - \xi_k| < \frac{\pi}{2\gamma} - \frac{1}{2qT^{\varepsilon}(r_n)\log^{1-\varepsilon}r_n} \tag{3.28}$$

及

$$\cos(\gamma[\theta_n - \xi_k]) > \frac{\gamma}{4qT^{\varepsilon}(r_n)\log^{1+\varepsilon}r_n},$$

又函数

$$H_k(\omega) = h(e^{i\xi_k}\phi_k(\omega))$$

在单位圆内是正则的，置 $\omega_n = \phi_k^{-1}(r_n e^{i(\theta_n - \xi_k)})$，则由式(3.27)，得

$$\log|H_k(\omega_n)| > \frac{\delta}{4}T(r_n). \tag{3.29}$$

由此及不等式(3.10)，可得

$$\frac{\nu^k}{16qr_n^{\nu}T^{\varepsilon}(r_n)(\log r_n)^{1+\varepsilon}} < 1 - |\omega_n|. \tag{3.30}$$

另一方面，取 $t_n = |\omega_n| + \frac{1}{2}(1 - |\omega_n|)$，由

$$T(\rho) \geqslant \frac{\rho - r}{\rho + r}\log M(r), \rho > r, \tag{3.31}$$

则有

$$T(t_n, H_k(\omega)) = m(t_n, H_k(\omega)) \geqslant \frac{t_n - |\omega_n|}{t_n + |\omega_n|}\log|H_k(\omega_n)|. \tag{3.32}$$

综合以上四个关系式(3.29)，(3.30)，(3.31)及(3.32)，可导出

$$m(t_n, H_k(\omega)) > \frac{\delta r^k}{256q}\frac{T^{1-\varepsilon}(r_n)}{r_n^{\nu}\log^{1+\varepsilon}r_n} \quad (n > n_0). \tag{3.33}$$

现若引理非真，则有

$$m(t, H_k(\omega)) = O(\log\frac{1}{1-t}). \tag{3.34}$$

于是由上面两个不等式，并注意到(3.30)，(3,31)，可得

$$K\frac{T^{1-\varepsilon}(r_n)}{r_n^{\nu}\log^{1+\varepsilon}r_n} < K + K\log(T^{\varepsilon}(r_n)r_n^{\nu}\log^{1+\varepsilon}r_n).$$

这里 K 为一正常数. 从而当 n 充分大时，有

$$T^{1-2\varepsilon}(r_n) < r_n^{\gamma+\eta_1}.$$

但由$\frac{\pi}{\nu}=\omega_{k+1}-\omega_k$及$\beta$的定义，可得

$$\nu \leqslant \beta.$$

再由(3.26)，(3.27)及ε的取法，可知上式不可能成立. 这一矛盾证明了引理成立.

定理3.1的证明 不妨设三个方程(3.1)，(3.2)及(3.3)所有不在q条半射线(3.4)上的根均落在单位圆内. 又不妨设f为超越的，否则就没有什么可证的了. 容易看出：函数

$$f, 1/f, 1/[f^{(l)}-1]$$

具有相同的级. 令h表示这三个函数中其极点的亏量为正者. 如果定理非真，则h将满足引理3.6的全部条件，于是对某一正整数k，不等式(3.24)成立. 另一方面，对f使用引理3.2，则相应的三个关系式(3.12)，(3.13)或(3.14)之一将与(3.24)相矛盾. 定理因而得证.

下面介绍一个在分解论中有用的结果.

定理3.7 (Kobayashi[13]) 设$f(z)$为一整函数. 若对一无界复数序列$\{a_n\}$，所有方程$f(z)=\omega_n, n=1,2,\cdots$的根均位于如下的半平面上：

$$\{z \mid |\arg z-\pi|<\pi/2\},$$

同时f还满足

$$\liminf_{r\to\infty}\frac{T(r,f)}{r}=0, \tag{3.35}$$

则f必定是一次数不超过2的多项式.

证 我们先证：如果有一非常数的整函数g，满足定理中的条件(3.35)，并设其所有的零点$\{a_n\}$满足

$$\operatorname{Re}a_n \leqslant 0, \tag{3.36}$$

则

$$\operatorname{Re}\frac{g'(z)}{g(z)}>0, \forall z\in R=\{z \mid \operatorname{Re}z>0\}. \tag{3.37}$$

这是因为：对任一$c\in R$，记$g_c(z)=g(z+c)$，则对任意的$r>0$，由Poisson-Jensen 公式，可得

$$r\mathrm{Re}\frac{g_c'(o)}{g_c(o)}=\frac{1}{\pi}\int_0^{2\pi}\log|g_c(re^{it})|\cos t dt$$
$$+\sum_{|a_n-c|<r}\mathrm{Re}\left(\frac{\bar{a}_n-\bar{c}}{r}-\frac{r}{a_n-c}\right).$$

由此及(3.37)，有

$$\mathrm{Re}\frac{g_c'(o)}{g_c(o)}=\mathrm{Re}\frac{g'(c)}{g(c)}\geqslant-\frac{4T(r,g_c)}{r}.$$

由假设(3.35)，并令 $r\to 0$，可得 $\mathrm{Re}\dfrac{g'(c)}{g(c)}\geqslant 0,\forall\, c\in R$. 注意到 $\mathrm{Re}\{g'(z)/g(z)\}$ 为 R 中的调和函数，故 $z\in R$，

$$\mathrm{Re}\{g'(z)/g(z)\}>0.$$

除非 $g'(z)/g(z)$ 为常数，即 $g(z)=\exp(az+b)$. 依照上述结果，可知对所有的 ω_n，$\forall\, z\in R$，

$$\mathrm{Re}\{f'(z)/[f(z)-\omega_n]\}>0, n=1,2,\cdots. \tag{3.38}$$

特别可知：$f'(z)\neq 0,\forall\, z\in R$.

令 $\arg f(z)=u(z)$，并置 $\gamma_n=\arg\omega_n(n=1,2,\cdots)$. 则由上面的不等式，可得

$$\mathrm{Re}\frac{f(z)}{f'(z)}>\left|\frac{\omega_n}{f'(z)}\right|\cos(u(z)-\gamma_n), n=1,2,\cdots,$$

因而 $\forall\, z\in R$，

$$|f(z)|>|\omega_n|\cos(u(z)-\nu_n), n=1,2,\cdots. \tag{3.39}$$

现在证明：在 R 中不可能找到四个点 a,b,c,d，使得下面两式同时成立：

$$u(a)=u(c)-\pi$$

及

$$u(a)<u(b)<u(c)<u(d)<u(a)+2\pi.$$

如果可以的话，这表示可找到一正数 ε，使得下面两不等式成立：

$$u(a)+\varepsilon<u(b)<u(c)-\varepsilon \tag{3.40}$$

及

$$u(c)+\varepsilon<u(d)<u(a)+2\pi-\varepsilon. \tag{3.41}$$

然而依据式(3.39)，对任意的 $n(n=1,2,\cdots)$，

$$|f(a)| > |\omega_n|\cos(u(a) - \gamma_n), \tag{3.42}$$
$$|f(c)| > |\omega_n|\cos(u(c) - \gamma_n).$$

由于$\{\omega_n\}$为无界的，故在$\{\omega_n\}$中有无穷多个，满足

$$\pi - \varepsilon \leqslant 2|\gamma_n - u(a)| \leqslant \pi + \varepsilon.$$

但此与(3.39)及(3.42)相矛盾，这证明(3.40)，(3,41)两式不可能同时成立. 由此可知：若 f 满足定理中的假设，那么总可找到一实数 γ，使得

$$|\arg f'(z) - \gamma| \leqslant \frac{\pi}{2}, \forall\ z \in R. \tag{3.43}$$

现设 f 不是一次式，并置

$$V_{2n-1} = n\exp\left(i\gamma + i\,\frac{2}{3}\pi\right), V_{2n} = n\exp\left(i\gamma - i\,\frac{2}{3}\pi\right), n = 1,2,\cdots, \tag{3.44}$$

则由(3.43)可知：所有 $f'(z) = V_n (n=1,2,\cdots)$ 的根都在半平面 $\{z|\mathrm{Re}z\leqslant 0\}$ 上.

另外，我们不难由条件(3.35)，可得

$$\liminf_{r\to\infty} \frac{T(r,f')}{r} = 0.$$

于是由先前所证的一个结论，可知 $f''(z)$在右半平面 R 上没有零点，并在 R 上，有

$$\mathrm{Re}\,\frac{f'(z)}{f''(z)} > \mathrm{Re}\,\frac{V_n}{f''(z)}, n = 1,2,\cdots, \tag{3.45}$$

从而由(3.44)及(3.45)，可得

$$|\arg f''(z) - \gamma| \leqslant \frac{\pi}{6}, \forall\ z \in R.$$

仿照前面的论证，从上式不难得知：$f''(z) \equiv c$，这里 c 为一常数，即 $f(z)$至多为一个二次式.

3.2 具有特殊几何点集上取值的亚纯函数分解

早在1955年，Edrei 就曾证明：对任何一个整函数 $f(z)$，若存在一无界的复数序列 $\Omega = \{w_n\}_{n=1}^{\infty}$，使得$\Omega_f = \bigcup_{n=1}^{\infty}\{z|f(z) = w_n\}$全

在一条直线上，则 $f(z)$ 为一多项式，且其次数不超过2. 这一结果在对一个零点(除了有限个外)均落在一直线的整函数的拟素性讨论中有用是很明显的，即使对一些亚纯函数分解的研讨也是很有用的. 例如 Ozawa 在1968年曾用以上结果证得：设 $f(z)$ 为一有限级的亚纯函数. 如果存在两个不同的复数 a_1, a_2(其中一个可以是 ∞)，使得 $f(z)-a_j=0(j=1,2)$ 的零点仅有有限个在直线 $l_j(j=1,2)$ 外，那么 $f(z)$ 是拟素的. 在同一篇论文中，Ozawa 对上面 Edrei 的定理作了进一步的考察，并指出：Edrei 的结果可以推广到点集 Ω_f 分布在互不平行的有限条直线的情形，还猜测若直线条的数目为 P，则 f 为一次数 $\leqslant 2P$ 的多项式. 此猜测最近被任福尧与乔建永所证实如下：

定义3.1 设 $E\subset\mathbb{C}$ 为一复数集. 若 $\theta\in[0,2\pi]$ 为实数集 $\{\arg z \mid z\in E\}$ 的一聚点，则称半射线 $\arg z=\theta$ 为 E 的一条聚结线.

定理3.8[14] 设 $f(z)$ 为一整函数. 若存在一无界复数序列 $\{w_n\}_{n=1}^{\infty}$，使得 $\bigcup\limits_{n=1}^{\infty}\{z \mid f(z)=w_n\}$ 除有限个点外，有且仅有 $q(<\infty)$ 条聚结线，则 $f(z)$ 为一多项式，其次数 $\leqslant 2q$.

我们先介绍三个引理.

引理3.9[17] 对任何实数 $\alpha_1,\alpha_2,\cdots,\alpha_n$，总可找到无穷多个整数集 $\{k,q_1,q_2,\cdots,q_n;k>0\}$，使得下列不等式成立：

$$|\alpha_j-q_j/k|\leqslant 1/[k\sqrt[n]{k}\,],j=1,2,\cdots,n. \tag{3.46}$$

关于这一实数性质的证明可参看 I. Niven 的论著(Irrational Numbers, Math. Assoc. Amer., Washington, D. C., 1956).

引理3.10[17] 设 $\alpha_1,\alpha_2,\cdots,\alpha_n$ 为任意 n 个实数. 则对任给的正数 $\rho>0$，总存在相应的正整数 m 及一正数 $\delta<1$，使得

$$\cos(m\alpha_j\pi)>\delta,j=1,2,\cdots,n. \tag{3.47}$$

证 由引理 3.9，可知存在无穷多个整数集 $\{k,q_1,q_2,\cdots,q_n;k>0\}$，使得

$$|k\alpha_j-q_j|<1/\sqrt[n]{k},j=1,2,\cdots,n. \tag{3.48}$$

今不妨选取 $m=2k$，则如上式，可得

$$m\alpha_j = 2q_j + \varepsilon_j(k), \tag{3.49}$$

其中

$$|\varepsilon_j(k)| < 2/\sqrt[n]{k}, j = 1,2,\cdots,n. \tag{3.50}$$

我们可选取 k 充分大，使得$2k>\rho$ 及$2/\sqrt[n]{k}<1/2$. 若令 $\delta=\cos(2\pi/\sqrt[n]{k})$，则(3.47)立即由(3.48)，(3.49)及(3.50)而得.

引理3.11[17] 设 $P(z)$为一 m 次的多项式，又$\{w_n\}_{n=1}^{\infty}$为一无界的复数序列. 若$\bigcup\limits_{n=1}^{m}\{z|P(z)=w_n\}$全在 q 条直线 $l_1,l_2,\cdots,l_q$ 上，则 $m\leqslant 2q$.

证 先在每条 l_j 上任取一点 O_j 分 l_j 成为两条半射线，则 $O_1,O_2,O_3,\cdots,O_q$ 把 $l_1,l_2,\cdots,l_q$ 分成$2q$ 条半射线，依次记为 $T_1,T_2,\cdots,T_{2q}$. 今取一充分大的 R，使圆周 $\Gamma:|z|=R$ 的内部包含所有点 $O_j(j=1,2,\cdots,q)$及 $P'(z)=0$的零点. 不妨设$|w_n|<|w_{n+1}|$(否则可选$\{w_n\}$的一子集来讨论)，易知：当 $n\geqslant n_0$充分大时，$P(z)=w_n$ 的根全在 Γ 之外，加上 $P'(z)\neq 0,\forall\, z\in\Gamma$，故当 $n\geqslant n_0$时，$P(z)=w_n$ 的根均为单根. 下面我们来证 $m\leqslant 2q$. 假如不然，即 $m>2q$，则将导出结论：存在某个 $T_{j_0}(1\leqslant j_0\leqslant 2q)$及$\{\omega_n\}$的一子集$\{w_{n_k}\}$，使得$P(z)=w_{n_k}$在$T_{j_0}$上至少有两个不同的根. 事实上，假如不然，任取 T_j，，都存在 $M_j>0$. 当 $n_j>M_j$ 时，$P(z)=w_{n_j}$在 T_j 上至多有一个根. 今取 $M=\max\{M_1,M_2,\cdots,M_{2q},n_0\}$，则当 $n>M$ 时，$P(z)=w_n$ 在每 T_j 上至多有一个单根. 因而 $P(z)=w_n$ 的根的个数 $m\leqslant 2q$. 这与先前的假设 $m>2q$ 相矛盾. 故上述结论成立.

今作变换 $z=a\zeta+b$，把 T_{j_0}变到正实轴. 置 $P_1(\zeta)=P(a\zeta+b)$，则每个 $P_1(\zeta)=w_{n_k}$在正实轴上都至少有两个不同的根，设它们为 $x'_{n_k},x''_{n_k}(x'_{n_k}<x''_{n_k},k=1,2,\cdots)$. 设

$$P_1(\zeta) = c_m\zeta^m + c_{m-1}\zeta^{m-1} + \cdots + c_1\zeta + c_0$$

及

$$Q(\zeta) = \alpha_m\zeta^m + \alpha_{m-1}\zeta^{m-1} + \cdots + \alpha_1\zeta + \alpha_0,$$

其中 $\alpha_k=\mathrm{Re}c_k,k=0,1,2,\cdots,m$. 此时若 $Q'(\zeta)=0$的最大实根为 A，则当 $x>A$ 时，$Q(x)$为严格单调函数. 又易知：当 k 充分大时，

$x''_{n_k}>x'_{n_k}>A$. 因而 $Q(x''_{n_k})\neq Q(x'_{n_k})$. 但 $P_1(x''_{n_k})=P_1(x'_{n_k})=w_{n_k}$. 特别其实数部分为 $Q(x''_{n_k})=Q(x'_{n_k})$. 由此得一矛盾,因而引理得证.

定理3.8的证明 我们主要就 $f(z)$ 的级 $\rho(f)$ 为有限的情形来讨论,即 $\rho(f)=\rho<\infty$,并不妨设 $0<|w_1|<|w_2|<\cdots<|w_n|<\cdots$. 今设 $f(z)=w_n$ 的根为 $\{a_{n_k}\}_{k=1}^{\infty}$ 及 $0\leqslant|a_{n_1}|\leqslant|a_{n_2}|\leqslant\cdots\leqslant|a_{n_k}|\leqslant\cdots$. 记 $E=\{a_{n_k}|n,k=1,2,\cdots\}$. 由假设知:$E$ 仅有有限条聚结线,设为

$$\arg z=\theta_1,\theta_2,\cdots,\theta_q,0\leqslant\theta_1<\theta_2<\cdots<\theta_q<2\pi.$$

先由引理3.9知,存在正整数 $m>\rho+1$,使得

$$\cos(m\theta_k)>\sqrt{3}/2,k=1,2,\cdots,q.$$

记 $E_1=\{a_{n_k}^m|n,k=1,2,\cdots\}$,于是由上可知:$E_1$ 至多有 q 条聚结线,且均在角域 $G=\left\{z\,\middle|\,|\arg z|<\frac{\pi}{6}\right\}$ 内. 对上面所选的 m,若 $f^{(m)}(z)\equiv0$,则 f 为一多项式,这样由引理3.11,定理得证. 今设存在一 $c\neq\infty$,使得 $f^{(m)}(C)\neq0$. 令 $g(z)=f(z+C)$,则 $\rho(g)=\rho(f)=\rho$,且 $g^{(m)}(0)\neq0$ 及 $g(z)=w_n$ 的根为 $\{a_{n_k}-C\}$. 记 $C_{n_k}=a_{n_k}-C$,且不妨设 $0<|C_{n_1}|<|C_{n_2}|<\cdots$,易知 $E_2=\{C_{n_k}|n,k=1,2,\cdots\}$ 与 E_1 有相同的聚结线. 并由先前的讨论知 $E_3=\{(C_{n_k})^m|n,k=1,2,\cdots\}$ 的聚结线也全在 G 内. 特别当 $n>N$ 充分大时,$(C_{n_k})^m$ 均落在 G 内. 今由 Hadamard 分解表示式定理,可得

$$\frac{d^{m+p-1}}{dz^{m+p-1}}\left(\frac{g'(z)}{g(z)-w_n}\right)\bigg|_{z=0}=-(m+p-1)!\left[\sum_{k=1}^{\infty}(C_{n_k})^{-(m+p)}\right],p=0,1,2,\cdots\tag{3.51}$$

令 $n\to\infty$,可得

$$g^{(m+p)}(0)=(m+p-1)!\lim_{n\to\infty}\left[w_n\sum_{k=1}^{\infty}(C_{n_k})^{-(m+p)}\right].$$

因而当 $p\geqslant1$ 时,

$$\frac{g^{(m+p)}(0)}{g^m(0)}=\frac{(m+p-1)!}{(m-1)!}\lim_{n\to\infty}\sum_{k=1}^{\infty}(C_{n_k})^{-(m+p)}\Big/\sum_{k=1}^{\infty}(C_{n_k})^{m}.\tag{3.52}$$

但当$n>N$时，

$$\left|\sum_{k=1}^{\infty}(C_{n_k})^{-(m+p)}\right| \leqslant \sum_{k=1}^{\infty}|C_{n_k}|^{-(m+p)} \leqslant |C_{n_1}|^{-p}\sum_{k=1}^{\infty}|C_{n_k}|^{-m} \tag{3.53}$$

及

$$\left|\sum_{k=1}^{\infty}(C_{n_k})^{-m}\right| \geqslant \left|\sum_{k=1}^{\infty}|\mathrm{Re}(C_{n_k})^{-m}\right| > \left|\sum_{k=1}^{\infty}|C_{n_k}|^{-m}\cos\frac{\pi}{6}\right|$$

$$=\frac{\sqrt{3}}{2}\sum_{k=1}^{\infty}|C_{n_k}|^{-m}. \tag{3.54}$$

由(3.52)，(3.53)及(3.54)三式，立即有

$$|g^{(m+p)}(0)| \leqslant \frac{(m+p-1)!}{(m-1)!}|g^{(m)}(0)| \lim_{n\to\infty}\frac{2}{\sqrt{3}\,|C_{n_1}|^{p}}. \tag{3.55}$$

另一方面，当$n\to\infty$时$w_n\to\infty$及$g(C_{n_1})=w_n$，故$C_{n_1}\to\infty$. 由上式可得$g^{(m+p)}(0)=0(p=1,2,\cdots)$，因而$g(z)$必为一多项式. 又由引理3.11，得知$g(z)$(因而$f$)的次数至多为$2q$. 定理在$\rho(f)<\infty$的情形下为真. 现在来看$f$的级没有限制的情形. 这早由Ozawa指出：依据Edrei-Fuchs的一结果[Acta，Math.，108 (1962)，113—145]，在定理3.7的假设下，$f(z)$的级总为有限的，这回到了原先$\rho(f)<\infty$的情形. 定理证毕.

定理3.12 设$f(z)$为一有限级的亚纯函数，若存在两个不同的复数a_1,a_2，其中$f(z)=a_j(j=1,2)$的零点仅有有限条聚结线，则$f(z)$为拟素的.

证 假设$f(z)$不是拟素的，那么存在超越亚纯函数h及超越整函数g，使得$f(z)=h(g(z))$. 由定理3.8，可知$h(w)=a_j(j=1,2)$只具有限个根，从而有

$$\frac{h(w)-a_1}{h(w)-a_2}=R(w)e^{L(z)},$$

其中$R(w)$为有理函数，$L(z)$为非常数的整函数. 进而由上得

$$\frac{f(z)-a_1}{f(z)-a_2}=R(g(z))e^{L(g(z))},$$

但这时$\lim\limits_{r\to\infty}T(r,e^{L(g(z))})/T(r,g(z))=\infty$，且$\rho(e^{L(g(z))})=\infty$. 这与

$\rho(f)<\infty$相矛盾. 定理因而得证.

下面是乔建永关于拟素性函数的一个判别法.

定理3.13[14] 设 $f(z)$ 为一有限级的整函数,若存在 $M>0$,使得$\{z \mid f'(z)=0$且$|f(z)|>M\}$仅有有限条聚结线,则 $f(z)$ 为拟素的.

证 假设 $f(z)$ 不是拟素的,那么存在超越亚纯函数 $h(w)$ 及超越整函数 g,使得 $f(z)=h(g(z))$. 今将就(i)$h(w)$无极点,(ii)$h(w)$至少有一极点两种情形分别讨论. 设情形(i)成立,即 $h(w)$ 无极点,由 Polya 定理知 h 的级 $\rho(h)=0$(因 $\rho(f)<\infty$). 从而 $h'(\omega)$有无穷多个零点,记为$\{w_n\}$. 而 $f'(z)=h'(g(z))g'(z)$. 特别$f'(z)$的零点点集包含点集:$\bigcup\limits_{n=1}^{\infty}\{z \mid g(z)=w_n\}$. 下面证明:仅有有限个 w_n,使$|h(w_n)|>M$. 假如不然,由定理3.8可导出:g 为一多项式. 这是不可能的. 从而有一正常数 A,使得

$$|h(w_n)|<A. \tag{3.56}$$

另一方面,由 Wiman 定理知:对一零级的超越整函数 $h(w)$,$\overline{\lim\limits_{r\to\infty}} m(r,h)=\infty$. 从而又由式(3.56),可知$\{w \mid |h(w)|<A\}$包含无穷多个连通分支$\{D_j\}$,其中 D_j 的边界 ∂D_j 为一闭 Jordan 曲线. 设 E_r 为$\{w \mid |h(w)|\leqslant M(r,h)\}$的包含圆周$|w|=r$ 的连通分支. 注意到:当 r 充分大时,$M(r,h)>A$. 设 $I(r)\overline{\lim\limits_{a\to\infty}}\min\limits_{|z|=r}|h(z)|=\infty=\{j \mid D_j\subset E_r\}$,并用 $n(X,h)$表示区域 X 中 $h(w)$的零点个数. 于是

$$n(E_r,h)=\sum_{j\in I(r)} n(D_j,h). \tag{3.57}$$

另一方面

$$n(E_r,h')=n(E_r,h)-1 \tag{3.58}$$

及

$$n(D_j,h')=n(D_j,h)-1, j=1,2\cdots \tag{3.59}$$

(这是因为:设 $f(z)$在单连通区域 D 及其边界 ∂D 上为解析,若在 ∂D 上,$|f(z)|\equiv$常数,且 $f(z)$在 D 内有 n 个零点,则 $f'(z)$在 D 内有 $n-1$个零点). 于是由(3.56),可得

$$n(E_r,h') \leqslant \sum_{j\in I(r)} n(D_j,h'). \tag{3.60}$$

令 $r\to\infty$ 并注意 $I(r)\to\infty$，于是由(3.57)－(3.60)即可得到一矛盾.

其次讨论(ii)$h(z)$至少有一极点 $w=w_0$ 的情形. 由于 $f=h(g)$ 为整函数，所以 w_0 必是 g 的一 Picard 例外值，由此可知 $h(w)$ 无其它的极点，因而

$$h(w)=h_1(w)/(w-w_0)^m, h_1(w_0)\neq 0,$$

其中 $h_1(w)$ 为一整函数，m 为一正整数. 再由 Polya 定理，可知 $h_1(w)$ 的级为0. 由于

$$h'(w)=\frac{(w-w_0)h_1'(w)-mh_1(z)}{(w-w_0)^{m+1}},$$

$(w-w_0)h_1'(w_0)-mh_1(w)$ 不可能为多项式，故 $h_1'(w)$ 有无穷多个零点，仿照情形(i)的讨论，并使用关于推广的 Wiman 定理，可得出类似的矛盾. 定理因而得证.

注　Ozawa 曾证明：设 $f(z)$ 为有限级的整函数，若 $f'(z)$ 的零点仅有有限个在一条直线 l 之外，则 $f(z)$ 为拟素的. 定理3.8显然是此结果的一个推广. 因为人们可用它证明：若 $h(z)$ 为一有限级的整函数，且其零点除有限个外，有且仅有有限条聚结线，则函数 $F(z)=(\int_0^z h(\zeta)d\zeta)^n (n>1)$ 为拟素的，但 Ozawa 定理就不见得能适用.

当一个整函数或亚纯函数 $f(z)$ 的零点分布具有特殊的几何限制时，它的分解性也就随之受到影响. 稍早 Ozawa 曾得到下面一结果.

定理3.14　设 $F(z)$ 为一整函数，其级 $\rho(F)$ 为非整数，且满足 $\frac{1}{2}<\rho<\infty$，又其所有的零点位于负实轴上. 若 $F(z)$ 在区间 $[-r,0]$ 内的零点数目用 $n(r)$ 表示，且满足 $n(r)\sim\lambda r^\rho$，$\lambda>0$，则 F 为素的.

注　上述定理中的条件：$n(r)\sim\lambda r^\rho$ 可去掉，而结论仍真.

之后，Prokopovich 得到下面两个推广的结果（定理3.15与定理3.16）.

定理3.15 设$F(z)$为一有限级($\rho(F)<\infty$)的亚纯函数，$a\in\mathbb{C}\cup\{\infty\}$($\mathbb{C}$表示复平面)，但不是$F$的Picard例外值.设除了有限点外，所有$F(z)$的$a$值点均位于一直线$l$上，则$F(z)$为拟素的；且若$F=f(g)$，则$f$为超越的，$g$为一次数不超过2的多项式.

证 设$F(z)=f(g(z))$及$f(z)$为超越的，则$g(z)$必为整函数.不妨设l为实轴，则因a不是F的Picard例外值，所以f的a一值点$\{w_\nu\}$将发散到∞.令$z_{\nu_k}(1\leqslant k\leqslant k_\nu,k_\nu\leqslant\infty)$为方程$g(z)=w_\nu$的根，我们可不计使有$z_{\nu_k}$落在$l$之外的$w_\nu$.这样我们得到一个新序列$\{w_\nu'\}$，使得相应的$z'_{\nu_k}$均落在$l$上，于是由Edrei定理，知$g(z)$为一多项式，其次数$\leqslant 2$.

定理3.16 设$F(z)$为一亚纯函数，其级为$\rho(\frac{1}{2}<\rho<\infty)$，$l_0=\{z|\arg z=\varphi_0\}$，$l_\infty=\{z|\arg z=\varphi_0+\theta\}$为两直线，这里$0\leqslant\theta\leqslant\min\{\pi/\rho,2\pi-\pi/\rho\}$.设$F(z)$有无穷多个零点，且它们的阶数的最大公约数为$p(\geqslant 1)$，又除有限点外，均位于$l_0$上.此外，$F(z)$的极点的阶数的最大公约数为$q(\geqslant 1)$，且除了有限点外，均位于$l_0\cup l_\infty$上.若$\delta(a,F)=1,a\in\mathbb{D}\cup\{\infty\}$，则$F(z)$为拟素的，且任何$F=f(g)$的分解形式中，$f$必具有三种形式之一：

(Ⅰ)$f(z)=A(z-\alpha_1)^m$，

(Ⅱ)$f(z)=A(z-\alpha_2)^{-n}$，

(Ⅲ)$f(z)=A(z-\alpha_1)^m/(z-\alpha_2)^n$，

其中$m|p,n|q,A,\alpha_1,\alpha_2$均为常数.又当$F=f(g)$成立时，$\delta(\alpha_1,g)+\delta(\alpha_2,g)=1$.

证 先证$a=0$时的情形.由假设可知：如果$F(z)=f(g(z))$，那么f为超越的，而g为一多项式，其次数$\leqslant 2$.设$n=2$，则存在一序列$\{w_\nu\}$，(当$\nu\to\infty$时，$w_\nu\to\infty$)，使得$f(w_\nu)=0$及$g(z_{\nu_k})=w_\nu$ $(k=1,2,\cdots)$，但对适当选取的w_{ν_1}及w_{ν_2}，

$$z_{\nu_k}=(c+o(1))|w_\nu|^{1/2}e^{k\pi i},k=1,2,\nu\to\infty,$$

又 c 是一常数. 此与假设所有 z_{ν_k} 点除有限点外均位于一直线 l_0 上相矛盾. 于是 $n=1$. 现在考虑 $f(z)$ 为有理函数的情形. 此时,

$$F(z) = A\frac{(g(z)-\alpha_1)(g(z)-\alpha_2)\cdots(g(z)-\alpha_m)}{(g(z)-\alpha_{m+1})(g(z)-\alpha_{m+2})\cdots(g(z)-\alpha_{m+n})},$$

其中 $g(z)$ 为一亚纯函数, $A, \alpha_1, \cdots, \alpha_{m+n}$ 均为常数.

由定理假设: $\theta<\min\{\pi/\rho, 2\pi-\pi/\rho\}$, 故有 $\pi/(2\pi-\theta)<\rho<\pi/\theta$. 而 Ostrovskii[1] 曾证明: 设 $g(z)$ 为一亚纯函数, 且其零点及极点除有限个外, 均位于 $l_0\cup l_\infty$, $0\leqslant\theta<\pi$. 若存在一 $a(\neq 0,\infty)$, 使得 $\delta(a,g)\geqslant 1-\cos(\rho\theta/2)$, 则 $\pi/(2\pi-\theta)\geqslant\rho$ 或 $\rho\geqslant\pi/\theta$. 由此可知: F 的亏值只可能为0或∞. 设 $\delta(0,F)=1$, 则有两种情形可能发生: (i) $0\leqslant m\leqslant n$, $\delta(\infty,g)=1$ 且除有限个点外, 所有 $g(z)$ 的极点均位于 l_0 上. (ii) $\alpha_1, \alpha_2\cdots, \alpha_m$ 中有一个为 $g(z)$ 的亏值(这是因为

$$T(r,F) = \max(m,n)T(r,g) + O(1)$$

及

$$N(r,\frac{1}{F}) = \sum_{j=1}^{m} N(r,\alpha_j,g) + (n-m)^+ N(r,\infty,g) + O(1),$$

只有在(i)或(ii)两情形下, $\delta(0,F)$ 才可能等于1).

我们先就(i)的情形来讨论. 此时, 若 $\alpha_1, \alpha_2, \cdots, \alpha_{m+n}$ 中至少有两个数不相等, 设 $\alpha_i\neq\alpha_j$. 考虑函数

$$h(z) = \frac{g(z)-\alpha_i}{g(z)-\alpha_j}. \tag{3.61}$$

于是由假设, $h(z)$ 的所有零点与极点, 除了有限个外, 均位于 $l_0\cup l_\infty$ 上. 由于 h 的级 $\rho(h)=\rho(g)=\rho$ 及先前提及的 Ostrovskii 结果, 可知 h 仅有的亏值是0或∞. 但另一方面, $\delta(\infty,g)=1$, 因而由 (3.61) 得 $\delta(1,h)=1$. 这是不可能的. 故所有的 $\alpha_1, \alpha_2, \cdots, \alpha_{m+n}$ 均相同. 然后又不能 $\alpha_i=\alpha_j$, $1\leqslant i\leqslant m$, $m+1\leqslant j\leqslant m+n$, 所以只得有 $m=0<n$. 因此

$F(z)=A[g(z)-\alpha]^{-n}$, 由假设即知 $n|q$.

---

1) 参看 A. A. Goldberg 与 I. V. Ostrovskii 合著的书: Distribution of values of meromorphic functions(俄文), Nauka, 1970, 第六章 § 4.

现设情形(ii)成立. 不妨设 $\delta(\alpha_k,g)=1,1\leqslant k\leqslant m$. 考虑形如(3.61)的函数 $h(z)$,但此时$1\leqslant i\leqslant m$ 及 $m+1\leqslant j\leqslant m+n$. 同样易知 $h(z)$满足 Ostrovs kii 结果的条件(不过这里 $a=(\alpha_k-\alpha_i)/(\alpha_k-\alpha_j)$,此处 $\alpha_i\neq\alpha_k$),因而可知 $\alpha_i=\alpha_k$,但因 i 是任一满足条件:$1\leqslant i\leqslant m$ 的整数,故 $\alpha_i=\alpha_k(i=1,2,\cdots,m)$. 现若存在有 $\alpha_i\neq\alpha_j,m+1\leqslant i\leqslant m+n,m+1\leqslant j\leqslant m+n$,则类似地进行讨论及证明,可得 $\alpha_i=\alpha_k$ 或 $\alpha_j=\alpha_k$. 这些矛盾证明了 $\alpha_{m+1}=\alpha_{m+2}=\cdots=\alpha_{m+n}$. 于是

$$F(z)=A\frac{[g(z)-\alpha_k]^m}{[g(z)-\alpha_{m+1}]^n}.$$

并且由 p,q 的定义,立即有 $m|p,n|q$. 因而在$\delta(0,F)=1$的条件下的定理得证,即 f 具有(Ⅱ)或(Ⅲ)的形式.

至于 $a=\infty$或$a\neq0$及∞,都可由考虑 $F_1(z)=[F(z)]^{-1}$而得相似的结果,即 f 具有(Ⅰ)或(Ⅲ)的形式. 定理证毕.

注　此定理中的假设:$\frac{1}{2}<\rho<\infty$或 $F(z)$具有无穷多个零点,是不可缺少的,这可由

$$\cos\sqrt{z}=\left(\sqrt{2}\cos\frac{\sqrt{z}}{2}+1\right)\left(\sqrt{2}\cos\frac{\sqrt{z}}{2}-1\right),$$

$$\cos\sqrt{z}\,e^{\cos\sqrt{z}}\text{ 及 }(2+z^2)e^{2+z^2}$$

而得知.

§4. 微分方程解的拟素性

素函数 $e^z+p(z)$(p 为非常数的多项式)或拟素函数 $\cos z$,以及许多类的拟素函数都满足以多项式为系数的线性微分方程:

$$a_0(z)w^{(n)}(z)+a_1(z)w^{(n-1)}(z)+\cdots+a_{n-1}(z)w(z)+a_n(z)=0,$$

其中 $a_j(z)(j=0,1,2,\cdots,n)$都是多项式.

Steinmetz 在他的博士论文中,利用了他所得的主要结果,也即先前提及的 Steinmetz 定理,证明了下面一个广泛的结果.

定理4.1　设 $n\geqslant1$及

$$w^{(n)}(z) + A_1(z)\omega^{(n-1)}(z) + \cdots + A_{n-1}(z)w(z) + A_n(z) = 0 \tag{4.1}$$

为一具有有理函数 $A_j(z)(j=1,2,\cdots,n)$ 系数的线性微分方程. 则(4.1)的任何超越亚纯函数解 $h(z)$ 必为拟素的.

证 依照 Wittich-Valiron 定理,可知(4.1)的任一超越亚纯函数解的级是正的有理数. 不妨设 $h(z)=f(g(z))$,f 为超越亚纯函数,g 为一整函数(若 g 为亚纯函数,则 f 只能为有理函数),将它代入方程(4.1),并项后可得

$$f^{(n)}(g)P_n(g) + f^{(n-1)}(g)P_{n-1}(g) + \cdots$$
$$+ f(g)P_1(g) + f^{(0)}(g)A_n(z) \equiv 0,$$

其中 $f^{(0)}(z)\equiv 1$,$P_j(g)(j=1,2,\cdots,n)$ 均为 g 的微分多项式,系数为 z 的多项式,于是由 Steinmetz 定理,可知存在不全恒为0的多项式 $Q_0,Q_1,\cdots,Q_n$,使得

$$Q_nf^{(n)} + Q_{n-1}f^{(n-1)} + \cdots + Q_0f^{(0)} \equiv 0.$$

再由 Wittich-Valiron 定理,可知以上方程的任一超越亚纯函数解 f 的级是一正有理数. 因此依照 Edrei-Fuchs 定理,若 g 为超越的话,则 $\rho(h)=\rho(f(g))=\infty$ 是不可能的. 故 g 只能是多项式,即 h 为拟素的.

宋国栋与杨重骏曾对定理4.1作了以下的一些推广,主要的结果是关于满足线性多项式系数的微分方程亚纯函数的组合的拟素性.

推论4.2 设

$$F(z) = \sum_{j=1}^{m} q_j(z)\ \varphi_j(z), \tag{4.2}$$

其中 q_j 表示有理函数,φ_j 表示满足具有有理函数系数的线性微分方程(4.1)的亚纯函数. 则 $F(z)$ 及 $F^{(k)}(z)(k=1,2,\cdots)$ 都是拟素的.

证 以 M 表示所有亚纯函数的集合,R 表示所有有理函数的集合,很明显,M 为 R 上的一线性空间(即若 $\varphi_1,\varphi_2\in M$,任何 $R_1\in R$,则 $R_1\varphi_1+\varphi_2\in M$). 今以 D 表示所有满足形如(4.1)的方程的亚

纯函数集合，并对任一 $\varphi\in D$，用 L_φ 表示以$1,\varphi,\varphi',\varphi'',\cdots,\varphi^{(n)}$为基，以有理函数为系数的线性组合的集合. 设 $F=q_1\varphi_1+q_2\varphi_2$，这里 q_1，$q_2\in R$，φ_1及φ_2分别为满足 m 阶及 n 阶线性微分方程(4.1)之解，则不难证得(考虑 Wranski 行列式)：$1,F,F',\cdots,F^{(m+n)}$在 R 上是线性相关的，也即 $F\in D$，因而 F 是拟素的. 同理可证：对一般的 $F=\sum_{j=1}^{m}q_j\varphi_j\in D$，$F^{(k)}\in D$ 也是很明显的.

注　用同样的方法可证：若 $\varphi_1\in D$，$\varphi_2\in D$，则 $\varphi_1\varphi_2\in D$.

上面讨论的是关于系数为多项式的线性微分方程解的分解，并且证得所有亚纯函数解都是拟素的. 现在我们来探讨一些系数为超越整函数时解的分解问题. 先介绍由何育赞-郑建华所得的一个结果.

定理4.3　设 $A(e^z)=\sum_{j=0}^{p}b_jt^j$，$t=e^z$，$b_p\neq0$及 $p\geqslant2$. 又设 $\gamma=\sqrt{-b_0}$为一无理数及 $w=f(z)$为满足

$$w''+A(e^z)w=0$$

的一亚纯函数解. 若值0不是 $f(z)$的一 Picard 例外值，且 $f(z)$的零点收敛指数为有穷的，则 $f(z)$为一素函数.

先介绍在以上定理证明中要使用的几个引理.

引理4.4　设 $F(z)=H(z)+Q(z)$，其中 $H(z)$($\neq$常数)是一周期为$2\pi i$ 的周期函数，且其下级为有限的，$Q(z)$为一非常数的多项式，则当限制 F 的因子均为整函数的分解，F 为左一素的(即若右因式为超越的整函数时，左因子必为线性的). 进而若 Q 没有二次式的右因子，则 F 为素的.

证　首先我们证明 $F(z)$为 E 拟素的.

假如不然，$F(z)=H(z)+Q(z)=f(g(z))$，f,g 均为超越的整函数. 由定理的假设，F 的下级为有限的，根据 Polya 定理或 Song-Yang 的一结果[Indian Jounral of Pure and Applied Math.，15(I)，Jan.，1984，67－82]，不难得知：f 的下级 $\mu(f)=0$ 及 $\mu(g)\leqslant\mu(F)$等结果. 令 $F(z)$是以多项式为模、周期为$2\pi i$ 的函

数,由 Gross-Baker 的一个结果(参阅庄圻泰-杨重骏的著作[5,p.113,定理3.3],$g(z)$必具有以下形式:

$$g(z) = H_1(z) + P(z)e^{cz+H_2(z)}, \tag{4.3}$$

其中$H_j(j=1,2)$都是以$2\pi i$为周期的函数,c为一常数,$P(z)$为一非0的多项式.今由于$\mu(f)=0$,则对任给的正数k,相应有一正序列$\{r_n\}_{n=1}^{\infty}\nearrow\infty$,使得

$$m(r_n,f) \geqslant r_n^k \qquad (n \geqslant 1), \tag{4.4}$$

其中$m(r,f)=\min\limits_{|z|=r}|f(z)|$.

现在我们来证明(4.3)中的$H_2(z)$是一常数.由 Polya 定理,有

$$M(2r,F) \geqslant M(cM(r,g),f) \geqslant cM(r,g)(r \geqslant r_0, 0 < c < 1),$$

从而

$$M(2r,F(z+2\pi i)) \geqslant cM(r,g(z+2\pi i))(r \geqslant r_0).$$

但另一方面,易知

$$M(2r,F(z+2\pi i)) \leqslant M(2r,F) + r^q(r \geqslant r_0),$$

这里q为一适当的正数.置

$$G(z) = [e^{2\pi ci}P(z+2\pi i) - P(z)]e^{cz+H_2(z)}, \tag{4.5}$$

由上面的分析,可得

$$\begin{aligned} M(r,G) &\leqslant M(r,g(z+2\pi i)) + M(r,g(z)) \\ &\leqslant \frac{1}{c}[2M(2r,F) + r^q] \\ &\leqslant \frac{3}{c}M(2r,F)(r \geqslant r_0). \end{aligned}$$

由于$\mu(F)<\infty$,可证得$\mu(G)<\infty$.联合(4.5),可知$H_2(z)$必为一常数.从而$g(z)$可表成

$$g(z) = H_1(z) + P(z)e^{cz}, \tag{4.6}$$

其中$P(z)$为不恒为0多项式,$H_1(z)$是以$2\pi i$为周期的函数.

下面我们就(i)c是实数及(ii)c不是实数来讨论.

在情形(i),$P(z)$不可能为一常数.因不然,则$g(z)$在虚轴上是有界的,从而$F=f(g)$亦然,但此显然是不可能的,因$Q(z)$是非

常数的多项式. 今设 $p=\mathrm{dep}P$，则 $p\geqslant 1$. 令 $z=it$（$t\in R$，R 是实数集），则可找到 $\{t_n\}\subset R$，使得

$$|H_1(it_n)+P(it_n)e^{cit_n}|=r_n,$$

其中 $\{r_n\}$ 是满足式(4.4)的正数序列，这是可能的，因为 $H_1(it)$ 有界，而 $P(it)$ 是一连续的无界函数，且 $|e^{ict}|=1$. 又因 Q 为一多项式，故可得

$$|F(it)|\leqslant|H(it)+Q(it)|\leqslant|t|^q\quad(t\geqslant t_0),$$

此处 q 为一适当的正整数. 由上面两式，即得

$$m(r_n,f)\leqslant|f(H_1(it_n)+P(it_n)e^{ict_n})|\leqslant|t_n|^q\quad(n\geqslant n_0).\tag{4.7}$$

另一方面，注意到

$$r_n=|H_1(it_n)+P(it_n)e^{ict_n}|\geqslant|t_n|^{p/2},$$

由(4.4)，可得

$$m(r_n,f)\geqslant r_n^k\geqslant|t_n|^{kp/2}\quad(n\geqslant n_0).$$

从上式与式(4.7)，并注意当 $n\to\infty$ 时，$t_n\to\infty$，故有

$$q\geqslant pk/2.$$

但因 k 是可任意给定的正数，这将与 $q<\infty$ 相矛盾.

现在处理(ii) c 不是实数的情形. 此时 $P(z)\not\equiv 0$，故

$$|H_1(it)+P(it)e^{ict}|\geqslant e^{\delta|t|},$$

其中 δ 为一正数. 当 $t>0$ 或 $t<0$ 及 $|t|\geqslant t_0$ 时，仿照先前的推理，可得出类似的矛盾. 因此 $F(z)$ 必是 E 拟素的.

由于任一以多项式为模的周期函数，其左因子不可能为一非线性多项式及其右因子不可能为一次数≥2的多项式，这样 F 只剩下唯一可能分解的形式：$F(z)=f(R(z))$，此处 $R(z)$ 为一次数为2的多项式. 不妨设 $R(z)=a(z-b)^2+c$，其中 a,b,c 均为常数，$a\neq 0$. 引入变换 $z-a=w$，由 $F(-w+b)=F(w+b)$，得

$$H(-w+b)+Q(-w+b)=H(w+b)+Q(w+b),$$

或

$$Q(w+b)-Q(-w+b)=H(-w+b)-H(w+b).$$

这是不可能的，因上式右边为一周期函数，除非它恒为一常数. 但

当 $w=0$时，右边为0，所以 $Q(w+b)-Q(-w+b)\equiv 0$. 这样，不难证得

$$Q(w)=C_0(w-b)^{2n}+C_2(w-b)^{2n-2}+\cdots+C_{2n-2}(w-b)^2+C_{2n},$$

其中 $C_{2k}(k=0,1,2,\cdots,n-1)$都是复数，这表明 $Q(z)$具有一个二次式为其右因子. 因此若 $Q(z)$不具有一个二次式为其右因子，则 $F(z)$为 E-素的. 现因 F 为非周期函数，故 F 也是素的.

引理4.5(A. Renyi-C. Renyi[18]) 设 $f(z)$为一非常数的整函数，$P(z)$为一次数$\geqslant 3$的多项式，则 $f(P)$不可能为一周期函数.

证 不妨设 $\deg P=n$ 及其首项系数为1，又 $G=f(P)$的周期为1. 令 $z=x+iy$，x,y 为实变数，$R=R_A$ 表长方形：$|x|\leqslant 1$，$|y|\leqslant A$. 设$\max\limits_{z\in R}|G(z)|=M$，并设$|G(a)|=M$，$a\in R$. 则由极大模原理，可知点 a 必在 R_A 的边界上. 今证 a 必在两条横边即 $\mathrm{Im}a=A$ 或 $\mathrm{Im}a=-A$ 上. 假如不然，即$|\mathrm{Im}a|<A$，则一定可找到一点 b，使得 b 落在 R_A 的内部，但 $b-a=k$，k 为一整数，于是$|G(b)|=|G(a)|$，这导出 G 是常数的矛盾. 因此 $\mathrm{Im}a=A$ 或$-A$. 不妨设 $\mathrm{Im}a=A$，则 $a=t+Ai$，$-1\leqslant t\leqslant 1$. 因 $P(z)-P(a)$在$|\mathrm{Im}z|<A$ 内不为0，故

$$Q_A(z)=\frac{P(Az)-P(a)}{A^n}\ \text{在}\ |\mathrm{Im}z|<1\ \text{内无零点}.$$

特别有$\{Q_m\}_{m=1}^{\infty}$随 $m\to\infty$一致地趋向函数 z^n-i^n. 当 $n\geqslant 3$时此函数显然在$|\mathrm{Im}z|<1$有一零点，而今每个 Q_m 在$|\mathrm{Im}z|<1$内却无零点，这与 Hurwitz 定理相矛盾. 因而引理得证.

注 A. Renyi 与 C. Renyi 在同一论文证得：设 $Q(z,w)$为变数 z,w 的多项式，f,g 为两整函数. 若 $Q(f(z),g(z))=0$，则 f 为周期的当且仅当 g 为周期的，特别可得：当 g 为一非周期性整函数及 P 为一非常数的多项式，则 $P(g(z))$也不可能为周期性的.

引理4.6 设 $f(z)=\psi(e^z)\exp[\varphi(e^z)+dz]$，其中 d 是一非为有理数的常数，$\psi(z)$是一非为常数的多项式，至少具有一个单重根，$\varphi(z)$为一非常数的整函数，且 $\rho(\varphi(e^z))<\infty$，则 $f(z)$为素的.

证 由于 d 不是有理数，易知 $f(z)$不可能为周期的. 因此只

要证$f(z)$为E素的就行了. 设$f=h(g)$, h, g都是整函数. 下面我们分别就(i)h具有无穷多个零点$\{w_n\}$, (ii)$h(z)$只有有穷多个零点来讨论.

设情形(i)成立, 并设g为超越的, 则对任何大的正整数m,

$$
\begin{aligned}
N(r,0,\phi(e^z)) &> \sum_{j=1}^{n} N(r,w_j,g) \\
&\geqslant (m-1)T(r,g) + O(\log r),
\end{aligned}
$$

立即可得

$$
\lim_{r\to\infty} \frac{T(r,g)}{r} = 0. \tag{4.8}
$$

注意到$\Psi(e^z)$的所有零点均在与实轴垂直的一直线的左边, 从定理3.7, 这将导出g为一多项式的矛盾. 故在情形(i), g为一多项式. 另一方面, 将$h(z)$表成

$$
h(z) = \Pi(z)\exp M(z),
$$

其中$\Pi(z)$是由h的零点组成的典型乘积, $M(z)$为一整函数. 又因$\rho(\Psi(e^z))=1$, 故$\rho(\Pi(z))\leqslant 1$及$\Pi(g(z))=\Psi(e^z)e^{N(z)}$, 此处$N(z)$为一多项式, 故有

$$
\Pi(g(z)) + N(z) = \phi(e^z) + dz + c, \tag{4.9}
$$

其中c为一常数. 假设$N(z)-dz\not\equiv$常数, 则由引理4.4, 可知g不是一次式的话, $N(z)-dz$将有一个二次式的右因子与g相差至多为一线性因子. 因而对适当的复数a与b, $\phi(e^{az+b})$为一偶函数. 从而$\phi(e^{-az+b})=\phi(e^{az+b})$, 或$\phi(e^{b/z})=\phi(e^{bz})$, 这是不可能的. 所以只有$N(z)-dz\equiv$常数. 此时式(4.9)成为$M(g(z))=\phi(e^z)+c_1$, c_1为一常数. 由引理4.5, 可知g的次数至多为2. 于是存在两个复数a与b, 使得$f(az+b)$为偶函数, 即$f(-az+b)=f(az+b)$. 由此可得

$$
\Psi(e^{az+b}) = \Psi(e^{-az+b})e^{az+b} \tag{4.10}
$$

及

$$
\phi(e^{az+b}) = \phi(e^{-az+b}) - 2adz - \alpha z - \beta, \tag{4.11}
$$

其中α, β为两常数. 不难看出: 由(4.10)可得$\alpha=ta$, t为一有理

数. 但由(4.11),可得 $\alpha=2ad$. 这与前一结论矛盾(因 d 不是有理数). 由上面的讨论可知:在情形(i),$g(z)$只能是一次式.

现在讨论情形(ii). 此时

$$h(z)=A(z)e^{B(z)},$$

这里 $A(z)$为一多项式,$B(z)$为一整函数. 于是由 $f=h(g)$,可得

$$A(g(z))=\Psi(e^z)e^{M(z)} \tag{4.12}$$

及

$$B(g(z))=\phi(e^z)+(dz-M(z)+c). \tag{4.13}$$

以下先就 $B(z)\not\equiv$常数来讨论. 这时由(4.12),(4.13)两式,立即可得 $M(z)$为一多项式. 从而由引理4.4,可知 $B(z)$或 $g(z)$为一次式. 我们只需讨论 $B(z)$为一次式,并不妨设 $B(z)=az$,a 是不为0的常数,由(4.13),可得 $g(z)=\phi(e^z)/a+N(z)/a$,其中 $N(z)\equiv dz-M(z)+c$ 为一多项式. 将此结果代入(4.12),得

$$A(\phi(e^z)+N(z)/a)=\Psi(e^z)e^{M(z)}.$$

令取点 z_0,满足 $\Psi(\exp z_0)=0$,则

$$A(\phi\exp z_0)+N(z_0+2n\pi i))/a=0, \tag{4.14}$$

这里 n 为任一整数. 但 $A(\phi\exp z_0)+N(z_0+z))/a$ 为 z 的一多项式,由(4.14)可导出 $A(z)\equiv 0$,除非 $N(z)\equiv dz-M(z)$为一常数. 但此时由(4.12)可得 g 为超越的,且不可能为周期的(因 d 不是有理数). 但另一方面,由(4.13)知 g 为周期函数,此矛盾证明了 $B(z)$只能是常数,从而 $h(z)$为一多项式. 若 h 至少有两个不同的根,由 Nevanlinna 第二基本定理,可知 $g(z)$的级至多为1. 于是 $f\circ h(g)$的级也是1. 这是不可能的. 因此 $h(z)$只可能有一个根. 但由假设 $\Psi(e^z)$有一单根,这表明 h 只能是一次式. 引理证毕.

引理4.7(Bank-Laine[1]) 设 $A(e^z)$如定理4.3中所述,且 $f(z)(\not\equiv 0)$为方程

$$w''+A(e^z)w=0 \tag{4.15}$$

的一个解,并设其零点的收敛指数为有限的,则下列两结论为真.

(Ⅰ)若 $f(z)$与 $f(z+2\pi i)$为线性相关,则 $f(z)$可表为

$$f(z)=\Psi(e^z)\exp\Big[\sum_{j=q}^{m}d_je^{jz}+dz\Big],$$

（Ⅱ）若 $f(z)$ 与 $f(z+2\pi i)$ 为线性无关，则 $f(z)$ 可表为

$$f(z)=\Psi(e^{z/2})\exp\Big[\sum_{j=q}^{m}d_j\exp(j+\frac{1}{2})z+dz\Big],$$

在上两式中，$\Psi(z)$ 为一多项式，其所有的根都是单根，且非为0，m 与 q 都是整数(可以是负的)，但 $m\geqslant q$ 及 $d,dq,\cdots,dm$ 都是复数，且 $dm\neq 0$.

引理4.7的证明 现在分别就(i) $f(z)$ 与 $f(z+\pi i)$ 线性相关，(ii) $f(z)$ 与 $f(z+\pi i)$ 线性无关，两种情形来讨论.

设情形(i)成立. 此时，

$$f(z+\pi i)=sf(z), \tag{4.16}$$

这里 s 为一待定的复数. 并设 $w_1(z),w_2(z)$ 为方程(4.15)的一组基本解，于是 $w_1(z+\pi i),w_2(z+\pi i)$ 也满足同一方程，因而一般有

$$\begin{cases}w_1(z+\pi i)=a_{11}w_1(z)+a_{12}w_2(z),\\ w_2(z+\pi i)=a_{21}w_1(z)+a_{22}w_2(z),\end{cases} \tag{4.17}$$

此处 $a_{ij}(i,j=1,2)$ 均为复数，且行列式 $|a_{ij}|\neq 0$. 从而求满足关系(4.16)的 s，相当于求以下特征方程的解：

$$\begin{vmatrix}a_{11}-s & a_{12}\\ a_{21} & a_{22}-s\end{vmatrix}=0. \tag{4.18}$$

设此方程有两个不同的根 s_1,s_2，则相应有一组基本解 $f_1(z)$，$f_2(z)$，使得

$$f_1(z+\pi i)=s_1f_1(z),f_2(z+\pi i)=s_2f_2(z).$$

若方程(4.18)的两根为重根，则一般只有一个解 $f_1(z)$，使得

$$f_1(z+\pi i)=s_1f_1(z).$$

但不论上面那一种情形，总有

$$f_1(z+\pi i)=s_1f_1(z).$$

从上式，易知有

$$e^{-\beta(z+\pi i)}f_1(z+\pi i)=s_1e^{-\beta\pi i}e^{-\beta z}f_1(z).$$

因此只要取 β 满足 $e^{2\beta\pi i}=s_1$，则 $e^{-\beta z}f_1(z)$ 是一周期为 $2\pi i$ 的解. 从而 $f(z)$ 可表为 $f(z)=e^{\beta z}u(z)$，其中 β 为一常数，$u(z)$ 是以 $2\pi i$ 为周期的整函数. 因而 $u(z)$ 可表为 $u(z)=G(e^z)$，这里 $G(w)$ 为在区域 D：$0<|w|<\infty$ 内正则的函数. 代入原方程，可知 $G(w)$ 满足以下微分方程：

$$w^2G''(w)+(2\beta+1)wG'(w)+(A(w)+\beta^2)G(w)=0. \tag{4.19}$$

现证 $G(w)$ 在区域 D 内只有有限多个零点. 假设不然，设其等于 $\{w_n\}_{n=1}^{\infty}$，则必可找到一子序列，它收敛到 w^*（w^* 可为 ∞）. 但因 $G(w)\neq 0$，故 w^* 只可能为 0 或 ∞. 先讨论 $w^*=\infty$ 的情形. 这时 $G(w)$ 以点 ∞ 为一本性奇点，并可表成 $G(w)=w^m\phi(w)V(w)$，此处 m 为一整数，$\phi(w)$ 以点 ∞ 为正则点，且 $\phi(\infty)\neq 0$，及 $V(w)$ 为一超越整函数. 现因 $G(w)$ 满足(4.19)，由 Wiman-Valiron 定理，可知 $V(z)$ 一定是有穷级的. 又易知 $V(w)$ 有无穷多个零点，故 $V(w)=H(w)\exp Q(w)$，其中 $H(w)$ 是由 $V(w)$ 的零点所构成的典型乘积，$Q(w)$ 是一多项式. 若 $V(w)$ 的零点的收敛指数 $\lambda(V)>0$，则可导出 $\lambda(f)=\lambda(V)=\infty$（这可从下面的结论而得，即若 w_0 为 $V(w)$ 的一充分大的零点，则所有满足 $e^{t_0}=\omega_0$ 的 t_0 将为 $f(z)$ 的零点），此与定理的假设不符. 所以 $\lambda(V)=0$ 及 $H(w)$ 为一零级的超越整函数，即 $\rho(H)=0$. 设

$$G_1(w)=G(w)\exp[-Q(w)],$$

代入方程(4.19)，可知 $G_1(w)$ 也满足一以多项式为系数的微分方程. 由 $G_1(w)=w^m\phi(w)H(w)$ 及再由 Wiman-Valiron 定理，可得 $\rho(H)>0$，这是一个矛盾. 所以 $w^*=\infty$ 是不可能的. 现来处理 $w^*=0$ 的情形. 此时考虑 $G_2(t)=G(1/t)$，$G_2(t)$ 在 $t=\infty$ 处有一本性奇点. 仿照前面的讨论，可得到相同的矛盾. 所以 $w^*=0$ 也是不可能的. 这就导出：$G(w)$ 只具有有限多个零点，设其为 $w_1,w_2,\cdots,w_q\in D$. 因 f 的零点均为单根（这可由方程(4.15)得知），故 $G(w)$ 的零点均为单重的. 今设

$$\phi(w) = \frac{G(w)}{\Psi(w)}, \Psi(w) = (w - w_1)\cdots(u - w_q),$$

则 $\phi(w)$在 D 内为正则的，且在 D 内无零点. 从而 $\phi(e^z)$为一整函数且没有任何零点，故可表为 $e^{s(z)}$，其中 $S(z)$为一整函数. 因 $e^{s(z)}$ 具有周期$2\pi i$，故 $S'(z)$亦然. 因此 $S'(z)=K(e^z)$，$K(w)$是 D 内的正则函数. 总结以上讨论，$f(z)$可表为

$$f(z) = e^{\beta z}\Psi(e^z)e^{s(z)}. \tag{4.20}$$

因 $A(w)$，$\Psi(w)$均为多项式，由原方程可得 $K(w)$满足以下形式的微分方程：

$$R_1(w) + R_1(w)K(w) + wK'(w) + K^2(w) = 0, \tag{4.21}$$

其中 R_0，R_1 均为有理函数. 再由 Wiman-Valiron 定理及注意(4.21)中只有一项具最高次，所以(4.21)的解不可能以点∞为本性奇点，即点∞只可能是 $K(w)$的一极点. 同理可证：点 $w=0$ 至多为 $K(w)$的一极点，故 $K(w)$为一有理函数. 且 $K(w)\neq 0$. 因为不然，$f(z)$将是有穷级(易知任何原方程超越的解必为无穷级函数). 由于 $K(w)$在 D 内正则，故

$$K(w) = w^{-t}(c_0w^n + c_1w^{n-1} + \cdots + c_n),$$

其中 t，n 均为非负的整数，$c_j(j=0,1,2,\cdots)$均为常数，且 $c_n\neq 0$，又若 $t>0$，则 $c_0\neq 0$. 于是有

$$S'(z) = \sum_{j=0}^{n} c_j e^{(j-t)z}.$$

将上式积分，并代入(4.20)，便可得到结论(1).

现在来处理情形(ii). 我们先证在 $\lambda(f)<\infty$的条件下，$f(z)$与 $f(z+2\pi i)$必为线性相关. 首先易证：若 $f_1(z)$与 $f_2(z)$为原方程的两个线性无关解，则 $E(z)=f_1(z)f_2(z)$满足微分方程

$$c^2 - (E')^2 + 2EE' + 4AE^2 = 0,$$

其中 c 为一不等于 0 的常数，等于 f_1 及 f_2 的 Wranskian. 将上式改写成

$$E^2 = c^2\left[c\left(\frac{E'}{E}\right)^2 - 2\frac{E''}{E'} - 4A\right]^{-1},$$

可得除了 $r \in F$（对数测度有限的点集）外，

$$T(r,E) = O(\overline{N}(r,\frac{1}{E}) + T(r,A) + \log r).$$

若 $f(z)$ 与 $f(z+\pi i)$ 为线性相关，则情形(i)已讨论过了，故设 $f(z)$ 与 $f(z+\pi i)$ 为线性无关．今考虑二组线性无关的函数对 $\{f(z),f(z+\pi i)\},\{f(z+\pi i),f(z+2\pi i)\}$，并仿上面的分析，从

$$E_1(z) = f(z)f(z+\pi i), E_2(z) = f(z)f(z+2\pi i),$$

$$E_3(z) = f(z+\pi i)f(z+2\pi i).$$

可得 $T(r,E_j) = O(r^\nu + T(r,A)), r \notin F$，但 $f^2(z) = E_1E_2/E_3$，由此可导出 $\rho(f) < \infty$ 这一矛盾．因此由 $f(z)$ 与 $f(z+\pi i)$ 为线性无关，可知 $f(z)$ 与 $f(z+2\pi i)$ 为线性相关．将情形（Ⅰ）用到 $F(2z) \equiv f(z)$，此时 $F(z)$ 与 $F(z+2\pi i)$ 为线性相关，可知 $F(z)$ 具有情形（Ⅰ）的表示式．再由 $F(z)F(z+\pi i)$ 为有穷级及与 $F(z+\pi i)$ 的比较，可知表示式中的指数 j 不是 0 就是奇数，情形(ii)得证．

定理 4.3 的证明 分两种情形来进行，即(i) $f(z)$ 与 $f(z+2\pi i)$ 线性相关．(ii) $f(z)$ 与 $f(z+2\pi i)$ 线性无关．

在情形(i)，由引理 4.7，有

$$f(z) = t^d G(t),$$

其中

$$t = e^z, G(t) = \Psi(t)\exp\left(\sum_{j=q}^{m} d_j t^j\right).$$

注意到

$$\frac{df(z)}{dz} = \frac{d(t^d G(t))}{dt}, \frac{dt}{dz} = dt^d G(t) + t^{d+1}G'(t),$$

$$\frac{d^2 f(z)}{dz^2} = d^2 t^d G(t) + (2d+1)t^{d+1}G'(t) + t^{d+2}G''(t).$$

于是方程(4.5)变成

$$t^2 G''(t) + (2d+1)tG'(t) + (A(t) + d^2)G(t) = 0.$$

从而 $\Psi(t) = a_0 + a_1 t + \cdots + a_n t^n (a_0 \neq 0)$ 满足

$$t^2\Psi'' + \left(2\sum_{j=q}^{m} jd_j t^j + 2d + 1\right)t\Psi'$$

$$+\Big[\sum_{j=q}^{m} j(j-1)d_j t^j + \Big(\sum_{j=q}^{m} jd_j t^j\Big)^2$$

$$+ (2d+1)\sum_{j=q}^{m} jd_j t^j + A(t) + d\Big] = 0. \qquad (4.22)$$

今证明 $m>0$. 若 $m\leqslant 0$,则 $t\to\infty$ 时

$$\sum_{j=q}^{m} jd_j t^j \to 0,\ \sum_{j=q}^{m} j(j-1)d_j t^j \to 0$$

及

$$\frac{t^2\Psi''(t)}{\Psi(t)} \to n(n-1),\ \frac{t\Psi'(t)}{\Psi(t)} \to n.$$

但另一方面,因 $p\geqslant 2$,故当 $t\to\infty$ 时 $A(t)\to\infty$. 将式(4.22)两边除以 $t^{2m}\Psi(t)$,并令 $t\to\infty$ 得

$$A(t)/t^{2m} \to -m^2 d_m^2 \neq 0.$$

由此得 $p=2m$ 这一矛盾.

现置 $H(s)=\Psi(s^{-1})=a_0+a_1 s^{-1}+\cdots+a_n s^{-n}$. 同理由(4.22)式,我们可推知 $H(s)$ 满足方程

$$S^2H'' + (1-2d-2\sum_{j=q}^{m} jd_j s^{-j})SH'$$

$$+\Big[\sum_{j=q}^{m} j(j-1)d_j s^{-j} + \Big(\sum_{j=q}^{m} jd_j s^{-j}\Big)^2$$

$$+ (2d+1)\sum_{j=q}^{m} jd_j s^{-j} + A(s^{-1}) + d^2\Big]H = 0. \qquad (4.23)$$

仿前面的论证,可得 $q\geqslant 0$.

因为当 $s\to\infty$ 时,$s^2H'(s)\to 0$ 及 $sH'(s)\to 0$,故由式(4.23),可得 $b_1+d^2=0$. 于是 $d^2=-b_0$ 或 $d=(-b_0)^{1/2}=\gamma\neq$ 有理数(由假设). 今由引理 4.6,可知 $f(z)$ 为素的.

其次讨论情形(ii). 此时我们可将 $f(z)$ 表为

$$f(z) = t^{2d}G_1(t),$$

其中

$$G_1(t) = \Psi_1(t)\exp\Big(\sum_{j=q}^{m} d_j t^{2j+1}\Big),\ t = e^{z/2}.$$

$$\Psi_1(t) = a_0 + a_1 t + \cdots + a_n t^n,\ a_0 \neq 0.$$

仿情形(i)的讨论，我们可证得 $m>0,q\geqslant 0$ 及 $4d^2+4b_0=0$，即 $d=(-b_0)^{1/2}=\gamma\neq$ 有理数．从而再由引理 4.6，得知 $f(z)$ 为素的．定理 4.3 证毕．

定义 4.1 称一个亚纯函数 $h(z)$ 是次正规的(subnormal)当且仅当

$$\lim_{r\to\infty}\frac{\log T(r,h)}{r}=0.$$

何育赞等将上定理作了如下的推广：

定理 4.8[11] 设微分方程

$$w''(z)+P(e^z)w'(z)+Q(e^z)w(z)=0, \qquad (4.24)$$

其中 $P(z)=\sum_{j=0}^{p}p_jz^j, Q(z)=\sum_{k=0}^{q}q_kz^k$．若存在两个有理函数 r_1,r_2，使得 $p_0=-(r_1+r_2)$ 及 $q_0=r_1r_2$．则任何满足方程(4.24)的次正规的整函数解必为拟素的．

有关定理 4.8 推广的情形，大部分的结果是由 Yang-Urabe 得到的．我们先声明一下，早先 Wittich [26]曾证明方程(4.24)任何两个线性无关的整函数解中，至多只有一个为次正规的．

引理 4.9 [25] 今考虑二阶微分方程

$$w''(z)+p_1(e^z,e^{-z})w'(z)+p_2(e^z,e^{-z})w(z)=0, \qquad (4.25)$$

其中 $p_j(X,Y)(\not\equiv 0,j=1,2)$ 为 X,Y 的两个多项式，但不都是常数，则方程(4.25)的任何二个线性无关的整函数解中，至多有一个解是次正规的．

证 首先，若 $p_1(e^z,e^{-z})\equiv$ 常数，则结果显然成立．这是因为：若 $p_2(e^z,e^{-z})\not\equiv$ 常数，则易证方程(4.25)不可能有次正规的整函数解．

现只就 $p_1(e^z,e^{-z})\not\equiv$ 常数的情形来讨论．设 $w_1=h_1(z)$ 为(4.25)的一个次正规的整函数解，而 $w(z)$ 为(4.25)的另一整函数解，它与 w_1 线性无关．下面我们将证明 $w(z)$ 不可能是次正规的．今考虑辅助函数

$$u(z)=w(z)/w_1(z), \qquad (4.26)$$

将 $w=uw_1$ 代入(4.25)中，并注意 w 及 w_1 满足(4.25)，可得

$$\begin{aligned}&[2w'_1 + p_1(e^z,e^{-z})w_1]u' + w_1u'' \\&= w'' + p_1(e^z,e^{-z})w' + p_2(e^z,e^{-z})w \\&- [w_1'' + p_1(e^z,e^{-z})w_1' + p_2(e^z,e^{-z})w_1]u = 0.\end{aligned}$$

将上式积分得

$$u' = w_1^{-2}\exp\left[-\int^z p_1(e^z,e^{-z})dz + c\right], \tag{4.27}$$

其中 c 为一常数．从而

$$\underline{\lim_{r\to\infty}} \frac{\log T(r,w_1^2u')}{r} \geqslant c_0(>0). \tag{4.28}$$

另一方面，由(4.27)有 $u'=(w'w_1-w'_1w)/w_1^2$，于是

$$w_1^2u' = -w'_1w\left[1-\frac{w_1}{w'_1}\frac{w'}{w}\right]$$

的左边为一整函数，故由对数导数的引理，及上式即得

$$\begin{aligned}T(r,w_1^2u') &= m(r,w_1^2u') \leqslant T(r,w) + m\left(r,\frac{w'}{w}\right) \\&+ T(r,w_1) + 2m(r,w'_1) + O(1) \\&\leqslant (1+o(1))T(r,w) + 3(1+o(1))T(r,w_1),\ r \notin E_0,\end{aligned} \tag{4.29}$$

其中 E_0 表示一线性测度为有限的点集．因 w_1 为次正规的，并由(4.28)，(4.29)，我们可得

$$\overline{\lim_{r\to\infty}} \frac{\log T(r,w)}{r} \geqslant c_0 > 0.$$

这表明 w 不是次正规的．

引理 4.10 今考虑 n 阶微分方程

$$\begin{aligned}&p_0(e^z,e^{-z})w^{(n)}(z) + p_1(e^z,e^{-z})w^{(n-1)}(z) \\&+ \cdots + p_n(e^z,e^{-z})w(z) = p_{n+1}(e^z,e^{-z}),\end{aligned} \tag{4.30}$$

其中 $p_j(X,Y)$ 为 X,Y 的多项式，且 $p_0(e^z,e^{-z})\not\equiv 0$．设 $w=f(z)$ 为方程(4.30)的一次正规的整函数解，可表为 $f(z)=e^{\alpha z}\Psi(e^z)$，此处 $\Psi(\zeta)$ 在 $0<|\zeta|<\infty$ 为正则的．则 $\Psi(\zeta)$ 可表为 $\Psi(\zeta)=\Psi_1(\zeta)+\Psi_2(1/\zeta)$，这里 $\Psi_j(j=1,2)$ 均为多项式．

证 令 $g(z)=\Psi(e^z)$，将 $f(z)=e^{\alpha z}\Psi(e^z)=e^{\alpha z}g(z)$ 代入方程 (4.30)，易知 $w=g(z)$ 满足如下形式的微分方程：

$$e^{\alpha z}[\widetilde{p}_0(e^z,e^{-z})w^{(n)}+\widetilde{p}_1(e^z,e^{-z})w^{(n-1)}+\cdots$$
$$+\widetilde{p}_n(e^z,e^{-z})w]=\widetilde{p}_{n+1}(e^z,e^{-z}).$$

其中 $\widetilde{p}j(X,Y)(j=0,1,2,\cdots,n+1)$ 为 X,Y 的多项式，且 $\widetilde{p}_0\equiv p_0$，$\widetilde{p}_{n+1}\equiv p_{n+1}$. 容易看出：若 $p_{n+1}(e^z,e^{-z})\not\equiv 0$（因此 $\widetilde{p}_{n+1}$ 亦然），则 $e^{\alpha z}$ 将以 $2\pi i$ 为周期，因而 α 必是一整数. 但若 $p_{n+1}\equiv 0$，则由上式便知 $w=g(z)$ 满足 (4.30). 所以不论如何，我们不妨只考虑 $f(z)=\Psi(e^z)$，$\Psi(\zeta)=\Psi_1(\zeta)+\Psi_2(\zeta^{-1})$，其中 $\Psi_j(j=1,2)$ 均为整函数. 由微分可得

$$w'=\Psi'_1(e^z)e^z-\Psi'_2(e^{-z})e^{-z},$$
$$w''=\Psi''_1(e^z)e^{2z}+\Psi'_1(e^z)e^z+\Psi''_2(e^{-z})e^{-2z}+\Psi'_2(e^{-z})e^{-2z},$$
$$\cdots\cdots\cdots\cdots\cdots\cdots\cdots\cdots\cdots\cdots\cdots\cdots$$
$$w^{(n)}=\Psi_1^{(n)}(e^z)e^{nz}+\beta_1\Psi_1^{(n-1)}(e^z)e^{(n-1)z}+\cdots+\beta_{n-1}\Psi'_1(e^z)e^z$$
$$+(-1)^n\begin{bmatrix}\Psi_2^{(n)}(e^{-z})e^{-nz}+\beta_1\Psi_2^{(n-1)}(e^{-z})e^{-(n-1)z}\\+\cdots+\beta_{n-1}\Psi'_2(e^{-z})e^{-z}\end{bmatrix}.$$

其中 $\beta_j(j=1,2,\cdots,n-1)$ 均为常数.

将上面的结果代入 (4.30)，并注意 $w(z)=\Psi_1(e^z)+\Psi_2(e^{-z})$，可得

$$p_0(e^z,e^{-z})\{[\Psi_1^{(n)}(e^z)e^{nz}+\beta_1\Psi_1^{(n-1)}(e^z)e^{(n-1)z}$$
$$+\cdots+\beta_{n-1}\Psi'_1(e^z)e^z]$$
$$+(-1)^n[\Psi_2^{(n)}(e^{-nz})e^{-nz}+\beta_1\Psi_2^{(n-1)}(e^{-z})e^{-(n-1)z}$$
$$+\cdots+\beta_{n-1}\Psi'_2(e^{-z})e^{-z}]\}$$
$$+\cdots+p_n(e^z,e^{-z})[\Psi_1(e^z)+\Psi_2(e^{-z})]=p_{n+1}(e^z,e^{-z}).$$

而上式可改写为

$$p_0(e^z,e^{-z})e^{nz}\Psi_1^{(n)}(e^z)+[p_1(e^z,e^{-z})$$
$$+\beta_1p_0(e^z,e^{-z})]e^{(n-1)z}\Psi_1^{(n-1)}(e^z)$$
$$+\cdots+p_n(e^z,e^{-z})\Psi_1(e^z)$$
$$=(-1)^{n+1}p_0(e^z,e^{-z})e^{-nz}\Psi_2^{(n)}(e^{-z})$$

$$+(-1)^n[p_1(e^z,e^{-z})-\beta_1 p_0(e^z,e^{-z})]e^{-(n-1)z}\Psi_2^{(n-1)}(e^{-z})+\cdots$$
$$+(-1)p_n(e^z,e^{-z})\Psi_2(e^{-z})+p_{n+1}(e^z,e^{-z}).$$
在上式中，用ζ代替e^z，得
$$p_0\left(\zeta,\frac{1}{\zeta}\right)\zeta^n\Psi_1^{(n)}(\zeta)+\left[p_1\left(\zeta,\frac{1}{\zeta}\right)+\beta_1 p_0\left(\zeta,\frac{1}{\zeta}\right)\right]\zeta^{n-1}\Psi_1^{(n-1)}(\zeta)+$$
$$\cdots+p_n\left(\zeta,\frac{1}{\zeta}\right)\Psi_1(\zeta)=(-1)^{n+1}p_0\left(\zeta,\frac{1}{\zeta}\right)\zeta^{-n}\Psi_2^{(n)}\left(\frac{1}{\zeta}\right)+\cdots$$
$$+(-1)p_n\left(\zeta,\frac{1}{\zeta}\right)\Psi_2\left(\frac{1}{\zeta}\right)+p_{n+1}\left(\zeta,\frac{1}{\zeta}\right).\qquad(4.31)$$
以下分两情形：(i)Ψ_1及Ψ_2只有一个为超越的，(ii)Ψ_1及Ψ_2两者皆为超越的，来讨论．

设情形(i)成立．不妨设Ψ_1为超越的，Ψ_2为一多项式．于是由(4.31)，可知$w=\Psi_1(\zeta)$满足一个有理函数系数的n阶线性微分方程式．因而Ψ_1的级为正．由此易证：$\Psi_1(e^z)$不可能为次正规的，而且$f(z)$亦然．

其次设情形(ii)成立．此时不妨进一步假定(4.31)的左边不会变成一有理函数，并设它可表成$\zeta^{-l}\cdot\Phi(\zeta)$，其中$l$为一非负整数，$\Phi$为一超越函数．今在(4.31)将$\zeta$与$\frac{1}{\zeta}$互调，得
$$(-1)^{n+1}p_0\left(\frac{1}{\zeta},\zeta\right)\zeta^n\Psi_2^{(n)}(\zeta)+\cdots+(-1)p_n\left(\frac{1}{\zeta},\zeta\right)\Psi_2(\zeta)$$
$$+p_{n+1}\left(\frac{1}{\zeta},\zeta\right)=\zeta^l\Phi\left(\frac{1}{\zeta}\right).$$
我们考察以上恒等式两边在原点$\zeta=0$的奇异性质，便可导出矛盾．这证明了Ψ_1,Ψ_2都是多项式．

定理 4.11 考虑二阶齐次微分方程
$$w''(z)+p_1(e^z,e^{-z})w'(z)+p_2(e^z,e^{-z})w(z)=0,\qquad(4.32)$$
其中$p_j(X,Y)(j=1,2)$为X,Y的多项式．若$w=h(z)$为方程(4.32)的一次正规的整函数解，则$h(z)$可表成
$$h(z)=e^{az}\Psi(e^z),$$
其中$\Psi(z)=\Psi_1(z)+\Psi_2(\frac{1}{z})$，$\Psi_1,\Psi_2$均为多项式；此外，$h(z)$为拟

素的.

证 设$w=h(z)$为方程(4.32)的一个次正规的非常数整函数解,则$h(z+2\pi i)$也是(4.32)的解. 由引理4.9,可知$h(z)$与$h(z+2\pi i)$线性相关. 因而

$$h(z+2\pi i)=e^{2\alpha\pi i}h(z),$$

这里α为一常数. 由此$h(z)$可表为$e^{\alpha z}\Psi(e^z)$,其中$\Psi(\zeta)$在$0<|\zeta|<\infty$内正则. 从而由引理4.10,可知定理4.11的结论为真,即$\Psi(\zeta)=\Psi_1(\zeta)+\Psi_2(\frac{1}{\zeta})$,其中$\Psi_j(j=1,2)$都是多项式. 从而$h(z)$为拟素的.

定理4.12[25] 考虑有理函数系数的二阶代数微分方程

$$P(z,w,w',w'')=0. \tag{4.33}$$

设$h(z)$为方程(4.33)的一周期整函数解,满足

$$\text{(i)}\quad \overline{\lim_{r\to\infty}}\frac{\log\log T(r,h)}{\log r}=0 \tag{4.34}$$

或

(ii)$h(z)$是具有有限下级的次正规函数. (4.35)

则$h(z)$为拟素的.

证 设$h(z)$为方程(4.33)的解,且满足条件(4.34)或(4.35),但$h(z)$不是拟素的,则

$$h(z)=f(g(z)),$$

这里f,g都是亚纯函数,并可分两情形:(a)f与g均为超越整函数,(b)f为亚纯函数(非全纯函数),而g为整函数.

设情形(a)成立. 并分f的下级$\mu(f)=0$及$\mu(f)>0$两情形来讨论. 设$\mu(f)=0$,则g必是周期函数,因而

$$M(r,g)\geqslant e^{c_0r}\quad(c_0>0,r\geqslant r_0).$$

另一方面,由Steinmetz定理及有理函数系数的二阶代数微分方程的任一整函数解的级必为一正数. 于是由Polya定理,易证此时$h=f(g)$将不会是次正则的,于是$\mu(f(g))=\infty$,这与条件(ii)不符. 另一方面,仿先前的论证,g的级为正,即$\rho(g)>0$,由此可

得出与条件(i)相矛盾的结果，于是情形(a)时定理为真．至于情形(b)成立时，则 h 为整函数，故 f 可表为

$$f(z) = \varphi(z)(z-b)^{-m} \text{ 及 } g(z) = b + e^{\Psi(z)},$$

其中 b 为一复数，m 为一正整数，φ 与 Ψ 均为整函数，且 φ 为超越的，$\varphi(b)\neq 0$ 及 $\Psi(z)\not\equiv$常数．于是如同 f 那样，φ 满足一有理函数系数的二阶代数微分方程．从而 $\rho(\varphi)>0$. 又易见 $M(r,g)>e^{c_0 r}$ $(c_0>0, r\geqslant r_0)$. 这样容易证明：$\varphi(g)$ 因而 $h=f(g)$ 不可能为次正规的，且不满足条件(i).

如果将以上定理中，h 为周期的假设去掉，其结论如何仍属未知．

问题：方程(4.33)的任一个整函数解是否一定是拟素的？

一个很自然的问题是以上问题中的二阶代数微分方程可否推广到一般的高阶代数微分方程，是否有理函数系数的 n 阶代数微分方程的任一有限级整函数解必为拟素的？答案是“一般不成立”的．

定理 4.13 存在有限级的非拟素整函数，满足有理函数系数的 $k(\geqslant 2)$ 阶代数微分方程．

为了证明此定理，我们先引进两个引理．

引理 4.14(Valiron[22]) 存在一个级为 0 的超越整函数，满足一个多项式系数的三阶代数微分方程．

证 首先，由椭圆函数论得知 Weierstrass 函数 $\sigma(z)$ 满足如下的二阶代数微分方程：

$$\left(\frac{\sigma'}{\sigma}\right)'' = 4\left[\left(\frac{\sigma'}{\sigma}\right)'\right]^3 + A_0\left(\frac{\sigma'}{\sigma}\right)' + B_0, \tag{4.36}$$

其中 A_0, B_0 为两个与 σ 的周期有关的常数．又由 J. Tannery 与 J. Molk 的论文(Elements de la theorie des fonctions elliptiques，(Ⅰ)，Ⅰ，(1972)，Chelsea Publ. Comp.，New York，175—178)，可知 $\sigma(z)$ 能表示成

$$\sigma(z) = c_0\theta_1(z)e^{az^2},$$

其中 c_0 及 a 均为常数及

$$\theta_1(z) = A_1(e^{\beta z} - e^{-\beta z})\prod_{m=1}^{\infty}(1 - q^{2m}e^{2\beta z})(1 - q^{2m}e^{-2\beta z}),$$

此处 A_1, β, q 都是常数，且 $|q|<1$. 由

$$\left(\frac{\sigma'}{\sigma}\right)' = \left(\frac{\theta_1{}'}{\theta_1}\right)' + 2a$$

及(4.36)，易知 θ_1 满足一个三阶的常数系数的代数微分方程．

令 $u=e^{\beta z}$，则函数

$$\theta(u) = \theta_1\left(\frac{1}{\beta}\ln z\right)$$

$$= A\left(u - \frac{1}{u}\right)\prod_{m=1}^{\infty}\left[1 - \left(u - \frac{1}{u}\right)^2/(q^m + q^{-m})\right],$$

其中 $A=A_1\prod_{m=1}^{\infty}(1+q^{2m})^2$ 满足三阶微分方程

$$\beta^4u^2\left[u\left(u\frac{\theta'}{\theta}\right)'\right]'^2 = 4\left[\beta u\left(u\frac{\theta'}{\theta}\right)' + a\right]^3$$

$$+ A_0\left[\beta u\left(u\frac{\theta'}{\theta}\right)' + a\right] + B.$$

记 $V=u-\frac{1}{u}$，则

$$F(V) = \theta(u) = AV\prod_{m=1}^{\infty}[1 - (q^m + q^{-m-2}V^2], \quad (4.37)$$

为一级为 0 的超越整函数．将 $u=V+\sqrt{V^2+4}$ 代入(4.37)，再将此方程有理化，就得知 $F(V)$ 满足一个三阶常系数的微分方程．

注　不难由(4.37)及 $N\left(r,\frac{1}{F}\right)$ 的估计，可得 $T(r,F)=O(1)(\log r)^2$.

引理 4.15(A. Ostrowski[15])　设 f,g 为两整函数，且分别满足以多项式为系数的代数微分方程，则其合成 $f(g)$ 也满足多项式系数的代数微分方程．

定理 4.13 的证明　设 $F(z)$ 是引理 4.14 中所示的解，则由引理 4.15，可知 $F(e^z)$ 满足一个以多项式为系数的代数微分方程．再由前面的注，可得

$$T(r,F(e^z)) = O(1)r^2,$$

即 $F(e^z)$ 为一级不大于 2 的整函数. 定理 4.13 于是得证.

注　最近何育赞等在数学学报第 34 卷第 3 期(1991 年 5 月)上证得几类非线性微分方程的亚纯解为拟素的及给出在复域中具有周期函数系数的 Riccati 方程有周期解. 又继 1988 年何育赞-肖修治的书[12]后,对一些更新的有关值分布论与复域上微分方程解的种种性质研究及成果,读者不妨参阅 I. Laine 的新著: Nevanlinna Theory and Complex Differential Equations, Walter de Gruyter, New York, 1993.

§5. 函数分解的唯一性

任何一个分解 $F(z)=f(g(z))$,都可表成 $F(z)=f_1(g_1(z))$,其中 $g_1(z)=c(g(z)+a)$,$f_1(w)=f(\frac{w}{c}-a)$,这里 a,c 是任意的两个常数,$c\neq 0$. 为了避免对这些分解有所区别,我们说它们是等价的. 注意到 g_1 是 g 的一线性变换,显然,如果我们不对因子作任何限制,则一个函数很可能有二种或多种具有不同数目的因子分解. 如 e^z 可表成 $z^2 \circ e^{z/2}$,$z^3 \circ z^5 \circ e^{z/15}$,…等无穷多个具有不同数目的因子分解. 所以在讨论分解的唯一性时,除了要顾及等价性外,也要求所考虑的因子均为非线性的素函数. 又为了避免像在多项式 $z^6=z^2 \circ z^3$ 及 $z^3 \circ z^2$ 两个素因子互调的可能性,增加唯一性讨论的困难(但事实上,多项式分解的唯一性已由 Ritt 作了完备的定义和讨论),我们只针对函数及其可能的因子均为超越整函数来定义和讨论分解的唯一性.

定义 5.1　设 F 为一超越整函数,具有如下两个分解:

$$F(z) = f_1 \circ f_2 \circ \cdots \circ f_m(z) = g_1 \circ g_2 \circ \cdots \circ g_n(z), \quad (5.1)$$

其中 f_i 及 g_i 等均为超越的整函数. 若 $m=n$ 及存在 $n-1$ 个线性函数 $T_j(j=1,2,\cdots,n)$,使得

$$f_1(z) = g_1 \circ T_1^{-1}(z),$$

$$f_2(z) = T_1 \circ g_2 \circ T_2^{-1}(z),$$

$$\cdots\cdots\cdots\cdots\cdots\cdots$$

$$f_n(z) = T_{n-1} \circ g_n(z),$$

则称(5.1)中的两个分解是等价的.

定义 5.2 若一个超越整函数 $F(z)$ 的任二个具有相同数目而且因子均为超越的素函数的分解均为等价时,则称 F 具有分解的唯一性. 很明显,超越的素整函数可归入此类.

如何构造一些具有分解唯一性的超越整函数,最自然的是把一些素的超越函数合成起来,证明它们确实具有分解的唯一性.

考虑下面的函数族:

$J(b)=\{F(z)\mid F(z)=H(z)+cz, H(z)$ 是一周期为 b 的整函数,c 是一常数$\}$,

$L(b)=\{F(z)\mid F(z)=H_1(z)+ze^{H_2(z)}, H_1$ 及 e^{H_2} 都是以 b 为周期的整函数$\}$.

注意:$J(b)\subset L(b)$,本节中有关这两族函数的性质和结果选自 H. Urabe 的博士论文或文献[23].

例如 $f(z)=z+e^z$ 及 $g(z)=ze^z$,Urabe 曾证明 $f(g(z))$ 具有分解的唯一性($g(f(z))$ 的分解唯一性由 T. Kobayashi 所证),Urabe 还证明:若 $F\in J(b)$ 及 $F=f(g)$,f,g 均为非线性整函数,则 f,g 分别属于 $J(b')$ 及 $J(b)$.

定理 5.1 设 $F(z)\in L(b)(b\neq 0)$ 及 $F(z)=f(g(z))$,f,g 均为非线性整函数,则 $f(z)\in L(b')$ 及 $g(z)\in J(b)$,其中 $b'\neq 0$ 为一常数.

证 由假设,有

$$F(z) = H_1(z) + z\exp H_2(z) = f(g(z)),$$

其中 $H_1(z)$ 及 $\exp H_2(z)$ 都是周期为 $b(\neq 0)$ 的整函数,f,g 均为非线性的整函数. 于是

$$f(g(z+nb)) - f(g(z)) = nbe^{H_2(z)}, \tag{5.2}$$

此处 n 为任一正整数. 由此可知 $g(z+nb)\neq g(z)$,因而

$$g(z+b) - g(z) = e^{p(z)} \text{ 及 } g(z+2b) - g(z) = e^{q(z)}, \tag{5.3}$$

其中 $p(z),q(z)$ 都是整函数．由(5.3)得

$$e^{p(z+b)}+e^{p(z)}=e^{q(z)}. \tag{5.4}$$

由 Picard 定理可知 $p(z+b)-p(z)=c$，c 是一常数．于是

$$p(z)=H_3(z)+\frac{c}{b}z=c_1z+H_3(z). \tag{5.5}$$

其中 $H_3(z+b)=H_3(z)$ 及 $c_1=c/b$. 又由(5.3)及(5.4)有

$$g(z+b)-g(z)=e^{c_1z+H_3(z)}. \tag{5.6}$$

今取 $h(z)$ 为满足方程：$h(z+b)\exp(c_1b)-h(z)=1$ 的整函数，则 g 可表为 $g(z)=H_4(z)+h(z)\exp[c_1z+H_3(z)]$，其中 $H_4(z+b)=H_4(z)$. 若 $\exp[c_1b]\neq1$，则我们取 $h(z)\equiv$ 常数 $=c_2=1/(\exp[c_1b]-1)$. 若 $\exp[c_1b]=1$，则取 $h(z)=az$，$a=1/b$. 于是下列两情形可能发生：

$$g(z)=H_4(z)+\exp[c_1z+H_3(z)],e^{c_1b}\neq1, \tag{5.7}$$

或

$$g(z)=H_4(z)+z\exp[c_1z+H_3(z)],e^{c_1b}=1. \tag{5.8}$$

以下我们来排除(5.7)的情形．先不妨设 $\exp[c_1b]$ 的任何 n（整数）幂次都不为 1，否则 g 就会变成一个周期为 nb 的函数，而 $f(g(z))$ 亦然．此与 F 为非周期性的假设相矛盾．另一方面，由于

$$g(z+nb)=g(z)+(\exp[nc_1b]-1)\exp[c_1z+H_3(z)],$$

故由(5.2)可得

$$\begin{aligned}f(g(z))&+(\exp[nc_1b]-1)\exp[c_1z+H_3(z)]\\&=f(g(z))+nbe^{H_2(z)},\end{aligned} \tag{5.9}$$

n 为任一正整数．现若 $|\exp(c_1b)|=1$，但 $\exp(c_1b)\neq1$，则上式左边是有界的，$\forall\ n$. 若 $|\exp(c_1b)|>1(<1)$，则当 n 取所有负（正）的整数时，左边为有界，但右边随 n 趋向∞. 因此不可能有式(5.7).

今考虑(5.8)的情形．我们先证 $c_1z+H_3(z)$ 必为常数．事实上，由 $g(z+nb)=g(z)+nb\exp[c_1z+H_3(z)]$ 及(5.2)，可得

$$f(g(z)+nb\exp[c_1z+H_3(z)])=f(g(z))+nbe^{H_2(z)} \tag{5.10}$$

此时可证：当 z 在一稠密集(compact set) K_1 中变动时，函数

$H_5(z)=\exp[c_1z+H_3(z)]$的映像K_2也是一稠密集，且其内点集包含一个圆盘(不妨设单位圆盘). 这是因为：对开圆盘$D_m=\{z\mid |z|<m\}(m=1,2,\cdots)$，依据 Picard 定理，和集$\bigcup_{m=1}^{\infty}H_s(D_m)$必包含单位圆(一致密集)，又每个$H_s(D_m)$为开域，于是存在一正整数$m$，使得$H_s(D_m)$包含单位圆盘在其内. 于是$K_1$可取为$D_m$的闭包$\bar{D}m$. 注意到致密集$K_2=H_5(K_1)$与原点有一正的距离(这是因为$H_5(z)$不为0). 由上分析及式(5.10)，我们可证下面不等式成立：

$$M(An,f)\leqslant Bn+O(1), \tag{5.11}$$

其中A,B为两个正常数. 欲证此，我们先证明点集K_1在函数$g(z)+nbH_5(z)$映射下的像$K_3(n)$，当$n\geqslant n_0$时$K_3(n)$的补集必有一相对致密连通分集其包含原点($z=0$)者. 欲证此，我们先不妨设对任何满足$|z|=1$的点z，相应有一开盘Uz其以z为中心，但有一$H_5^{-1}(\partial\bigcup z)$的连通分集为$K_1$中一单闭曲线，则存在有限个如此的开盘将单位圆覆盖住，再注意$g(z)$(就n而言)在K_1上为有界的，但另一方面$|nbH_5(z)|$随n而增大，于是$n\geqslant n_0$时，$K_3(n)$有一相对致密的分集其包含原点. 于是由(5.10)，并利用极大模原理稍作估计就可得到(5.11). 由(5.11)可得$\inf\limits_{r\to\infty}\dfrac{\log M(r,f)}{\log r}\leqslant 1$，于是由 Liouville 定理知$f(z)$为一次式，此与假设不符. 因而我们也证得$c_1z+H_3(z)$为一常数. 于是由(5.8)有

$$g(z)=H_0(z)+c_2z, \tag{5.12}$$

这里$c_2(\neq 0)$为一常数，即$g(z)\in J(b)$. 以下来证$f(z)\in L(b')$，$b'\neq 0$.

由$g(z+nb)=g(z)+nbc_2$，(5.2)变成$f(g(z)+nbc_2)-f(g(z))=nbe^{H_2(z)}$. 我们不难验证：$g(z)$无有限的 Picard 值. 于是综合以上结果，可得知$f(z+bc_2)-f(z)$及$f(z+2bc_2)-f(z)$均无零点. 这时仿先前(5.3)—(5.6)的推演，可得结论：f可表为下列两式之一：

$$f(z)=H_6(z)+\exp(c_3z+H_7(z))\text{，当 } e^{c_3bc_2}\neq 1 \text{ 时，} \tag{5.13}$$

或

$$f(z)=H_6(z)+z\exp(c_3z+H_7(z)),\text{当 } e^{c_3bc_2}=1 \text{ 时},\tag{5.14}$$

其中 $H_j(j=6,7)$ 均为整函数及 $H_j(z+bc_2)=H_j(z)$，而在(5.13)的情形下，由关系式 $F(z+nb)-F(z)=nb\exp H_2(z)$ 可导至

$$(e^{nc_3bc_2}-1)e^{c_3g(z)+H_7(z)}=nbe^{H_2(z)},$$

这里 n 为任意的整数．不难验证：此式将会导出矛盾．这也证明了只有(5.14)为可能的，即 $f(z)\in L(b')$，$b'=bc_2\neq0$．定理证毕．

由上面我们立即得到下面一结果．

定理 5.2 设 $F(z)\in J(b)(b\neq0)$ 及 $F(z)=f(g(z))$，f,g 为两非线性的整函数，则 $f(z)\in J(b')(b'\neq0)$ 及 $g(z)\in J(b)$．

证 设 $F(z)=cz+H(z)=f(g(z))$，f,g 为非线性整函数，则因 $F\in J(b)$ 及 $J(b)\subset L(b)$，故由上定理立即得 $g\in J(b)$．于是 $g(z)$ 可表为(5.12)的形式．因而 $g'(z)=H'_4(z)+c$ 为一周期函数．另一方面，$F'(z)=f'(g(z))g'(z)=H'(z)+c$ 为一以 b 为周期的函数，于是 $f'(g(z))$ 亦然，即 $f'(g(z+b))=f'(g(z))$．现因 $g(z+b)=g(z)+c_2b$，可得 $f'(z+c_2b)=f'(z)$．因而 $f(z+c_2b)-f(z)=c'$ 为一常数，$c'\neq0$．于是

$$f(z)=c'z/c_2b+H_6(z),H_6(z+c_2b)=H_6(z),$$

即 $f(z)\in J(b')$，$b'=c_2b\neq0$．定理得证．

定理 5.3 设 $F(z)=(z+h(e^z))\circ(z+Q(e^z))$，其中 h 为一整函数，且 $h(e^z)$ 的级为有穷的，$Q(z)$ 为一多项式，则 F 具有分解的唯一性．

先证明两个引理．

引理 5.4 设 $F(z)=(z+H_1(z))\circ(z+H_2(z))$，$H_1$ 及 H_2 ($\neq$常数)都是以 $2\pi i$ 为周期的整函数，且 H_1 的级是有限的及 H_2 是指数型的，若 $F(z)=f(g(z))$，f,g 为两非线性的整函数，则 g 必是指数型的．

证 由于 $F\in J(2\pi i)$，故由定理 5.1，可知 $f\in J(b)$，$b\neq0$ 及 $g\in J(2\pi i)$．今由假设 $\rho(H_1)<\infty$ 及 $\rho(H_2)=1$，有

$$\log M(r,F)\leqslant\log M(M(r,z+H_2),z+H_1)$$

$$\leqslant [\log M(r, z + H_2)]^k \leqslant e^{mkr} (r \geqslant r_0),$$

其中 m 及 k 为两正整数．另一方面，引用 Polya 定理及 $M(r,f) \geqslant e^{\alpha r}(r \geqslant r_1)$，此处 α 为一正常数（这是因为 $f \in J(b)$），可得

$$\log M(r, f(g)) \geqslant \log M(cM(r/2, g), f)$$
$$\geqslant \alpha c M(r/2, g) \quad (r \geqslant r_2),$$

这里 c 为一正常数．综合以上两不等式，可得

$$M(r, g) \leqslant (\alpha c)^{-1} \exp(2mkr) \quad (r \geqslant r_2).$$

这一结果加上 $g \in J(2\pi i)$ 导至 g 必为指数型．

引理 5.5 设 $p(z)$ 及 $q(z)$ 为两个在环域 $0<|z|<\infty$ 中正则的函数，又 $G(z)$ 为一整函数．设下列关系式对所有 $z \neq 0$ 成立：

$$p(z) + q(ze^{p(z)}) = G(z). \qquad (5.15)$$

则 $p(z)$ 及 $q(z)$ 在点 $z=0$ 必为正则，即两者均为整函数．

证 假设 $p(z)$ 在 $z=0$ 不是正则的，则 $p(z)$ 在 $z=0$ 的一邻域可表成 $p(z) = \sum_{-\infty}^{\infty} a_k z^k$，其中至少对某个 $k \geqslant 1, a_{-k} \neq 0$．则我们知必存在一序列 $\{z_j\}, z_j \to 0 (j \to \infty)$ 使得

$$|z_j \exp p(z_j)| = 1, \quad j = 1, 2,$$

这是因为函数 $z\exp p(z)$ 以 $z=0$ 为一孤立的本性奇点．现将此序列中的点 z_j 代入(5.15)，不难推出：

$$|p(z_j)| \geqslant \mathrm{Re}\, p(z_j) \to \infty, \text{当 } j \to \infty \text{ 时}.$$

因而导至(5.15)的左边随 $j \to \infty$ 而趋向∞．但(5.15)的右边为有界的．此矛盾表明：假设 $p(z)$ 在 $z=0$ 不正则是荒谬的，因而 $p(z)$ 为一整函数．同样再由(5.15)，易见点 $z=0$ 不可能是 $q(z)$ 的一极点．现来证明点 $z=0$ 也不可能是 $q(z)$ 的本性奇点．首先对一充分小的除去原点的小开圆域 $D^*(r,0)$，它在 $ze^{p(z)}$ 下的映像集包含在另一小圆域 $B^*(r',0)$ 中．现若 $z=0$ 为 $q(z)$ 的一本性奇点，则 $D^*(r,0)$ 在 $q(ze^{p(z)})$ 的映像集必是整个复平面的一稠密集且为无界的．但由(5.15)，$D^*(r,0)$ 在 $G(z)-p(z)$ 下的映像集为有界的．此矛盾加上 Weierstrass 奇点性质定理，可得知 $z=0$ 只能是 $q(z)$ 的可去奇点，故 $q(z)$ 也是一整函数．

定理 5.3 的证明 设 $F=f(g)$，f,g 均为非线性函数．由于 $F\in J(b)$，故由定理 5.1 知 $f(z)$ 可表为 $H_1(z)+cz/2\pi ic_2$ 及 $q(z)$ 可表为 $H_2(z)+c_2z$，其中 $H_1(z+2\pi ic_2)=H_1(z)$ 及 $H_2(z+2\pi i)=H_2(z)$，c_1,c_2 为两个异于 0 的常数．我们可进一步导出 $c=2\pi i$，于是 $f(z)=H_1(z)+z/c_2=H_3(z/c_2)+z/c_2$ 及 $g(z)=c_2(z+H_4(z))$，其中 $H_3(z+2\pi i)=H_3(z)$ 及 $H_4(z)=H_2(z)/c_2$. 因此我们不妨设

$$f(z)=z+K_1(z) \text{ 及 } g(z)=z+K_2(z),$$

其中 $K_j(z+2\pi i)=K_j(z)(j=1,2)$，从而我们有

$$f(z)=z+p(e^z),g(z)=z+q(e^z).$$

这里 p,q 为在 $0<|z|<\infty$ 内正则的两函数．依上面的引理 5.4，$q(z)$ 为一指数型函数，从而可推出：$q(z)=\sum_{-m}^{m}a_kz^k$，$a_k(-m\leqslant k\leqslant m)$ 为常数，m 为一正整数．现由 $F=f(g)$ 消去 z 并以 w 代 e^z，可得

$$q(w)+p(w\exp q(w))=Q(w)+h(w\exp Q(w))(w\neq 0),\tag{5.16}$$

由引理 5.5 得知 $q(z)$ 必为一多项式及 $p(z)$ 为一整函数．并且可进一步得到：p,q 都是异于常数的函数．因为不然，$f\circ g$ 变成一次式．现(5.16)可写成

$$p(ze^{q(z)})=Q(z)-q(z)+h(ze^{Q(z)})(z\neq 0).\tag{5.17}$$

由此不难证得：$\deg q=\deg Q$，且两者的首项系数幅角相等．因若不然，则可找到一由原点出发的半射线 L，使得当 z 沿 L 趋向 ∞ 时，$\exp q(z)\to 0$，但 $\exp Q(z)\to\infty$. 下面证明由此得出一矛盾．由于假设 $\rho(h)=0$，故存在一序列 $\{r_n\}\nearrow\infty$，使得对任给的正数 ε，使 $\min\limits_{|z|=r_n}|h(z)|=m(r_n,h)\geqslant M(r_n,h)^{1-\varepsilon}$，并注意：因 $h\neq$ 常数，$M(r,h)\geqslant r^{1-\varepsilon}(r\geqslant r_0)$，于是特别取 $0<\varepsilon<\dfrac{1}{4}$，可得

$$m(r_n,h)\geqslant r_n{}^{1/2}(n\geqslant n_0).\tag{5.18}$$

今考虑半射线 $L:z=te^{i\theta}(t>0)$，则方程 $r_n=|z\exp Q(z)|$ 的解 $z=z_n$

存在且可表为 $z_n=t_ne^{i\theta}(n\geqslant n_0)$. 这时我们并不妨设 $r_n\geqslant\exp(\alpha t_n)$ $(n\geqslant n_0)$, α 为一正常数. 于是由式(5.18), 可得

$$|h[z_n\exp Q(z_n)]|\geqslant\exp(\alpha t_n/2)=\exp(\alpha|z_n|/2),$$

但另一方面,

$$|p[z_n\exp q(z_n)]|+|Q(z_n)|+|q(z_n)|\leqslant|z_n|^k(n\geqslant n_0),$$

这里 k 为一适当的正常数(这是因为: 当 z 沿 $L\to\infty$ 时 $ze^{q(z)}\to 0$). 综合以上不等式及(5.17)得

$$\exp(\alpha|z_n|/2)\leqslant|z_n|^k(n\geqslant n_0).$$

这显然是矛盾的. 故 $\deg q=\deg Q$ 及两者首项系数的幅角相等. 再由(5.17)可得多项式 $Q(z)-q(z)$ 在 L 上为有界的, 因而 $Q(z)-q(z)=-d$ 为一常数. 于是 $q(z)=Q(z)+d$ 及由(5.17) $p(z)=h(e^{-d}z)-d$, 可得 $f(z)=z+p(e^z)=z-d+h(e^{z-d})$ 及 $q(z)=z+q(e^z)=z+Q(e^z)+d$. 今取 $T(z)=z+d$, 则我们有 $f(z)=(z+h(e^z))\circ T^{-1}(z)$ 及 $g(z)=T(z)\circ(z+Q(e^z))$. 这也证明了 $F(z)$ 分解的唯一性.

由上定理特别我们知 $(z+e^z)\circ(z+e^z)$ 具有分解的唯一性, 但我们不知一般 $(z+e_k(z))\circ(z+e_m(z))$ 是否具有分解性? 其中 m, k 为两正整数, $e_m(z)\equiv\exp\ e_{m-1}(z)$, $e_0(z)\equiv z$. 最近 Yang 与 Urabe[24] 利用 Steinmetz 定理, 证明了 $(z+e^z)\circ(z+e_2(z))$, $(z+e_2(z))\circ(z+e^z)$ 及 $(z+e^z)\circ(z+e^z)\circ(z+e^z)$ 等都具有分解的唯一性. 这些结果分别包含在下列三个定理中.

定理 5.6 设 $F(z)=(z+p(e^{Q(z)}))\circ(z+s(e^z))$, 其中 p, s 及 Q 都是非常数的多项式, 则 F 具有分解的唯一性.

注 此为定理 5.3 的一特别情形. 现在我们试利用 Steinmetz 定理来证明.

证 设 $F(z)=(z+p(e^{Q(z)}))\circ(z+s(e^z))=g_1\circ g_2(z)$, (5.19)

其中 g_1, g_2 为两非线性整函数. 首先参照上面定理 5.3 的证明, 可知 $g_j(j=1,2)$ 能表成

$$g_j(z)=z+k_j(e^z),$$

其中 $k_j(j=1,2)$ 为整函数. 将此代入(5.19)及引用 Borel 定理可得

$$s(z)+p(e^{Q(ze^{s(z)})})=k_2(z)+k_1(ze^{k_2(z)}).\qquad(5.20)$$

置 $\mu_0(z)=k_1(z)$，并设 $\deg p=m$，$p(z)=c_0z^m+c_1z^{m-1}+\cdots+c_{m-1}z+c_m(c_0\neq0)$，则上式变成

$$c_0e^{mQ(ze^{s(z)})}+c_1e^{(m-1)Q(ze^{s(z)})}+\cdots+c_{m-1}e^{Q(ze^{s(z)})}$$
$$=k_2(z)-s(z)-c_m+\mu_0{}^0(ze^{k_2(z)}).\qquad(5.21)$$

现对函数 $\phi(z)\equiv\mu_0{}^0(ze^{k_2(z)})$ 作微分可得

$$z\phi'(z)=(1+zk_2{}'(z))\circ\mu_1\circ(ze^{k_2(z)}),$$

其中 $\mu_1(z)\equiv z\mu'_0(z)$. 对(5.21)继续前面的代换 m 次，可得

$$c_0V_{mj}(z)e^{mQ(ze^{s(z)})}+c_1V_{(m-1)j}e^{(m-1)Q(ze^{s(z)})}$$
$$+\cdots+c_{m-1}V_{1j}e^{Q(ze^{s(z)})}=V_j(z)+\sum_{j=1}^{m}W_{ji}(z)\mu_j{}^0(ze^{k_2(z)}),$$
$$(5.22)$$

其中

$$\mu_j(z)\equiv z\mu'_{j-1}(z),\mu_0(z)\equiv k_1(z),j=1,2,\cdots,m,$$
$$V_{ij}(z)\equiv z[V'_{i(j-1)}(z)+V_{i(j-1)}(z)(1+zs'(z))e^{s(z)}Q'(ze^{s(z)})],$$
$$i=1,2,\cdots,n,$$
$$V_{i0}\equiv1,V_j(z)=zV'_{j-1}(z),j=1,2,\cdots,m,$$
$$V_0(z)\equiv k_2(z)-s(z)-c_n,$$
$$W_{j1}(z)\equiv zW_{(j-1)1}(z),j=2,3,\cdots,m,$$
$$W_{ji}(z)\equiv zW_{1(j-1)}(z)+W_{(j-1)(i-1)}(z)(1+zk'_2(z)),$$
$$2\leqslant i\leqslant j-1,$$
$$W_{jj}(z)\equiv W_{(j-1)(j-1)}(z)(1+zk'_2(z)),2\leqslant j\leqslant m,$$
$$W_{00}\equiv1\text{ 及 }W_{11}\equiv1+zk'_2(z).$$

由(5.21)及(5.22)，可消去 $\exp(tQ(ze^{s(z)}))(t=1,2,\cdots,m)$，并置 $g(z)=z\exp k_2(z)$，于是可得如下的恒等式：

$$\mu_0(g)h_0(z)+\mu_1(g)h_1(z)+\cdots+\mu_m(g)h_m(z)+h_{m+1}(z)\equiv0,$$
$$(5.23)$$

其中 $h_j(j=0,1,2,\cdots,m+1)$ 为由 $Q(ze^{s(z)})$ 及 $k_2(z)$ 与它们各阶导函数所构成的多项式. 另一方面,由恒等式(5.20),不难验证:$k_1(z)$ 必是超越的. 下面我们将证明:$k_2(z)$ 必是一多项式,其次数小于 degs. 若不然,$k_2(z)$ 为超越的或一次数大于 $\deg s(z)$ 的多项式. 因 $g(z)=z\exp k_2(z)$,故 $T(r,h_j)\leqslant dT(r,g)+S(r,g)$,$d$ 为一适当的正常数. 于是对(5.23),可引用 Steinmetz 定理,得知存在多项式 $Q_0,Q_1,\cdots,Q_m$ 不全恒为 0,使得

$$Q_0\mu_0+Q_1\mu_1+\cdots+Q_m\mu_m\equiv 0.$$

今 $\mu_j\equiv z\mu'_{j-1}$,$\mu_0\equiv k_1$,由上可导出 $k_1(z)$ 将满足一多项式系数的线性微分方程. 于是由 Wittich-Valiron 定理知若 $k_1(z)$ 为超越的话,则其级必为一正有理数,因而 $\rho(k_1)>0$. 但另一方面,由恒等式(5.20)可得 $\rho(k_1)=0$,此矛盾证明了 $k_2(z)$ 是一次不大于 degs 的多项式. 在此假设下,可有两种情形发生.

我们适当地找到一条由原点出发的半射线 L,使得当 z 沿 L 趋向∞时,$z\exp k_2(z)\to 0$,但在此线上必可找到一数序列$\{z_n\}$,使得 $Q\{z_n\exp s(z_n)\}$ 超越成长地趋向于∞,由比较恒等式(5.20)各项的成长,可得一矛盾.

我们总可找到一半射线 L,使得当 z 沿 L 趋向∞时,$z\times\exp k_2(z)\to 0$ 及 $z\exp s(z)\to 0$. 于是由(5.20)立即可得:$k_z(z)-s(z)$(二多项式)将在 L 上为有界的. 这表明它必是一常数,即 $k_2(z)\equiv s(z)+c$,c 为一常数. 因而

$$k_1(e^c z\exp s(z))=p(\exp Q(ze^{s(z)}))-c,$$

于是

$$k_1(z)\equiv p(\exp Q(e^{-c}z))-c,$$

从而

$$g_1(z)\equiv\{z+p(e^{Q(e^z)})\}\circ(z-c),g_1\text{ 为素的}$$

及

$$g_2(z)\equiv(z+c)\circ(z+s(e^z)),g_2\text{ 并为素的}.$$

这也证明了任何 F 的分解:$F=g_1\circ g_2$ 必与$(z+p(e^{Q(e^z)})\circ$

$(z+s(e^z))$是等价的，故 F 具有分解的唯一性.

仿照上面的证法，不难证得：

推论 5.7 设 p,Q,s 都是非常数多项式及 $\deg Q\neq\deg s$ 或 $p(\exp Q(0))\neq p(0)$，则合成函数$(z+s(e^z))\circ(z+p(e^{Q(e^z)})$具有分解的唯一性.

综合以上两个结果，进而可证得：

定理 5.8 设 p,Q,s 都是非常数多项式，则合成函数$(z+p(e^z))\circ(z+Q(e^z))\circ(z+s(e^z))$具有分解的唯一性.

证 设

$$(z+p(e^z))\circ(z+Q(e^z))\circ(z+s(e^z))=g_1\circ g_2(z), \tag{5.24}$$

其中 g_1,g_2 为两超越整函数. 我们将证明 g_1 与$(z+p(e^z))\circ(z+Q(e^z))$线性相关（即差一线性因子），$g_2$ 与 $z+p(e^z)$线性相关，或者 g_1 与 $z+p(e^z)$，g_2 与$(z+Q(e^z))\circ(z+s(e^z))$均线性相关. 参照定理 5.3 的证明，易知 g_1 及 g_2 可表为

$$g_j(z)=z+k_j(e^z),\ j=1,2,$$

其中 k_1 及 k_2 都是非常数的整函数. 将它们代入(5.24)，可得

$$\begin{aligned}s(z)+Q(ze^{s(z)})+p[ze^{s(z)}\exp Q(ze^{s(z)})]\\=k_2(z)+k_1(ze^{k_2(z)}).\end{aligned} \tag{5.25}$$

若 k_1 为一多项式，则由 Borel 定理，可得

$$k_2(z)-[s(z)+Q(ze^{s(z)})]\equiv c,$$

这里 c 为一常数. 再由上式，得

$$k_1(e^z)\equiv p(e^{-c+z})-c,$$

故

$$\begin{aligned}g_1(z)&\equiv z+k_1(e^z)=z+p(e^{-c+z})-c\\&=(z+p(e^z))\circ(z-c),\\g_2(z)&\equiv z+k_2(e^z)=z+[s(z)+Q(ze^{s(z)})\circ e^z]+c\\&=z+s(e^z)+Q(e^ze^{s(e^z)})+c\\&=(z+c)\circ(z+Q(e^z))\circ(z+s(e^z)).\end{aligned}$$

这就是所要证的.

现假设 k_1 为超越的. 此时若 k_2 为超越的或是次数 $>\deg s$ 的多项式,则由前面 5.4 的证明,可导出类似的矛盾. 故我们只要证明:k_2 为一多项式,且 $\deg k_2\leqslant\deg s$. 如果 $\deg k_2<\deg s$,则可找到一适当的半射线(由原点出发的),使得当 z 沿 L 趋向 ∞ 时,$z\exp k_2(z)\to 0$ 及 $z\exp s(z)\to 0$,则由式(5.25),可得 $k_2-s\equiv$ 常数(因 k_2-s 在 L 是有界的),此与 $\deg k<\deg s$ 相矛盾. 余下讨论 $\deg k_2=\deg s$ 的情形. 此时设 $m=\deg P$,则对(5.25)逐次微分,消去 $\exp(tQ(ze^{s(z)})(t=1,2,\cdots,m)$,可得一类似于(5.23)的恒等式. 此时相应的函数 h_j 满足

$$T(r,h_j)\leqslant dT(r,g)+S(r,g),$$

其中 $g(z)\equiv z\exp k_2(z)$(注意 $\deg k_2=\deg s$). 于是由 Steinmetz 定理,得知存在不全恒为 0 的多项式 $P_0,P_1,\cdots,P_m$,使得

$$h_0P_0(g)+h_1P_1(g)+\cdots+h_mP_m(g)\equiv 0,\qquad(5.26)$$

其中 $h_j(z)(j=0,1,\cdots,m)$ 都是由 $k_2(z)$ 及 $Q(ze^{s(z)})$ 与它们各阶导函数的多项式. 由上式并注意:$g(z)\equiv z\exp k_2(z)$,引用 Borel 定理,可得

$$ps(z)-qk_2(z)\equiv\text{常数},$$

其中 p,q 都是整数. 故可将 $k_2(z)$ 表为 $k_2(z)\equiv ds(z)+t$,d 为一有理数,t 为一常数. 将此代入(5.25)中,可得

$$\begin{aligned}(1-d)s(z)=t+Q(ze^{s(z)})+P[ze^{s(z)}\exp Q(ze^{s(z)})]\\+k_1[z\exp(ds(z))+t],\end{aligned}$$

易知上式右边诸项在某一适当由原点出发的半射线上为有界的,因而 α 必等于 1. 因此

$$g_2(z)\equiv z+k_2(e^z)\equiv z+s(e^z)+t\equiv(z+t)\circ(z+s(e^z))$$

及

$$g_1(z)\equiv z+k_1(e^z)\equiv(z+p(e^z))\circ(z+Q(e^z))\circ(z-t).$$

现合成函数 $(z+p(e^z))\circ(z+Q(e^z))$ 及 $(z+Q(e^z))\circ(z+s(e^z))$ 均具有分解的唯一性,故我们将 $g_1\circ g_2$ 再作进一步的分解,所得的最后分解(因子均为素的)必与合成函数 $(z+p(e^z))\circ(z+$

$Q(e^z))\circ(z+s(e^z))$是等价的．定理因而得证．

在本节开始，我们说明为了减少问题的复杂性，而设分解唯一性中所讨论的函数及因子均为超越整函数．但有时如果我们在一分解中允许非线性素多项式因子，仍可证明某些函数具有分解的唯一性．如$F(z)=f(g(z))$，其中$f(z)\equiv z\exp[\frac{1}{2}z^2]$，$g(z)=z\sin z$的分解为$F(z)\equiv z\exp(\frac{1}{2}z^2)\circ(\sqrt{z}\sin z)\circ z^2$，但注意：$g(f(z))\equiv(\sqrt{z\sin z})\circ z^2\circ(\exp(\frac{1}{2}z^2))\equiv\sqrt{z\sin z}\circ(ze^z)\circ z^2$．显然$g(f)$就不具有分解的唯一性了（在因子允许有素多项式的规定下）．

研究问题1：在上面所举的例子中，$g(z)$本身为非素的，我们不禁要问：若f,g都是素函数，有无可能$f(g)$及$g(f)$中只有一个具有分解的唯一性？

研究问题2：在要求因子均为素的超越整函数的情形下，有无可能找到一个不具分解唯一性的超越整函数？说得简单些，有无可能找到素的超越整函数g_1,g_2及f_1,f_2,f_3，使得

$$g_1\circ g_2=f_1\circ f_2\circ f_3?$$

与上面等价的问题是

研究问题3．是否只要$g_j(j=1,2,\cdots,n)$为素的超越整函数，则$g_1\circ g_2\circ\cdots\circ g_n$必具有分解的唯一性？

参考文献

[1] Bank, S. and Laine, I., Representations of solutions of periodic second order linear differential equations, Jour. fur Mathematik, 344(1983), 1－21.

[2] Bergweiler, W., An inequality for real functions with applications to function theory, Bull. London Math. Soc., 21(1989), 171－175.

[3] Bergweiler, W., Proof of a conjecture of Gross Concerning fix-points, Math. Z., 204(1990), 381－390.

[4] Bergweiler, W., On factorization of certain entire functions (to appear in "The Mathematical Heritage of C. F. Gauss" edited by G. M. Rassias, World Scientific Publ. Co.

[5] 庄圻泰和杨重骏，亚纯函数的不动点与分解论，北京大学出版社，1988.

[6] Edrei, A., Meromorphic functions with three radially distributed values, Trans. Amer. Math. Soc., (1955), 276－293.

[7] Gross, F., On factorization of meromorphic functions, Trans. Amer. Math. Soc., 131(1968), 215－222.

[8] Gross, F., Factorization of meromorphic functions, U. S. Government printing office, Washington, D. C., 1972.

[9] Gross, F., Proceedings of the NRL conference on classical function theory, Mathematics Research Center, Naval Research Laboratory, Washington, D. C., 1970.

[10] Hayman, W. K., On the characteristic of functions meromorphic in the plane and their integrals, Proc. London Math. Soc., (3), 14A(1965), 93－128.

[11] He, Yu－zan and Zheng, Jianhua, On factorization of solution of $w''+A(e^z)w=0$, J. Math. of SEA(to appear).

[12] 何育赞和肖修治，代数体函数与常微分方程，科学出版社，1988.

[13] Kobayashi, T., Distribution of values of entire functions of lower order less then one, Kodai Math. Sem. Rep., 28(1976)33－37.

[14] 乔建永(Qiao, Jianyong)，亚纯函数的因子分解，数学年刊，(6), 10A(1989), 692－698.

[15] Ostrowski, A., Über Dirichletsche Reihen und algebraishe Differentialgleichungen, Math. Z., 8(1920), 241－298.

[16] Prokopovich, G. S., On pseudo-simplicity of some meromorphic functions, Ukrainskii Mathematicheskii Zhurual(English transl.), (2), 27(1975), 219－222.

[17] 任福尧(Ren, Fuyao), A proof of the Ozawa conjecture(preprint).

[18] Renyi, A. and Renyi, C., The functional equation $f(P(z))=g(Q(z))$, Studia Scientiarum Mathematiciarum Hungaricer, (1), (1966).

[19] Rosenbloom, P. G., The fix-points of entire functions, Mat. Sem. Suppl. Bd. M. Riesz, Medd Lunds Univ., (1952), 186－192.

[20] Steinmetz, N., Eigenschaften eindeutiger Lösungen gewöhnlicher Differentialgleichunger im Kompleren, Karlsurhe, Dissertation, 1978.

[21] Steinmetz, N., Über die faktorisierbaren Lösungen gewöhnlicher Differentialgleichungrn, Math. Z., 170(1980), 169-180.

[22] Strelitz, Sh., Three theorems on the growth of entire transcendental solutions of algebraic differential equations, Canadian J. Math., (6), XXXV (1983), 1120－1128.

[23] Urabe, H., Uniqueness of the factorization under composition of certain entire functions, J. Math. Kyoto Univ., 18 (1978), 95—120.

[24] Urabe, H. and Yang, C. C., On unique factorizability of certain composite entire functions, JMAA, (2), 175 (1993), 499—513.

[25] Urabe, H. and Yang, C. C., On factorization of entire functions satisfying differential equations, Kodai Math., 14 (1991), 123-133.

[26] Wittich, H., Subnormal Lösungen der Differentialgleichungen $w'' + p(e^z)w' + q(e^z)w = 0$, Nagoya Math. J., 30 (1967), 29—37.

[27] 杨重骏和宋国栋，复变函数分解论，凡异出版社，1990.

[28] Yang, C. C., Factorization of Meromorphic Functions, Lecture Notes in Pure and Applied Mathematics, Vol. 78, Marcel Dekker, 1982.

[29] Gross, F., Yang, C. C. and Zheng, J., On the primeness of $z + \cos\alpha(z)$, JMAA, (1), 176 (1993), 1—10.

第三章　Bloch 函数和 Bloch 空间

Bloch 函数是几何函数论中重要的一类函数，关于它的研究已获得不少深入的结果，而近年来的发展表明 Bloch 函数与数学的其它分支有着广泛而密切的联系，并引起许多研究者的兴趣. 本章对 Bloch 函数、Bloch 函数空间以及关于自守形式的 Bers-Orlicz 空间的基本内容和一些相关的论题作一介绍，其中包含本章作者的若干研究成果.

§1. Bloch 定理

1.1　Bloch 定理及其证明

设 $w=f(z)=\sum_{n=0}^{\infty}a_nz^n$ 是单位圆盘 $D=\{z,|z|<1\}$ 内的解析函数且满足正规化条件 $|a_1|=|f'(0)|=1$. 由隐函数定理可知在 w 平面存在以 $a_0=f(0)$ 为心的开圆盘 Δ_0 和 D 内开集 D_0，使得 $f(z)$ 在 D_0 的限制 $f(z)|_{D_0}$ 是 D_0 到 Δ_0 的单叶映射，并称 Δ_0 为单叶圆. 对 D 内每一点 z 可作同样的考察，以 $d_f(z)$ 表示 w 平面上(含于象域 $f(D)$ 内)的以 $f(z)$ 为心的最大单叶圆之半径，当 $f'(z)=0$ 时，令 $d_f(z)=0$. 对给定的函数 $f(z)$，令

$$d_f=\sup_{Z\in D}d_f(z),$$

则 Bloch 常数定义为

$$B=\inf_{f\in\hat{\Phi}}d_f,$$

其中 $\hat{\Phi}=\{f(z),f(z)\text{在}D\text{内解析且}|f'(0)|=1\}$.

若令

$$\begin{aligned}\Phi&=\{g(z)=f(z)/d_f,f(z)\in\hat{\Phi}\}\\&=\{g(z),g(z)\text{ 在 }D\text{ 解析且 }d_g(z)\leqslant 1\},\end{aligned}$$

则

$$\frac{1}{B} = \sup_{g \in \Phi} \{ |g'(0)| \}. \tag{1.1}$$

L. Ahlfors[1]曾证明下述重要定理：

定理 1.1(Bloch 定理) 设 B 为 Bloch 常数，则

$$B \geqslant \frac{\sqrt{3}}{4} = 0.433\cdots \tag{1.2}$$

这里的证明是 Ch. Pommerenke[20]给出的. 首先证明下述引理：

引理 1.2 设 $w=f(z)\in\Phi$，则 $d_f(z)=d(z)$ 是 z 的连续函数.

证 现分两种情形讨论：

(i) 若 $f'(z_0)\neq 0$，则有

$$d(z_0) - |f(z) - f(z_0)| \leqslant d(z) \leqslant d(z_0) + |f(z) - f(z_0)|,$$

(ii) 若 $f'(z_0)=0$，则当 $w=f(z)$ 接近 $w_0=f(z_0)$ 时有

$$d(z) = |f(z) - f(z_0)|.$$

两种情形都表明 $d(z)$ 是 z 的连续函数.

引理 1.3 设 $f(z)\in\Phi$，则

$$u(z) = \frac{\sqrt{3}(1-|z|^2)|f'(z)|}{2\sqrt{d(z)(3-d(z))}} \tag{1.3}$$

是 z 的连续函数.

证 由定义及引理 1.2 知 $d(z)\leqslant 1$ 且是 z 的连续函数. 现设 $f(z)$ 在 z_0 点邻域有如下的展式：

$$f(z) = w_0 + a_m(z-z_0)^m + a_{m+1}(z-z_0)^{m+1} + \cdots$$

若 $m\geqslant 2$，则有

$$f'(z) = ma_m(z-z_0)^{m-1} + \cdots$$

和

$$d(z) = |f(z) - w_0| = |z-z_0|^m |a_m + a_{m-1}(z-z_0) + \cdots|.$$

从而 $u(z)\sim|z-z_0|^{\frac{m}{2}-1}$，即 $u(z)$ 在 z_0 点连续. 若 $m=1$，则 $f'(z_0)\neq 0$，且知 $d(z_0)>0$. 由 $d(z)$ 的连续性即得 $u(z)$ 在 z_0 点连续.

引理 1.4 若 $f(z)\in\Phi_0=\{f(z),f\in\Phi$ 且 $f(0)=0\}$，则有

$$(1-|z|^2)|f'(z)|\leqslant\frac{2}{\sqrt{3}}\sqrt{d(z)}(3-d(z))$$

$$\leqslant\frac{4}{\sqrt{3}}.\tag{1.4}$$

证 首先由于 $|f'(0)|=\dfrac{1}{d_f}$，$d_f(0)\neq 0$，故存在常数 c 使得 $|c|=d_f(0)$ 且当 $|z|$ 足够小时

$$d(z)=d_f(z)\leqslant|c-f(z)|.$$

置

$$\varphi(z)=\sqrt{3}\frac{\sqrt{c-f(z)}-\sqrt{c}}{3-\sqrt{\bar{c}}\sqrt{c-f(z)}},$$

则知 $\varphi(z)$ 在 $z=0$ 点邻域解析且 $\varphi(0)=0$，从而

$$\varphi(z)=a(z+b_mz^m+b_{m+1}z^{m+1}+\cdots).$$

令

$$v(z)=\frac{(1-|z|^2)|\varphi'(z)|}{1-|\varphi(z)|^2}$$

$$=\frac{\sqrt{3}(1-|z|^2)|f'(z)|}{2\sqrt{|c-f(z)|}(3-|c-f(z)|)}.\tag{1.5}$$

由于 $g(t)=\sqrt{t}(3-t)$ 当 $t\in(0,1)$ 时是 t 的增函数，因此当 $|z|$ 充分小使得 $|c-f(z)|<1$ 时，由(1.3)便得

$$v(z)\leqslant u(z).$$

由 $\varphi(0)=0$，$\varphi'(0)=a$ 得 $v(0)=|a|$. 再由 $u(z)$ 和 $v(z)$ 之定义便导出 $v(0)=u(0)$.

今进一步假设 $f(z)\in\Phi_0$ 且在 $\overline{D}$ 上解析. 则 $|f'(z)|\leqslant M<\infty$，$z\in\overline{D}$. 于是当 $|z|\to 1$ 时

$$(1-|z|^2)|f'(z)|\to 0.$$

由定义亦有 $u(z)\to 0$. 但知 $u(z)$ 在 $\overline{D}$ 连续非负，故存在 $z_0\in D$，使得

$$u(z_0)=\sup_{z\in D}u(z).$$

不失一般性，可设 $z_0=0$，否则令

$$f_*(z)=f\left(\frac{z+z_0}{1+\overline{z_0}z}\right)-f(z_0).$$

则 $f_*(z)$ 仍在 $\overline{D}$ 解析，$f_*(0)=0$，相应地有 $u_*(z)=u\left(\frac{z+z_0}{1+\overline{z_0}z}\right)$，此时 $u_*(z)$ 在 $z=0$ 点达最大值. 当 $|z|$ 足够小使得 $d(z)\leqslant|c-f(z)|<1$ 时便有

$$v(z)\leqslant u(z)\leqslant u(0)=v(0)=|a|.$$

又根据 $\varphi(z)$ 的展式可得

$$v(z)=|a|\frac{1-r^2}{1-|a|^2r^2}(1+m\mathrm{Re}(b_mz^{m-1})+O(|z|^m)),$$

特别地取 $\arg z$ 使得 $\mathrm{Re}(b_mz^{m-1})=|b_m|r^{m-1}$，则当 $r\to0$ 时

$$1-r^2+m|b_m|r^{m-1}\leqslant1-|a|^2r^2+O(r^m),$$

或

$$(|a|^2-1)r^2+m|b_m|r^{m-1}\leqslant O(r^m).$$

从而必须 $m\geqslant3$，因而 $|a|\leqslant1$. 于是

$$|\phi'(0)|=|a|\leqslant1,\varphi''(0)=0,$$

因此对 $z\in D$ 有

$$u(z)\leqslant u(0)=|a|\leqslant1.$$

注意到 $g(t)=\sqrt{t}(3-t)$ 的增长性即有

$$(1-|z|^2)|f'(z)|\leqslant\frac{2}{\sqrt{3}}\sqrt{d(z)}(3-d(z))\leqslant\frac{4}{\sqrt{3}}.$$

最后若 $f(z)\in\Phi_0$，则令 $f_*(z)=\rho f(\rho z)$，$\rho<1$，此时 $f_*(z)\in\Phi_0$ 且在 $\overline{D}$ 解析. 对 $f_*(z)$ 进行上面的讨论，再令 $\rho\to1$ 即得(1.4).

定理 1.1 的证明 在(1.4)中特别地取 $z=0$ 即得 $|f'(0)|\leqslant\frac{4}{\sqrt{3}}$. 再由 B 的定义

$$\frac{1}{B}=\sup_{f\in\Phi}|f'(0)|=\sup_{f\in\Phi_0}|f'(0)|\leqslant\frac{4}{\sqrt{3}}.$$

注 由于 $w=f(z)=a_0+e^{i\alpha}z\in\Phi$，可知 $B\leqslant1$. 但 Ahlfors 和 Grunsky[2] 曾证明

$$B \leqslant \sqrt{\pi}\ \sqrt[4]{2}\ \frac{\Gamma\left(\frac{1}{3}\right)}{\Gamma\left(\frac{1}{4}\right)}\left[\frac{\Gamma\left(\frac{11}{12}\right)}{\Gamma\left(\frac{1}{12}\right)}\right]^{\frac{1}{2}} = 0.4719\cdots$$

一般认为上式可取到等号，但至今未获证明，亦没有反例. Bloch 常数 B 的准确上、下界是多少是几何函数论中著名的未解决问题.

§ 2. Bloch 函数

2.1 Bloch 函数的定义

设 $w=f(z)\in\Phi$，令 $d(0)=d_f(0)$，$f(0)=a_0$，$\Delta_{d(0)}(a_0)=\{w, |w-a_0|<d(0)\}$. 反函数 $g(w)=f^{-1}(w)$ 在 $\Delta_{d(0)}(a_0)$ 单叶解析. 令 $G(W)=g(d(0)W+a_0)$，并应用 Schwarz 引理于 $G(W)$，便得 $|G'(0)|\leqslant 1$，从而

$$d(0)=\frac{1}{|f'(0)|}d(0)=|g'(a_0)|d(0)=|G'(0)|\leqslant 1.$$

现设

$$F(z)=f\left(\frac{z+z_0}{1+\overline{z_0}z}\right)=f(z_0)+f'(z_0)(1-|z_0|^2)z+\cdots,$$

显然 $d_f=d_F$. 今若 $f'(z_0)\neq 0$，令

$$G(z)=\frac{F(z)}{f'(z_0)(1-|z_0|^2)}=\frac{f(z_0)}{f'(z_0)(1-|z_0|^2)}+z+\cdots,$$

则有 $G(z)\in\hat{\Phi}$ 且 $d_G=d_F/|f'(z_0)|(1-|z_0|^2)$. 于是

$$1\leqslant\frac{d_G}{B}=\frac{d_f}{B(|f'(z_0)|(1-|z_0|^2)},$$

从而

$$|f'(z)|(1-|z|^2)\leqslant\frac{d_f}{B}.$$

另一方面，由定义

$$d_G(0)=d_f(z_0)/|f'(z_0)|(1-|z_0|^2)\leqslant 1$$

从而

$$d_f(z) \leqslant |f'(z)|(1 - |z|^2). \tag{2.1}$$

综合上述两式可得

$$d_f \leqslant \sup_{z\in D}\{|f'(z)|(1 - |z|^2)\} \leqslant \frac{d_f}{B}. \tag{2.2}$$

定义 2.1 设 $f(z)$ 在 D 内解析，若

$$\|f\|_{\mathscr{B}} = \sup_{z\in D}\{|f'(z)|(1 - |z|^2)\}$$

有界，则称 $f(z)$ 为 Bloch 函数. 全体 Bloch 函数所成的集合称为 Bloch 空间，并记为 $\mathscr{B}$. 若对每个 $f\in\mathscr{B}$ 定义范数为 $\|f\|_{\mathscr{B}} = |f(0)| + \|f\|_{\mathscr{B}}$，则可知 $\mathscr{B}$ 为一 Banach 空间.

$\mathscr{B}$ 的一个重要子空间为小 Bloch 空间并记为 $\mathscr{B}_0$，其定义如下：

$$\mathscr{B}_0 = \{f(z) \in \mathscr{B}, |f'(z)|(1 - |z|^2) \to 0, \text{当} |z| \to 1\}.$$

由(2.2)，(1.4)和(2.1)可分别得出：

推论 2.1 (i) $f\in\mathscr{B}$ 的充要条件是 $d_f<\infty$；

(ii) $f\in\mathscr{B}_0$ 的充要条件是当 $|z|\to1$ 时，$d_f(z)\to0$.

注 令 $H^\infty(D)$ 表 D 内有界解析函数类，则有 $H^\infty(D)\subsetneqq\mathscr{B}$.

事实上，若 $f(z)\in H^\infty(D)$，且 $|f(z)|\leqslant M$，则对任意 $z_0\in D$，函数

$$F(z) = f\left(\frac{z + z_0}{1 + \overline{z_0}z}\right) = f(z_0) + f'(z_0)(1 - |z_0|^2)z + \cdots$$

仍属于 $H^\infty(D)$ 且 $|F(z)|\leqslant M$. 置

$$G(z) = \frac{F(z) - F(0)}{2M},$$

并应用 Schwarz 引理便得 $|G'(0)|\leqslant1$，即有

$$|f'(z_0)|(1 - |z_0|^2) \leqslant 2M.$$

从而 $f\in\mathscr{B}$. 特别地多项式 $p(z)\in\mathscr{B}_0\subset\mathscr{B}$.

另一方面，显然有 $w=f(z)=\log(1-z)\notin H^\infty(D)$，但容易计算 $\|f\|_{\mathscr{B}}\leqslant2$，即 $f\in\mathscr{B}$.

容易看出 $H_p(D)\not\subset\mathscr{B}$，此处

$$H_p(D) = \left\{f(z) \text{ 在 } D \text{ 解析}, \sup_{0\leqslant r<1}\left(\int_0^{2\pi}|f(re^{i\varphi})|^p d\varphi\right) < \infty\right\}.$$

事实上,函数 $f(z)=(1-z)^{-\delta},\delta>0$ 不属于 $\mathscr{B}$. 因为易于计算

$$|f'(z)|(1-|z|^2)=\frac{\delta(1-|z|^2)}{|1-z|^{1+\delta}}.$$

当 $\mathrm{Re}z=x\to1$ 时,上式趋于∞. 但当 $p<1/\delta$ 时

$$\int_0^{2\pi}|f(re^{i\varphi})|^p d\theta<(2\sqrt{r})^{-\delta p}\int_0^{2\pi}\frac{d\theta}{(\sin\frac{\theta}{2})^{\delta p}}<\infty,$$

即 $f(z)\in H_p(D)$.

下面我们将给出 Bloch 函数的若干等价描述. 设 $\lambda\in D$,则 $w=\varphi_\lambda(z)=\dfrac{\lambda-z}{1-\bar{\lambda}z}$ 是 D 到 D 的解析自同构,并称 $d(\lambda,z)=|\varphi_\lambda(z)|$ 为 λ 和 z 的伪双曲距离. $D(\lambda,r)=\{z\in D,d(\lambda,z)<r\}$ 是伪中心为 λ 伪半径为 r 的伪双曲圆盘. 易知 $D(\lambda,r)$ 亦是一欧氏圆,其欧氏中心为$\dfrac{\lambda(1-r^2)}{1-r^2|\lambda|^2}$,欧氏半径为$\dfrac{r(1-|\lambda|^2)}{1-r^2|\lambda|^2}$. 由此可知其欧氏面积为 $\pi r^2(1-|\lambda|^2)^2/(1-r^2|\lambda|^2)^2$, 并记 $|D(\lambda,r)|=r^2(1-|\lambda|^2)^2/(1-r^2|\lambda|^2)^2$. 令

$$f_{D(\lambda,r)}=\frac{1}{|D(\lambda,r)|}\iint_{D(\lambda,r)}f(z)dA(z),$$

其中 $dA(z)=\dfrac{1}{\pi}dxdy$. 我们有[6]

定理 2.2 设 $1\leqslant p<\infty,0<r<1$,则下列各量等价:

(A) $\|f\|_{\mathscr{B}}$;

(B) $\sup\limits_{\lambda\in D}\{\|f\circ\varphi_\lambda(z)-f\circ\varphi_\lambda(0)\|_{p,\alpha}\},\ \alpha>-1$;

其中 $\|g\|_{p,\alpha}^p=\iint\limits_D|g(z)|^p dA_\alpha(z),dA_\alpha(z)=(1-|z|^2)^\alpha dA(z)$;

(C) $\sup\limits_{\lambda\in D}\left\{\dfrac{1}{|D(\lambda,r)|}\iint\limits_{D(\lambda,r)}|f(z)-f(\lambda)|^p dA(z)\right\}^{\frac{1}{p}}$;

(D) $\sup\limits_{\lambda\in D}\left\{\dfrac{1}{|D(\lambda,r)|}\iint\limits_{D(\lambda,r)}|f(z)-f_{D(\lambda,r)}|^p dA(z)\right\}^{\frac{1}{p}}$;

(E) $|f'(0)|+\sup\limits_{z\in D}\{(1-|z|^2)^2|f''(z)|\}$.

证 首先证明(A)⇒(B). 设 $z\in D$,则

$$|f(z)-f(0)|=\left|\int_0^z f'(\zeta)d\zeta\right|\leqslant\frac{1}{2}\|f\|_{\mathscr{B}}\log\frac{1+|z|}{1-|z|},\quad(2.3)$$

由 $z=\varphi_\lambda(w)$ 易知

$$\|f\circ\varphi_\lambda\|_{\mathscr{B}}=\|f\|_{\mathscr{B}}.$$

在(2.3)中以 $F(z)=f\circ\varphi_\lambda(z)$ 代替 $f(z)$,即有

$$|F(z)-F(0)|=|f\circ\varphi_\lambda(z)-f(\lambda)|\leqslant\frac{1}{2}\|f\|_{\mathscr{B}}\log\frac{1+|z|}{1-|z|},\quad(2.4)$$

对(2.4)积分便得

$$\iint_D|f\circ\varphi_\lambda(z)-f(\lambda)|^p dA_\alpha(z)\leqslant\frac{1}{2^p}\|f\|^p_{\mathscr{B}}\iint_D\left(\log\frac{1+|z|}{1-|z|}\right)^p dA_\alpha(z)$$
$$\leqslant 2^{2(\alpha+2)-p}\frac{\Gamma(p+1)}{(\alpha+1)^{p+1}}\|f\|^p_{\mathscr{B}}.\quad(2.5)$$

现证(B)⇒(C). 由于 $w=\varphi_\lambda(z)$ 映 $D(\lambda,r)$ 为 $D(0,r)$ 且将 λ 映为0,又注意到

$$dA(z)=|\varphi'_\lambda(w)|^2dA(w)=\left(\frac{1-|\lambda|^2}{|1-\bar{\lambda}w|^2}\right)^2dA(w),$$

于是

$$\frac{1}{|D(\lambda,r)|}\iint_{D(\lambda,r)}|f(z)-f(\lambda)|^p dA(z)$$
$$=\frac{1}{|D(\lambda,r)|}\iint_{D(0,r)}|f\circ\varphi_\lambda(w)-f(\lambda)|^p\left(\frac{1-|\lambda|^2}{|1-\bar{\lambda}w|^2}\right)^2 dA(w)$$
$$\leqslant\left(\frac{1-|\lambda|^2r^2}{r(1-|\lambda|r)^2}\right)^2\cdot\frac{1}{(1-r^2)^\alpha}\iint_{D(0,r)}|f\circ\varphi_\lambda(w)-f(\lambda)|^p dA_\alpha(w)$$
$$\leqslant k_{r\alpha}\iint_D|f\circ\varphi_\lambda(z)-f(\lambda)|^p dA_\alpha(z),\quad(2.6)$$

其中 $k_{r\alpha}=\dfrac{(1+r)^{2-\alpha}}{r^2(1-r)^{2+\alpha}}$.

(C)⇒(D). 令 $d\hat{A}(z)=dA(z)/|D(\lambda,r)|$,对于 $1\leqslant p<\infty$ 有

$$\left\{\iint_{D(\lambda,r)}|f(z)-f_{D(\lambda,r)}|^p d\hat{A}(z)\right\}^{\frac{1}{p}}$$

$$\leqslant\left\{\iint_{D(\lambda,r)}|f(z)-f(\lambda)|^p d\hat{A}(z)\right\}^{\frac{1}{p}}$$

$$+\left\{\iint_{D(\lambda,r)}|f(\lambda)-f_{D(\lambda,r)}|^p d\hat{A}(z)\right\}^{\frac{1}{p}}$$

$$\leqslant 2\left\{\iint_{D(\lambda,r)}|f(z)-f(\lambda)|^p d\hat{A}(z)\right\}^{\frac{1}{p}}. \tag{2.7}$$

下面证明(D)⇒(A). 首先

$$|f'(0)|^p=\left|\frac{2}{r^4}\iint_{D(0,r)}\bar{z}f(z)dA(z)\right|^p$$

$$\leqslant\frac{2^p}{r^{4p}}\left(\iint_{D(0,r)}|\bar{z}f(z)|^p dA(z)\right)\left(\iint_{D(0,r)}dA(z)\right)^{p-1}$$

$$\leqslant\frac{2^p}{r^{2p+2}}\iint_{D(0,r)}|f(z)|^p dA(z).$$

上式中以 $F(z)=f\circ\varphi_\lambda(z)-f_{D(\lambda,r)}$ 代替 $f(z)$，便得

$$(1-|\lambda|^2)^p|f'(\lambda)|^p$$

$$\leqslant\frac{2^p}{r^{2p+2}}\iint_{D(0,r)}|f\circ\varphi_\lambda(z)-f_{D(\lambda,r)}|^p dA(z)$$

$$=\frac{2^p}{r^{2p+2}}\iint_{D(\lambda,r)}|f(w)-f_{D(\lambda,r)}|^p\left(\frac{1-|\lambda|^2}{|1-\bar{\lambda}w|^2}\right)^2 dA(w)$$

$$\leqslant\frac{2^{p+4}}{r^{2p}(1-r^2)^2}\cdot\frac{1}{|D(\lambda,r)|}\iint_{D(\lambda,r)}|f(z)-f_{D(\lambda,r)}|^p dA(z). \tag{2.8}$$

最后我们来证明(A)和(E)等价，首先由

$$f'(w)-f'(0)=\int_0^w f''(\zeta)d\zeta=w\int_0^1 f''(wt)dt,$$

可得

$$|f'(w)|\leqslant|f'(0)|$$

$$+|w|\sup_{z\in D}\{(1-|z|^2)^2|f''(z)|\}\int_0^1\frac{dt}{(1-t|w^2|)^2}$$

$$\leqslant |f'(0)| + \sup_{z\in D}\{(1-|z|^2)^2|f''(z)|\}/(1-|w|^2).$$

由此得

$$(1-|w|^2)|f'(w)| \leqslant |f'(0)| + \sup_{z\in D}\{(1-|z|^2)^2|f''(z)|\}.$$

反之，对固定的 $z\in D$，令 $r=\frac{1}{2}(1-|z|)$，由 Cauchy 分式

$$f''(z) = \frac{1}{2\pi i}\int_{|\zeta-z|=r}\frac{f'(\zeta)d\zeta}{(\zeta-z)^2}$$

可得

$$|f''(z)| \leqslant 2\sup_{|\zeta|\leqslant r+|z|}|f'(\zeta)|/(1-|z|),$$

进而有

$$(1-|z|^2)|f''(z)| \leqslant 4\left[1-\frac{1}{2}(1+|z|)\right]\sup_{|\zeta|\leqslant\frac{1}{2}(1+|z|)}\{|f'(\zeta)|\}$$

$$\leqslant 4\sup_{|\zeta|\leqslant\frac{1}{2}(1+|z|)}\{(1-|\zeta|^2)|f'(\zeta)|\} \leqslant 4\|f\|_{\mathscr{B}}.$$

由此便得

$$|f'(0)| + \sup_{z\in D}\{(1-|z|^2)^2|f''(z)|\} \leqslant 17\|f\|_{\mathscr{B}}.$$

定理证毕.

推论 2.3[11] 令 $E_t=\{z\in D, |f\circ\varphi_\lambda(z)-f(\lambda)|>t\}$，则 $f\in\mathscr{B}$ 的充要条件是存在常数 K_α 和 $\beta>0$，使得 $m_\alpha(E_t)=\iint_{E_t}dA_\alpha(z)$ 满足

$$m_\alpha(E_t) \leqslant K_\alpha e^{-\beta t}. \tag{2.9}$$

且当 $f\in\mathscr{B}$ 时，$\beta=c/\|f\|_{\mathscr{B}}$，$c$ 为另一常数.

证 由(2.5)我们得

$$\iint_D|f\circ\varphi_\lambda(z)-f(\lambda)|^n dA_\alpha(z) \leqslant \frac{2^{2(2+\alpha)}}{2^n(1+\alpha)^{n+1}}n!\,\|f\|_{\mathscr{B}}^n.$$

今取 β 使得 $\frac{\beta}{1+\alpha}\|f\|_{\mathscr{B}}<1$，于是

$$\iint_D e^{\beta|f\circ\varphi_\lambda(z)-f(\lambda)|}dA_\alpha(z)$$

$$= \sum_{n=0}^{\infty} \frac{1}{n!} \beta^n \| f \circ \varphi_\lambda(z) - f(\lambda) \|_{n,\alpha}^n$$

$$\leqslant \frac{2^{2(2+\alpha)}}{1+\alpha} \sum_{n=0}^{\infty} \left(\frac{\beta \| f \|_{\mathscr{B}}}{2(1+\alpha)} \right)^n = K_\alpha.$$

更有

$$e^{\beta t} m_\alpha(E_t) \leqslant \iint_{E_t} e^{\beta |f \circ \varphi_\lambda(z) - f(\lambda)|} dA_\alpha(z) \leqslant K_\alpha,$$

由此即得(2.9).

反之,如(2.9)成立,令 $\mu(t) = m_\alpha(E_t)$,则

$$\iint_D |f \circ \varphi_\lambda(z) - f(\lambda)|^p dA_\alpha(z) = p \int_0^\infty t^{p-1} \mu(t) dt$$

$$\leqslant K_\alpha p \int_0^\infty t^{p-1} e^{-\beta t} dt = \frac{K_\alpha \Gamma(p+1)}{\beta^p}.$$

由定理 2.2 即知 $f \in \mathscr{B}$.

注　若令 $\rho(z,\lambda) = \frac{1}{2} \log \frac{1+d(z,\lambda)}{1-d(z,\lambda)}$ 为 z 和 λ 的非欧距离,则由定理 2.2 可知 $f \in \mathscr{B}$ 的充要条件是

$$c = \sup_{\lambda, z \in D} \frac{|f(z) - f(\lambda)|}{\rho(z,\lambda)} < \infty.$$

事实上,若 $f \in \mathscr{B}$,则由(2.4)得

$$|f(z) - f(\lambda)| \leqslant \| f \|_{\mathscr{B}} \rho(z,\lambda),$$

从而有

$$\sup_{z,\lambda \in D} \frac{|f(z) - f(\lambda)|}{\rho(z,\lambda)} \leqslant \| f \|_{\mathscr{B}}.$$

反之,令 $z = \varphi_\lambda(z)$, $F(z) = f \circ \varphi_\lambda(z)$, $F(0) = f(\lambda)$,则由假设得

$$|F(z) - F(0)| = |f \circ \varphi_\lambda(z) - f(\lambda)| \leqslant c\rho(z,0).$$

类似于(2.5)的计算可得

$$\iint_D |f \circ \varphi_\lambda(z) - f(\lambda)|^p dA_\alpha(z) \leqslant K_{p,\alpha} c^p.$$

由定理 2.2 便有 $f \in \mathscr{B}$.

本附注亦可参看[26],那里给出略为不同的证明. 在[5]中还

得到下述结果：

设 $f(z)$ 在 D 内全纯，则 $f\in\mathscr{B}$ 的充要条件是

$$\sup_{\lambda\in D}\iint_D |f'(z)|^2 g_D^p(z,\lambda)dA(z)<\infty, 1<p<\infty,$$

其中 $g_D(z,\lambda)=\log\dfrac{|1-\bar{\lambda}z|}{|z-\lambda|}$ 是 D 的 Green 函数. 当 $p=2$ 时上述结果亦由[26]给出.

关于 $\mathscr{B}_0$ 的函数，我们有以下定理[6]：

定理 2.4 设 $1\leqslant p<\infty, r\in(0,1)$，则下列各式等价：

(a) $f(z)\in\mathscr{B}_0$；

(b) $\|f\circ\varphi_\lambda(z)-f\circ\varphi_\lambda(0)\|_{p,\alpha}\to 0$，当 $|\lambda|\to 1$ 时；

(c) $\dfrac{1}{|D(\lambda,r)|}\iint_{D(\lambda,r)}|f(z)-f(\lambda)|^p dA(z)\to 0$，当 $|\lambda|\to 1$ 时；

(d) $\dfrac{1}{|D(\lambda,r)|}\iint_{D(\lambda,r)}|f(z)-f_{D(\lambda,r)}|^p dA(z)\to 0$，当 $|\lambda|\to 1$ 时；

(e) $\|f(z)-f_t(z)\|_{\mathscr{B}}\to 0$，当 $t\to 1$ 时，其中 $f_t(z)=f(tz)$，$t\in(0,1)$.

证 由§3 中引理 3.2 可推得(a)和(e)等价. 这里只须证明(a)，(b)，(c)和(d)等价.

先证(a)⇒(b). 设 $f\in\mathscr{B}_0$，则对每个 $\lambda\in D$ 和 $t\in(0,1)$，有

$$\begin{aligned}&\|f\circ\varphi_\lambda(z)-f\circ\varphi_\lambda(0)\|_{p,\alpha}\\ \leqslant&\|(f-f_t)\circ\varphi_\lambda(z)-(f-f_t)\circ\varphi_\lambda(0)\|_{p,\alpha}\\ &+\|f_t\circ\varphi_\lambda(z)-f_t\circ\varphi_\lambda(0)\|_{p,\alpha}.\end{aligned}\tag{2.10}$$

根据(2.5)

$$\begin{aligned}&\|(f-f_t)\circ\varphi_\lambda(z)-(f-f_t)\circ\varphi_\lambda(0)\|_{p,\alpha}\\ \leqslant&c_{p,\alpha}\|(f-f_t)\circ\varphi_\lambda(z)\|_{\mathscr{B}}.\end{aligned}$$

已知(a)和(e)等价，因此当 $t\geqslant t_0$ 时，对所有 $\lambda\in D$ 上式右端足够小. 现对固定的 $t(\geqslant t_0)$，注意到当 $|\lambda|\to 1$ 时，$\varphi_\lambda(z)-\lambda=$

$-\dfrac{z(1-\lambda\bar{\lambda})}{1-\bar{\lambda}z}\to 0$. 因此当$|\lambda|\geqslant|\lambda_0|$时(2.10)右端第二项足够小. 由此得(a)⇒(b). 根据(2.6)可得(b)⇒(c);再根据(2.7)可导出(c)⇒(d);而(2.8)隐含着(d)⇒(a).

2.2 Bloch 函数的进一步的性质

下面将给出 Bloch 函数与单叶函数的关系. 首先我们先叙述两个有关单叶函数的定理,它们的证明可在[21]中找到.

引理 2.5 设$h(z)\in S$,即$h(z)$在D单叶解析,且$h(0)=h'(0)-1=0$,则有

$$\left|z\frac{h''(z)}{h'(z)}-\frac{2|z|^2}{1-|z|^2}\right|\leqslant\frac{4|z|}{1-|z|^2}$$

和

$$\frac{1-r}{(1+r)^3}\leqslant|h'(z)|\leqslant\frac{1+r}{(1-r)^3},\ |z|=r.$$

引理 2.6 设$f(z)$在D内解析,$f'(0)\neq 0$,若

$$(1-|z|^2)\left|z\frac{f''(z)}{f'(z)}\right|\leqslant 1,\ z\in D,$$

则$f(z)$在D内单叶.

定理 2.7 $f(z)\in\mathscr{B}$的充要条件是存在$h(z)\in S$和$c\in\mathbb{C}$使得

$$f(z)=c\log h'(z)+f(0),\tag{2.11}$$

且当$f\in\mathscr{B}$时,$c=\|f\|_{\mathscr{B}}$.

证 设$h(z)\in S$,并令$f(z)$由(2.11)所确定,于是

$$f'(z)=c\frac{h''(z)}{h'(z)}.$$

根据引理 2.5,

$$(1-|z|^2)|f'(z)|\leqslant|c|\left|\frac{h''(z)}{h'(z)}\right|\leqslant 6|c|,$$

即$f(z)\in\mathscr{B}$.

反之,设$f(z)\in\mathscr{B}$,令

$$h(z) = \int_0^z \exp \frac{f(\zeta) - f(0)}{c} d\zeta = z + \cdots,$$

其中 c 取 $\| f \|_{\mathscr{B}}$，则有

$$f(z) = c\log h'(z) + f(0),$$

由此

$$(1 - |z|^2)\left|\frac{h''(z)}{h'(z)}\right| = \frac{1}{\| f \|_{\mathscr{B}}}(1 - |z|^2) |f'(z)| \leqslant 1.$$

根据引理 2.6 便得 $h(z) \in S$.

下面讨论 Bloch 函数的值分布性质. 先介绍一些基本概念和记号. 设 $f(z)$ 为亚纯函数，对 $a \in \mathbb{C}$ 定义平均中值函数如下：

$$m(r,a) = m(r, \frac{1}{f-a}) := \frac{1}{2\pi}\int_0^{2\pi} \overset{+}{\log} \frac{1}{|f(re^{i\theta}) - a|} d\theta,$$

当 $a = \infty$ 时

$$m(r,\infty) = m(r,f) := \frac{1}{2\pi}\int_0^{2\pi} \overset{+}{\log} |f(re^{i\theta})| d\theta,$$

其中 $\overset{+}{\log}|\alpha| = \max\{\log|\alpha|, 0\}$，又令 $n(r,a) = n(r, \frac{1}{f-a})$ 表示 $f(z) - a$ 在圆 $|z| < r$ 内的零点个数，且按其重级计算，$n(r,\infty) = n(r,f)$ 表相应的极点个数. 再令

$$N(r,a) = N\left(r, \frac{1}{f-a}\right) = \int_0^r \frac{n(t,a) - n(0,a)}{t} dt + n(0,a)\log r,$$

并称

$$T(r,f) = m(r,f) + N(r,f)$$

为 $f(z)$ 的 Nevanlinna 特征函数. 下述关系式称为 Nevanlinna 第一基本定理.

$$m(r,a) + N(r,a) = T(r,f) + O(1).$$

定理 2.8 设 $f(z) \in \mathscr{B}$，则

$$\varlimsup_{r \to 1} \frac{N(r, \frac{1}{f})}{\log_2 \frac{1}{1-r}} \leqslant \varlimsup_{r \to 1} \frac{T(r,f)}{\log_2 \frac{1}{1-r}} \leqslant \frac{1}{2}, \qquad (2.12)$$

其中 $\log_2 = \log\log$.

证 设 $f(z)=\sum_{n=0}^{\infty}a_nz^n$，则有

$$\sum_{n=1}^{\infty}n^2|a_n|^2r^{2n-2}=\frac{1}{2\pi}\int_0^{2\pi}|f'(re^{i\theta})|^2d\theta\leqslant\|f\|_{\mathscr{B}}^2/(1-r)^2.$$

对上式积分得

$$\sum_{n=1}^{\infty}\frac{n^2|a_n|^2r^{2n-1}}{2n-1}\leqslant\frac{r\|f\|_{\mathscr{B}}^2}{1-r}.$$

再积分一次得

$$\sum_{n=0}^{\infty}|a_n|^2r^{2n}\leqslant 4\|f\|_{\mathscr{B}}^2\log\frac{1}{1-r}，当 r\to 1 时.$$

由 Jensen 不等式进一步导出

$$\begin{aligned}T(r,f)&\leqslant\frac{1}{2}\cdot\frac{1}{2\pi}\int_0^{2\pi}\log(|f(re^{i\theta})|^2+1)d\theta\\&\leqslant\frac{1}{2}\log\left\{\frac{1}{2\pi}\int_0^{2\pi}(|f(re^{i\theta})|^2+1)d\theta\right\}\\&=\frac{1}{2}\log_2\frac{1}{1-r}+O(1).\end{aligned}$$

由 Nevanlinna 第一基本定理即得(2.12).

注 由(2.12)可知当 $r\geqslant r_0$ 时

$$N\left(r,\frac{1}{f}\right)<\left(\frac{1}{2}+\varepsilon\right)\log_2\frac{1}{1-r}.$$

令 $r=\frac{1}{2}(1+\rho)$，由定义便有

$$N\left(r,\frac{1}{f}\right)>\frac{1}{2}(1-\rho)n\left(\rho,\frac{1}{f}\right)+O(1),$$

从而有

$$n\left(r,\frac{1}{f}\right)=O\left(\frac{1}{1-r}\log_2\frac{1}{1-r}\right).$$

关于 Bloch 函数的 Taylor 展式系数估计有以下定理[20]：

定理 2.9 设 $f(z)=\sum_{n=0}^{\infty}a_nz^n\in\mathscr{B}$，则

$$|a_n|\leqslant 2\|f\|_{\mathscr{B}}.$$

证 令 $z=re^{i\theta}$，则

$$\frac{1}{\pi}\int_0^1\int_0^{2\pi}(1-r^2)\,\overline{f'(z)}\,(m+1)z^m e^{-i\theta}drd\theta$$

$$=\frac{1}{\pi}\int_0^1\int_0^{2\pi}(1-r^2)\Big(\sum_{n=1}^{\infty}n\bar{a}_n\bar{z}^{n-1}\Big)(m+1)z^m e^{-i\theta}drd\theta=\bar{a}_m.$$

从而有

$$|a_m|\leqslant\sup_{z\in D}\big((1-|z|^2)|f'(z)|\big)\cdot\frac{1}{\pi}\int_0^1\int_0^{2\pi}(m+1)r^m drd\theta$$

$$=2\,\|f\|_{\mathscr{B}}.$$

定理证毕.

下面的例子表明 Bloch 函数的 Taylor 展式的系数 a_n 一般地不趋于零. 设 $q\geqslant 2$, 考虑函数 $f(z)=\sum_{k=1}^{\infty}z^{q^k}$, 易知

$$\frac{|zf'(z)|}{1-|z|}\leqslant\sum_{n=1}^{\infty}\Big(\sum_{q^k\leqslant n}q^k\Big)|z^n|\leqslant\frac{q}{q-1}\sum_{n=1}^{\infty}n|z|^n$$

$$=\frac{q|z|}{(q-1)(1-|z|)^2}.$$

因此

$$(1-|z|^2)|f'(z)|\leqslant\frac{2q}{q-1},$$

即有 $f\in\mathscr{B}$.

注　在什么条件下 Bloch 函数的 Taylor 展式的系数 a_n 当 $n\to\infty$ 时趋于零, Pommerenke[20] 曾指出:

若 $f(z)$ 在 ∂D 上几乎处处存在径向极限值, 则当 $n\to\infty$ 时

$$\frac{1}{n^2}\sum_{r=1}^{n}r^n|a_r|^2\to 0.$$

从而当 $n\to\infty$ 时, $a_n\to 0$.

2.3　Bloch 函数的对数迭代律与 Makarov 定理

在上一段给出的例中, 取 $q=2$, 则得

$$b(z)=\sum_{k=0}^{\infty}z^{2^k}.$$

在[23]中指出,对于几乎处处的点$\zeta\in\partial D$有

$$\overline{\lim_{r\to 1}}\frac{|b(r\zeta)|}{\sqrt{\log\frac{1}{1-r}\log_3\frac{1}{1-r}}}=1,$$

其中$\log_3=\log\log\log$. 下面我们证明对于一般的 Bloch 函数下述定理成立.

定理 2.10 设$g(z)\in\mathscr{B}$, $g(0)=0$, $\|g\|_{\mathscr{B}}\leqslant 1$,则对 a.e. $\theta\in[0,2\pi]$有

$$\overline{\lim_{r\to 1}}\frac{|g(re^{i\theta})|}{\sqrt{\log\frac{1}{1-r}\log_3\frac{1}{1-r}}}\leqslant c,\tag{2.13}$$

其中c为常数,a.e. 表示几乎处处.

为证明定理 2.10,我们先证明下述引理

引理 2.11 设$g\in\mathscr{B}$, $g(0)=0$,则对$n=0,1,\cdots$有

$$\frac{1}{2\pi}\int_0^{2\pi}|g(re^{i\theta})|^{2n}d\theta\leqslant n!\,\|g\|_{\mathscr{B}}^{2n}\left(\log\frac{1}{1-r^2}\right)^n.\tag{2.14}$$

证 显然当$n=0$时,式(2.14)成立. 类似于定理 2.8 的推导可得

$$J_1(r)=\sum_{m=1}^{\infty}|a_m|^2r^{2m}\leqslant\|g\|_{\mathscr{B}}^2\log\frac{1}{1-r^2},$$

这里$J_n(r)=\frac{1}{2\pi}\int_0^{2\pi}|g(re^{i\theta})|^{2n}d\theta$,上式表明$n=1$时式(2.14)成立. 现设$n-1$时下式成立:

$$J_{n-1}(r)\leqslant(n-1)!\,\|g\|_{\mathscr{B}}^{2(n-1)}((\lambda(r))^{n-1}.$$

要证上式对n亦成立,其中$\lambda(r)=\log\frac{1}{1-r^2}$. 事实上,

$$\frac{d}{dr}(rJ'_n(r))=\frac{4r}{2\pi}\int_0^{2\pi}\frac{\partial^2}{\partial z\partial\bar{z}}(g(z))^n(\overline{g(z)})^nd\theta$$

$$=\frac{4n^2r}{2\pi}\int_0^{2\pi}|g(re^{i\theta})|^{2n-2}|g'(re^{i\theta})|^2d\theta,$$

计及$|g'(z)|^2\leqslant\|g\|_{\mathscr{B}}^2/(1-r^2)^2$,由归纳假设便得

$$\frac{d}{dr}(rJ_n'(r)) \leqslant \frac{4n^2r}{(1-r^2)^2}\|g\|_{\mathscr{B}}^2 J_{n-1}(r)$$
$$\leqslant \frac{4n\cdot n!r}{(1-r^2)^2}(\lambda(r))^{n-1}\|g\|_{\mathscr{B}}^{2n}$$
$$\leqslant n!\frac{d}{dr}\left(r\frac{d}{dr}\lambda^n(r)\right)\|g\|_{\mathscr{B}}^{2n}.$$

注意到 $J_n(0)=\lambda(0)=0$，对上式积分即得(2.14).

注　由本引理可再次导出定理 2.2 的(B).

定理 2.10 的证明　令 $\varphi(t)=\sqrt{\log\frac{1}{t}\log_3\frac{1}{t}}$ 和 $A_n^*=\{\theta\in[0,2\pi]$，使得$|g(re^{i\theta})|>\lambda_0\varphi(1-r)\}$. 由引理 2.11 得

$$(\lambda_0\varphi(1-r))^{2n}|A_n^*|\leqslant\frac{1}{2\pi}\int_{A_n^*}|g(re^{i\theta})|^{2n}d\theta$$
$$\leqslant\frac{1}{2\pi}\int_0^{2\pi}|g(re^{i\theta})|^{2n}d\theta\leqslant n!(\lambda(r))^n,$$

其中　$|A_n^*|=\frac{1}{2\pi}\int_{A_n^*}d\theta$. 从而

$$|A_n^*|\leqslant\frac{n!(\lambda(r))^n}{(\lambda_0\varphi(1-r))^{2n}}.$$

根据 Stirling 公式，当 $n\geqslant n_0$ 时

$$n!\leqslant e^{-n}(2n)^n.$$

又当 r 充分接近 1 时，取 $n=[\log_3\frac{1}{1-r}]$，$[\alpha]$表示 α 的整数部分，于是

$$|A_n^*|\leqslant\left(\frac{2}{\lambda_0}\right)^n.$$

若取 $m=[\log_2\frac{1}{1-r}]$，则有 $\log m\leqslant n\leqslant\log(m+1)$. 又令 $\lambda_0=\sqrt{2}e$，便得

$$|A_n^*|\leqslant\frac{1}{m^2}.$$

现令 $A_n=[0,2\pi]\setminus A_n^*$，则有 $|A_n|=1-|A_n^*|>1-\frac{1}{m^2}>1-e^{-2n}$. 再

令 $A=\bigcup_{k=1}^{\infty}\bigcap_{n=k}^{\infty}An$，则有 $|A|=1$. 因此对任意 $e^{i\theta}\in A$，存在 k_0，使得当 $n\geqslant k_0$ 时 $e^{i\theta}\in A_n$. 因此只要 $r\geqslant r_0$ 使得 $n=\left[\log_3\frac{1}{1-r}\right]\geqslant k_0$ 便有

$$|g(re^{i\theta})|\leqslant\lambda_0\varphi(1-r).$$

由此只要取 $c=\lambda_0$ 即得(2.13). 定理证毕.

上述定理在[23]中被用来证明关于调和测度和 Hausdorff 测度关系的重要定理. 下面我们将介绍有关的 Makarov 定理[16]. 此处的简化证明是[23]中给出的.

设 $w=f(z)$ 是 D 到 $G=f(D)$ 的单叶映射，则知对于 a. e. $\zeta\in\partial D$ 存在非切极限值 $f(\zeta)$. 现设 $A\subset\partial G$ 为一可测集，令

$$f^{-1}(A)=\{\zeta\in\partial D,\text{使得 }f(\zeta)\text{ 存在且 }f(\zeta)\in A\}.$$

集 A 对 G 的调和测度在 $w\in G$ 点的值记为 $\omega_w(A)=\omega(w;A,G)$. 特别地，$\omega(A)=\omega(f(0);A,G)=|f^{-1}(A)|$.

Hausdorff 测度的定义如下：设 $h(t)$ 是 t 的严格增函数，$h(0)=0$. 又设 $U\subset C$ 为一集合，$\{K_j\}$ 是可数个圆族满足：diam $K_j<\delta$ 且 $U\subset\bigcup_j K_j$，则

$$\Lambda_h(U)=\lim_{\delta\to0}\inf_{\{K_j\}}\left\{\sum_j h(\operatorname{diam}K_j)\right\}.$$

定理 2.12(Makarov)定理　存在常数 $c>0$ 使得对任意单连通 Jordan 域 G 和任意可测集 $A\subset\partial G$，若 $\Lambda_h(A)=0$，则有 $\omega(A)=0$，其中

$$h(t)=t\exp\left(c\sqrt{\log\frac{1}{t}\log_3\frac{1}{t}}\right).\qquad(2.15)$$

在给出定理 2.12 的证明之前，先证明下述引理

引理 2.13　设 $f(z)\in S$，则对任意 $\varepsilon>0$，存在 $\delta>0$ 和集合 $M\subset\partial D$，使得

$$|M|>1-\varepsilon,$$

并且当 $\zeta=e^{i\theta}\in M$ 和 $r>1-\delta$ 时，有

$$|f(e^{i\theta})-f(re^{i\theta})|\leqslant c_2(1-r)\exp(c_1\varphi(1-r))\qquad(2.16)$$

和

$$|f'(re^{i\theta})| \geqslant c_3\exp(-c_1\varphi(1-r)), \qquad (2.17)$$

其中 c_1, c_2, c_3 为常数.

证 由定理 2.7 知 $\log f'(z) \in \mathscr{B}$，且此时式(2.11)中 $c=1$. 在定理 2.10 中可取 $c=\sqrt{2}e<6$，于是对 a. e. $e^{i\theta} \in \partial D$，我们有

$$\overline{\lim_{r\to 1-0}} \frac{|\log f'(re^{i\theta})|}{\varphi(1-r)} \leqslant 6.$$

因此当 $r>1-\delta$ 和 $e^{i\theta} \in M$ 时

$$\frac{|\log|f'(re^{i\theta})||}{\varphi(1-r)} \leqslant \frac{|\log f'(re^{i\theta})|}{\varphi(1-r)} < 7,$$

即有

$$\exp(-7\varphi(1-r)) < |f'(re^{i\theta})| < \exp(7\varphi(1-r)).$$

上式左端不等式即为所求的(2.17). 再积分上式得

$$|f(e^{i\theta}) - f(re^{i\theta})| = \left|\int_{re^{i\theta}}^{e^{i\theta}} f'(\zeta)d\zeta\right| \leqslant (1-r)\exp(7\varphi(1-r)).$$

由此得(2.16). 引理证毕.

对给定的 $\varepsilon>0$，ε 方块 Q 是指复平面上边长为 ε 的半开方块且其角点之坐标是 ε 的整数倍. 今对给定的集合 U 和 $\varepsilon>0$，令 $\{Q_j\}$ 是两两不相交的 ε 方块，且满足 $U \subset \bigcup_{j=1}^{n} Q_j$，$Q_j \cap U \neq \varnothing$，并记 $n = p(\varepsilon, U)$.

我们有

引理 2.14 设 K 是半径为 ε 的圆盘，且 $K \cap \partial G \neq \varnothing$，$G=f(D)$，$f(z) \in S$. 又令 $M \subset \partial D$，使得对某个 $r<1$ 和 $0<\alpha<1$ 以及所有 $e^{i\theta} \in M$ 满足

$$|f(e^{i\theta}) - f(re^{i\theta})| \leqslant \varepsilon \qquad (2.18)$$

和

$$(1-r)|f'(re^{i\theta})| \geqslant \alpha\varepsilon, \qquad (2.19)$$

又令 $U = f(r[f^{-1}(K) \cap M]) \subset G$，则对所有的 $t \in (0,1)$ 都有

$$p(t\alpha\varepsilon, U) \leqslant c_4(t\alpha)^{-2}. \qquad (2.20)$$

同时存在 $t_0 \in (0,1)$，使得当 $t \leqslant t_0$ 时，$t\alpha\varepsilon$ 方块 Q 满足

$$\operatorname{diam}(f^{-1}(Q) \cap rM) \leqslant 1-r. \qquad (2.21)$$

证 设$\{Q_j\}$是关于Q的$t\alpha\varepsilon$方块，即它们两两不相交，$Q_j\cap U\neq\varnothing$且

$$V=\bigcup_{j=1}^{n}Q_j\supset U.$$

于是

$$\operatorname{mes}V=n\operatorname{mes}Q_1=n(t\alpha\varepsilon)^2=p(t\alpha\varepsilon,U)(t\alpha\varepsilon)^2.$$

今若$w\in Q_j$，则存在$w'\in U$，使得

$$|w-w'|\leqslant\sqrt{2}(t\alpha\varepsilon).$$

由U的定义

$$e^{i\theta}=\zeta=\frac{1}{r}f^{-1}(w')\in M\cap f^{-1}(K).$$

由假设(2.18)，

$$|f(e^{i\theta})-f(re^{i\theta})|=|w'-f(e^{i\theta})|\leqslant\varepsilon.$$

注意到$\alpha<1,t<1$，则对任意$w\in V$有

$$\begin{aligned}|w-f(\zeta)|&\leqslant|w-w'|+|w'-f(\zeta)|\\&\leqslant\sqrt{2}t\alpha\varepsilon+\varepsilon<3\varepsilon.\end{aligned}$$

此即表示

$$V\subset\{w,\operatorname{dist}(w,K)<3\varepsilon\}.$$

于是

$$p(t\alpha\varepsilon,U)=\frac{\operatorname{mes}V}{(t\alpha\varepsilon)^2}\leqslant c_4(t\alpha)^{-2}.$$

现证(2.21)．令Q为任一$t\alpha\varepsilon$方块，$z_1,z_2\in f^{-1}(Q)\cap(rM)$，再令$w_j=f(z_j)$，$j=1,2$．并考虑

$$T(z)=\frac{z-z_1}{1-\bar{z}_1z}\text{ 和 }F(z)=f\circ T^{-1}(z),$$

显然$F(0)=f(z_1)$，$F'(0)=(1-|z_1|^2)f'(z_1)$．由假设(2.19)，

$$|F'(0)|\geqslant\alpha\varepsilon.$$

今若对给定的r，无论怎样选取t_0，(2.21)都不成立，即有$|z_1-z_2|>1-r$，从而

$$T(z_2)=\left|\frac{z_2-z_1}{1-\bar{z}_1z_2}\right|\geqslant c_5(r)>0.$$

由此可得

$$|w_1 - w_2| = |F \circ T(z_1) - F \circ T(z_2)|$$
$$= |F \circ T(z_2) - F(0)| \geqslant c_6 |F'(0)| \geqslant c_6 \alpha \varepsilon.$$

另一方面，$w_1, w_2 \in Q$，故

$$|w_1 - w_2| \leqslant \sqrt{2}\, t_0 \alpha \varepsilon.$$

当取 $t_0 < c_6/\sqrt{2}$ 时便导出矛盾. 引理证毕.

定理 2.12 的证明 设 $A \subset \partial G$ 且有 $\Lambda_h(A) = 0$，我们要证$\omega(A) = 0$. 如若不然，则有$\omega(A) > 0$，即$|f^{-1}(A)| > 0$. 由引理 2.13 存在 $M \subset \partial D$，使得

$$|M \cap f^{-1}(A)| > 0,$$

并且对 $\zeta = e^{i\theta} \in M \cap f^{-1}(A)$ 满足引理 2.13 的结论. 现设$\{K_j\}$为圆族且$\bigcup_j K_j \supset A$. 我们将证明

$$|f^{-1}(K_j) \cap M| \leqslant c_7 h(\mathrm{diam} K_j).$$

为此，令 $K = K_j$，取 $\varepsilon = \frac{1}{2}\mathrm{diam} K$，并以下式确定 r：

$$c_2(1 - r)\exp(c_1 \varphi(1 - r)) = \varepsilon.$$

然后令

$$\alpha = \frac{c_3}{c_2}\exp(-2c_1\varphi(1 - r)),$$

因此(2.16)和(2.17)分别成为

$$|f(e^{i\theta}) - f(re^{i\theta})| \leqslant \varepsilon$$

和

$$(1 - r)|f'(re^{i\theta})| \geqslant \alpha \varepsilon.$$

如同引理 2.14 一样，令 $U = f(r[f^{-1}(K) \cap M])$，$\{Q_k\}_{k=1}^n$是关于$U$ 的 $t_0 \alpha \varepsilon$ 方块族，$n = p(t_0 \alpha \varepsilon, U)$，应用引理 2.14 便得

$$|f^{-1}(U)| \leqslant \sum_{k=1}^{n} |r f^{-1}(Q_k) \cap M|$$
$$\leqslant n(1 - r) \leqslant c_4 (t_0 \alpha)^{-2}(1 - r).$$

注意到α 的表达式，当 $r \geqslant r_0 > 0$ 时

$$\left|\frac{1}{r} f^{-1}(U)\right| \leqslant c_8(1 - r)\exp(c\varphi(1 - r)),$$

其中 $c=4c_1$. 再由 U 的定义即得

$$|f^{-1}(K)\cap M|\leqslant c_9(1-r)\exp(c\varphi(1-r)).$$

注意到当 ε 足够小时,从而 r 足够接近 1,则总有 $1-r\leqslant\varepsilon$,由 $h(t)=t\exp(c\varphi(t))$的增长性便有

$$\begin{aligned}|f^{-1}(K)\cap M| &\leqslant c_7(2\varepsilon)\exp(c\varphi(2\varepsilon))\\ &= c_7h(\mathrm{diam}K).\end{aligned}$$

由上式我们有

$$\begin{aligned}|M\cap f^{-1}(A)| &\leqslant |M\cap f^{-1}(\bigcup_{(j)}K_j)|\\ &\leqslant \sum_j |f^{-1}(K_j)\cap M| \leqslant c_7\sum_j h(\mathrm{diam}K_j).\end{aligned}$$

今由假设 $\Lambda_h(A)=0$,因此上式右端可以任意小,这就导出矛盾. 因此必须有 $\omega(A)=0$. 定理证毕.

§ 3. Bloch 空间与 Bergman 空间

本节介绍 Bloch 空间 $\mathscr{B}$、小 Bloch 空间 $\mathscr{B}_0$、Bergman 空间和 Ba 空间的一些基本性质以及它们的关系[4,9,11].

3.1 $\mathscr{B}$ 和 $\mathscr{B}_0$ 的结构

定理 3.1 $\mathscr{B}$ 是不可分空间.

证 对于 $0\leqslant t<2\pi$,可以检证

$$f_t(z)=\frac{1}{2}e^{-ti}\log\frac{1+e^{-ti}z}{1-e^{-ti}z}$$

属于 $\mathscr{B}$. 事实上,可以算出

$$\|f_t\|_{\mathscr{B}}=\sup_{z\in D}\left\{(1-|z|^2)\left|\frac{e^{-2it}}{1-e^{-2it}z^2}\right|\right\}\leqslant 1.$$

但若 $t\neq\tau$,则有

$$\|f_t-f_\tau\|_{\mathscr{B}}=\sup_{z\in D}\left\{(1-|z|^2)\left|\frac{1-e^{2i(t-\tau)}}{(1-e^{-2it}z^2)(1-e^{-2i\tau}z^2)}\right|\right\}\geqslant 1$$

这就表明 $\mathscr{B}$ 是不可分的.

但我们可证明 $\mathscr{B}_0$ 是可分的. 为此先证明:

引理 3.2 设 $f_n(z)$ 在 D 内解析，对 $f_n(z)\in\mathscr{B}_0$，$f(z)\in\mathscr{B}$，当 $n\to\infty$ 时 $\|f_n-f\|_{\mathscr{B}}\to 0$ 的充要条件是

(i) $f_n(z)$ 局部一致收敛于 $f(z)$；

(ii) 当 $|z|\to 1$ 时，对 n 一致地有 $(1-|z|^2)|f_n'(z)|\to 0$.

证 先证必要性. 由于

$$f_n(z)-f(z)=f_n(0)-f(0)+\int_0^z(f_n(\zeta)-f'(\zeta))d\zeta$$

得

$$\max_{|z|\leqslant r}\{|f_n(z)-f(z)|\}\leqslant\left(1+\frac{1}{2}\log\frac{1+r}{1-r}\right)\|f_n-f\|_{\mathscr{B}}.$$

由此得(i).

由于 $\|f_n-f\|_{\mathscr{B}}\to 0$，即对任意 $\varepsilon>0$ 存在 n_0. 当 $m,n\geqslant n_0$ 时

$$\|f_m-f_n\|_{\mathscr{B}}<\frac{1}{2}\varepsilon.$$

今固定 $m(\geqslant n_0)$，则对 $n\geqslant n_0$ 便有

$$\begin{aligned}(1-|z|^2)|f_n'(z)|&\leqslant(1-|z|^2)|f_m'(z)|+\|f_n-f_m\|_{\mathscr{B}}\\&<(1-|z|^2)|f_m'(z)|+\frac{\varepsilon}{2}.\end{aligned}$$

但知 $f_m(z)\in\mathscr{B}_0$，故当 $|z|\geqslant\rho\geqslant\rho_0$ 时，$(1-|z|^2)|f_m(z)|<\frac{\varepsilon}{2}$. 因此对 $n\geqslant n_0$ 和 $\rho\leqslant|z|<1$ 有

$$(1-|z|^2)|f'_n(z)|<\varepsilon.$$

再适当调整 ρ_0 使得上式当 $n=1,2,\cdots,n_0$ 时仍成立. 此即为(ii).

现证充分性. 由(ii)即知 $f_n(z)\in\mathscr{B}_0$. 再由(i)可知对每一点 $z\in D$，$f'_n(z)$ 收敛于 $f'(z)$. 于是由

$$\begin{aligned}&(1-|z|^2)|f'(z)|\\&\quad\leqslant(1-|z|^2)|f_n'(z)|+(1-|z|^2)|f_n'(z)-f'(z)|,\end{aligned}$$

根据(ii)当 $|z|\to 1$ 时上式右端第一项对所有 n 趋于零. 上式第二项当 $|z|\to 1$ 时趋于零. 因此 $f(z)\in\mathscr{B}_0$.

其次，由

$$(1-|z|^2)|f_n'(z)-f'(z)|$$

$$\leqslant (1-|z|^2)|f_n'(z)| + (1-|z|^2)|f'(z)|,$$

根据(ii)对任意 $\varepsilon>0$,存在 ρ_0 使得当 $\rho_0\leqslant\rho\leqslant|z|<1$ 时对所有 n 都有 $(1-|z|^2)|f'_n(z)|<\frac{\varepsilon}{2}$. 又因 $f(z)\in\mathscr{B}_0$,故适当改变 ρ_0 的选取可使 $\rho_0\leqslant\rho\leqslant|z|<1$ 时有 $(1-|z|^2)|f'(z)|<\frac{\varepsilon}{2}$. 从而对一切 n 和 $\rho\leqslant|z|<1$ 有

$$(1-|z|^2)|f_n'(z)-f'(z)|<\varepsilon.$$

另一方面,当 $|z|\leqslant\rho$ 时,由(i)可知对 $n\geqslant n_0$ 有

$$(1-|z|^2)|f_n'(z)-f'(z)|<\varepsilon.$$

这就导出当 $n\to\infty$ 时,$\|f_n-f\|_{\mathscr{B}}\to 0$.

推论 3.3 $\mathscr{B}_0$ 是 $\mathscr{B}$ 的闭子空间.

推论 3.4 设 $f(z)\in\mathscr{B}$,则 $f(z)\in\mathscr{B}_0$ 的充分且必要的条件是当 $\zeta\to 1$ 时

$$\|f(z)-f(\zeta z)\|_{\mathscr{B}}\to 0,\qquad |\zeta|\leqslant 1.$$

证 若 $f(z)\in\mathscr{B}$,则对每个 $\zeta\in D$ 易知 $f(\zeta z)\in\mathscr{B}_0$. 现由假设当 $\zeta\to 1$ 时 $\|f(z)-f(\zeta z)\|_{\mathscr{B}}\to 0$,根据推论 3.3 便知 $f(z)\in\mathscr{B}_0$.

反之. 如 $f(z)\in\mathscr{B}_0$,令 $\zeta_n\to 1$(当 $n\to\infty$)且 $|\zeta_n|\leqslant 1$,则显然 $f_n(z)=f(\zeta_n z)\in\mathscr{B}_0$ 且满足引理 3.2 的条件,因此当 $n\to\infty$ 时

$$\|f(z)-f(\zeta_n z)\|_{\mathscr{B}}\to 0.$$

此即为所求.

定理 3.5 $\mathscr{B}_0$ 是 $\mathscr{B}$ 的无处稠密的可分子空间,并且是多项式集合在 $\|\cdot\|_{\mathscr{B}}$ 下的闭包.

证 首先任一多项式 $P(z)\in\mathscr{B}_0$. 由推论 3.4 可知多项式集合在 $\|\cdot\|_{\mathscr{B}}$ 下的闭包含于 $\mathscr{B}_0$. 现对任意 $f(z)\in\mathscr{B}_0$,取 $\zeta_n=1-\frac{1}{n}$,则知 $f(\zeta_n z)$ 在 $|z|\leqslant 1$ 为解析,故存在多项式 $P_n(z)$ 使得对 $|z|\leqslant 1$ 有

$$|f(\zeta_n z)-P_n(z)|<\frac{1}{n},$$

从而

$$\begin{aligned}\|f(z)-P_n(z)\|_{\mathscr{B}} &\leqslant \|f(z)-f(\zeta_n z)\|_{\mathscr{B}} \\ &\quad + \|f(\zeta_n z)-P_n(z)\|_{\mathscr{B}} \\ &\leqslant \|f(z)-f(\zeta_n z)\|_{\mathscr{B}} + \frac{2}{n}.\end{aligned}$$

由引理3.2的推论3.4，上式右端当$n\to\infty$时趋于零. 因此$\mathscr{B}_0$是多项式集合在$\|\cdot\|_{\mathscr{B}}$下的闭包，从而是可分的.

最后，对$f_0(z)\in\mathscr{B}_0$和$\varepsilon>0$，易知对$g(z)\in\mathscr{B}$且有$\|g\|_{\mathscr{B}}\leqslant\frac{\varepsilon}{4}$者，函数

$$f(z)=f_0(z)+\frac{\varepsilon}{4}\log\frac{1+z}{1-z}+g(z)\in\mathscr{B}\backslash\mathscr{B}_0$$

此即表明$\mathscr{B}_0$在$\mathscr{B}$是无处稠密的.

3.2 Bloch 空间与 Bergman 空间

定义 3.1 对$1\leqslant p<\infty$，

$$L_a^p(D,dA)=\left\{f(z)\text{ 在 } D \text{ 内解析}, \iint_D |f(z)|^p dA(z)<\infty\right\},$$

并称$L_a^p(D,dA)$为Bergman空间. $L_a^p(D,dA)$中元素$f(z)$的范数定义为

$$\|f\|_p=\left\{\iint_D |f(z)|^p dA\right\}^{\frac{1}{p}}. \tag{3.1}$$

我们有

定理 3.6 对$1\leqslant P<\infty$，$L_a^p(D,dA)$为一Banach空间.

证 首先易于检证$L_a^p(D,dA)$是一线性赋范空间. 下面证明它是完备的. 由解析函数的平均值公式有

$$f_{n+k}(z)-f_n(z)=\frac{1}{\rho^2}\iint_{D_\rho(z)}(f_{n+k}(\zeta)-f_n(\zeta))\,dA(\zeta),$$

$$z\in D, D_\rho(z)\subset D,$$

其中$D_\rho(z)=\{\zeta, |\zeta-z|<\rho\}$，$\rho=1-|z|$. 于是对于$|z|\leqslant r<1$和$p\geqslant 1$便有

$$|f_{n+k}(z) - f_n(z)| \leqslant \frac{1}{(1-r)^2} \| f_{n+k} - f_n \|_p,$$

由此可得若$\{f_n\}$是$L_a^p(D,dA)$内的Cauchy序列，则它内闭一致收敛于一解析函数$f(z)$. 现对固定的n，由Fatou定理

$$\begin{aligned}\| f \|_p &\leqslant \| f_n \|_p + \| f_n - f \|_p \\ &= \| f_n \|_p + \lim_{k\to\infty} \| f_{n+k} - f_n \|_p < \infty\end{aligned}$$

即知$f \in L_a^p(D,dA)$，且$\{f_n\}$按范数$\|\cdot\|_p$收敛于f. 定理证毕.

特别地，$L_a^2(D,dA)$成一Hilbert空间，$f,g \in L_a^2(D,dA)$的内积定义为

$$(f,g) := \iint_D f(z)\overline{g}(z)dA(z). \tag{3.2}$$

对于固定的$\zeta \in D$，我们希望寻求一个函数$K_\zeta(z) = K(z,\zeta) \in L_a^2(D,dA)$使得对所有的$f(z) \in L_a^2(D,dA)$有

$$f(\zeta) = (f, K_\zeta),$$

并称具有此性质的函数$K(z,\zeta)$为关于点z的核函数. 为证明核函数存在先证下列引理.

引理3.7 设L是Hilbert空间H的有界线性泛函，即对$f \in H$都有

$$|L(f)| \leqslant M \| f \|,$$

其中M为一与f无关的常数，则在H中存在唯一的元素$g \in H$，使得

$$L(f) = (f,g).$$

证 首先证明唯一性. 设有$g_1, g_2 \in H$使得对所有的$f \in H$有

$$(f,g_1) = (f,g_2),$$

从而对$f = g_1 - g_2$亦然. 由此导出

$$(g_1 - g_2, g_1 - g_2) = \| g_1 - g_2 \|^2 = 0,$$

即有$g_1 = g_2$.

现在考虑H的子集

$$H_0 = \{f \in H, L(f) = 0\}.$$

因为 L 是连续线性泛函，故 H_0 是闭子空间. 记 $H_0^{\perp}$ 为其正交补空间，即 $H=H_0\oplus H_0^{\perp}$. 现分两种情形讨论：

(i)若 $H_0=H$，即 $H_0^{\perp}=\varnothing$，则取 $g=0$；

(ii)若 $H_0^{\perp}\neq\varnothing$，则取 $h\in H_0^{\perp}$. 由于 $h_0=L(f)h-L(h)f\in H_0$，故有

$$0=(h_0,h)=L(f)(h,h)-L(f)(f,h).$$

由此即得

$$L(f)=\left(f,\frac{\overline{L(h)}}{\|h\|^2}h\right),$$

此时取 $g=\dfrac{\overline{L}(h)}{\|h\|^2}h$ 即为所求.

定理 3.8 对 $\zeta\in D$ 存在核函数 $K_\zeta(z)=K(z,\zeta)$，且有

$$K(z,\zeta)=\sum_{n=0}^{\infty}(\sqrt{n+1}\,z^n)(\sqrt{n+1}\,\overline{\zeta}^n)=\frac{1}{(1-z\overline{\zeta})^2}.$$

对于 $f(\zeta)\in L_a^2(D,dA)$ 有

$$f(\zeta)=(f,K_\zeta)=\iint_D f(z)\overline{K}(z,\zeta)dA(z), \tag{3.3}$$

并称此为再生公式.

证 对 $\zeta\in D$，取 $L(f)=f(\zeta)$，由于

$$|f(\zeta)|=\frac{1}{(1-|\zeta|)^2}\left|\iint_{D_\rho(\zeta)}f(z)dA(z)\right|\leqslant\frac{1}{(1-|\zeta|)^2}\|f\|_2,$$

即知 $L(f)$ 为有界线性泛函. 根据引理 3.7 存在 $K_\zeta(z)\in L_a^2(D,dA)$ 使得

$$L(f)=f(\zeta)=(f,K_\zeta).$$

现令 $K_\zeta(z)=K(z,\zeta)=\sum\limits_{m=0}^{\infty}b_m z^m$，并特别地取 $f(z)=z^m$，便得

$$\zeta^m=(z^m,K_\zeta(z))=\iint_D z^m\sum_{n=0}^{\infty}\overline{b}_n\overline{z}^n dA(z)=\overline{b}_m/(m+1).$$

注意到 $\dfrac{1}{(1-\zeta)^2}=\left(\dfrac{1}{1-\zeta}\right)'=\sum\limits_{n=1}^{\infty}n\zeta^{n-1}$ 便得

$$K(z,\zeta)=\sum_{n=0}^{\infty}(n+1)(z\overline{\zeta})^n$$

$$=\sum_{n=0}^{\infty}(\sqrt{n+1}z^n)(\sqrt{n+1}\overline{\zeta}^n)$$

$$=\frac{1}{(1-z\overline{\zeta})^2}.$$

推论 3.9 $\|K_\zeta\|_2^2=\dfrac{1}{(1-|\zeta|^2)^2}.$

事实上，由(3.3)，

$$K_\zeta(\zeta)=(K_\zeta,K_\zeta)=\|K_\zeta\|_2^2=\frac{1}{(1-|\zeta|^2)^2}. \quad (3.4)$$

关于核函数还有以下性质.

定理 3.10 设 $\zeta\in D$，则作为 z 的函数 $K_\zeta(z)/K_\zeta(\zeta)$ 是 $L_a^2(D,dA)$ 中适合条件 $f(\zeta)=1$ 的函数中范数最小的元素.

证 由 $K_\zeta(z)$ 之定义和 Hölder 不等式

$$1=f(\zeta)=|(f,K_\zeta)|\leqslant\|f\|_2\|K_\zeta\|_2,$$

由推论 3.9 便得

$$\left\|\frac{K_\zeta(z)}{K_\zeta(\zeta)}\right\|_2=\frac{1}{\|K_\zeta(\zeta)\|_2}\leqslant\|f\|_2.$$

若上式取等号则导出 $f(z)=e^{i\alpha}K_\zeta(z)/K_\zeta(\zeta)$. 但由条件 $f(\zeta)=1$，便导出必须 $f(z)=K_\zeta(z)/K_\zeta(\zeta)$.

下面证明对于 $f(z)\in L_a^p(D,dA)$，$1\leqslant p<\infty$，再生公式(3.3)仍成立.

定理 3.11 对 $f(z)\in L_a^p(D,dA)$，$1\leqslant p\leqslant\infty$，

$$f(\zeta)=\iint_D f(z)\overline{K}(z,\zeta)dA(z),\ \zeta\in D.$$

证 令 $f(z)=\sum_{n=0}^{\infty}a_nz^n$，并设 $r<1$，于是

$$\iint_D f(z)\overline{K}(z,\zeta)dA(z)=\lim_{r\to1}\iint_{D_r(0)}f(z)\overline{K}(z,\zeta)dA(z)$$

$$=\lim_{r\to1}\sum_{n=0}^{\infty}(n+1)\zeta^n\iint_{D_r(0)}f(z)\overline{z}^ndA(z)$$

$$=\sum_{n=0}^{\infty}a_n\zeta^n.$$

由核函数 $K_\zeta(z)$ 可定义 Bergman 度量如下：

$$d\tau = |K_z(z)||dz| = \frac{|dz|}{1-|z|^2}.$$

在单位圆情形它与 Poincaré 度量相同. 相应的 Gauss 曲率为

$$K = -\frac{\Delta \log \dfrac{d\tau}{|dz|}}{\left(\dfrac{d\tau}{|dz|}\right)^2} = -4.$$

对于一般的有界域 Ω，如果 $\{f_n\}$ 为完备就范正交系，则有

$$K(z,\zeta) = \sum_{n=0}^{\infty} f_n(z)\overline{f_n(\zeta)},$$

而 Bergman 度量是

$$d\tau = \sqrt{\sum_{n=0}^{\infty} |f_n(z)|^2}\ |dz|.$$

相应的 Gauss 曲率

$$K = -2\frac{\sum_{n=0}^{\infty}|f_n|^2\sum_{n=0}^{\infty}|f'_n|^2 - |\sum_{n=0}^{\infty} f_n f'_n|^2}{(\sum_{n=0}^{\infty}|f_n|^2)^3},$$

但知上式分子等于 $\frac{1}{2}\sum_{i,k}|f_i f'_k - f_k f'_i|^2$，于是

$$K = -\sum_{i,k}|f_i f'_k - f_k f'_i|^2 / (\sum_{n=0}^{\infty}|f_n|^2)^3,$$

由此可见曲率是非正的，但它不一定是常数.

对 $1 \leqslant p < \infty$，我们以 $L^p(D, dA)$ 表示 D 上满足条件 $\iint_D |f(z)|^p dA(z) < \infty$ 的复值可测函数的集合. 若装备范数

$$\|f\|_p = \left\{\iint_D |f(z)|^p dA(z)\right\}^{\frac{1}{p}},$$

则可指出 $L^p(D,dA)$ 是一 Banach 空间. 特别地 $L^2(D,dA)$ 是一 Hilbert 空间. 类似于 $L_a^2(D,dA)$ 对 $f,g \in L^2(D,dA)$ 由(3.2)可定义内积. 易知 $L_a^p(D,dA)$ 是 $L^p(D,dA)$ 的闭子空间，并且显然有

$$L_a^p(D,dA) = A(D) \cap L^p(D,dA),$$

其中 $A(D)$是 D 内全纯函数之集合.

由于 $L_a^2(D,dA)$是 Hilbert 空间 $L^2(D,dA)$的闭子空间，我们可以考虑正交投影 $P: L^2(D,dA) \to L_a^2(D,dA)$. 我们有

定理 3.12 $L^2(D,dA)$到 $L_a^2(D,dA)$的投影算子 P 可表为

$$(Pf)(\zeta) = \iint_D f(z)\overline{K}(z,\zeta)dA(z), f \in L^2(D,dA). \quad (3.5)$$

证 因为对 $\zeta \in D, K_\zeta(z) \in L_a^2(D,dA)$，而$(I-P)f$ 属于 $L_a^2(D,dA)$的正交补，故有

$$((I-P)f, K_\zeta) = 0,$$

从而

$$(Pf)(\zeta) = (Pf, K_\zeta) = (f, K_\zeta),$$

此即为(3.5). 再由 Hölder 不等式

$$\iint_D |Pf|^2 dA(z) = \iint_D |(f,K_\zeta)|^2 dA(z)$$

$$\leqslant \|f\|_2^2 \|K_\zeta\|_2^2 = \frac{1}{(1-|\zeta|^2)^2}\|f\|_2^2.$$

这就表明 P 是有界的.

注意到$\zeta \in D$ 时，$K_\zeta(z)$是有界函数，因此对 $f \in L^P(D,dA)$，$1 \leqslant P \leqslant \infty$，公式(3.5)仍有意义. 对于$\zeta \in D$ 和 $f \in L^P(D,dA)$我们定义

$$(Pf)(\zeta) = \iint_D f(z)\overline{K}(z,\zeta)dA(z). \quad (3.5)'$$

由于$\iint_D f(z)\frac{\partial \overline{K}(z,\zeta)}{\partial \zeta}dA(z)$ 绝对收敛并等于 $\frac{d(Pf)(\zeta)}{d\zeta}$，即 $(Pf)(\zeta) \in A(D)$. 又当 $f \in L_a^P(D,dA)$时$(Pf)(\zeta) = f(\zeta)$，这表明 P 是$L^P(D,dA)$到 $L_a^P(D,dA)$的满射并且有[6].

定理 3.13 对 $1 < P < \infty$，P 是 $L^P(D,dA)$到 $L_a^P(D,dA)$的有界算子.

为证明此定理，我们先证明下述引理.

引理 3.14 设$-1<a<\infty, a+b>-2$，则

$$\sup_{\lambda\in D}\iint_D (1-|z|^2)^a|1-\lambda z|^b dA(z) = c_0 < \infty.$$

证 对$\zeta\in D$令$(1-\zeta)^{b/2}=\sum_{n=0}^{\infty}d_n\zeta^n$，因此当$\lambda\in D$和$|z|=r<1$时

$$\int_0^{2\pi}|1-\lambda re^{i\theta}|^b\frac{d\theta}{\pi}=2\sum_{n=0}^{\infty}|d_n|^2|\lambda|^{2n}r^{2n}$$

$$\leqslant 2\sum_{n=0}^{\infty}|d_n|^2r^{2n}=\int_0^{2\pi}|1-re^{i\theta}|^b\frac{d\theta}{\pi}.$$

于是

$$\iint_D(1-|z|^2)^a|1-\lambda z|^b dA(z)$$

$$\leqslant\frac{1}{\pi}\int_0^1(1-r^2)^a\left(\int_0^{2\pi}|1-re^{i\theta}|^b d\theta\right)rdr$$

$$=\iint_D(1-|z|^2)^a(|1-z|)^b dA(z)$$

$$=\iint_{1+D}(1-|\zeta-1|^2)^a|\zeta|^b dA(\zeta)$$

$$=\frac{1}{\pi}\int_{-\frac{\pi}{2}}^{\frac{\pi}{2}}\int_0^{2\cos\theta}(2\cos\theta-r)^a r^{a+b+1}drd\theta=I.$$

现分三种情形讨论：

(i)若$a\geqslant 0$，则由$a+b>-2$，故有$I=c_0(a,b)=c_0<\infty$；

(ii)若$a+b+1\geqslant 0$，则由$a>-1$，同样有$I=c_0<\infty$；

(iii)若$-1<a<0, a+b+1<0$，此时

$$I\leqslant\frac{1}{\pi}\int_{-\frac{\pi}{2}}^{\frac{\pi}{2}}\int_0^{\cos\theta}(\cos\theta)^a r^{a+b+1}drd\theta$$

$$+\frac{1}{\pi}\int_{-\frac{\pi}{2}}^{\frac{\pi}{2}}\int_{\cos\theta}^{2\cos\theta}(2\cos\theta-r)^a(\cos\theta)^{a+b+1}drd\theta$$

$$\leqslant\frac{2(2a+b+3)}{\pi(a+1)(a+b+2)}\int_0^{\frac{\pi}{2}}(\cos\theta)^{2a+b+2}d\theta<\infty.$$

引理证毕.

引理 3.15 设 $1<P<\infty, h(z)=(1-|z|^2)^{-\frac{1}{Pq}}$，其中 $\frac{1}{P}+\frac{1}{q}=1$，则存在 $c=c_P$ 满足下面的不等式

$$\iint_D (h(z))^P |1-\zeta\bar{z}|^{-2} dA(z) \leqslant c(h(\zeta))^P \tag{3.6}$$

和

$$\iint_D (h(z))^q |1-\zeta\bar{z}|^{-2} dA(z) \leqslant c(h(\zeta))^q. \tag{3.7}$$

证 对固定的 $\zeta\in D$，令 $z=\varphi_\zeta(\lambda)=\frac{\zeta-\lambda}{1-\bar{\zeta}\lambda}$. 注意到 $dA(z)=\left(\frac{1-|\zeta|^2}{|1-\bar{\zeta}\lambda|^2}\right)^2 dA(\lambda)$ 便有

$$\begin{aligned}
&\iint_D (h(z))^p |1-\zeta\bar{z}|^{-2} dA(z)\\
&= \iint_D (1-|z|^2)^{-\frac{1}{q}} |1-\zeta\bar{z}|^{-2} dA(z)\\
&= (h(\zeta))^p \iint_D (1-|\lambda|^2)^{-\frac{1}{q}} |1-\bar{\zeta}\lambda|^{\frac{2}{q}-2} dA(\lambda).
\end{aligned}$$

由引理 3.14 即得式(3.6). 类似地可得(3.7).

定理 3.13 的证明 由式(3.5)并应用 Hölder 不等式便有

$$\begin{aligned}
|(Pf)(\zeta)| &\leqslant \iint_D |f(z)|(h(z))^{-1}(h(z))|1-\zeta\bar{z}|^{-2} dA(z)\\
&\leqslant \left\{\iint_D (h(z))^q |1-\zeta\bar{z}|^{-2} dA(z)\right\}^{\frac{1}{q}}\\
&\quad \times \left\{\iint_D (h(z))^{-p} |f(z)|^p |1-\zeta\bar{z}|^{-2} dA(z)\right\}^{\frac{1}{p}}.
\end{aligned}$$

再应用引理 3.15 即得

$$\begin{aligned}
&|(Pf)(\zeta)|^p\\
&\leqslant c(h(\zeta))^p \left(\iint_D |f(z)|^p (h(z))^{-p} |1-\zeta\bar{z}|^{-2} dA(z)\right),
\end{aligned}$$

对上式求积分并再次应用引理 3.15 便得

$$\| Pf \|_p \leqslant c_p \| f \|_p.$$

定理证毕.

注　在定理 3.13 的证明过程中，我们证明了下述更强的结论：若 $f \in L^p(D, dA)$，并令

$$(\hat{P}f)(\zeta) = \iint_D |f(z)| |1 - \zeta \bar{z}|^{-2} dA(z), \tag{3.8}$$

则有

$$\| \hat{P}f \|_p \leqslant c_p \| f \|_p. \tag{3.9}$$

对于 $p=1$，我们将讨论另一个有界算子. 为此先证明

引理 3.16　设 $f(z)$ 在 D 解析且满足

$$\iint_D |f(z)| (1 - |z|^2)^2 dA(z) < \infty,$$

则对 $\zeta \in D$ 有

$$f(\zeta) = 3 \iint_D f(z) (1 - |z|^2)^2 (\overline{K}(z, \zeta))^2 dA(z).$$

证　由 Lebesgue 控制收敛定理得

$$\begin{aligned} I &= 3 \iint_D f(z)(1 - |z|^2)^2 (\overline{K}(z,\zeta))^2 dA(z) \\ &= 3 \lim_{t \to 1} \iint_{D_t(0)} f(z)(t^2 - |z|^2)^2 (1 - \bar{z}\zeta)^{-4} dA(z), \end{aligned}$$

将展式 $f(z) = \sum_{n=0}^{\infty} a_n z^n$ 和 $(1 - \bar{z}\zeta)^{-4} = \sum_{n=0}^{\infty} (n+1)(n+2)(n+3) \cdot \bar{z}^n \zeta^n / 6$ 代入上式右端积分便得

$$I = \lim_{t \to 1} t^6 f(t^2 \zeta) = f(\zeta),$$

引理证毕.

对 $f \in L^1(D, dA)$，定义

$$(Qf)(\zeta) = 3 \iint_D f(z)(1 - |z|^2)^2 (\overline{K}(z,\zeta))^2 dA(z).$$

易知

$$\frac{d(Qf)(\zeta)}{d\zeta} = 3 \iint_D f(z)(1 - |z|^2)^2 \frac{\partial (\overline{K}(z,\zeta))^2}{\partial \zeta} dA(z)$$

收敛，即$(Qf)(\zeta)\in A(D)$，并且有

定理 3.17 Q 是 $L^1(D,dA)$ 到 $L_a^1(D,dA)$ 的有界算子.

证 由引理 3.16，知若 $f\in L_a^1(D,dA)$，则$(Qf)(\zeta)=f(\zeta)$. 今设 $f\in L^1(D,dA)$，对 $\zeta\in D$ 便有

$$(Qf)(\zeta)\leqslant 3\iint\limits_D |f(z)|(1-|z|^2)^2|K(z,\zeta)|^2 dA(z).$$

计及(3.4)得

$$\begin{aligned}&\iint\limits_D |(Qf)(\zeta)|dA(\zeta)\\ &\qquad\leqslant 3\iint\limits_D |f(z)|(1-|z|^2)^2\left(\iint\limits_D |\overline{K}(z,\zeta)|^2 dA(\zeta)\right)dA(z)\\ &\qquad= 3\iint\limits_D |f(z)|dA(z).\end{aligned}$$

定理 3.18 $PL^\infty(D,dA)=\mathscr{B}$，其中 $L^\infty(D,dA)=L^\infty$是 D 内有界可测函数空间，$\|f\|_\infty=\operatorname{vrai}\max\limits_{z\in D}|f(z)|$.

证 首先证明 $PL^\infty\subseteq\mathscr{B}$. 设 $f(z)\in L^\infty$，则

$$|Pf(0)|=\left|\iint\limits_D f(z)dA(z)\right|\leqslant\|f\|_\infty.$$

由$(3.5)'$，得

$$(Pf)'(\zeta)=2\iint\limits_D \bar{z}f(z)(1-\zeta\bar{z})^{-3}dA(z),$$

由此

$$|(Pf)'(0)|\leqslant 2\|f\|_\infty.$$

再根据

$$(Pf)''(\zeta)=6\iint\limits_D \bar{z}^2 f(z)(1-\zeta\bar{z})^{-4}dA(z),$$

可得

$$|(Pf)''(0)|\leqslant 6\|f\|_\infty\|K_\zeta\|_2^2.$$

根据定理 2.2

$$\|Pf\|_{\mathscr{B}}\leqslant|(Pf)'(0)|$$

$$+\sup_{z\in D}\{(1-|z|^2)^2|(Pf)''(z)|\}\leqslant 8\|f\|_{\mathscr{B}}.$$

关于 $\mathscr{B}\subseteq PL^\infty$ 的证明将在定理 3.22 的证明之后给出.

下面我们将证明下述对偶定理.

定理 3.19 对于 $1<p<\infty$ 有

$$(L_a^p(D,dA))^*=L_a^{p'}(D,dA),$$

其中 $\frac{1}{p}+\frac{1}{p'}=1$. 即每个 $L_a^p(D,dA)$ 上的有界线性泛函 l 存在唯一的 $g\in L_a^{p'}(D,dA)$ 使得

$$l(f)\equiv(f,g)=\iint_D f(z)\overline{g}(z)dA(z),f\in L_a^p(D,dA),$$

并且 $\|g\|_{p'}\leqslant c\|l\|$；反之，任一 $g\in L_a^{p'}(D,dA)$ 可产生 $L_a^p(D,dA)$ 中一有线性泛函

$$lg(f)=(f,g)=\iint_D f(z)\overline{g}(z)dA(z),$$

并且 $\|l\|\leqslant c\|g\|_{p'}$.

证 设 $l\in(L_a^p(D,dA))^*$. 由于 $L_a^p(D,dA)$ 是 $L^p(D,dA)$ 的闭子空间，因此由 Hahn-Banach 定理 l 能保范延拓为 $L^p(D,dA)$ 上有界线性泛函并仍以 l 表示之，再由 Riesz 表示定理存在 $h\in L^{p'}(D,dA)$ 使得

$$l(f)=\iint_D f(z)\overline{h}(z)dA(z),f\in L_a^p(D,dA),$$

并且 $\|l\|\leqslant\|h\|_{p'}$，令 $g(\zeta)=Ph(\zeta)\in L_a^{p'}(D,dA)$，则有

$$\begin{aligned}\iint_D f(z)\overline{g}(z)dA(z)&=\iint_D f(z)dA(z)\iint_D\overline{h}(\zeta)\overline{K}(z,\zeta)dA(\zeta)\\&=\iint_D\overline{h}(\zeta)dA(\zeta)\iint_D f(z)\overline{K}(z,\zeta)dA(z)\\&=\iint_D\overline{h}(\zeta)f(\zeta)dA(\zeta)=l(f).\end{aligned}$$

由定理 3.13 便得

$$\|g\|_{p'}\leqslant c\|h\|_{p'}=c\|l\|.$$

反之，若 $g\in L^{p'}(D,dA)$，则

$$lg(f)=\iint_D f(z)\overline{g}(z)dA(z).$$

显然是$L_a^p(D,dA)$上有界线性泛函. 由 Hölder 不等式

$$|l_g(f)|\leqslant\|f\|_p\|g\|_{p'}$$

从而

$$\|l_g\|\leqslant\|g\|_{p'}.$$

下面讨论 $p=1$ 的情形. 首先证明

引理 3.20 设 $f(z)=\sum_{n=0}^{\infty}a_nz^n$ 和 $g(z)=\sum_{m=0}^{\infty}b_mz^m$, 则

$$\begin{aligned}\iint_D f(z)\overline{g}(z)dA(z)&=\iint_{D_r(0)}(Vf)(z)\overline{g}(z)(r^2-|z|^2)dA(z)\\&\quad+r^2f(0)\overline{g}(0)\\&=\frac{1}{2}\iint_{D_r(0)}f''(z)\,\overline{(V(Vg))(z)}(r^2-|z|^2)^2dA(z)\\&\quad+r^2\overline{g}(0)f(0)+\frac{r^4}{2}f'(0)\,\overline{g'(0)}\\&=\sum_{n=0}^{\infty}\frac{a_n\overline{b}_n}{n+1}r^{2(n+1)},\end{aligned}$$

其中

$$(Vf)(z)=\frac{f(z)-f(0)}{z}=\sum_{n=1}^{\infty}a_nz^{n-1},\qquad 0<r<1.$$

证 由 $f(z)$ 和 $g(z)$ 的展式首先有

$$\begin{aligned}\iint_{D_r(0)}f(z)\overline{g}(z)dA(z)&=\int_0^r\int_0^{2\pi}\Big(\sum_{m=0}^{\infty}a_nz^n\Big)\Big(\sum_{n=0}^{\infty}\overline{b}_m\,\overline{z}^m\Big)dA(z)\\&=\sum_{n=0}^{\infty}\frac{a_n\overline{b}_n}{n+1}r^{2(n+1)},\end{aligned}$$

注意到$(Vf)(z)$和$(V(Vg))(z)$的表示式可得

$$\iint_{D_r(0)}(Vf)(z)\,\overline{g'(z)}(r^2-|z|^2)dA(z)=\sum_{n=1}^{\infty}\frac{a_n\overline{b}_n}{n+1}r^{2(n+1)}$$

和

$$\iint_{D_r(0)}f''(z)\,\overline{(V(Vg))(z)}(r^2-|z|^2)^2dA(z)=\sum_{n=2}^{\infty}\frac{a_n\overline{b}_n}{n+1}r^{2(n+1)},$$

结合上述三式即得所求.

引理 3.21 多项式集合 $\mathscr{P}$ 在 $L_a^p(D,dA)$ 是稠密的, $1\leqslant p<\infty$.

证 若 $f(z)$ 在 $\overline{D}$ 连续,则 $f(z)$ 在 $\overline{D}$ 一致连续,令 $f_r(z)=f(rz)$, $0<r<1$, 当 $r\to 1$ 时

$$\| f_r(z)-f(z)\|_\infty=\sup_{z\in \overline{D}}\{|f_r(z)-f(z)|\}\to 0,$$

从而

$$\| f_r-f\|_p\to 0.$$

由于 $\overline{D}$ 上连续函数在 $L^p(D,dA)$ 中稠密,因此由标准的 $\varepsilon/3$ 讨论可知对任意 $f\in L^p(D,dA)$ 有

$$\| f_r(z)-f(z)\|_p\to 0,\qquad \text{当 } r\to 1 \text{ 时}.$$

今若 $f(z)\in L_a^p(D,dA)$, 则 $f_r(z)$ 在 $r^{-1}D(\supseteq\overline{D})$ 解析. 因此 $f_r(z)=\sum\limits_{n=0}^{\infty}\hat{a}_n z^n$ 的部分和 $P_m(z)=\sum\limits_{n=0}^{m}\hat{a}_n z^n$ 在 $\overline{D}$ 上一致收敛于 $f_r(z)$, 即当 $m\to\infty$ 时 $\| P_m(z)-f_r(z)\|_\infty\to 0$, 从而 $\| P_m(z)-f_r(z)\|_p\to 0$. 于是当 $m\to\infty$ 和 $r\to 1$ 时

$$\begin{aligned}\| P_m(z)-f(z)\|_p&\leqslant \| P_m(z)-f_r(z)\|_p\\&\quad+\| f_r(z)-f(z)\|_p\to 0.\end{aligned}$$

引理证毕.

定理 3.22 $\mathscr{B}=(L_a^1(D,dA))^*$.

证 首先证明 $VL_a^1(D,dA)\subseteq L_a^1(D,dA)$. 今对 $f\in L_a^1(D,dA)$,

$$\begin{aligned}\iint_D|(Vf)(z)|dA(z)&=\left(\iint_{D_{\frac{1}{2}}(0)}+\iint_{D\setminus D_{\frac{1}{2}}(0)}\right)\left|\frac{f(z)-f(0)}{z}\right|dA(z)\\&\leqslant\iint_{D_{\frac{1}{2}}(0)}|(Vf)(z)|dA(z)\\&\quad+2\iint_{D\setminus D_{\frac{1}{2}}(0)}(|f(z)|+|f(0)|)dA(z)<\infty,\end{aligned}$$

即 $Vf\in L_a^1(D,dA)$. 其次 V 是闭算子,即若 $\| f_n-f_0\|_1\to 0$ 导致

$\| Vf_n - Vf_0 \|_1 \to 0$，当 $n\to\infty$. 事实上，

$$\begin{aligned}
&\| (Vf_n)(z) - (Vf_0)(z) \|_1 \\
&\quad = \iint_D \left| \frac{f_n(z) - f_n(0)}{z} - \frac{f_0(z) - f_0(0)}{z} \right| dA(z) \\
&\quad \leqslant \iint_D \frac{1}{|z|} |f_n(0) - f_0(0)| dA(z) \\
&\quad + \left(\iint_{D_r(0)} + \iint_{D\setminus D_r(0)} \right) \frac{1}{|z|} |f_n(z) - f_0(z)| dA(z).
\end{aligned}$$

注意到 $f_j(0) = \lim\limits_{r\to 1} \iint\limits_{D_r(0)} f_j(\zeta) dA(\zeta)$ $(j=0,n)$. 进一步可证明当 $f_n \to f_0$ 时 $Vf_n \to Vf_0$. 根据闭图象定理 V 是有界算子，即存在常数 c 使得对于所有的 $f\in L_a^p(D,dA)$ 有

$$\| Vf \|_1 \leqslant c \| f \|_1.$$

现设 $g(z)\in\mathscr{B}$，由引理 3.20，

$$\iint_{D_r(0)} f(z)\bar{g}'(z)dA(z) = \iint_{D_r(0)} (Vf)(z)\bar{g}(z)(r^2 - |z|^2)dA(z) + r^2 f(0)\bar{g}(0).$$

令 $\zeta = z/r$，并令 $r\to 1$，由 Lebesgue 收敛控制定理便得

$$\begin{aligned}
|lg(f)| &= |(f,g)| = \left| \lim_{r\to 1} \iint_{D_r(0)} f(z)\bar{g}(z)dA(z) \right| \\
&\leqslant c \| g \|_{\mathscr{B}} \| f \|_1 + |f(0)||g(0)| \leqslant c_0 \| f \|_1 \| g \|_{\mathscr{B}},
\end{aligned} \tag{3.10}$$

由此得 $\| lg \| \leqslant c_0 \| g \|_{\mathscr{B}}$，即有 $\mathscr{B} \subseteq (L_a^1(D,dA))^*$.

今若 $g(z), h(z)\in\mathscr{B}$ 且对所有 $f\in L_a^1(D,dA)$ 都有 $lg(f) = l_h(f)$，则必 $g(z)\equiv h(z)$. 事实上，令 $g(z) = \sum\limits_{n=0}^{\infty} a_n z^n$ 和 $h(z) = \sum\limits_{m=0}^{\infty} b_m z^m$，取 $f_n(z) = z^n$ $(n=0,1,\cdots)$，则由

$$l_g(f_n) = l_h(f_n), \qquad n = 0,1,\cdots$$

导出 $a_n = b_n$，即 $g(z)\equiv h(z)$.

反之,若 $l \in (L_a^1(D,dA))^*$,则由 Hahn-Banach 定理 l 可保范延拓为 $L^1(D,dA)$ 上有界线性泛函并仍以 l 表示之. 由 Riesz 表示定理知存在 $h \in L^\infty(D,dA)$ 使得

$$l(f) = (f,h) = \iint_D f(z)\bar{h}(z)dA(z), f \in L_a^1(D,dA),$$

且 $\|l\| = \|h\|_\infty$.

令

$$g(\zeta) = (Ph)(\zeta) = \iint_D h(z)\overline{K}(z,\zeta)dA(z),$$

由定理 3.17 已证明的结论可知 $g \in \mathscr{B}$.

下面进一步指出 $l(f)=(f,g)$. 为此只须对 $L_a^1(D,dA)$ 的稠子集 $\mathscr{P}$ 证明即可. 设 $f \in \mathscr{P}$.

$$\begin{aligned}(f,g) &= (f,Ph) = \iint_D f(z)\left(\iint_D \bar{h}(\zeta)K(z,\zeta)dA(\zeta)\right)dA(z) \\ &= \iint_D \bar{h}(\zeta)\left(\iint_D f(z)\overline{K}(z,\zeta)dA(z)\right)dA(\zeta) \\ &= \iint_D f(z)\bar{h}(z)dA(z) = l(f).\end{aligned}$$

这就表明 $(L_a^1(D,dA))^* \subseteq \mathscr{B}$. 再由定理 3.18 的已证结论

$$\|g\|_{\mathscr{B}} = \|Ph\|_{\mathscr{B}} \leqslant c\|h\|_\infty = c\|l\|.$$

定理证毕.

定理 3.18 证明的完成 我们已证明 $PL^\infty \subseteq \mathscr{B}$. 下面证明 $\mathscr{B} \subseteq PL^\infty$. 为此只须指出对任意 $g(z) \in \mathscr{B}$ 存在 $h(z) \in L^\infty(D,dA)$ 使得 $g(z)=(Ph)(z)$. 事实上,我们定义

$$lg(f) = (f,g), \qquad f \in L_a^1(D,dA).$$

它是 $L_a^1(D,dA)$ 上的有界线性泛函. 另一方面在定理 3.22 的证明过程中知道存在 $h(z) \in L^\infty(D,dA)$ 使得

$$lg(f) = (f,Ph).$$

由唯一性便导出 $g(z)=(Ph)(z)$,此即为所求.

在[6]中还证明了 $\mathscr{B}_0$ 是 $L_a^1(D,dA)$ 的预对偶空间. 此处我们

只给出定理而略去其证明.

定理 3.23 $\mathscr{B}_0^* = L_a^1(D, dA)$.

3.3 Bloch 空间与 Ba 空间

本段介绍 Bloch 空间与特殊一类 Ba 空间的有趣联系[11],Ba 空间的一般形式由丁夏畦与罗佩珠[9]引入,它在偏微分方程、调和分析等方面有着广泛的应用.

定义 3.2 设 X 是一 Banach 空间,$\{B_m\}_{m=1}^{\infty}$ 为 Banach 空间序列且有界嵌入 X. 又设 $\Phi(z) = \sum_{m=1}^{\infty} a_m z^m$ 为一整函数且 $a_m \geqslant 0$. 对 $u \in \prod_{m=1}^{\infty} B_m$,构造级数

$$I(u, z): = \sum_{m=1}^{\infty} a_m \| u \|_{B_m}^m z^m = \sum_{m=1}^{\infty} A_m z^m, \qquad (3.11)$$

其中 $\|\cdot\|_{B_m}$ 表示 B_m 中的范数. 今以 R_u 表示级数(3.11)的收敛半径,则

$$\mathrm{Ba}: = \left\{u, u \in \prod_{m=1}^{\infty} B_m \text{ 使得 } R_u > 0\right\}.$$

Ba 中元素 u 的范数定义为

$$\| u \|_{\mathrm{Ba}} = \inf\left\{\frac{1}{|\alpha|}, I(u, |a|) \leqslant 1\right\}, \qquad (3.12)$$

然则有[9].

定理 3.24 Ba 是一 Banach 空间.

证 易知 Ba 是一线性空间. 下面检证(3.12)满足范数三公理,即

(i) 若 $u \in \mathrm{Ba}$ 且 $\| u \|_{\mathrm{Ba}} = 0$,则 $u \equiv 0$.

事实上,若 $u \neq 0$,则对所有 $m = 1, 2, \cdots$, $\| u \|_{B_m} > 0$. 因此对某个 $a_{m_0} > 0$ 和 $\alpha > 0$ 有

$$I(u, \alpha) \geqslant a_{m_0} \| u \|_{B_{m_0}}^{m_0} \alpha^{m_0}.$$

取 $\alpha_0 = 2^{\frac{1}{m_0}} / {}^{m_0}\sqrt{a_{m_0}} \| u \|_{B_{m_0}}$ 使得 $I(u, \alpha_0) \geqslant 2$. 注意到当且仅当

$|\alpha_1|\leqslant|\alpha_2|$ 时有 $I(u,|\alpha_1|)\leqslant I(u,|\alpha_2|)$，因此根据定义并由 $I\left(u,\frac{1}{\|u\|_{B_a}}\right)\leqslant I(u,\alpha_0)$. 便导出 $\|u\|_{Ba}\geqslant\frac{1}{\alpha_0}>0$. 这与 $\|u\|_{Ba}=0$ 矛盾.

(ii) 对 $c\in\mathbb{C}$，$\|cu\|_{Ba}=|c|\,\|u\|_{Ba}$. 不失一般性可设 $c\neq0$，于是

$$\begin{aligned}\|cu\|_{Ba}&=\inf\left\{\frac{1}{|\alpha|},I(cu,|\alpha|)\leqslant1\right\}\\&=\inf\left\{\frac{1}{|\alpha|},I(u,|c||\alpha|)\leqslant1\right\}\\&=\inf\left\{\frac{|c|}{|c||\alpha|},I(u,|\alpha c|)\leqslant1\right\}\\&=|c|\inf\left\{\frac{1}{|\alpha'|},I(u,|\alpha'|)\leqslant1\right\}\\&=|c|\,\|u\|_{Ba}.\end{aligned}$$

(iii) 设 $u,v\in\mathrm{Ba}$，则有

$$\|u+v\|_{Ba}\leqslant\|u\|_{Ba}+\|v\|_{Ba}.$$

由定义我们只须证明

$$I\left(u+v,\frac{1}{\|u\|_{Ba}+\|v\|_{Ba}}\right)\leqslant1.$$

事实上，注意到 $x^m(m\geqslant1)$ 是凸函数并令 $t=\frac{\|u\|_{Ba}}{\|u\|_{Ba}+\|v\|_{Ba}}$ 便得

$$\begin{aligned}&I\left(u+v,\frac{1}{\|u\|_{Ba}+\|v\|_{Ba}}\right)\\&=\sum_{m=1}^{\infty}a_m\|u+v\|_{Bm}^m\left(\frac{1}{\|u\|_{Ba}+\|v\|_{Ba}}\right)^m\\&\leqslant\sum_{m=1}^{\infty}a_m\left(\frac{\|u\|_{Bm}+\|v\|_{Bm}}{\|u\|_{Ba}+\|v\|_{Ba}}\right)^m\\&=\sum_{m=1}^{\infty}a_m\left(t\frac{\|u\|_{Bm}}{\|u\|_{Ba}}+(1-t)\frac{\|v\|_{Bm}}{\|v\|_{Ba}}\right)^m\\&\leqslant t\sum_{m=1}^{\infty}a_m\left(\frac{\|u\|_{Bm}}{\|u\|_{Ba}}\right)^m+(1-t)\sum_{m=1}^{\infty}a_m\left(\frac{\|v\|_{Bm}}{\|v\|_{Ba}}\right)^m\end{aligned}$$

$$= tI\left(u,\frac{1}{\|u\|_{Ba}}\right)+(1-t)I\left(v,\frac{1}{\|v\|_{Ba}}\right)\leqslant 1.$$

最后证明 Ba 是完备的. 先证明如下的事实：若 $\{u_n\}$ 和 $u\in$ Ba，则 $\{u_n\}$ 收敛于 u 当且仅当对任意给定的 $\varepsilon>0$ 存在 n_0，使得当 $n\geqslant n_0$ 时

$$I\left(u-u_n,\frac{1}{\varepsilon}\right)\leqslant 1. \tag{3.13}$$

事实上，如上式成立，则由定义对 $n\geqslant n_0$ 有

$$\|u-u_n\|_{Ba}<\varepsilon. \tag{3.14}$$

反之，如(3.13)成立，则对任意给定的 $\delta>0$ 有

$$I\left(u-u_n,\frac{1}{\varepsilon+\delta}\right)<1.$$

因此对任意固定的 k_0

$$\sum_{m=1}^{k_0}a_m\|u-u_n\|_{Bm}^m\left(\frac{1}{\varepsilon+\delta}\right)^m<1.$$

令 $\delta\to 0$ 然后令 $k_0\to\infty$ 使得(3.13).

现设 $\{u_n\}$ 是 Cauchy 序列，即对任意给定的 $\varepsilon>0$ 存在 n_0 使得当 $n_1,n_2\geqslant n_0$ 时

$$\|u_{n_1}-u_{n_2}\|_{Ba}<\varepsilon.$$

因此

$$I\left(u_{n_1}-u_{n_2},\frac{1}{\varepsilon}\right)=\sum_{m=1}^{\infty}a_m\|u_{n_1}-u_{n_2}\|_{Bm}^m\left(\frac{1}{\varepsilon}\right)^m<1.$$

从而对任意 m 使得 $a_m>0$ 者都有

$$\|u_{n_1}-u_{n_2}\|_{Bm}<a_m^{-\frac{1}{m}}\varepsilon,$$

这表明 $\{u_n\}$ 亦是 B_m 的 Cauchy 序列. 由于 B_m 是 Banach 空间，故存在 $u^{(m)}\in B_m$ 使得

$$\lim_{n\to\infty}\|u_n-u^{(m)}\|_{Bm}\to 0.$$

但知 B_m 有界嵌入 X，即有 K_m 使得

$$\|u_n-u^{(m)}\|_X\leqslant K_m\|u_n-u^{(m)}\|_{B_m}.$$

由此可知 $\{u_n\}$ 在 X 亦收敛于 $u^{(m)}$. 由于 X 中的极限函数是唯一

的，故 $u^{(m)}=\hat{u}(m=1,2,\cdots)$.

下面进一步证明 $\{u_n\}$ 在 Ba 中收敛于 $\hat{u}$，并且 $\hat{u}\in$ Ba. 事实上，对任意固定的 k_0 和给定的 $\varepsilon>0$，存在 n_0 使得当 $n_1,n_2\geqslant n_0$ 时

$$\sum_{m=1}^{k_0}a_m\|u_{n_1}-u_{n_2}\|_{\mathrm{Bm}}^m\left(\frac{1}{\varepsilon}\right)^m\leqslant I\left(u_{n_1}-u_{n_2},\frac{1}{\varepsilon}\right)<1.$$

令 $n_2\to\infty$ 得

$$\sum_{m=1}^{k_0}a_m\|u_{n_1}-\hat{u}\|_{\mathrm{Bm}}^m\left(\frac{1}{\varepsilon}\right)^m\leqslant 1.$$

再令 $k_0\to\infty$ 便得

$$I\left(u_{n_1}-\hat{u},\frac{1}{\varepsilon}\right)\leqslant 1,$$

此即表明 $\|u_{n_1}-\hat{u}\|_{\mathrm{Ba}}\leqslant\varepsilon$ 并且 $u_{n_1}-\hat{u}\in$ Ba，即 $\{u_n\}$ 在 Ba 收敛于 $\hat{u}$ 并且 $\hat{u}=(\hat{u}-u_{n_1})+u_{n_1}\in$ Ba. 定理证毕.

Ba 空间的一个重要子空间记为 Ba_0 空间并称为小 Ba 空间，它的定义如下：

$$\mathrm{Ba}_0=\{u\in\mathrm{Ba},R_u=\infty\}.$$

在[9]中还证明 Ba 空间其它一些重要的性质，这里我们仅介绍特殊一类 Ba 空间与 Bloch 空间的关系[11].

我们在 Ba 空间的定义中取 $\Phi(z)=\sum_{m=1}^{\infty}a_mz^m$ 是有穷级($\rho<\infty$)中型($0<\sigma<\infty$)的整函数. 取 $\mathrm{B_m}$ 是 Bergman 空间 $L_a^{p_m}(D,dA)$，并设 $\{p_m\}$ 满足 $1\leqslant p_1<p_2<\cdots\nearrow\infty$ 以及

$$p^*=\overline{\lim_{m\to\infty}}\frac{p_m}{m^{\frac{1}{\rho}}}<\infty.$$

又取 $X=L_a^1(D,dA)\oplus L_a^\infty(D,dA)=\{f=f_1+f_2,f_1\in L_a^1(D,dA),f_2\in L_a^\infty(D,dA)\}$. $\|f\|_X=\inf\{\|f_1\|_1+\|f_2\|_\infty,f=f_1+f_2,f_1\in L_a^1(D,dA),f_2\in L_a^\infty(D,dA)\}$，然后记所得的空间为 $L_a^{\mathrm{Ba}}(D,dA)$.

设 $f(z)$ 是 D 中定义的函数，令

$$\mathscr{M}(f)=\left\{\begin{array}{l}g(z),g(z)=f\circ\varphi_\lambda(z)-f\circ\varphi_\lambda(0),\\ \varphi_\lambda(z)=e^{i\theta}\dfrac{\lambda-z}{1-\bar{\lambda}z},\ {}_{\theta\in[0,2\pi]}^{\lambda\in D}\end{array}\right\}.$$

又令

$$|||f|||=\sup_{g\in\mathscr{M}(f)}\{\|g\|_{L_a^{\mathrm{Ba}}}\},$$

则我们有[11].

定理 3.25 设$f(z)$在D解析,则存在常数$c>0$,使得

$$c^{-1}\|f\|_{\mathscr{B}}\leqslant|||f|||\leqslant c\|f\|_{\mathscr{B}}. \tag{3.15}$$

证 对$g\in\mathscr{M}(f)$我们知道$\|g\|_{\mathscr{B}}=\|f\|_{\mathscr{B}}$. 并由(2.5)对$\alpha=0$得

$$\iint_D|g(z)|^p dA(z)\leqslant 2^{4-p}\Gamma(p+1)\|f\|_{\mathscr{B}}^p.$$

于是

$$\begin{aligned}I\left(g,\frac{|\alpha|}{\|f\|_{\mathscr{B}}}\right)&=\sum_{m=1}^{\infty}a_m\|g\|_{p_m}^m\left(\frac{|\alpha|}{\|f\|_{\mathscr{B}}}\right)^m\\&\leqslant 2^4\sum_{m=1}^{\infty}a_m 2^{-m/pm}(\Gamma(p_m+1))^{\frac{m}{pm}}|\alpha|^m\\&=2^4\sum_{m=1}^{\infty}A_m|\alpha|^m,\end{aligned} \tag{3.16}$$

其中$A_m=2^{-m/pm}a_m(\Gamma(p_m+1))^{m/pm}$. 由 Stirling 公式

$$\Gamma(p+1)=p^pe^{-p}\sqrt{2\pi p}(1+o(1))$$

和整函数的 Taylor 系数与其级、型的关系[25]

$$(\rho e\sigma)^{\frac{1}{\rho}}=\varlimsup_{m\to\infty}(m^{\frac{1}{\rho}}\sqrt[m]{a_m}),$$

我们可得

$$\varlimsup_{m\to\infty}\sqrt[m]{A_m}\leqslant e^{-1}p^*(\rho e\sigma)^{\frac{1}{\rho}}<\infty,$$

这表明级数(3.16)的收敛半径>0. 今取$\alpha_0=\dfrac{e}{2p^*(\rho e\sigma)^{\frac{1}{\rho}}}$,则有

$$I(g,\frac{\alpha_0}{\|f\|_{\mathscr{B}}})\leqslant K(\rho,\sigma,p^*)<\infty.$$

现分两种情形讨论：

(i)若 $K=K(\rho,\sigma,p^{*})\leqslant 1$，则由定义

$$\|g\|_{LBa_a}\leqslant\frac{1}{\alpha_0}\|f\|_{\mathscr{B}}=c\|f\|_{\mathscr{B}}.$$

(ii)若 $K>1$，则

$$1\geqslant\frac{1}{K}I\left(g,\frac{\alpha_0}{\|f\|_{\mathscr{B}}}\right)\geqslant I\left(\frac{g}{K},\frac{\alpha_0}{\|f\|_{\mathscr{B}}}\right),$$

此即表明

$$\left\|\frac{g}{K}\right\|_{LBa_a}\leqslant\frac{1}{\alpha_0}\|f\|_{\mathscr{B}},$$

由范数的齐次性得

$$\|g\|_{LBa_a}\leqslant\frac{K}{\alpha_0}\|f\|_{\mathscr{B}}=c_1\|f\|_{\mathscr{B}}.$$

因此

$$|||f|||=\sup_{g\in\mathscr{A}(f)}\{\|g\|_{LBa_a}\}\leqslant c\|f\|_{\mathscr{B}}.$$

反之，取 $c_0=\min\{a_m^{-\frac{1}{m}}\}=a_{m_0}^{-\frac{1}{m}}$. 由定义

$$1\geqslant I\left(g,\frac{1}{\|g\|_{L_a^{Ba}}}\right)\geqslant a_{m_0}\left(\frac{\|g\|_{P_{m_0}}}{\|g\|_{L_a^{Ba}}}\right)^{m_0},$$

因此

$$\|g\|_{P_{m_0}}\leqslant a_{m_0}^{-\frac{1}{m_0}}\|g\|_{L_a^{Ba}}\leqslant c|||f|||.$$

注意到 $\|f\|_{\mathscr{B}}=\sup_{g\in\mathscr{A}(f)}\{|g'(0)|\}$，类似于定理 2.2 的证明可得

$$|g'(0)|=\lim_{t\to 1}\left|\frac{2}{t^4}\int_0^t\int_0^{2\pi}\bar{z}g(z)dA(z)\right|\leqslant 2\|g\|_{P_{m_0}}.$$

结合上述两式便得(3.15)的第二个不等式. 定理证毕.

注　我们尚不清楚 B_0 和 Ba_0 是否有类似的关系.

§4. 自守形式的 Bers-Orlicz 空间

4.1　自守形式

自守形式理论是研究在某个 Möbius 群的离散子群作用下不

变的函数和微分式. 此处我们主要考虑 Fuchs 群. 设 W 是单连通 Riemann 曲面，则 Riemann 映射定理断言：若 W 为紧的，则它共形等价于复数球（椭圆情形）；若 W 是非紧的，则有两种可能情形，即 W 或共形等价于复平面（抛物情形），或单位圆（双曲情形）. 另外知道任意 Riemann 曲面 W，除了共形等价于球面、复平面、去掉一点的复平面和环面以外，共形等价于单位圆盘 D 对某个 Fuchs 群 G 的商空间 D/G. 因此 D/G 上的函数论即是 D 上对 G 自守的函数论. 权为 q 的关于 G 的自守形式是满足下述条件的函数 f：

(i) f 在 D 是亚纯的；

(ii) 适合方程

$$f(Az)(A'z)^q = f(z), z \in D, A \in G.$$

条件(ii)亦表示微分式 $f(dz)^q$ 是 G 不变的. 权为零的自守形式即是自守函数.

如此定义的自守形式太广泛，因为当 z 趋于 ∂D 时可能会有很强的奇异性. 为了使得自守形式的有关结论是紧 Riemann 曲面时的自然推广，对于 f 的经典限制是：当 z 在抛物扇形内趋于抛物尖点时，$f(z)$ 趋于确定的极限，特别是 $f(z)$ 在 D 内全纯且在所有尖点上为零时称 f 为尖形式. 1939 年 Petersson[19] 在尖形式空间上引入纯量积使之成为一 Hilbert 空间，此后引起一系列的研究. 1965 年 Bers 引入如今以其名字著称的 Bers 空间，关于 f 在 ∂D 上性态的限制代以 f 的增长性条件，即是 f 的某个积分有界. 这些空间在 Riemann 曲面的近代理论中非常有用并已为许多研究者所研究. 我们在此介绍关于自守形式的 Bers-Orlicz 空间的一些基本内容[15]. Bers 空间则作为其特殊情形加以叙述.

4.2 Orlicz 空间

定义 4.1 设 $\varphi(t)$ 是定义于 $\mathbb{R}^+ = [0, \infty)$ 上的实值函数，若 $\varphi(t)$ 是凸增函数且满足 $\lim\limits_{t \to 0} \varphi(t) = 0$ 和 $\lim\limits_{t \to \infty} \varphi(t) = \infty$，则称 $\varphi(t)$ 为 Young 函数.

命题 4.1 $\varphi(t)$ 为一 Young 函数当且仅当存在一非减左连续

函数 $p(t)$ 使得 $\varphi(t)=\int_0^t p(\tau)d\tau$.

证明参阅[13].

推论 4.2 $\varphi(t)$, $p(t)$ 如命题 4.1 所述,则有

(i) $p(t)\geqslant\varphi(t)/t$, 对 $t>0$;

(ii) $p(t)\leqslant\varphi(2t)/t$, 对 $t>0$.

证 由于

$$\varphi(t)=\int_0^t p(\tau)d\tau\leqslant p(t)t,$$

由此即得(i). 其次,由于

$$\varphi(2t)=\int_0^{2t} p(\tau)d\tau\geqslant\int_t^{2t} p(\tau)d\tau\geqslant p(t)t.$$

因此有(ii).

定义 4.2 对给定的 Young 函数 $\varphi(t)=\int_0^t p(\tau)d\tau$, 令 $q(s)=\sup\{t, p(t)\leqslant s\}$, 则 $\varphi^*(t)=\int_0^t q(s)ds$ 称为 φ 的余 Young 函数.

注意,若 $p(t)$ 是连续的,则 $q(s)$ 恰是 $p(t)$ 的逆函数.

例 4.1 设 $\varphi(t)=\frac{1}{1+\alpha}t^{1+\alpha}$, $\alpha>0$, 则 $p(t)=t^p$, 由定义 $q(s)=s^{\frac{1}{\alpha}}$, 从而

$$\varphi^*(t)=\int_0^t q(s)ds=\frac{\alpha}{1+\alpha}t^{\frac{1+\alpha}{\alpha}}.$$

例 4.2 设 $\varphi(t)=e^t-t-1$, 则知 $p(t)=e^t-1$. 由定义 $q(s)=\log(1+s)$, 于是 $\varphi^*(t)=(1+t)\log(1+t)-t$.

定义 4.3 设 Ω 是复平面 $\mathbb{C}$ 上一域, $\omega(z)(>0)$ 是 Ω 上可测函数, $d\mu(z)$ 是 σ 有穷测度,以及 $\varphi(t)$ 为 Young 函数,则

$$L_\varphi\equiv L_\varphi(\Omega;\omega,\mu):=$$

$$\left\{f, f\text{ 为 }\Omega\text{ 上复值可测函数使得存在 }c_f>0\text{ 满足 }\rho\left(\frac{f}{c_f}\right)<\infty\right\},$$

其中

$$\rho\left(\frac{f}{c_f}\right)\equiv\rho\left(\frac{f}{c_f};\varphi,\Omega,\mu\right):=\iint_\Omega\varphi\left(\frac{|f(z)|\omega(z)}{c_f}\right)d\mu(z).$$

E_φ 为 L_φ 的一子集其定义如下：

$$E_\varphi \equiv E_\varphi(\Omega;\omega,\mu):=\left\{f, f\in L_\varphi,\text{对任意 } c>0, \rho(\frac{f}{c})<\infty\right\}.$$

L_φ 中的范数 $\|\cdot\|_{\varphi,\omega}$ 定义为

$$\|f\|_{\varphi,\omega}\equiv\|f\|_{\varphi,\omega,\Omega}:=\inf\left\{\lambda>0, \rho(\frac{f}{\lambda})\leqslant 1\right\}.$$

例 4.3 若 $\varphi(t)=t^p, 1\leqslant p<\infty, \omega(z)\equiv 1, \Omega=D, d\mu(z)=dA(z)$ 则 $L_\varphi=E_\varphi=L^p(D)$，且 $\|f\|_{\overline{\overline{\varphi,\omega}}}\|f\|_{p,\Omega}=\|f\|_p$.

下述诸命题是基本的，证明参阅[13].

命题 4.3 设 φ 是一 Young 函数，则 L_φ 和 E_φ 装备范数 $\|\cdot\|_{\varphi,\omega}$ 成一 Banach 空间.

命题 4.4 （Hölder 不等式） 设 $f\in L_\varphi, g\in L_{\varphi^*}$，则

$$\iint_\Omega |f(z)\bar{g}(z)|\omega^2(z)d\mu(z)\leqslant 2\|f\|_{\varphi,\omega}\|g\|_{\varphi^*,\omega}.$$

定义 4.4 设 φ 为 Young 函数，称 φ 满足 $\Delta_2(0)$ 条件（或 $\Delta_2(\infty)$ 条件），如果存在常数 $K>0$ 和 $\tau_0>0$ 使得

$$\varphi(2t)\leqslant K\varphi(t),\text{对 } t\leqslant\tau_0(\text{或 } t\geqslant\tau_0).$$

我们有：

命题 4.5 若 $\mu(\Omega)<\infty$，则 $E_\varphi(\Omega;\omega,\mu)=L_\varphi(\Omega;\omega,\mu)$ 的充要条件是 φ 满足 $\Delta_2(\infty)$ 条件；若 $\mu(\Omega)=+\infty$，则 $E_\varphi(\Omega;\omega,\mu)=L\varphi(\Omega;\omega,\mu)$ 的充要条件是 φ 满足 $\Delta_2(0)$ 和 $\Delta_2(\infty)$ 条件.

命题 4.6 设 φ 为 Young 函数，则由下式定义之映射 $\psi: L_{\varphi^*}\to E_\varphi^*, g\to l_g(f):=(f,g)_\varphi$ 是反线性满射同构，且

$$\|g\|_{\varphi^*,\omega}\leqslant\|l_g\|_{\varphi,\omega}\leqslant 2\|g\|_{\varphi^*,\omega}.$$

其中 E_φ^* 是 E_φ 的对偶空间，即 E_φ 上有界线性泛函之全体，其中

$$(f,g)_\varphi:=\iint_\Omega f(z)\,\overline{g(z)}\omega^2(z)d\mu(z).$$

引理 4.7[15] 设 X 是一线性赋范空间，T 是映 $L_1(\Omega;\omega,\mu)+L_\infty(\Omega;\omega,\mu)$ 到 X 的线性算子，其中 $L_1(\Omega;\omega,\mu):=\left\{f,\text{可测},\iint_\Omega|f(z)|\omega(z)d\mu(z)<\infty\right\}$，$L_\infty(\Omega;\omega,\mu):=\{f$，在 Ω 可

测，$\operatorname{vrai}\sup\limits_{z\in\Omega}\{|f(z)|\omega(z)\}<\infty\}$. 若 T 是 $L_1(\Omega;\omega.\mu)$ 到 X 和 $L_\infty(\Omega;\omega,\mu)$ 到 X 的有界算子，则对任意的 Young 函数 φ, T 是 $L_\varphi(\Omega;\omega,\mu)$ 到 X 的有界算子.

证 由假设存在常数 M_1, M_2 使得

$$\|Tf\|_X \leqslant M_1\|f\|_{\infty,\omega}, \text{对 } f\in L_\infty(\Omega;\omega,\mu)$$

和

$$\|Tf\|_X \leqslant M_2\|f\|_{1,\omega}, \text{对 } f\in L_1(\Omega;\omega,\mu),$$

其中 $\|f\|_{\infty,\omega}=\operatorname{vrai}\sup\limits_{z\in\Omega}(|f(z)|\omega(z))$. 下面证明

$$\|Tf\|_X \leqslant M\|f\|_{\varphi,\omega}.$$

首先我们证明下面的估计，设 $E\subset\Omega$ 为一集使得 $\mu(E)<\infty$，令 $\chi_E(z)$ 是 E 的特征函数. 即 $\chi_E(z)=\begin{cases}1, z\in E,\\ 0, \text{其它},\end{cases}$ 则有

$$\|\chi E\omega^{-1}\|_{\varphi,\omega} \leqslant \frac{1}{\varphi^{-1}\left(\dfrac{1}{\mu(E)}\right)}, \tag{4.1}$$

其中 φ^{-1} 是 φ 的逆函数. 事实上，令 $c=\|\chi_E\omega^{-1}\|_{\varphi,\omega}$，由定义

$$\begin{aligned}1 &= \iint\limits_{\Omega}\varphi\left(\frac{\chi_E(z)}{c}\omega^{-1}(z)\omega(z)\right)d\mu(z)\\ &= \iint\limits_{E}\varphi\left(\frac{1}{c}\right)d\mu(z) = \varphi\left(\frac{1}{c}\right)\mu(E),\end{aligned}$$

由此即得(4.1).

现对 $f\in L_\varphi$ 并设 $\|f\|_{\varphi,\omega}=1$. 令 $E'_f=\{z\in\Omega, |f(z)|\omega(z)\leqslant 1\}$ 和 $E_f=\Omega\backslash E_f'$，置

$$g(z)=\begin{cases}f(z), & z\in E_f'\\ 0, & z\in E_f,\end{cases}$$

则知 $\|g\|_{\infty,\omega}=\operatorname{vrai}\sup\{|f(z)|\omega(z)\}\leqslant 1=\|f\|_{\varphi,\omega}$ 又置 $h(z)=f(z)-g(z)$，可证 $h(z)\in L_1(\Omega,\omega,\mu)$ 因为

$$\mu(E_f)=\iint\limits_{E_f}d\mu(z)\leqslant\frac{1}{\varphi\left(\frac{1}{2}\right)}\iint\limits_{E_f}\varphi\left(\frac{|f(z)|\omega(z)}{2}\right)d\mu(z)$$

$$\leqslant \frac{1}{\varphi(\frac{1}{2})} \iint_{\Omega} \varphi\left(\frac{|f(z)|\omega(z)}{\|f\|_{\varphi,\omega}} \right) d\mu(z)$$

$$\leqslant \frac{1}{\varphi(\frac{1}{2})} < \infty.$$

于是由(4.1.)得

$$\| \chi_{E_f} \omega^{-1} \|_{\varphi^*,\omega} = \frac{1}{\varphi^{*-1}\left(\frac{1}{\mu(E_f)} \right)} < \infty.$$

由 Hölder 不等式

$$\| h \|_{1,\omega} = \iint_{\Omega} |h(z)| \omega(z) d\mu(z)$$

$$= \iint_{\Omega} |f(z)| \chi_{E_f}(z) \omega^{-1}(z) \omega^2(z) d\mu(z)$$

$$\leqslant 2 \| f \|_{\varphi,\omega} \cdot \| \chi_{E_f} \omega^{-1} \|_{\varphi^*,\omega} < \infty.$$

由假设

$$\| Tf \|_X \leqslant \| Tg \|_X + \| Th \|_X \leqslant M_1 \| g \|_{\infty,\omega} + M_2 \| h \|_{1,\omega}$$

$$\leqslant M_1 \| f \|_{\varphi,\omega} + \frac{2M_2}{\varphi^{*-1}(\varphi(\frac{1}{2}))} \| f \|_{\varphi,\omega} = M \| f \|_{\varphi,\omega}.$$

引理证毕.

4.3 Poincaré 级数

设 W 是一 Riemann 曲面,其万有覆盖曲面为单位圆盘 D,则覆盖变换群 G 为 Fuchs 群,它是 D 的双全纯自同构群的离散子群,且知当 $A \in G$ 时,$Az = e^{i\alpha} \frac{z-a}{1-\bar{a}z}$,$a \in D$,$\alpha \in \mathbb{R}$. 由于 G 的元素在 D 内没有固定点,因此它们或是双曲型的(两个不同的固定点在 ∂D 上),或是抛物型的(一个固定点在 ∂D 上),并且 W 共形等价于 D/G. 若 $\pi: D \to D/G$ 为投影映射,则对任意 $A \in G$ 有 $\pi \circ A(z) = \pi(z)$,$z \in D$. 又 D 的子集 F 称为 G 的基本域;如果 F 恰包有每一

G 等价类的一点. 可证明基本域总是存在的. 对于 G 对应有一个 Poincaré 正规多边形,它定义如下:设 $\rho(z,z_0)$ 表示点 $z,z_0\in D$ 的双曲距离,则

$$\Omega_{z_0}:=\{z,\rho(z,z_0)\leqslant\rho(z,Az_0),A\in G,A\neq id\}$$

是一广义多边形,其边界是双曲测地线,其内部和部分边界即构成 G 的一个基本域,并有下述性质:若 Ω 表其内部,则对 $A\in G,A\neq id$ 时,$A\Omega\cap\Omega=\varnothing$,且 $\bigcup_{A\in G}A\overline{\Omega}=D$. 此外 $\pi:\Omega\to D/G$ 是一对一的,$\pi:\overline{\Omega}\to D/G$是满射且 $\partial\Omega$ 的面积为零.

令 $D_r(0)=\{z,|z|<r\},\Delta_\rho(0)=\{z,\rho(z,0)<\rho\}$分别是中心在原点欧氏半径为 r 的欧氏圆和非欧半径为 ρ 的非欧圆. 显然 $D_r(0)=\Delta_\rho(0)$的充要条件是 $\rho=\frac{1}{2}\log\frac{1+r}{1-r}$或 $r=\frac{e^{2\rho}-1}{e^{2\rho}+1}$. 设 G 为一 Fuchs 群,令

$$n(r,z)=\operatorname{card}\{Gz\cap D_r(0)\},$$

即点集$\{Az,|Az|<r\}_{A\in G}$的个数. 显然它作为 z 的函数是 G 不变的. 现以 $\mu(E)$表示集合 $E\subset D$ 的双曲面积,则易知

$$\mu(\Delta_\rho(0))=\iint\limits_{\Delta_\rho(0)}(1-|z|^2)^{-2}dxdy=\pi\sinh^2\rho,$$

$$\mu(D_r(0))=\frac{\pi r^2}{1-r^2}.$$

下面证明[14].

引理 4.8 对 $z\in D$ 和 $0<r<1$ 有

$$n(r,z)<\frac{m}{1-r},m=2e^{2\delta}(1-e^{-2\delta})^{-2},\delta>0.\qquad(4.2)$$

证 令 $\rho=\rho(0,r)$,则

$$n(r,z)=\operatorname{card}\{Az,Az\in\Delta_\rho\},\Delta_\rho=\Delta_\rho(0).$$

今取 $\delta>0$ 足够小使得 $\Delta_\rho(0)\subset\Omega$,$\Omega$ 是包含 $z=0$ 点的基本域. 则知 $Az\in\Delta_\rho$ 的充要条件是 $\rho(Az,0)=\rho(z,A^{-1}0)<\rho$. 因此 $n(r,z)=\operatorname{card}\{A0,A0\in\Delta_\rho(z)\}$. 今若 $A0\in\Delta_\rho(z)$,则 $A\Delta_\delta\subset\Delta_{\rho+2\delta}$. 由定义$z\in\Delta_\delta$ 即 $\rho(0,z)<\delta$,故有

$$\rho(0,Az) \leqslant \rho(0,z) + \rho(z,A0) + \rho(A0,Az) < \rho + 2\delta.$$

由我们的选取 $A\Delta_\delta \cap B\Delta_\delta = \varnothing$，如果 $A \neq B$、$A,B \in G$. 因此

$$\mu(\Delta_\delta)n(r,z) \leqslant \mu(\Delta_{\rho+2\delta}),$$

于是

$$n(r,z) \leqslant \frac{e^{2(\rho+\delta)}}{(1-e^{-2\delta})^2} = \frac{(1+r)e^{2\delta}}{(1-r)(1-e^{-2\delta})^2} \leqslant \frac{m}{1-r}.$$

定义 4.5 设 G 为 Fuchs 群，q 为正整数，s 为正实数，则

$$\Theta_q(z) = \sum_{A \in G} (A'z)^q, \quad \Phi_s(z) = \sum_{A \in G} |A'z|^s$$

和

$$\Psi_s(z) = \sum_{A \in G} (1 - |Az|^2)^s$$

分别称为 Poincaré 级数，绝对 Poincaré 级数和不变 Poincaré 级数.

定义 4.6 若 $\Psi_1(z)$ 是收敛的(或发散的)，则称 G 是收敛型的(或发散型的).

引理 4.9 若 $\Phi_s(z)$ 在一点 $z \in D$ 收敛，则对任一点 $z \in D$ 收敛并且内闭一致收敛. 同样对 $\Psi_s(z)$ 亦成立.

证 若 $Az = e^{i\alpha}\dfrac{z-a}{1-\bar{a}z}$，则 $1-|Az|^2 = \dfrac{(1-|a|^2)(1-|z|^2)}{|1-\bar{a}z|^2}$，

于是

$$\frac{1-|z|}{2}(1-|AO|^2) \leqslant 1-|Az|^2 \leqslant \frac{2}{1-|z|}(1-|AO|^2).$$

今若 $\Psi_s(z)$ 在 z_0 点收敛. 则由上式左端知道 $\Psi_s(z)$ 在 $z=0$ 点收敛，再由上式右端知 $\Psi_s(z)$ 在任一点 $z \in D$ 收敛. 由于 $1-|z|$ 在 D 的紧子集上有界异于零，故 $\Psi_s(z)$ 在紧子集上一致收敛.

注意到 $A'z = e^{i\alpha}\dfrac{1-|a|^2}{(1-\bar{a}z)^2}$ 便得

$$(1-|Az|^2)^s = (1-|z|^2)^s\left(\frac{1-|a|^2}{|1-\bar{a}z|^2}\right)^s = (1-|z|^2)^s|A'z|^s.$$

于是 $(1-|z|^2)^s\Phi_s(z) = \Psi_s(z)$，由此定理得证.

引理 4.10 设 G 为 Fuchs 群，若 $s>1$，则 $\Psi_s(z)$ 内闭一致收

敛且

$$\Psi_s(z) \leqslant \frac{2^s ms}{s-1}, z \in D,$$

其中 $m=m(G)$ 为依赖于 G 的正常数.

证 首先由(4.2)得

$$\int_0^r n(t,z)(1-t)^{s-1}dt < m\int_0^r (1-t)^{s-2}dt \leqslant \frac{m}{s-1}.$$

另一方面,由

$$\sum_{A,|AZ|<r} (1-|Az|)^s = \int_0^r (1-t)^s dn(t,z)$$

$$= (1-r)^s n(r,z) - n(0,z) + s\int_0^r n(t,z)(1-t)^{s-1}dt,$$

得

$$\sum_{A,|AZ|<r} (1-|Az|)^s \leqslant \frac{m}{(1-r)^{1-s}} + \frac{ms}{s-1} < m + \frac{ms}{s-1}.$$

4.4 Bers-Orlicz 空间

定义 4.7 设 $\varphi(t)$ 为 Young 函数,Ω 为 G 的基本域,q 为一正整数,称 D 内可测函数 $f \in L_q^\varphi(G)$,如果:

(i) $f(Az)(A'z)^q = f(z)$, $z \in D$, $A \in G$;

(ii) 存在 $c_f > 0$,使得

$$\rho\left(\frac{f}{c_f}\right) := \iint_\Omega \varphi\left(\frac{|f(z)|\lambda^{-q}(z)}{c_f}\right) d\mu(z) < \infty,$$

其中 $d\mu(z)=\lambda^2(z)dA(z)$, $\lambda(z)=(1-|z|^2)^{-1}$.

$L_q^\varphi(G)$ 的子集 $E_q^\varphi(G)$ 定义为

$$E_q^\varphi(G) := \left\{f, f \in L_q^\varphi(G), 对任意\ c>0, \rho\left(\frac{f}{c}\right) < \infty\right\}.$$

$L_q^\varphi(G)$ 中元素的范数 $\|\cdot\|_{\varphi,q}$ 定义为

$$\|f\|_{\varphi,q} := \inf\left\{c > 0, \rho\left(\frac{f}{c}\right) \leqslant 1\right\}. \tag{4.3}$$

类似于 4.2 段可定义 $L_q^\infty(G)$ 和 $E_q^\infty(G)$.

定义 4.8 设 $A(D)$ 是 D 内全纯函数类,则

$$A_q^\varphi(G):=A(D)\cap L_q^\varphi(G)$$

和

$$EA_q^\varphi(G):=A(D)\cap E_q^\varphi(G)$$

在装备范数 $\|\cdot\|_{\varphi,q}$ 下称为 Bers-Orlicz 空间.

注　容易指出(4.3)与基本域的选取无关. 并且此处的范数 $\|\cdot\|_{\varphi,q}$ 与 4.2 段中的范数 $\|\cdot\|_{\varphi,\lambda^{-q}}$ 意义相同.

特别地,若 $\varphi(t)=t^p,1\leqslant p<\infty$,则 $A_q^\varphi(G)=EA_q^\varphi(G)$ 即是经典的 Bers 空间 $A_q^p(G)$,其范数 $\|\cdot\|_{\varphi,q}$ 为

$$\|f\|_{p,q,\Omega}^p\equiv\|f\|_p^p:=\iint_\Omega(|f(z)|\lambda^{-q}(z))^p d\mu(z).$$

又在 4.2 段中置 $\omega(z)=(\lambda(z))^{-q}$, $d\mu(z)=\lambda^2(z)dA(z)$, 则 $A_q^\varphi(G)$ 是 $L_\varphi(\Omega;\omega,\mu)$ 的子空间, $EA_q^\varphi(G)$ 是 $E_\varphi(\Omega;\omega,\mu)$ 的子空间.

定理 4.11　设 $\varphi(t)$ 为 Young 函数,则 $L_q^\varphi(G)$ 是 Banach 空间,且 $E_q^\varphi(G)$, $A_q^\varphi(G)$ 和 $EA_q^\varphi(G)$ 是 $L_q^\varphi(G)$ 的闭子空间.

证　易知 $L_q^\varphi(G)$ 是线性赋范空间,现证它是完备的. 设 $\{f_n\}$ 是 $L_q^\varphi(G)$ 中的 Cauchy 序列,由附注,它亦是 $L_\varphi(\Omega;\omega,\mu)$ 的 Cauchy 序列,由 $L_\varphi(\Omega;\omega,\mu)$ 的完备性,存在 $f\in L_\varphi(\Omega;\omega,\mu)$ 使得当 $n\to\infty$ 时

$$\|f_n-f\|_{\varphi,q,\Omega}\to 0.$$

现将 f 从 Ω 扩充到 D,并仍以 f 表示之,使得它对任意 $\zeta=Az$, $A\in G$,和 $z\in\Omega,\zeta\in D$,有

$$f(\zeta)=f(z)(A'z)^q.$$

显然 $f\in L_q^\varphi(G)$ 且当 $n\to\infty$ 时

$$\|f_n-f\|_{\varphi,q}=\|f_n-f\|_{\varphi,q,\Omega}\to 0.$$

这就证明了 $L_q^\varphi(G)$ 是一 Banach 空间.

由于 $E_\varphi(\Omega;\omega,\mu)$ 是 $L_\varphi(\Omega;\omega,\mu)$ 的闭子空间,类似地可得 $E_q^\varphi(G)$ 是 $L_q^\varphi(G)$ 的闭子空间.

现设 $\{f_n\}$ 是 $A_q^\varphi(G)$ 中的 Cauchy 序列,则由 $L_q^\varphi(G)$ 的完备性知存在 $f\in L_q^\varphi(G)$ 使得当 $n\to\infty$ 时

$$\|f_n-f\|_{\varphi,q}\to 0.$$

下面进一步指出 $f\in A_q^\varphi(G)$. 为此先证明下面的事实. 设 $\overline{D}_1\subset D$ 是

闭圆盘，则存在常数 $c>0$ 使得对任意 $f\in A_q^\varphi(G)$ 和 $z\in \overline{D}_1$ 有

$$|f(z)|\leqslant c\|f\|_{\varphi,q}.$$

事实上，令 $r=\frac{1}{2}\inf_{z\in\overline{D}_1}(1-|z|^2)^{\frac{1}{2}}$ 和 $\overline{D}(r)=\{z,|z|\leqslant 1-r\}$，则由平均值公式得

$$f(z)=\frac{1}{r^2}\iint_{D_r(z)} f(\zeta)dA(\zeta),z\in\overline{D}(r),$$

其中 $D_r(z)=\{\zeta,|\zeta-z|<r\}$. 由于 $D=\bigcup_{A\in G}A\overline{\Omega}$，而 $\overline{D}(r)$ 是 D 内紧子集，因此存在有限多个 $A_1,\cdots,A_{n_0}\in G$，使得 $D(r)\subset\bigcup_{j=1}^{n_0}A_j\overline{\Omega}$. 又计及(4.1)，对 $z\in\overline{D}_1$ 便得

$$\begin{aligned}|f(z)|&\leqslant\frac{1}{r^2}\iint_{D(r)}|f(\zeta)|dA(\zeta)\\&\leqslant\frac{1}{r^2}\sum_{j=1}^{n=0}\iint_{A_j\Omega}\lambda^{-q(\zeta)}|f(\zeta)|\chi_{D(r)}(\zeta)\lambda^{q-2}(\zeta)d\mu(\zeta)\\&\leqslant\frac{2n_0}{r^2}\sup_{\zeta\in D(r)}\lambda^q(\zeta)\|\chi_{D(r)}\lambda^q\|_{\varphi^*,q}\|f\|_{\varphi,q}\leqslant c\|f\|_{\varphi,q},\end{aligned}$$

其中 $c=\frac{2n_0}{r^2}\sup_{\zeta\in D(r)}\lambda^q(\zeta)/\varphi^{*-1}\left(\frac{1}{\mu(D(r))}\right)$.

令对任意闭圆 $\overline{D}_1\subset D$，则存在 $c>0$ 使得

$$|f_n(\zeta)-f_m(\zeta)|\leqslant c\|f_n-f_m\|_{\varphi,q},\zeta\in\overline{D}_1.$$

由此可知 $\{f_n\}$ 内闭一致收敛于 D 内全纯函数 $\mathscr{f}$，且知 $f(z)=\mathscr{f}(z)\in A_q^\varphi(G)$. 因此 $A_q^\varphi(G)$ 是 $L_q^\varphi(G)$ 的闭子空间.

再由 $EA_q^\varphi(G)$ 的定义即得它亦是一闭子空间.

注　若 G 是一无限群，则有 $A_q^\varphi(G)\cap A_q^\varphi(id)=\{0\}$，且 $A_q^\infty(G)$ 是 $A_q^\varphi(G)$ 的闭子空间. 事实上，由于 $\frac{|A'z|^2}{(1-|Az|^2)^2}=\frac{1}{(1-|z|^2)^2}$，即有 $|A'z|^2\lambda^2(Az)=\lambda^2(z)$，因此

$$|f(Az)|\lambda^{-q}(Az)=|f(z)||A'z|^{-q}\lambda^{-q}(Az)=|f(z)|\lambda^{-q}(z).$$

又知 $d\mu(z)=\lambda^2(z)dA(z)=|A'z|^2\lambda^2(Az)dA(z)=d\mu(Az)$，于是

$$\iint_D\varphi\left(\frac{|f(z)|\lambda^{-q}(z)}{c_f}\right)d\mu(z)=\sum_{A\in G}\iint_{A\Omega}\varphi\left(\frac{|f(z)|\lambda^{-q}(z)}{c_f}\right)d\mu(z)$$

$$= \sum_{A\in G} \iint_{\Omega} \varphi\left(\frac{|f(Az)|\lambda^{-q}(Az)}{c_f} \right) d\mu(Az)$$

$$= \sum_{A\in G} \iint_{\Omega} \varphi\left(\frac{|f(z)|\lambda^{-q}(z)}{c_f} \right) d\mu(z).$$

由假设 $f\in A_q^{\varphi}(id)$，即上式左端为有穷，又知 G 为无限群，因此必须有 $\varphi\left(\frac{|f(z)|\lambda^{-q}(z)}{c_f} \right)=0$，从而 $f(z)\equiv 0$.

在[17]中提到一个未解决的问题：是否 $A_1^1(G)=\{0\}$？目前只知道 G 是第二类 Fuchs 群时有 $A_1^1(G)=\{0\}$.

从定义中显然有 $A_q^{\varphi}(id)\subseteq A_{q+h}^{\varphi}(id)$，$h>0$.

定理 4.12 $A_q^{\varphi}(G)$的元素是尖形式.

证 令 $\mathrm{stab}z_0=\langle P\rangle$表 G 中抛物元素使得 $Pz_0=z_0$ 者. 又令 $Tz=w=\frac{z+z_0}{i(z-z_0)}=u+iv$，它将 D 映为上半平面 $\mathscr{H}$ 且 $Tz_0=\infty$. 于是 $G_1=TGT^{-1}$是 $\mathscr{H}$ 上的 Fuchs 群，∞为其尖点，$\mathrm{stab}\infty=\langle S\rangle$，$S=TPT^{-1}$为一平移可设 $Sw=w+1$. $\Omega_1=T\Omega$ 是 G_1 的一个基本域且含有条带 $E=\{w:\xi<u<\xi+1, v>v_0\geq 1\}$. 称 $\hat{f}(w)\in A_q^{\varphi}(G_1)$，若 $\hat{f}(w)$在 $\mathscr{H}$ 是权为 q 的全纯微分且存在 $c_{\hat{f}}>0$ 使得

$$\rho_{\mathscr{H}}\left(\frac{\hat{f}}{c_{\hat{f}}}\right) := \iint_{\Omega_1} \varphi\left(\frac{|\hat{f}(w)|\lambda_{\mathscr{H}}^{-q}(w)}{c_{\hat{f}}} \right) d\mu_{\mathscr{H}}(w) < \infty,$$

其中 $\lambda_{\mathscr{H}}(w)=\frac{1}{2v}$，$d\mu_{\mathscr{H}}(w)=\frac{dudv}{4v^2}$. 类似地可以定义 $A_q^{\varphi}(G_1)$中之范. 显然 T 通过下式将 $A_q^{\varphi}(G)$映为 $A_q^{\varphi}(G_1)$：

$$Tf=\hat{f}(w) := f(z)\left(\frac{dz}{dw}\right)^q,$$

且是保范的. 即有

$$\|\hat{f}\|_{\varphi,q,\Omega_1} = \|f\|_{\varphi,q,\Omega}.$$

事实上，对任意 $c>0$，由定义

$$\rho_{\mathscr{H}}\left(\frac{\hat{f}}{c}\right) = \iint_{\Omega_1} \varphi\left(\frac{|\hat{f}(w)|\lambda_{\mathscr{H}}^{-q}(w)}{c} \right) d\mu_{\mathscr{H}}(w)$$

$$= \iint_{\Omega} \varphi\left(\frac{|f(z)|\lambda^{-q}(z)}{c} \right) d\mu(z) = \rho(\frac{f}{c}).$$

现设 $\hat{f} \in A_q^{\varphi}(G_1)$. 由 $S \in G_1$, 有 $\hat{f}(w+1) = \hat{f}(w)$, 因此

$$\hat{f}(w) = \sum_{n=-\infty}^{\infty} \hat{a}_n e^{-2\pi i n w},$$

其中

$$\hat{a}_n = \int_{\xi}^{\xi+1} \hat{f}(w) e^{-2\pi i n w} dw.$$

当 $n \leqslant 0$ 时, 对于 $t > t_0 > v_0$, 有

$$\begin{aligned}
|\hat{a}_n| \int_{t_0}^{t} v^{q-2} dv &\leqslant \int_{t_0}^{t} \int_{\xi}^{\xi+1} v^{q-2} |\hat{f}(w)| e^{2\pi n v} du dv \\
&\leqslant \frac{1}{2^{q-2}} \int_{t_0}^{t} \int_{\xi}^{\xi+1} |\hat{f}(w)| \lambda_{\mathscr{H}}^{-2}(w) d\mu_{\mathscr{H}}(w) \\
&\leqslant \frac{1}{2^{q-2}} \iint_{G_1} |\hat{f}(w)| (\chi_E(w) \lambda_{\mathscr{H}}^{q}(w)) \lambda_{\mathscr{H}}^{-2q}(w) d\mu_{\mathscr{H}}(w) \\
&\leqslant 2^{3-q} \| \hat{f} \|_{\varphi, q, \Omega_1} \cdot \| \chi_E \lambda_{\mathscr{H}}^{q} \|_{\varphi^*, q, \Omega_1}.
\end{aligned}$$

但知

$$\mu_{\mathscr{H}}(E) = \iint_{E} \frac{du dv}{4v^2} = \int_{v_0}^{\infty} \int_{\xi}^{\xi+1} \frac{du dv}{4v^2} = \frac{1}{4v_0} \leqslant \frac{1}{4},$$

由(4.1)得 $\| \chi_E \lambda_{\mathscr{H}}^{q} \|_{\varphi^*, q} \leqslant \frac{1}{\varphi^{*-1}(4)} < \infty$.

令

$$c_q(v) = \int_{t_0}^{t} v^{q-2} dv = \begin{cases} \dfrac{t^{q-1} - t_0^{q-1}}{q-1}, & q > 1, \\ \log \dfrac{t}{t_0}, & q = 1. \end{cases}$$

当 $v \to \infty$ 时, $c_q(v) \to \infty$. 因此

$$|\hat{a}_n| \leqslant \frac{m \| f \|_{\varphi, q}}{c_q(v)} \to 0.$$

当 $n > 0$ 时, 取 $t = 2t_0$, 则

$$|\hat{a}_n|\int_{t_0}^{2t_0}v^{q-2}dv\leqslant e^{4nt_0\pi}\int_{t_0}^{2t_0}\int_{\xi}^{\xi+1}v^{q-2}|\hat{f}(w)|dudv$$
$$\leqslant e^{4nt_0\pi}m\,\|f\|_{\varphi,q},$$
从而有
$$|\hat{a}_n|\leqslant\frac{me^{4nt_0\pi}}{c_q(2t_0)}\;\|f\|_{\varphi,q}.$$
因此当 $v\to\infty$ 时
$$|\hat{f}(w)|=|\sum_{n=1}^{\infty}\hat{a}_n e^{2\pi niw}|\leqslant\frac{m\,\|f\|_{\varphi,q}}{c_q(2v_0)}\sum_{n=1}^{\infty}e^{2n\pi(2t_0-v)}$$
$$=O(e^{-2\pi v})\to 0.$$
因此，当 $z\to z_0$ 时
$$f(z)=\hat{f}(w)\frac{dw}{dz}\to 0.$$
定理证毕.

4.5 核函数与再生公式

引理 4.13 设 G 为一 Fuchs 群，则对 $q\geqslant 1$ 和 $h>1$ 有：

(i) $L_q^{\varphi}(G)\subseteq L_{q+h}^1(id)$；

(ii) $A_q^{\varphi}(G)\subseteq A_{q+h}^1(id)$.

证 设 I 是 $L_q^1(G)+L_q^{\infty}(G)$ 上的恒等算子，若 $f\in L_q^1(G)$，则由引理 4.10 得
$$\|f\|_{1,q+h,D}=\iint_D|f(z)|\lambda^{-(q+h)}(z)d\mu(z)$$
$$=\sum_{A\in G}\iint_{A\Omega}|f(z)|\lambda^{-(q+h)}(z)d\mu(z)$$
$$=\iint_{\Omega}|f(z)|\lambda^{-q}(z)\Psi_h(z)d\mu(z)$$
$$\leqslant c_h\,\|f\|_{1,q,\Omega}.$$
这表明 I 是从 $L_q^1(G)$ 到 $L_{q+h}^1(id)$ 的有界算子.

今若 $f\in L_q^{\infty}(G)$，则
$$\|f\|_{1,q+h,D}=\iint_D|f(z)|\lambda^{-(q+h)}(z)d\mu(z)$$

$$\leqslant \|f\|_{\infty,q,\Omega}\iint_D \lambda^{-h}(z)d\mu(z) = c_h\|f\|_{\infty,q,\Omega},$$

其中$c_h=\iint_D \lambda^{-h}(z)d\mu(z)=\frac{1}{h-1}$. 因此$I$是$L_q^\infty(G)$到$L_{q+h}^1(id)$的有界算子. 根据引理4.7,对任意Young函数,I是$L_q^\varphi(G)$到$L_{q+h}^1(id)$的有界算子,即有$L_q^\varphi(G)\subseteq L_{q+h}^1(id)$.

再由定义便得

$$\begin{aligned}A_q^\varphi(G) &= A(D)\cap L_q^\varphi(G)\subseteq A(D)\cap L_{q+h}^1(id)\\ &= A_{q+h}^1(id).\end{aligned}$$

引理证毕.

注 关于这类空间的包含关系有著名的Bers空间猜想:是否$A_q^p(G)\subseteq A_q^\infty(G)$, $1\leqslant p<\infty$. 这个猜想被Pommerenke[22]否定. 他对特殊的群构造出例子说明$A_2^1(G)\subseteq A_2^\infty(G)$不成立. 此后D. Niebur和M. Sheingorn[18]给出完满的回答,他们证明:设G是不含椭圆元素的Fuchs群,当且仅当

$$\inf\{|t_rA|, A\in G, A\text{ 为双曲元且 }A\neq id\}\geqslant 2+\delta>2$$

时$A_q^p(G)\subseteq A_q^\infty(G)$.

现引入核函数:对$z,\zeta\in D$,

$$K_q(z,\zeta):=\frac{2q-1}{\pi}\frac{1}{(1-z\overline{\zeta})^{2q}}.$$

实质上它是单位圆上Bergman核函数的q次幂,且易知:

(i)对$z,\zeta\in D$, $K_q(z,\zeta)=\overline{K}_q(\zeta,z)$,

(ii)$K_q(Az,A\zeta)(A'z)^q\overline{(A'\zeta)^q}=K_q(z,\zeta)$, $A\in G$.

此外我们有

引理4.14 设$\varphi(t)$为Young函数,$q>1$,则$K_q(z,\zeta)$作为z的函数$K_q(z,\zeta)\in A_q^\varphi(id)$,又若$f(z)\in A_q^\varphi(G)$,则有下述再生公式

$$f(\zeta)=\iint_D f(z)\overline{K}_q(z,\zeta)\lambda^{-2q}(z)d\mu(z). \tag{4.4}$$

证 由于Young函数$\varphi(t)$是凸增函数且$\lim_{t\to 0}\varphi(t)=0$,因此存在$\tau_0>0$和$c>0$使得$\varphi(t)\leqslant ct$,当$t\leqslant\tau_0$. 再由$K_q$的有界性,即

$|K_q(z,\zeta)|\leqslant\frac{2q-1}{\pi}\cdot\frac{1}{(1-|\zeta|^2)^{2q}}=c(\zeta), z\in D$. 于是有

$$\rho(K_q(\cdot,\zeta))=\iint_D\varphi(|K_q(z,\zeta)|\lambda^{-q}(z))d\mu(z)$$
$$\leqslant\iint_D\varphi(c(\zeta)\lambda^{-q}(z))d\mu(z)$$
$$=\left(\iint_{D_r(0)}+\iint_{D\setminus D_r(0)}\right)\varphi(c(\zeta)\lambda^{-q}(z))d\mu(z)$$
$$\leqslant M_1+\iint_{D\setminus D_r(0)}cc(\zeta)\lambda^{-q}(z)d\mu(z)<\infty.$$

因此 $K_q(z,\zeta)\in A_q^{\varphi}(id)$.

根据引理 4.13, $A_q^{\varphi}(G)\subseteq A_{2q}^1(id)$. 因此我们只须对 $f(z)\in A_{2q}^1(id)$ 证明(4.4)成立. 现设 $f(z)\in A_{2q}^1(id)$ 且令 $f(z)=\sum_{n=0}^{\infty}a_nz^m$. 由于

$$\iint_D|f(z)||\overline{K}(z,\zeta)|\lambda^{-2q}(z)d\mu(z)$$
$$\leqslant c(\zeta)\iint_D|f(z)|\lambda^{-2q}(z)d\mu(z)<\infty,$$

和

$$K_q(z,\zeta)=\frac{2q-1}{\pi}\frac{\overline{\zeta}^{1-2q}}{(2q-1)!}[(1-z\overline{\zeta})^{-1}]^{(2q-1)}$$
$$=\frac{1}{\pi}\cdot\frac{1}{(2q-2)!}\sum_{n=0}^{\infty}(n+2q-1)\cdots(n+1)(z\overline{\zeta})^n,$$

因此

$$\iint_D f(z)\overline{K}_q(z,\zeta)\lambda^{-2q}(z)d\mu(z)$$
$$=\lim_{r\to1}\iint_{D_r(0)}f(z)\overline{K}_q(z,\zeta)\lambda^{-2q}(z)d\mu(z)$$
$$=\frac{2q-1}{\pi}\lim_{r\to1}\iint_{D_r(0)}f(z)\sum_{n=0}^{\infty}(n+2q-1)\cdots(n+1)(\zeta\overline{z})^n\lambda^{-2q}(z)d\mu(z)$$

$$= \sum_{n=0}^{\infty} a_n \zeta^n = f(\zeta).$$

引理证毕.

引理 4.15 设 $\varphi(t)$ 为 Young 函数, $q>1$, P_q 是由下式定义的算子

$$P_q f(\zeta) := \iint_D f(z) \overline{K}_q(z,\zeta) \lambda^{-2q}(z) d\mu(z),$$

则 P_q 是 $L_q^{\varphi}(G)$ 到 $A_q^{\varphi}(G)$ 以及从 $E_q^{\varphi}(G)$ 到 $EA_q^{\varphi}(G)$ 的有界算子.

证 首先令 $\zeta = \dfrac{w+z}{1+\bar{z}w} = Tw$, 则有

$$\begin{aligned}
|K_q(z,\zeta)| \lambda^{-q}(\zeta) d\mu(\zeta) &= \frac{2q-1}{\pi} \frac{(1-|\zeta|^2)^q}{|1-z\bar{\zeta}|^{2q}} d\mu(\zeta) \\
&= \frac{2q-1}{\pi} \frac{(1-(Tw)(\overline{Tw}))^q}{|1-z\overline{Tw}|^{2q}} d\mu(Tw) \\
&= \frac{2q-1}{\pi} \lambda^q(z)(1-|w|^2)^q d\mu(w).
\end{aligned}$$

于是

$$\begin{aligned}
\iint_D |K_q(z,\zeta)| \lambda^{-q}(\zeta) d\mu(\zeta) &= \frac{2q-1}{\pi} \lambda^q(z) \iint_D (1-|w|^2)^q d\mu(w) \\
&= \frac{2q-1}{q-1} \lambda^q(z).
\end{aligned}$$

令 $d\nu(\zeta) = \dfrac{|K_q(z,\zeta)|(\lambda(\zeta)\lambda(z))^{-q} d\mu(\zeta)}{c_q}$, $c_q = \dfrac{2q-1}{q-1}$, 则上式表明 $\iint_D d\nu(\zeta) = 1$. 由 Jensen 公式便有

$$\begin{aligned}
\rho\left(\frac{P_q f}{c}\right) &= \iint_\Omega \varphi\left(\frac{|P_q f(\zeta)| \lambda^{-q}(\zeta)}{c}\right) d\mu(\zeta) \\
&\leqslant \iint_\Omega \varphi\left(\iint_D \frac{|f(z)||K_q(z,\zeta)| \lambda^{-2q}(z) \lambda^{-q}(\zeta)}{c} d\mu(z)\right) d\mu(\zeta) \\
&= \iint_\Omega \varphi\left(\iint_D \frac{|f(z)| \lambda^{-q}(z) d\nu(z)}{c c_q^{-1}}\right) d\mu(\zeta)
\end{aligned}$$

$$\leqslant \iint_{\Omega} d\mu(\zeta) \iint_{D} \varphi\left(\frac{|f(z)|\lambda^{-q}(z)}{cc_q^{-1}} \right) d\nu(z)$$

$$= \frac{1}{c_q} \sum_{A \in G} \iint_{\Omega} d\mu(\zeta) \iint_{A\Omega} \varphi\left(\frac{|f(z)|\lambda^{-q}(z)}{cc_q^{-1}} \right)$$

$$\times |K_q(z,\zeta)|\lambda^{-q}(z)\lambda^{-q}(\zeta) d\mu(z)$$

$$= \frac{1}{c_q} \sum_{A \in G} \iint_{A^{-1}\Omega} d\mu(A\zeta) \iint_{\Omega} \varphi\left(\frac{|f(Az)|\lambda^{-q}(Az)}{cc_q^{-1}} \right)$$

$$\times |K_q(Az, A\zeta)|\lambda^{-q}(Az)\lambda^{-q}(A\zeta) d\mu(Az).$$

注意到$|K_q(Az,A\zeta)|\lambda^{-q}(Az)\lambda^{-q}(A\zeta)=K_q(z,\zeta)\lambda^{-q}(z)\lambda^{-q}(\zeta)$以及$d\nu(\zeta)$之定义可得

$$\rho\left(\frac{P_q f(\zeta)}{c} \right) \leqslant \iint_{\Omega} \left(\sum_{A \in G} \iint_{A^{-1}\Omega} d\nu(\zeta) \right) \varphi\left(\frac{|f(z)|\lambda^{-q}(z)}{cc_q^{-1}} \right) d\mu(z)$$

$$= \iint_{\Omega} \varphi\left(\frac{|f(z)|\lambda^{-q}(z)}{cc_q^{-1}} \right) d\mu(z) = \rho\left(\frac{f}{cc_q^{-1}} \right).$$

由范数定义即有$\| P_q f \|_{\varphi,q} \leqslant c_q \| f \|_{\varphi,q}$.

类似地可证明P_q在$E_q^{\varphi}(G)$是有界的.

下面证明$P_q f(\zeta) \in A(D)$. 事实上,由于$L_q^{\varphi}(G) \subseteq L_{2q}^1(id)$以及

$$\left| \frac{\partial \overline{K}_q(z,\zeta)}{\partial \zeta} \right| = \frac{2q(2q-1)}{\pi} |\bar{z}(1-\bar{z}\zeta)^{-2q-1}| = c_1(\zeta) < \infty, \zeta \in D.$$

因此

$$\iint_{D} |f(z)|\lambda^{-2q}(z) \left| \frac{\partial \overline{K}_q(z,\zeta)}{\partial \zeta} \right| d\mu(z) \leqslant c_1(\zeta) \| f \|_{1,2q} < \infty,$$

即$\iint_{D} f(z)\lambda^{-2q}(z) \frac{\partial \overline{K}_q(z,\zeta)}{\partial \zeta} d\mu(z)$绝对收敛并等于$\frac{dP_q f(\zeta)}{d\zeta}$. 这就表明$P_q$是$L_q^{\varphi}(G)$(或$E_q^{\varphi}(G)$)到$A_q^{\varphi}(G)$(或$EA_q^{\varphi}(G)$)的映射. 由再生公式知,若$f \in A_q^{\varphi}(G)$,则$f(z) = P_q f(z)$,即此映射是满射. 定理证毕.

4.6 对偶定理

定义 4.9 设F是D上复值函数,q为正整数. 称F的

Poincaré 级数 $\Theta_q F$ 存在，如果

$$\Theta_q F(z):=\sum_{A\in G}F(Az)(A'z)_q$$

绝对收敛且内闭一致收敛.

注　显然 Poincaré 级数是权为 q 的自守形式. 事实上，对任意的 $L\in G$,

$$\begin{aligned}\Theta_q F(Lz)(L'z)^q&=\sum_{A\in G}F(ALZ)(A'LZ)^q(L'Z)^q\\&=\sum_{A\in G}F(ALz)((AL)'z)^q=\Theta_q F(z).\end{aligned}$$

定理 4.16　对任意 Young 函数 φ, 每个 $f\in A_q^\varphi(G)$（或 $EA_q^\varphi(G)$）是某个 $F\in A_q^\varphi(id)$（或 $EA_q^\varphi(id)$）的 Poincaré 级数，即有 $f(z)=\Theta_q F(z)$.

证　设 $f\in A_q^\varphi(G)$, 我们定义算子 α_q 如下:

$$\alpha_q f(\zeta):=\iint_\Omega f(z)\overline{K}_q(z,\zeta)\lambda^{-2q}(z)d\mu(z).$$

若我们令 $\hat{f}(z)=f(z), z\in\Omega, \hat{f}(z)=0, z\in D\setminus\Omega$, 则 $\hat{f}(z)\in L_q^\varphi(id)$, 且有

$$\alpha_q f(\zeta)=\iint_D\hat{f}(z)\overline{K}(z,\zeta)\lambda^{-2q}(z)d\mu(z)=P_q\hat{f}(\zeta).$$

由引理 4.13, $\alpha_q f(\zeta)\in A_q^\varphi(id)$. 现取 $F(z)=\alpha_q f(z)$, 则可指出 $\Theta_q\alpha_q f(z)=f(z)$. 事实上,

$$\begin{aligned}\Theta_q\alpha_q f(z)&=\sum_{A\in G}(A'\zeta)^q\alpha_q f(A\zeta)\\&=\sum_{A\in G}(A'\zeta)^q\iint_\Omega f(z)\overline{K}_q(z,A\zeta)\lambda^{-2q}(z)d\mu(z)\\&=\sum_{A\in G}\iint_{A^{-1}\Omega}f(Az)\overline{K}(Az,A\zeta)(A'\zeta)^q\lambda^{-2q}(Az)d\mu(Az)\\&=\iint_D f(z)\overline{K}_q(z,\zeta)\lambda^{-2q}(z)d\mu(z)=f(\zeta).\end{aligned}$$

定理证毕.

定理 4.17　映射 $\Theta_q: F\mapsto\Theta_q F$ 是 $A_q^1(id)$ 到 $A_q^1(G)$ 的满射连续

线性算子且其范数≤1.

证 在定理 4.16 中取 $\varphi(t)=t$，则可得知 Θ_q 是满射的. 现证其有界性. 设 $F\in A_q^1(id)$，则

$$\begin{aligned}\|\Theta_qF\|_{1,q,\Omega} &= \iint_\Omega |\Theta_qF(z)|\lambda^{-q}(z)d\mu(z)\\ &\leqslant \iint_\Omega \sum_{A\in G}|F(Az)||A'z|^q\lambda^{-q}(z)d\mu(z)\\ &= \sum_{A\in G}\iint_\Omega |F(Az)|\lambda^{-q}(Az)d\mu(Az)\\ &= \iint_D |F(z)|\lambda^{-q}(z)d\mu(z) = \|F\|_{1,q,D}.\end{aligned}$$

定理证毕.

定理 4.18 若 $F\in A_q^1(id)$，$g\in A_q^\infty(G)$，则有

$$(\Theta_qF,g;\Omega)=(F,g;D),$$

即

$$\iint_\Omega \Theta_qF(z)\bar{g}(z)\lambda^{-2q}(z)d\mu(z)=\iint_D F(z)\bar{g}(z)\lambda^{-2q}(z)d\mu(z).$$

证 设 $F\in A_q^1(id)$，由定理 4.17 的证明可知 $\sum\limits_{A\in G}|F(Az)|\cdot|A'z|^q$ 在 Ω 是可积的，由 Lebesgue 定理便有

$$\begin{aligned}(\Theta_qF,g;\Omega) &= \iint_\Omega \sum_{A\in G}F(Az)(A'z)^q\bar{g}(z)\lambda^{-2q}(z)d\mu(z)\\ &= \sum_{A\in G}\iint_{A\Omega}F(z)\bar{g}(z)\lambda^{-2q}(z)d\mu(z)=(F,g;D).\end{aligned}$$

此即为所求.

定理 4.19 设 $\varphi(t)$ 为 Young 函数，$f(z)=\sum\limits_{n=0}^{\infty}a_nz^n\in A_q^\varphi(G)$，则有

$$(\Theta_qz^k,f;\Omega)=\pi k!\frac{\Gamma(2q-1)}{\Gamma(2q+k)}\bar{a}_k.$$

证 由引理 4.13，$A_q^\varphi(G)\subseteq A_{2q}^1(id)$，

$$\iint_D |z^k \overline{f}(z)| \lambda^{-2q}(z) d\mu(z) \leqslant \| f \|_{1,2q,D} < \infty.$$

再由定理 4.18 得

$$\iint_D z^k \overline{f}(z) \lambda^{-2q}(z) d\mu(z) = (\Theta_q z^k, f; \Omega)$$

$$= \lim_{r \to 1} \iint_{D_r(0)} z^k \overline{f}(z) \lambda^{-2q}(z) d\mu(z)$$

$$= \pi k! \frac{\Gamma(2q-1)}{\Gamma(2q+k)} \overline{a}_k.$$

引理 4.20 设 $\varphi(t)$ 为 Young 函数，$\varphi^*(t)$ 为其余 Young 函数，则由下式定义的 $L_q^{\varphi^*}(G)$ 到 $(E_q^{\varphi}(G))^*$ 的映射 ψ:

$$g \mapsto lg(f) := (f, g; \Omega), \qquad f \in E_q^{\varphi}(G)$$

是反线性满射同构且对任意 $g \in L_q^{\varphi^*}(G)$ 有

$$\| g \|_{\varphi^*,q} \leqslant \| lg \|_{\varphi,q} \leqslant 2 \| g \|_{\varphi^*,q},$$

此处简记 $\| \cdot \|_{\varphi,q} = \| \cdot \|_{\varphi,\lambda^{-q}}$.

证 显然对任意 $g \in L_q^{\varphi^*}(G)$，由 Hölder 不等式知 $\psi(g) = lg$ 是 $E_q^{\varphi}(G)$ 上连续线性泛函且有

$$\| lg \|_{\varphi,q} \leqslant 2 \| g \|_{\varphi^*,q}.$$

现设 $l \in (E_q^{\varphi}(G))^*$，对固定的基本域 Ω，由命题 4.6 存在唯一的 $g \in L_{\varphi^*}(\Omega; \lambda^{-q}, \mu)$，使得对任意的 $f \in E_q^{\varphi}(G)$，有

$$l(f) = lg(f) = \iint_\Omega f(z) \overline{g}(z) \lambda^{-2q}(z) d\mu(z)$$

和

$$\| l \|_{\varphi,g} \geqslant \| g \|_{\varphi^*,q}.$$

现在以下述方式将 g 延拓到整个 D，使得

$$g(Az)(A'z)^q = g(z), \ A \in G,$$

延拓所得的函数仍记为 g，它是可测的且属于 $L_q^{\varphi^*}(G)$. 于是

$$l(f) = lg(f) = (f, g; \Omega) = \iint_\Omega f(z) \overline{g}(z) \lambda^{-2q}(z) d\mu(z)$$

且

$$\| l \|_{\varphi,q} = \| lg \|_{\varphi,q} \geqslant \| g \|_{\varphi^*,q}.$$

ψ 的唯一性是显然的，引理证毕.

定理 4.21 设 $\varphi(t)$ 为 Young 函数，φ^* 为其余 Young 函数，则由下式定义的从 $A_q^{\varphi^*}(G)$ 到 $(EA_q^{\varphi}(G))^*$ 的映射 ψ：

$$\psi: g \to lg(f) := (f,g;\Omega), f \in EA_q^{\varphi}(G)$$

是反线性满射同构且对任意 $g \in A_q^{\varphi^*}(G)$

$$c_1 \| g \|_{\varphi^*,q} \leqslant \| lg \|_{\varphi,q} \leqslant c_2 \| g \|_{\varphi^*,q},$$

其中 c_1、c_2 是不依赖于 g 的常数.

证 由于 $\psi(g)=lg, g \in A_q^{\varphi^*}(G)$ 且对 $f \in EA_q^{\varphi}(G), lg(f)=(f,g;\Omega)$. 则由 Hölder 不等式

$$\| \psi(g) \|_{\varphi,q} = \| lg \|_{\varphi,q} \leqslant 2 \| g \|_{\varphi^*,q}.$$

另一方面，设 $l \in (EA_q^{\varphi}(G))^*$. 由 Hahn-Banach 定理，$l$ 能保范延拓到 $E_q^{\varphi}(G)$ 并以 l 表之. 由引理 4.20，存在 $h \in L_q^{\varphi^*}(G)$ 使得对任意 $f \in E_q^{\varphi}(G)$，有

$$l(f) = l_h(f) = (f,h;\Omega).$$

再根据引理 4.15，$P_q h \in A_q^{\varphi^*}(G)$ 且对 $f \in EA_a^{\varphi}(G)$ 有

$$(f,h;\Omega) = (f,P_q h;\Omega).$$

事实上，类似于定理 4.18 的证明可得

$$\begin{aligned}(f,P_q h;\Omega) &= \iint_{\Omega} f(\zeta)\lambda^{-2q}(\zeta)d\mu(\zeta)\iint_{D}\overline{h}(z)K(z,\zeta)\lambda^{-2q}(z)d\mu(z)\\ &= (f,h;\Omega),\end{aligned}$$

此即

$$l(f) = (f,P_q h;\Omega) = l_{P_q h}(f), \qquad f \in EA_q^{\varphi}(G),$$

这就表明 ψ 是满射的.

下面证明 ψ 的核为零. 设 $lg(f)=(f,g;\Omega)=0$ 对所有 $f \in EA_q^{\varphi}(G)$ 和某个 $g \in A_q^{\varphi^*}(G)$. 令 $u \in E_q^{\varphi}(G)$ 则 $P_q u \in EA_q^{\varphi}(G)$ 且

$$(u,g;\Omega) = (P_q u,g;\Omega) = 0.$$

这就表明 $\psi(g)=lg$ 是 $E_q^{\varphi}(G)$ 上的零泛函. 由引理 4.20 得 $g=0$.

最后由 Banach 定理知 ψ 是可逆算子，因此存在常数 c_1 使得对任意的 $g \in A_q^{\varphi^*}(G)$，

$$\| lg \|_{\varphi,q} \geqslant c_1 \| g \|_{\varphi^*,q}.$$

定理证毕.

推论 4.22 若 Young 函数满足 $\Delta_2(0)$和 $\Delta_2(\infty)$条件,则有

$$(A_q^{\varphi}(G))^* = A_q^{\varphi^*}(G).$$

特别地,若取 $\varphi(t)=t^p, 1<p<\infty$,则得

$$(A_q^p(G))^* = A_q^{p'}(G),$$

其中$\frac{1}{p}+\frac{1}{p'}=1$.

证 注意到命题 4.5 和 4.6,由定理 4.19 直接推出上述结论.

参 考 文 献

[1] Ahlfors, L. V., An extension of Schwarz's lemma, Trans. Amer. Math. soc., 43 (1938), 359—364.

[2] Ahlfors, L. V. and Grunsky, H., Über der Blochsche Konstante, Math. Zeit., 42 (1937), 671—673.

[3] Alexander, H., Projections of polynomial hulls, J. of functional analysis, 13(1973), 13—19.

[4] Anderson, J. M. and Clunie, J. and Pommerenke, ch., On Bloch functions and normal functions, J. reine angew. Math., 270(1974), 12—37.

[5] Aulaskari, R. and Lappan, P., Criteria for an analytic function to be Bloch and a meromorphic function to be normal, The Hong Kong Conference Proceeding, 1993 (to appear).

[6] Axler, S., Bergman Spaces and their operators, Lecture Notes at conference on function theoretic operator theory at Indiana University, 1985.

[7] Axler, S., The Bergman Space, the Bloch Space and commutators of multiplication operators, Duke Math. J., 53(1986), 315—333.

[8] Bers, L., Automorphic forms and Poincaré series for infinitely generated Fuchsian groups, Amer. Math. J., 87(1965), 196—214.

[9] Ding Xiaxi and Luo Peizhu, Ba Spaces and some estimates of Laplace operator, J. Systems Sci. and Math. Sci., 1(1981), 9—33.

[10] Hayman, W. H., Meromorphic Functions, Oxford, 1964.

[11] He Yuzan and Ouyang Caihang, A class of function spaces, Proceeding of the Symposium on complex analysis, 1987, 229—250.

[12] Heins, M. H., A class of conformal metrics, Bull. Amer. Math. Soc., 67(1961), 475—478.

[13] Krasnosels, M. and Ritickii, Ya., Convex Functions and Orlicz Spaces, Noordhoff, 1961.

[14] Lehner, J., Automorphic forms, Discrete Groups and Automorphic Functions, Academic Press, 1977, 73—120.

[15] Ma Jigang and He Yuzan, Bers-Orlicz Spaces on product Riemann surfaces, Acta Math. Sinica, (3), 10(1994).

[16] Makarov, N. G., On the distortion of boundary sets under conformal mappings, Proc. London Math. Soc., 51(1985), 369—384.

[17] Metzger, J. A., Bounded mean oscillation and Riemann surfaces, Bounded Mean Oscillation in Complex Analysis, Joensuu, (1989), 79—99.

[18] Niebur, D. and Sheingorn, M., Charaterization of Fuchsian groups whose integrable forms are bounded, Ann. Math., 106(1977), 239—258.

[19] Petersson, H., Über eine Metrisierung der automorphen Formen und die Theorie der Poincareschen Reiben, Math. Ann., 117(1940), 453—537.

[20] Pommerenke, ch., On Bloch functions, J. London Math. Soc., 2(1970), 689—695.

[21] Pommerenke, ch., Univalent Functions, Göttingen-Zürich, 1975.

[22] Pommerenke, ch., On inclusion relations for spaces of automorphic forms, Advance in Complex Function Theory, Springer-Verlag, 1976, 92—100.

[23] Rohde, S., On an estimates of Makarov in Conformal mappings, Complex Variables, 10(1988), 381—386.

[24] Salem, R., and Zygmund, A., La loi du logarithme itéré pour les séries trigonometric lacunaire, Bull. Sci. Math., 74(1950), 209—224.

[25] Valiron, G., Lectures on the General Theory of Integral Functions, Toulouse, Edouard Privat, 1923.

[26] Xiao Jie, Carleson measure, atomic decomposition and free interpolation from Bloch space, Research report, (41), (1992), 1—11.

[27] 夏道行、吴卓人和严绍宗，实变函数论与泛函分析概要，上海科学技术出版社，1963 年.

第四章　边值问题的复分析方法

复分析方法是处理边值问题的一种重要方法．本章，我们结合讨论一些椭圆型、抛物型、双曲型和复合型方程组的边值问题来阐述复分析方法．第一节主要介绍带有分段连续系数的边值问题，也称间断边值问题；我们先讨论复平面区域上解析函数的一些间断边值问题，然后研究一阶椭圆型方程组的相应边值问题；我们不仅给出这些边值问题适定的变态提法，证明变态问题与原边值问题的可解性结果，而且还对其中某些边值问题写出解的积分表示式．从本章的内容可以看出复分析方法是处理一些椭圆边值问题有效的求解方法，并且也是求解复合型、抛物型和双曲型方程组一些边值问题的好方法．在本章最后两节，我们阐述高维空间中的某些椭圆型方程组、双曲型方程组与 Clifford 分析及四元数函数论的关系，并研究了这些椭圆型方程组、双曲型方程组一些边值问题的可解性．本章所述的大部分内容都是作者近几年来在科学研究中获得的新成果，而在其它专门著作中还没有看到过．毫无疑问，这里所介绍的一些边值问题在力学、物理与工程技术中有着广泛的应用，限于篇幅，我们就不作介绍了．

§1．带分段连续系数的边值问题

Riemann-Hilbert 边值问题是一种最重要而基本的边值问题，它包含 Dirichlet 边值问题作为特殊的情况．本节中，我们主要讨论带分段连续系数的 Riemann-Hilbert 边值问题；应当指出：这里所说的是分段连续系数，而不是分段 Hölder 连续系数．为了叙述简便，本节所讨论的区域 D 都限于是 z 平面上由简单闭曲线 $\Gamma\in C_\mu^1(0<\mu<1)$ 所围的有界单连通区域；不失一般性，可以认为 D 是

单位圆$\{|z|<1\}$，因为通过一般单连通区域到单位圆的共形映射即达要求.

1.1 解析函数带分段连续系数的 Riemann-Hilbert 边值问题

以 $t_1,t_2,\cdots,t_m$ 表示单位圆周 $\Gamma=\{|t|=1\}$上按正向排列的 m 个点，它们把 $\Gamma^*=\Gamma\backslash\{t_1,\cdots,t_m\}$分成 m 条圆弧 $\Gamma^j(j=1,\cdots,m)$，其端点为 $t_{j-1},t_j(j=1,\cdots,m,t_0=t_m)$. 设 $a(t),b(t),r(t)$都是在 Γ^* 上连续的实值函数，记$\overline{\lambda(t)}=a(t)+ib(t)$，$[a(t)]^2+[b(t)]^2\neq 0,t\in\Gamma^*$，我们不妨设$|\lambda(t)|=1$，并设 $\lambda(t),r(t)$以$\{t_1,\cdots,t_m\}$为第一类间断点.

所谓解析函数在 D 上的间断 Riemann-Hilbert 边值问题，即求解析函数在 D 内的连续解 $\Phi(z)=u(z)+iv(z)$，在边界 Γ 上几乎处处满足

$$\mathrm{Re}[\overline{\lambda(t)}\Phi(t)]=a(t)u(t)-b(t)v(t)=r(t). \qquad (1.1)$$

此边值问题简称为问题 A. 当 $r(t)=0$ 时的问题 A 称为问题 A_0. 当 $a(t)=1,b(t)=0$ 时的问题 A 就是 Dirichlet 边值问题，简记作问题 D.

用 $\lambda(t_j-0),\lambda(t_j+0)$分别表示 $\lambda(t)$在点 t_j 的左极限与右极限，$1\leqslant j\leqslant m$. 设

$$\begin{aligned}&\gamma_j=\frac{1}{\pi_i}\ln\frac{\lambda(t_j-0)}{\lambda(t_j+0)}=\frac{\varphi_j}{\pi}-K_j,\ e^{i\varphi_j}=\frac{\lambda(t_j-0)}{\lambda(t_j+0)},\\&K_j=\left[\frac{\varphi_j}{\pi}\right]+J_j,\ J_j=0\text{ 或 }1,\ 1\leqslant j\leqslant m.\end{aligned} \qquad (1.2)$$

容易看出：当 $J_j=0$ 时，$0\leqslant\gamma_j<1$，而当 $J_j=1$ 时，$-1<\gamma_j<0,1\leqslant j\leqslant m$，而

$$K=\mathrm{Ind}\lambda(t)=\frac{1}{2}\sum_{j=1}^{m}K_j=\sum_{j=1}^{m}\left[\frac{\varphi_j}{2\pi}-\frac{\gamma_j}{2}\right] \qquad (1.3)$$

称为问题 A 与问题 A_0 的指数. 显然这样定义的指数不一定是整数，而且不是唯一的. 如果 $\lambda(t)$在 Γ 上连续，那么

$$K = \mathrm{Ind}\lambda(t) = \frac{1}{2\pi}\Delta_\Gamma \arg\lambda(t) \qquad (1.4)$$

称为此边值问题或 $\lambda(t)$ 的指数．在这种情形下，指数 K 是唯一确定的，而且一定是整数(参看[20])．

当指数 $K<-1$ 时，上述问题 A 不一定可解，而当 $K\geqslant 0$ 时，问题 A 的解不一定唯一．为了求出问题 A(当 $K\geqslant 0$)通解的积分表示式以及问题 A(当 $K<0$)的可解条件．我们先考虑解析函数 $\Phi_0(z)$ 带齐次边界条件

$$\mathrm{Re}[\overline{\lambda(t)}\Phi_0(t)] = 0, \qquad (1.5)$$

的问题 A_0，并引入函数变换

$$\Phi_1(z) = \Phi_0(z)/\Pi(z), \Pi(z) = \prod_{j=1}^{m}(z-t_j)^{\gamma_j}, \qquad (1.6)$$

将求解问题 A_0 的解 $\Phi_0(z)$ 转化为具有以下边界条件之问题 A_0^* 的解 $\Phi_1(z)$：

$$\mathrm{Re}[\overline{\lambda_1(t)}\Phi_1(t)] = 0, \lambda_1(t) = \lambda(t)\overline{\Pi(t)}, \qquad (1.7)$$

易知

$$\lambda_1(t_j-0)/\lambda_1(t_j+0) = \lambda(t_j-0)/[\lambda(t_j+0)e^{i\pi\gamma_j}] = \pm 1. \qquad (1.8)$$

如果 $2K$ 是偶数，我们在 $\Gamma^j(j=1,\cdots,m)$ 的某些弧上，改变 $\lambda_1(t)$ 的正负号，可使得到的新函数 $\lambda_2(t)$ 在 Γ 上是连续的．如果 $2K$ 是奇数，我们可将(1.7)改写成形式

$$\mathrm{Re}\left[\overline{\lambda_1(t)}(t-t_0)\cdot\frac{\Phi_1(t)}{t-t_0}\right] = 0, \qquad (1.9)$$

这里 t_0 是 Γ 上的一点，$t_0\neq t_j(j=1,\cdots,m)$．对于 $\overline{\lambda_1(t)}(t-t_0)/|t-t_0|$，用上面处理 $2K$ 是偶数时的同样方法，可得在 Γ 上连续的新函数 $\lambda_2(t)$，它的指数 $\mathrm{Ind}\lambda_2(t)=K-\dfrac{1}{2}$.

使用 Schwarz 公式，可求得在 Γ 上满足边界条件

$$\mathrm{Re}[\overline{\lambda_2(t)}\Phi_2(t)] = 0 \qquad (1.10)$$

的解析函数 $\Phi_2(z)$，$z\in D$. 事实上，由 Schwarz 公式

$$S(z) = \frac{1}{2\pi i}\int_\Gamma \frac{\arg\lambda_2(t)\bar{t}^{[K]}(t+z)}{(t-z)t}dt \qquad (1.11)$$

确定 D 内的解析函数 $S(z)$，在 Γ 上处处满足边界条件

$$\operatorname{Re}S(z) = \arg\lambda_2(t)\bar{t}^{[K]}. \tag{1.12}$$

根据 Smirnov 定理与 Riesz 定理(参看[14]，第二章 § 4 定理 5，定理 2)，知对任意的 $p>0$，$e^{iS(z)}\in H_p$，并可推知：

$$\Phi_2(z) = iz^{[K]}e^{iS(z)} \tag{1.13}$$

几乎处处满足边界条件(1.10)，又

$$\Phi_1(z) = \begin{cases}\Phi_2(z)，当 2K 是偶数时，\\ (z-t_0)\Phi_2(z)，当 2K 是奇数时\end{cases} \tag{1.14}$$

几乎处处满足边界条件(1.7)．因此解析函数的问题 A_0 具有标准解

$$X(z) = \Pi(z)\Phi_1(z) = \begin{cases}iz^K\Pi(z)e^{iS(z)}，当 2K 是偶数时，\\ iz^{[K]}(z-t_0)\Pi(z)e^{iS(z)}，当 2K 是奇数时\end{cases} \tag{1.15}$$

由以上表示式看出：当 $K\geqslant 0$ 时，$X(z)$ 在 $z=0$ 有$[K]$级零点，而当 $K<0$ 时，$X(z)$ 在 $z=0$ 有$|[K]|$级极点，又当 $2K$ 是奇数时，$X(z)$ 在 $z=t_0$ 有 1 级零点．

不难看出：$i\overline{\lambda(t)}X(t)$ 是一个实值函数．用 $i\overline{\lambda(t)}X(t)$ 除非齐次边界条件(1.1)，便得解析函数 $\Phi(z)/iX(z)$ 所几乎处处满足的边界条件：

$$\begin{aligned}\operatorname{Re}[\Phi(t)/iX(t)] &= r(t)/[i\overline{\lambda(t)}X(t)] \\ &= \lambda(t)r(t)/iX(t), t\in\Gamma^*.\end{aligned} \tag{1.16}$$

使用 Schwarz 公式，当 $K\geqslant 0$ 时，解析函数问题 A 的通解 $\Phi(z)$ 可表示成

$$\begin{cases}\Phi(z) = \dfrac{X(z)}{2\pi i}\left[\displaystyle\int_\Gamma \frac{(t+z)\lambda(t)r(t)}{(t-z)tX(t)}dt + P(z)\right],\\ P(z) = i\displaystyle\sum_{j=0}^{[k]}(c_jz^j+\bar{c}_jz^{-j}) + \begin{cases}0，当 2K 是偶数时，\\ c_*(t_0+z)/(t_0-z)，当 2K 是奇数时，\end{cases}\end{cases} \tag{1.17}$$

其中 c_*，c_0 是任意实常数，$c_j(j=1,\cdots,[K])$ 是任意复常数．这表

明解析函数 $\Phi(z)$ 包含有 $2K+1$ 个任意实常数．当 $K<0$ 时，我们有

$$P(z)=\begin{cases}0, \text{当 } 2K \text{ 是偶数时}, \\ c_*(t_0+z)/(t_0-z), \text{当 } 2K \text{ 是奇数时}.\end{cases} \tag{1.18}$$

并要求(1.17)方括号[ ]中的函数在 $z=0$ 有 $|[K]|$ 级零点，这只要以下 $-2K-1$ 个条件成立即可：

$$\int_\Gamma \frac{\lambda(t)r(t)}{X(t)t^n}dt=\begin{cases}0, n=1,\cdots,-K, \text{当 } 2K \text{ 是偶数时}, \\ -c_* t_0^{-n+1}, n=2,\cdots,[-K]+1, \text{当 } 2K \text{ 是奇数时},\end{cases} \tag{1.19}$$

此处 $c_*=-\int_\Gamma \frac{\lambda(t)r(t)}{X(t)t}dt$ 是实常数．在此条件下，函数 $\Phi(z)$ 在 D 内解析，且可表示成

$$\Phi(z)=\frac{X(z)z^{|[K]|}}{\pi i}\left[\int_\Gamma \frac{\lambda(t)r(t)dt}{t^{|[K]|}(t-z)X(t)}+\frac{c_*}{t_0^{|[K]|-1}(t_0-z)}\right]. \tag{1.20}$$

这里我们假设：γ_j 满足 $-1<\gamma_j\leqslant 0, 1\leqslant j\leqslant m$，因此对于任一满足条件：$1<p_1<\min\limits_{1\leqslant j\leqslant m}\frac{1}{|\gamma_j|}$ 的正数 p_1，有 $\Pi(z)\in Hp_1$ 又对任意的正数 p_2，有 $e^{iS(z)}\in Hp_2$．根据 Höleor 不等式，可知有：$\Pi(z)e^{iS(z)}\in H_{p_1}$，$1<p_1<\min\limits_{1\leqslant j\leqslant m}\frac{1}{|\gamma_j|}$，及 $[\Pi(z)]^{-1}e^{-iS(z)}\in H_{p_2}$，$p_2>0$，又由[14]第二章的定理，并注意到 $\frac{z-t_0}{(t-z)(t-t_0)}=\frac{1}{t-z}-\frac{1}{t-t_0}$（当 $|K|$ 为非整数），以及 $\lambda(t)r(t)[\Pi(t)]^{-1}e^{-iS(t)}\in L_{p_2}(\Gamma)$，对任意的正数 p_2 成立，因此(1.17)，(1.20)式中的 $\Phi(z)$ 在 Γ 上几乎处处满足边界条件(1.1)，这样便得以下结果：

定理 1.1 (1)当指数 $K\geqslant 0$ 时，解析函数问题 A 的通解 $\Phi(z)$ 具有形如(1.17)的表示式，它包含有 $2K+1$ 个任意实常数．

(2)当 $K<0$ 时，问题 A 有 $-2K-1$ 个可解条件，如(1.19)式所示，当这些条件成立时，问题 A 的解 $\Phi(z)$ 可表示成(1.20)式．

当指数 K 是整数时，V. N. Monakhov 在书[14]中对上述边值问题作过讨论，但他没有解决 K 是非整数的情形. 此外，我们还研究了解析函数在多连通区域上间断 Riemann-Hilbert 边值问题的可解性. 其中指数 K 可以是整数，也可以是非整数.

下面我们把以上结果推广到一般的一阶非线性一致椭圆型复方程上去. 为此，引入在后面要用到的在书[14]中已证的结果，作为

引理 1.2 设在每一条闭弧 Γ^j 上，有连续函数序列 $\{\lambda_n(t)\}$，$\{\gamma_n(t)\}$，其中 $|\lambda_n(t)|=1$，使得：当 $n\to\infty$ 时，$C[\lambda_n(t)-\lambda_0(t),\Gamma^j]\to 0$，$C[r_n(t)-r_0(t),\Gamma^j]\to 0(j=1,\cdots,m)$，以 $\Phi_n(z)$ 表示几乎处处适合边界条件：

$$\mathrm{Re}[\overline{\lambda_n(t)}\Phi_n(t)]=r_n(t)$$

之问题 A 的解，$n=0,1,2,\cdots$，那么当 $n\to\infty$ 时，$\{\Phi_n(z)\}$ 在 D 内任一闭集上一致收敛到 $\Phi_0(z)$.

1.2 一阶椭圆型复方程带分段连续系数的 Riemann-Hilbert 问题

我们考虑区域 D 上一阶线性、非线性一致椭圆型方程组的复形式即复方程

$$\begin{aligned}
&w_{\bar z}=F(z,w,w_z),\\
&F(z,w,w_z)=Q_1w_z+Q_2\overline{w_z}+A_1w+A_2\bar w+A_3,\\
&Q_j=Q_j(z,w,w_z),\ j=1,2,\ A_j=A_j(z,w),\ j=1,2,3,
\end{aligned}\qquad(1.21)$$

并设(1.21)在 D 上满足条件 C：

1) $Q_j(z,w,U)(j=1,2)$，$A_j(z,w)(j=1,2,3)$ 对几乎所有的 $z\in D$ 与 $U\in C$（全平面）关于 $w\in C$ 连续.

2) 上述函数对 D 内任意的连续函数 $w(z)$ 与可测函数 $U(z)$，在 D 内可测，还适合条件

$$L_p[A_j(z,w),\overline{D}]\leqslant k_0,\quad j=1,2,3,\qquad(1.22)$$

这里 $p(>2)$，k_0 都是非负常数.

3) 复方程(1.21)满足一致椭圆型条件，即对任意的复数 w，

$U_1,U_2\in C$，在 D 内几乎处处有

$$|F(z,w,U_1)-F(z,w,U_2)|\leqslant q_0|U_1-U_2|, \quad (1.23)$$

此处 $q_0(0\leqslant q_0<1)$ 是常数.

如果复方程(1.21)的系数 $Q_j=Q_j(z)(j=1,2)$，$A_j=A_j(z)(j=1,2,3)$，那么(1.21)是线性复方程. 又若(1.21)中的 $F(z,w,w_z)=0$，则(1.21)是 Cauchy-Riemann 方程的复形式.

以后，我们所说复方程(1.21)在区域 D 内的解 $w(z)$ 都是指广义解，即对 $D-\{0\}$ 内的任意闭集 D_*，$w(z)$ 及其在 Sobolev 意义下的广义微商 $w_{\bar{z}},w_z\in L_{p_0}(D_*)$，这里 $p_0(2<p_0<p)$ 是正常数. (参阅[21]第一章§3.)

现在仍设 D 是单位圆 $|z|<1$，而把求一阶复方程(1.21)于 D 内连续. 在边界 $\Gamma=\{|t|=1\}$ 上几乎处处满足以下间断 Riemann-Hilbert 边界条件的解 $w(z)=u(z)+iv(z)$ 简称为问题 A.

$$\mathrm{Re}[\overline{\lambda(t)}w(t)]=a(t)u(t)-b(t)v(t)=r(t), \quad (1.24)$$

其中 $\lambda(t)$，$r(t)$ 如(1.1)中所设，以 $\{t_1,\cdots,t_m\}$ 为 Γ 上的第一类间断点，又 $|\lambda(t)|=1$.

为了证明复方程(1.21)之问题 A 解的存在性，我们要使用(1.21)在区域 D 内广义解的表示式

$$w(z)=\Phi[\zeta(z)]e^{\varphi(z)}+\psi(z), \quad (1.25)$$

其中 $\zeta(z)$ 是 Beltrami 方程 $\zeta_{\bar{z}}=Q(z)\zeta_z(|Q(z)|\leqslant q_0<1)$ 将 D 拟共形映射到单位圆 $G=\{|\zeta|<1\}$ 的同胚解，且满足条件 $\zeta(0)=0$，$\zeta(1)=1$，而 $\Phi(\zeta)$ 是区域 $G-\{0\}$ 内的解析函数，(1.25)式中的函数 $\psi(z)$，$\varphi(z)$，$\zeta(z)$ 具有一些性质，现写作一个引理.

引理 1.3 设一阶复方程(1.21)满足条件 C，则它在 D 内广义解 $w(z)$ 的表示式(1.25)中的函数 $\psi(z)$，$\varphi(z)$，$\zeta(z)$ 及其反函数 $z(\zeta)$ 满足估计式：

$$C_\beta[\psi(z),\overline{D}]\leqslant M_1, L_{p_0}[|\psi_{\bar{z}}|+|\psi_z|,\overline{D}]\leqslant M_1, \quad (1.26)$$

$$C_\beta[\varphi(z),\overline{D}]\leqslant M_1, L_{p_0}[|\varphi_{\bar{z}}|+|\varphi_z|,\overline{D}]\leqslant M_1, \quad (1.27)$$

$$\begin{aligned}&C_\beta[\zeta(z),\overline{D}]\leqslant M_2, L_{p_0}[|\zeta_{\bar{z}}|+|\zeta_z|,\overline{D}]\leqslant M_2,\\&C_\beta[z(\zeta),\overline{G}]\leqslant M_2, L_{p_0}[|z_{\bar{\zeta}}|+|z_\zeta|,\overline{G}]\leqslant M_2,\end{aligned} \quad (1.28)、$$

此处 $\beta=1-2/p_0$，$p_0(2<p_0<p)$ 都是正常数，$M_j(j=1,2)$ 都是仅依赖于 q_0,p_0,k_0 的非负常数，记作 $M_j=M_j(q_0,p_0,k_0)(j=1,2)$. 如果将复方程(1.21)中关于 $A_3(z,w)$ 的条件改为 $L_p[A_3(z,w),\overline{D}]\leqslant k<\infty$，那么它在 D 上形如 $w(z)=T\omega(\omega(z)\in L_{p_0}(\overline{D}))$ 的解满足估计式

$$L_{p_0}[\omega(z),\overline{D}]\leqslant M_3k, \tag{1.29}$$

这里 $M_3=M_3(q_0,p_0,k_0)$.

我们假设对于(1.21)于区域 D 内任意的广义解 $w(z)$，其表示式(1.25)中的函数 $\zeta(z)$ 把间断点 t_j 变到固定的点 $\zeta_j(j=1,\cdots,m)$，例如当(1.21)中的 $Q_2=0,Q_1=Q_1(z)$ 时 $\zeta(z)$ 就具有这种性质，并把具有这种性质的条件 C 称为条件 C_*.

现在给出复方程(1.21)之问题 A 的变态边值问题 B，即求(1.21)于区域 D 上的广义解 $w(z)$，且几乎处处满足边界条件(1.24)，而当指数 $K\geqslant 0$ 时，要求解 $w(z)$ 在 D 内连续，当 $K<0$ 时，允许解 $w(z)$ 在 $z=0$ 有不超 $|[K]|$ 级极点.

下面将使用 Schauder 不动点定理证明复方程(1.21)(满足条件 C_*)之问题 B 的可解性. 我们引入 Banach 空间 $C_\infty(D)\times L_{p_0}(\overline{D})\times L_{p_0}(\overline{D})$ 中的有界闭凸集 B，其元素是适合以下条件的函数组 $\omega=[Q(z),f(z),g(z)]$：

$$L_\infty[Q(z),D]\leqslant q_0,L_{p_0}[f(z),\overline{D}]\leqslant M_1,L_{p_0}[g(z),\overline{D}]\leqslant M_1, \tag{1.30}$$

这里 q_0,M_1 分别是(1.23)，(1.26)和(1.27)的常数. 任取一函数组 $\omega=[Q(z),f(z),g(z)]\in B$，并先用压缩映射原理求出积分方程

$$h(z)=Q(z)\Pi h+Q(z),\Pi h=-\frac{1}{\pi}\iint_D\frac{h(\zeta)}{(\zeta-z)^2}d\sigma_\zeta \tag{1.31}$$

的唯一解 $h(z)\in L_{p_0}(\overline{D})$，$p_0(2<p_0<p)$ 是接近 2 的常数. 作函数

$$\chi(z)=z+Th=z-\frac{1}{\pi}\iint_D\frac{h(\zeta)}{\zeta-z}d\sigma_\zeta,$$

$$\psi(z) = Tf, \varphi(z) = Tg. \tag{1.32}$$

根据书[18]第二章中的结果，可知 $\chi(z)$ 是方程 $\chi_{\bar{z}} = Q(z)\chi_z$ 于 D 内的同胚解；现选取一单叶解析函数 $\zeta = \Psi(\chi)$，它把区域 $\chi(D)$ 共形映射到单位圆 $G = \{|\zeta| < 1\}$，记 $\zeta(z) = \Psi[\chi(z)]$，并使 $\zeta(0) = 0$，$\zeta(1) = 1$. 以 $z(\zeta)$ 表示 $\zeta(z)$ 的反函数. 将此函数 $\zeta(z)$ 及(1.32)式中的 $\psi(z)$，$\varphi(z)$ 代入(1.25)，再把此 $w(z)$ 代入边界条件(1.24)，还将此边界条件改写成

$$\begin{gathered}\operatorname{Re}[\overline{\Lambda(\zeta)}\Phi(\zeta)] = R(\zeta), \Lambda(\zeta) = \lambda[z(\zeta)]e^{-i\operatorname{Im}\varphi[z(\zeta)]}, \\ R(\zeta) = \{r[z(\zeta)] - \operatorname{Re}[\overline{\lambda[z(\zeta)]}\psi[z(\zeta)]]\}e^{-\operatorname{Re}\varphi[z(\zeta)]}.\end{gathered} \tag{1.33}$$

根据定理 1.1 的证明，可求得适合边界条件(1.33)的解析函数

$$\begin{gathered}\Phi(\zeta) = \frac{X(\zeta)}{2\pi i}\left[\int_L \frac{(t+\zeta)\Lambda(t)R(t)}{(t-\zeta)tX(t)}dt + P(\zeta)\right], \\ X(\zeta) = \begin{cases} i\zeta^K \Pi(\zeta)e^{iS(\zeta)}, \text{当 } 2K \text{ 是偶数时}, \\ i\zeta^{[K]}(\zeta - \zeta_0)\Pi(\zeta)e^{iS(\zeta)}, \text{当 } 2K \text{ 是奇数时}, \end{cases}\end{gathered} \tag{1.34}$$

其中 $\Pi(\zeta) = \prod_{j=1}^{m}(\zeta - \zeta_j)^{\gamma_j}$，$P(\zeta)$ 如(1.17)，但系数固定，又

$$S(\zeta) = \frac{1}{2\pi i}\int_\Gamma \frac{\arg \Lambda_2(t)\overline{t^{[K]}}(t+\zeta)}{(t-\zeta)t}dt, \tag{1.35}$$

这里 $\Lambda_2(t)$ 与 $\Lambda(t)$ 的关系正如那里的 $\lambda_2(t)$ 与 $\lambda(t)$ 的关系那样；不难看出：$\Lambda(\zeta)$ 的指数与 $\lambda(t)$ 的指数 K 是相同的，又当 $K < 0$ 时，(1.34)中的 $\Phi(\zeta)$ 在 $\zeta = 0$ 有不超过 $|[K]|$ 级极点. 仍记

$$w(z) = \Phi[\zeta(z)]e^{\varphi(z)} + \psi(z) = W(z) + \psi(z),$$

将 $w(z)$，$W(z)$，$\Phi[\Psi(\chi)]'_\chi = \Phi'_\chi$ 代入下列积分方程组中相应的位置：

$$\begin{aligned} f^*(z) = {} & F(z,w,\Pi f^*) - F(z,w,0) + A_1(z,w)Tf^* \\ & + A_2(z,w)\overline{Tf^*} + A_3(z,w), \end{aligned} \tag{1.36}$$

$$\begin{aligned} Wg^*(z) = {} & F(z,w,W\Pi g^* + \Pi f^*) - F(z,w,\Pi f^*) \\ & + A_1(z,w)W + A_2(z,w)\overline{W}, \end{aligned} \tag{1.37}$$

$$\Phi'_\chi e^\varphi h^*(z) = F[z,w,\Phi'_\chi e^\varphi(1 + \Pi h^*) + W\Pi g + \Pi f]$$

$$-F(z,w,W\Pi g^*+\Pi f^*). \qquad (1.38)$$

由于条件C，使用连续性方法，可求得(1.36)的解 $f(z)\in L_{p_0}(\overline{D})$，对(1.37)和(1.38)，使用压缩映射原理，也可求出它们的解 $g^*(z),h^*(z)\in L_{p_0}(\overline{D})$. 由函数 $h^*(z)$再确定

$$Q^*(z)=h^*(z)/[1+\Pi h^*]$$
$$=\frac{F[z,w,\Phi'_\chi e^\varphi(1+\Pi h^*)+W\Pi g+\Pi f]-F(z,w,W\Pi g+\Pi f)}{\Phi'_\chi e^\varphi(1+\Pi h^*)}, \qquad (1.39)$$

易知 $L_\infty[Q^*(z),D]\leqslant q_0$. 因为积分方程组(1.36)，(1.37)等价于函数 $\psi^*(z)=Tf^*,\varphi^*(z)=Tg^*$ 所几乎处处满足的偏微分方程组

$$\psi^*_{\bar z}=F(z,w,\psi^*_z)-F(z,w,0)+A_1\psi^*+A_2\overline{\psi^*}+A_3,$$
$$\varphi^*_{\bar z}=[F(z,w,W\varphi^*_z+\psi^*_z)-F(z,w,\psi^*_z)]/W+A_1+A_2\overline{W}/W,$$

因此 $\psi^*(z),\varphi^*(z)$分别满足 $\psi(z),\varphi(z)$的估计式(1.26)，(1.27)，于是 $f^*(z)=\psi^*_{\bar z},g^*(z)=\varphi^*_{\bar z}$ 适合(1.30)的后二个估计式. 这表明 $\omega^*=[Q^*(z),f^*(z),g^*(z)]\in B$. 今用 $\omega^*=S(\omega)$表示从 $\omega\in B$ 到 $\omega^*\in B$ 的映射.

仿照书[21]第五章定理3.3的证法，注意到条件 C_*，我们可证 S 是将 B 连续映射到自身的紧集的算子，但这里与[21]第五章证明中的主要区别是要使用前面的引理1.2. 现在写出 $\omega^*=S(\omega)$是 B 上的连续映射的证明线索. 设 $\omega_n=[Q_n(z),f_n(z),g_n(z)]\in B(n=0,1,2,\cdots)$，使得当 $n\to\infty$时，

$$\|\omega_n-\omega_0\|=L_\infty[Q_n-Q_0,D]+L_{p_0}[f_n-f_0,\overline{D}]+L_{p_0}[g_n-g_0,\overline{D}]$$
$$\to 0.$$

易知有相应于(1.31)，(1.36)—(1.39)的下列积分方程：

$$h_n-Q_n(z)\Pi h_n=h_n(z), \qquad (1.31')$$
$$f_n^*=F(z,w_n,\Pi f_n^*)-F(z,w_n,0)+A_1(z,w_n)Tf_n^*$$
$$+A_2(z,w_n)\overline{Tf_n^*}+A_3(z,w_n), \qquad (1.36')$$
$$W_ng_n^*=F(z,w_n,W_n\Pi g_n^*+\Pi f_n^*)-F(z,w_n,\Pi f_n^*)$$
$$+A_1(z,w_n)W_n+A_2(z,w_n)\overline{W}_n, \qquad (1.37')$$

$$\Phi_{n\chi}' e^{\varphi_n} h_n^* = F[z, w_n, \Phi_{n\chi}' e^{\varphi_n}(1 + \Pi h_n^*) + W_n \Pi g_n + \Pi f_n] - F(z, w_n, W_n \Pi g_n^* + \Pi f_n^*), \tag{1.38'}$$

$$Q_n^* = \overline{h_n^*}(z)/[1 + \Pi h_n^*],\ n = 0,1,2,\cdots, \tag{1.39'}$$

其中

$$w_n(z) = \Phi_n[\zeta_n(z)]e^{\varphi_n(z)} + \psi_n(z) = W_n(z) + \psi_n(z), \tag{1.40}$$

又 $\psi_n = Tf_n, \varphi_n = Tg_n, \chi_n = z + Th_n, \zeta_n(z) = \Psi_n[\chi_n(z)]$，而解析函数 $\Phi_n(\zeta)$ 满足类似于(1.33)的边界条件：

$$\mathrm{Re}[\overline{\Lambda_n(\zeta)}\Phi_n(\zeta)] = R_n(\zeta), \Lambda_n(\zeta) = \lambda[z_n(\zeta)]e^{-i\mathrm{Im}\varphi_n[z_n(\zeta)]},$$
$$R_n(\zeta) = \{r[z_n(\zeta)] - \mathrm{Re}[\overline{\lambda[z_n(\zeta)]}\psi_n[z_n(\zeta)]]\}e^{-\mathrm{Re}\varphi_n[z_n(\zeta)]}. \tag{1.33'}$$

根据条件：当 $n\to\infty$ 时，$L_\infty[Q_n - Q_0, D]\to 0$，容易证明：当 $n\to\infty$ 时，$L_{p_0}[h_n - h_0, \overline{D}]\to 0$，进而可证：当 $n\to\infty$ 时，$C[\psi_n - \psi_0, \overline{D}]\to 0$，$C[\varphi_n - \varphi_0, \overline{D}]\to 0, C[\zeta_n - \zeta_0, \overline{D}]\to 0, C[z_n - z_0, \overline{G}]\to 0$，这里 $z_n(\zeta)$ 是 $\zeta_n(z)$ 的反函数．根据条件 C_*，可知 $\Lambda_n(\zeta), R_n(\zeta)$ 在 $L=\{|\zeta|=1\}$ 上分段连续，以 $\{\zeta_1,\cdots,\zeta_m\}$ 为第一类间断点．还可验证：当 $n\to\infty$ 时，$C[\Lambda_n - \Lambda_0, L]\to 0, C[R_n - R_0, L]\to 0$．依据引理 1.2，则知：当 $n\to\infty$ 时，$\Phi_n(\zeta)$ 在 $G-\{0\}$ 内任一闭集上一致收敛到 $\Phi_0(\zeta)$，因此 $w_n(z), W_n(z), \Phi_{n\chi}'$ 在 $D-\{0\}$ 内任一闭集上分别一致收敛到 $w_0(z), W_0(z), \Phi_0'\chi$．将对应于 n 与 0 的积分方程相减，得

$$f_n^* - f_0^* - [F(z, w_n, \Pi f_n^*) - F(z, w_n, \Pi f_0^*)] - A_1(z, w_n) \times T(f_n^* - f_0^*) - A_2(z, w_n)\overline{T(f_n^* - f_0^*)} = C_n(z),$$

$$C_n = [F(z, w_n, \Pi f_0^*) - F(z, w_0, \Pi f_0^*) - F(z, w_n, 0) + F(z, w_n, 0) + [A_1(z, w_n) - A_1(z, w_0)]Tf_0^* + [A_2(z, w_n) - A_2(z, w_0)]\overline{Tf_0^*} + [A_3(z, w_n) - A_3(z, w_0)],$$

由条件 C，可以导出：$L_{p_0}[C_n(z), \overline{D}]\to 0$，当 $n\to\infty$ 时，并由引理 1.3 的式(1.29)，可得

$$L_{p_0}[f_n^* - f_0^*, \overline{D}] \leqslant M_4 L_{p_0}[C_n(z), \overline{D}],$$

这里 $M_4=M_4(q_0,p_0,k_0)$. 因此当 $n\to\infty$ 时, $L_{p_0}[f_n^*-f_0^*,\overline{D}]\to 0$. 类似地可证:当 $n\to\infty$ 时, $L_{p_0}[g_n^*-g_0^*,\overline{D}]\to 0$, $L_{p_0}[h_n^*-h_0^*,\overline{D}]\to 0$. 再由[21]第四章引理 4.3 的证法,可得:当 $n\to\infty$ 时, $L_\infty[Q_n^*-Q_0^*,D]\to 0$. 因此 $\|\omega_n^*-\omega_0^*\|=L_\infty[Q_n^*-Q_0^*,D]+L_{p_0}[f_n^*-f_0^*,\overline{D}]+L_{p_0}[g_n^*-g_0^*,\overline{D}]\to 0$. 这表明 S 是 B 上的连续映射算子.

为了证明 $\omega^*=S(\omega)$ 将 B 映射到自身的紧集.任取一函数组序列 $\omega_n=[Q_n(z),f_n(z),g_n(z)](n=1,2,\cdots)$,如(1.40),可求得 $w_n(z)=\Phi_n[\zeta_n(z)]e^{\varphi_n(z)}+\psi_n(z)=W_n(z)+\psi_n(z)$, 由于 $\psi_n(z)$, $\varphi_n(z)$, $\zeta_n(z)$ 及其反函数 $z_n(\zeta)$ 满足类似于(1.26)—(1.28)的估计式,故可从 $\{\psi_n(z)\}$, $\{\varphi_n(z)\}$, $\{\zeta_n(z)\}$, $\{z_n(\zeta)\}$ 选取子序列不妨设原序列在 $\overline{D}$ 或 $\overline{G}$ 上分别一致收敛到 $\psi_0(z)$, $\varphi_0(z)$, $\zeta_0(z)$, $z_0(\zeta)$,又可从 $\{\Phi_n(\zeta)\}$ 选取子序列不妨设原序列在 $G-\{0\}$ 内任一闭集上一致收敛到 $\Phi_0(\zeta)$,记 $w_0(z)=\Phi_0[\zeta_0(z)]e^{\varphi_0(z)}+\psi_0(z)=W_0(z)+\psi_0(z)$,将 $w_0(z)$, $W_0(z)$, $\Phi_{0\chi}'$ 代入(1.36′)—(1.39′)(取 $n=0$)中的相应位置,并可从这些积分方程求得 $f_0^*(z)$, $g_0^*(0)$, $h_0^*(z)$ 及 $Q_0^*(z)$. 然后同证明 $\omega^*=S(\omega)$ 是 B 上的连续映射那样,可证:当 $n\to\infty$ 时, $\|\omega_n^*-\omega_0^*\|\to 0$. 因此 $\omega^*=S(\omega)$ 将 B 连续映射到自身的紧集. 由 Schauder 不动点定理,知存在一 $\omega=[Q(z),f(z),g(z)]$,使 $\omega=S(\omega)$. 由 ω 可作出如(1.25)中所示的函数 $w(z)$,它就是一阶复方程(1,21)之问题 B 的解. 但应指出:在上述证明时,若(1.40)(当 $n=0$)式中的 $W_0(z)\equiv 0$ 或 $\Phi_{0x}'\equiv 0$,则可用 $\Phi_n(x)+\varepsilon[\chi(z)]^{-[|K|]-1}(\varepsilon>0)$ 代替 $\Phi_n(\chi)$,并记作 $\Phi_{n\varepsilon}(\chi)$,又相应地用 $w_{n\varepsilon}(z)$, $W_{n\varepsilon}(z)$ 代以 $w_n'(z)$, $W_n(z)$. 当求出在这种情形下的解 $w_\varepsilon(z)$ 后,再让 $\varepsilon\to 0$,便得所要求的(1.21)之问题 B 的解. 现将所得的结果写成

定理 1.4 在条件 C_* 下,一阶椭圆型复方程(1.21)之问题 B 在区域 D 内存在连续解 $w(z)$,但当指数 $K<0$ 时, $w(z)$ 在 $z=0$ 允许有不超过 $|[K]|$ 级的极点.

正如在定理 1.1 那样,当指数 $K\geq 0$ 时,如果任取 (1.34) 中

$P(\zeta)$的系数，则问题B的解$w(z)$包含有$2K+1$个任意实常数，这也是(1.21)之问题A的解，而当$K<0$时，若使问题B的解$w(z)$在$z=0$连续，这只要求(1.34)中$\Phi(\zeta)$在$\zeta=0$连续，也就是使以下$-2K-1$个实等式成立即可：

$$\int_L \frac{\Lambda(t)R(t)}{X(t)t^n}dt = \begin{cases} 0, n = 1,\cdots,-K, \text{当} 2K \text{是偶数时}, \\ -c_* t_0^{\ n+1}, n = 2,\cdots,[-K]+1, \\ \text{当} 2K \text{是奇数时}. \end{cases} \tag{1.41}$$

定理 1.5 在条件C_*下，当指数$K\geqslant 0$，复方程(1.21)之问题A的解$w(z)$包含$2K+1$个任意实常数，而当指数$K<0$时，(1.21)之问题A在$-2K-1$个条件(如(1.41)式所示)下可解．

如果D是有界$N+1$连通区域，其边界$\Gamma\in C_\mu^1(0<\mu<1)$，我们也能讨论一阶椭圆型复方程(1.21)于$D$上带分段连续系数的Riemann-Hilbert边值问题的可解性．

§2. 某些非线性复合型方程组的初边值问题

关于一些线性复合型方程组的若干边值问题，A. Dzhuraev已作过研究[7]，使用的是积分方程的方法．这里我们先讨论三个方程的非线性复合型方程组的非线性初边值问题，为了用参数开拓法与Schauder定理证明此边值问题的可解性，关键是对该边值问题的解作出先验估计．其次，用类似的方法，介绍一类多个未知函数的非线性复合型方程组的初边值问题．

2.1 一类三个方程的非线性复合型方程组的初边值问题

我们考虑单连通区域D(其边界$\Gamma\in C_\mu^1, 0<\mu<1$)上的三个方程的非线性复合型方程组：

$$\begin{aligned} &w_{\bar z} = F(z,w,w_z,s), \\ &F = Q_1 w_z + Q_2 \overline{w_z} + A_1 w + A_2 \overline{w} + A_3 s + A_4, \end{aligned} \tag{2.1}$$

$$s_y = G(z,w,s), G = B_1 w + B_2 \overline{w} + B_3 s + B_4, \tag{2.2}$$

其中$Q_j=Q_j(z,w,w_z,s)(j=1,2)$，$A_j=A_j(z,w,s)$，$B_j=B_j(z,w,s)(j=1,\cdots,4)$，而$w(z)$，$Q_j$，$A_j$，$B_j(j=1,2)$，$A_4$都是复值函数，$B_2=\overline{B_1}$；$s(z)$，$A_3$，$B_j(j=3,4)$都是实值函数．不失一般性，可以认为：$D$是单位圆，其边界$\Gamma=\{|z|=1\}$，又$D$的下边界为$\gamma=\{|z|=1,y\leqslant 0\}$. 我们假设方程组(2.1)，(2.2)满足如下的条件C：

1) $Q_j(z,w,U,s)(j=1,2)$，$A_j(z,w,s)(j=1,\cdots,4)$对$\overline{D}$上任意的连续函数$w(z)$，$s(z)$和任意的可测函数$U(z)$，在D内是可测的，且满足：

$$L_p[A_j(z,w,s),\overline{D}]\leqslant k_0,\ j=1,2,4,\qquad L_p[A_3(z,w,s),\overline{D}]\leqslant \varepsilon, \tag{2.3}$$

其中$p(>2)$，k_0，$\varepsilon(>0)$都是非负实常数．

2) 上述函数对几乎所有的$z\in D$与$U\in C$(复平面)关于$w\in C$与$s\in R$(实轴)连续．

3) 复方程(2.1)满足一致椭圆型条件，即对任意的$w,U_1,U_2\in C$，$s\in R$，在D内几乎处处有

$$|F(z,w,U_1,s)-F(z,w,U_2,s)|\leqslant q_0|U_1-U_2|, \tag{2.4}$$

此处$q_0(0\leqslant q_0<1)$是实常数．

4) $B_j(z,w,s)(j=1,\cdots,4)$，$G(z,w,s)$对$\overline{D}$上任意的连续函数$w_j(z)$，$s_j(z)\in C_\beta(\overline{D})(j=1,2)$关于$z\in\overline{D}$连续，且满足：

$$\begin{aligned}&C_\beta[B_j(z,w_j,s),\overline{D}]\leqslant k_0,\ j=1,\cdots,4,\\&G(z,w_1,s_1)-G(z,w_2,s_2)\\&=B_1^*(w_1-w_2)+B_2^*(\overline{w_1-w_2})+B_3^*(s_1-s_2),\end{aligned} \tag{2.5}$$

这里$C_\beta[B_j^*,\overline{D}]\leqslant k(j=1,2,3)$，$k$，$\beta(0<\beta<1)$都是非负实常数．

我们把求方程组(2.1)，(2.2)在$\overline{D}$上连续且满足下列非线性初边界条件的解$[w(z),s(z)]$简称为问题A：

$$\mathrm{Re}[\overline{\lambda(t)}w(t)]=r(t,w,s),\ t\in\Gamma, \tag{2.6}$$

$$a(t)s(t)=b(t,w,s),\ t\in\gamma, \tag{2.7}$$

其中$|\lambda(t)|=1$，$r_0(t)=r(t,0,0)$，$\lambda(t)$，$r(t,w,s)$满足：

$$C_\alpha[\lambda[t(\zeta)],L]\leqslant k_0,\ C_\alpha[r_0[t(\zeta)],L]\leqslant k_1,\ L=\zeta(\Gamma),$$

$$C_\alpha^1\{r[t(\zeta),w_1,s_1]-r[t(\zeta),w_2,s_2],L\} \tag{2.8}$$
$$\leqslant \varepsilon\{C_\alpha[w_1-w_2,L]+C_\alpha[s_1-s_2,l]\},\quad l=\zeta(\gamma),$$

此处$w_j[t(\zeta)]\in C_\alpha(L),s_j[t(\zeta)]\in C_\alpha(l)(j=1,2)$，$\zeta(z)$是Beltrami方程$\zeta_{\bar z}=q(z)\zeta_z(|q(z)|\leqslant q_0<1)$将$D$拟共形映射到$G=\{|\zeta|<1\}$的同胚解，使得$\zeta(0)=0,\zeta(1)=1$，$z(\zeta)$为$\zeta(z)$的反函数，$\alpha(\frac{1}{2}<\alpha<1)$，$k_1,\varepsilon$都是非负常数，又$|a(t)|=1$，$b_0(t)=b(t,0,0)$，$b(t,w,s)$满足

$$C_\beta[b_0(t),\gamma]\leqslant k_2,$$
$$C_\beta[b(t,w_1,s_1)-b(t,w_2,s_2),\gamma]\leqslant k_0C_\beta[w_1-w_2,\gamma]$$
$$+\varepsilon C_\beta[s_1-s_2,\gamma], \tag{2.9}$$

这里$\beta(0<\beta<1)$，k_2都是非负常数．而$K=\frac{1}{2\pi}\Delta_\Gamma\arg\lambda(t)$称为$\lambda(t)$的指数或问题A的指数．容易看出：当$K\geqslant 0$时，问题A的解不一定唯一，而当$K<0$时，问题A不一定可解．为此，引入方程组(2.1)，(2.2)相应的变态问题B，即求(2.1)，(2.2)于$\overline{D}$上的连续解，且满足初条件(2.7)与以下边界条件：

$$\mathrm{Re}[\overline{\lambda(t)}w(t)]=r(t,w,s)+h(t),t\in\Gamma, \tag{2.10}$$

其中

$$h(t)=\begin{cases}0,t\in\Gamma,\text{当}K\geqslant 0\text{时},\\ h_0+\mathrm{Re}\sum\limits_{m=1}^{-K-1}(h_m^++ih_m^-)t^m,t\in\Gamma,\text{当}K<0,\end{cases} \tag{2.11}$$

这里$h_0,h_m^\pm(m=1,\cdots,-K-1,K<0)$都是待定实常数；而当$K\geqslant 0$时，我们还要求解$w(z)$满足点型条件：

$$\mathrm{Im}[\overline{\lambda(a_j)}w(a_j)]=b_j,j=1,\cdots,2K+1, \tag{2.12}$$

此处$a_j(j=1,\cdots,2K+1)$是Γ上不同的点，$b_j(j=1,\cdots,2K+1)$都是实常数，满足

$$|b_j|\leqslant k_3,j=1,\cdots,2K+1,K\geqslant 0. \tag{2.13}$$

这里k_3是非负实常数．

下面，我们先给出上述问题B解的估计式，并先讨论特殊的复合型方程组

$$w_{\bar{z}} = F^*(z, w, w_z, s),$$

$$F^* = Q_1 w_z + Q_2 \overline{w_z} + A_1 w + A_2 \overline{w} + A, \tag{2.14}$$

$$s_y = G^*(z, w, s), G^* = B_3 s + B, \tag{2.15}$$

与初边界条件:

$$\operatorname{Re}[\overline{\lambda(t)} w(t)] = r_0(t) + h(t), t \in \Gamma, \tag{2.16}$$

$$\operatorname{Im}[\overline{\lambda(a_j)} w(a_j)] = b_j, j = 1, \cdots, 2K+1, K \geqslant 0, \tag{2.17}$$

$$a(t)s(t) = b_0(t), t \in \gamma, \tag{2.18}$$

其中$Q_j, A_j (j=1,2), B_3, \lambda, r_0, h, a_j, b_j (j=1, \cdots, 2K+1), a, b_0$与条件$C$及(2.6)—(2.13)中所设的相同,而(2.14),(2.15)中的$A(z,w,s), B(z,w,s)$类似于方程组(2.1),(2.2)中的A_4, B_4,对任意的$w(z), s(z) \in C_\beta(\overline{D})$,满足条件:

$$L_p[A, \overline{D}] \leqslant k_4, C_\beta[B, \overline{D}] \leqslant k_5, \tag{2.19}$$

这里k_4, k_5都是非负常数. 我们把求方程组(2.14),(2.15)在$\overline{D}$上连续、适合初边界条件(2.16)—(2.18)的解$[w(z), s(z)]$简称为问题B*.

引理2.1 在前述条件下,方程组(2.14),(2.15)之问题B*的解$[w(z), s(z)]$满足估计式:

$$C_\beta[w(z), \overline{D}] \leqslant M_1 k', L_{p_0}[|w_{\bar{z}}| + |w_z|, \overline{D}] \leqslant M_2 k', \tag{2.20}$$

$$C_\beta^*[s(z), \overline{D}] = C_\beta[s, \overline{D}] + C[s_y, \overline{D}] \leqslant M_3 k'', \tag{2.21}$$

其中$\beta = \min(\alpha, 1-2/p_0), 2 < p_0 \leqslant \min(p, 1/(1-\alpha)), k' = \max(k_1, k_3, k_4), k'' = \max(k_2, k_5), M_j = M_j(q_0, p_0, k_0, \alpha, k, K), k = (k_1, \cdots, k_5)(j=1,2,3)$.

证 将问题B*的解$[w(z), s(z)]$代入方程组(2.14),(2.15),先假定$k'>0, k''>0$,设

$$W(z) = w(z)/k', S(z) = s(z)/k''. \tag{2.22}$$

易知$W(z)$是以下边值问题的解:

$$W_{\bar{z}} = Q_1 W_z + Q_2 \overline{W_z} + A_1 W + A_2 \overline{W} + A/k', \tag{2.23}$$

$$\operatorname{Re}[\overline{\lambda(t)} W(t)] = [r_0(t) + h(t)]/k', t \in \Gamma, \tag{2.24}$$

$$\operatorname{Im}[\overline{\lambda(a_j)} W(a_j)] = b_j/k', j = 1, \cdots, 2K+1, K \geqslant 0. \tag{2.25}$$

注意到

$$L_p[A/k',\overline{D}]\leqslant 1,C_\alpha[r_0/k',\Gamma]\leqslant 1,|b_j/k'|\leqslant 1. \qquad (2.26)$$

根据文献[21]第五章定理5.6,可知$W(z)$满足估计式:

$$C_\beta[W(z),\overline{D}]\leqslant M_1,L_{p_0}[|W_{\bar{z}}|+|W_z|,\overline{D}]\leqslant M_2. \qquad (2.27)$$

此外,$S(z)$是以下初值问题的解:

$$s_y=B_3S+B/k'', \qquad (2.28)$$

$$a(t)s(t)=b(t)/k'',t\in\gamma, \qquad (2.29)$$

其中$C_\beta[B/k'',\overline{D}]\leqslant 1,C_\beta[b(t)/k'',\gamma]\leqslant 1$.基于书[4]中的结果,知

$$C_\beta^*[s(z),\overline{D}]\leqslant M_3. \qquad (2.30)$$

从(2.27),(2.30),便知(2.20),(2.21)对$k'>0,k''>0$成立.如果$k'=0$或$k''=0$,那么由前面已得的结果,可知当$k'=\varepsilon>0$或$k''=\varepsilon$时有估计式(2.20),(2.21).让$\varepsilon\to 0$,即知(2.20),(2.21)对$k'=0$或$k''=0$也成立.

定理2.2 设方程组(2.1),(2.2)满足条件C,又(2.3),(2.8),(2.9)中的正数ε足够小,那么(2.1),(2.2)之问题B的解$[w(z),s(z)]$满足估计式:

$$U=C_\beta[w,\overline{D}]+L_{P_0}[|w_{\bar{z}}|+|w_z|,\overline{D}]\leqslant M_4, \qquad (2.31)$$

$$V=C_\beta^*[s,\overline{D}]\leqslant M_5, \qquad (2.32)$$

这里$M_j=M_j(q_0,p_0,k_0,\alpha,k,K),k=(k_1,\cdots,k_5)$.

证: 将问题B的解$[w(z),s(z)]$代入方程组(2.1),(2.2)及初边界条件(2.7),(2.10),(2.12).记$A=A_3s+A_4,B=B_1w+B_2\overline{w}+B_4$,从条件$C$及(2.8),(2.9),(2.13),可推知$A,B,r,b,b_j$满足

$$L_p[A,\overline{D}]\leqslant\varepsilon C[s,\overline{D}]+L_p[A_4,\overline{D}]\leqslant\varepsilon C_\beta(s,\overline{D})+k_0, \qquad (2.33)$$

$$C_\beta[B,\overline{D}]\leqslant 2k_0C_\beta[w,\overline{D}]+k_0, \qquad (2.34)$$

$$C_\alpha[r,L]\leqslant C_\alpha\{r_0[t(\zeta)],L\}+C_\alpha\{r[t(\zeta)],w,s]-r_0[t(\zeta)],L\}$$
$$\leqslant k_1+\varepsilon\{C_\alpha[w,L]+C_\beta[s,l]\}, \qquad (2.35)$$

$$|b_j|\leqslant k_3,j=1,\cdots,2K+1,K\geqslant 0, \qquad (2.36)$$

$$C_\beta[b,\gamma]\leqslant C_\beta[b_0(t),\gamma]+k_0C_\beta[w,\gamma]+\varepsilon C_\beta[s,\gamma]$$

$$\leqslant k_2 + k_0 C_\beta[w,\overline{D}] + \varepsilon C_\beta[s,\overline{D}]. \tag{2.37}$$

使用引理 2.1，有

$$U \leqslant (M_1 + M_2)\{k_0 + k_1 + k_3 + \varepsilon C_\alpha[w,\overline{D}] + 2\varepsilon C_\beta[s,\overline{D}]\}$$

$$\leqslant (M_1 + M_2)(k_0 + 2k' + \varepsilon U + 2\varepsilon V), \tag{2.38}$$

$$V \leqslant M_3\{k_0 + k_2 + 3k_0 C_\beta[w,\overline{D}] + \varepsilon C_\beta[s,\overline{D}]\}$$

$$\leqslant M_3(k_0 + k'' + 3k_0 U + \varepsilon V). \tag{2.39}$$

选取 ε 适当小，使得

$$(M_1+M_2)\varepsilon \leqslant \frac{1}{2},\ M_3[12k_0(M_1+M_2)+1]\varepsilon \leqslant \frac{1}{2},$$

我们可得

$$U \leqslant \frac{(M_1 + M_2)(k_0 + 2k' + 2\varepsilon V)}{1 - (M_1 + M_2)\varepsilon}$$

$$= 2(M_1 + M_2)(k_0 + 2k' + 2\varepsilon V),$$

$$V \leqslant M_3[k_0 + k'' + 6k_0(M_1 + M_2)(k_0 + 2k' + 2\varepsilon V) + \varepsilon V]$$

$$\leqslant \frac{M_3[k_0 + k'' + 6k_0(M_1 + M_2)(k_0 + 2k')]}{1 - M_3[12k_0(M_1 + M_2) + 1]\varepsilon}$$

$$\leqslant 2M_3[k_0 + k'' + 6k_0(M_1 + M_2)(k_0 + 2k')]$$

$$= M_5, \tag{2.40}$$

因而

$$U \leqslant 2(M_1 + M_2)(k_0 + 2k' + 2\varepsilon M_5) = M_4. \tag{2.41}$$

定理 2.2 证毕.

下面先证明方程组

$$w_{\bar z} = F(z, w, w_z),$$

$$F = Q_1 w_z + Q_2 \overline{w_z} + A_1 w + A_2 \overline{w} + A_3,$$

$$Q_j = Q_j(z, w), j = 1,2, A_j = A_j(z), j = 1,2,3, \tag{2.42}$$

及(2.2)之问题 B 的可解性.

定理 2.3 假定方程组(2.42)，(2.2)满足条件 C，又正数 ε 适当小，则其问题 B 是可解的.

证 我们引入带有参数 $t(0 \leqslant t \leqslant 1)$ 的如下初边值问题 B′：

$$w_{\bar z} = tF(z, w, w_z) + A(z), z \in D, \tag{2.43}$$

$$\mathrm{Re}[\overline{\lambda(z)}w(z)] = tr[z,w,s] + R(z) + h(z), z \in \Gamma, \tag{2.44}$$

$$\mathrm{Im}[\overline{\lambda(a_j)}w(a_j)] = b_j, j = 1,\cdots,2K+1, K \geqslant 0. \tag{2.45}$$

$$s_y = tG(z,w,s) + B(z), z \in D, \tag{2.46}$$

$$a(z)s(z) = tb(,w,s) + q(z), z \in \gamma, \tag{2.47}$$

其中 $A(z)\in L_{p_0}(\overline{D}), B(z)\in C_\beta(\overline{D}), R(z)\in C_\beta(\Gamma), q(z)\in C_\beta(\gamma)$. 当 $t=0$ 时，使用书[21]和[4]中的结果，可知问题 B′存在唯一解 $[w(z),s(z)]$，这里 $w(z)\in C_\beta(\overline{D})\cap W^1_{p_0}(D), s(z)\in C^*_\beta(\overline{D})$.

假定当 $t=t_0(0\leqslant t_0<1)$ 时问题 B' 是可解的，我们将证明：存在一正数 δ，使得对于点集 $E=\{t\,|\,|t-t_0|\leqslant\delta, 0\leqslant t\leqslant 1\}$ 中每一点 t 及任意的 $A(z)\in L_{p_0}(\overline{D}), B(z)\in C_\beta(\overline{D}), R(z)\in C_\beta(\Gamma), q(z)\in C_\beta(\gamma)$，问题 B′均存在唯一解 $[w(z),s(z)]$, $w(z)\in C_\beta(\overline{D})\cap W^1_{p_0}(D), s(z)\in C^*_\beta(\overline{D})$. 将 $t=t_0$ 的(2.43)—(2.47)改写成：

$$w_{\bar z} - t_0F(z,w,w_z) = (t-t_0)F(z,w,w_z) - A(z), \tag{2.43'}$$

$$\mathrm{Re}[\overline{\lambda(z)}w(z)] - t_0r(z,w,s) = (t-t_0)r(z,w,s) + R(z) + h(z), \tag{2.44'}$$

$$\mathrm{Im}[\overline{\lambda(a_j)}w(a_j)] = b_j, j = 1,\cdots,2K+1, \tag{2.45'}$$

$$s_y - t_0G(z,w,s) = (t-t_0)G(z,w,s) + B(z), \tag{2.46'}$$

$$a(z)s(z) - t_0b(z,w,s) = (t-t_0)b(z,w,s) + q(z). \tag{2.47'}$$

选取任意的函数 $w_0(z)\in C_\beta(\overline{D})\cap W^1_{p_0}(D), s_0(z)\in C^*_\beta(\overline{D})$，特别可取 $w_0(z)\equiv 0, s_0(z)\equiv 0$. 将 $w_0(z), s_0(z)$ 分别代入到(2.43′)—(2.47′)中等号右号 $w(z), s(z)$ 的位置，不难看出：$(t-t_0)F(w_0, w_{0z}, s_0)+A(z)\in L_{p_0}(\overline{D})$, $(t-t_0)r(z,w_0,s_0)+R(z)\in C_\beta(\Gamma)$, $(t-t_0)G(z,w_0,s_0)+B(z)\in C_\beta(\overline{D})$, $(t-t_0)b(z,w_0,s_0)+q(z)\in C_\beta(\gamma)$. 注意到前面对 $t=t_0$ 的假定，从这样的初边值问题求得解 $[w_1(z),s_1(z)]$, $w_1(z)\in C_\beta(\overline{D})\cap W^1_{p_0}(D), s_1(z)\in C^*_\beta(\overline{D})$. 再将 $[w_1(z),s_1(z)]$ 代入(2.43′)—(2.47′)等号的右边，又可求出 $[w_2(z),s_2(z)]$，依次类推，可求得函数序列：$\{w_n(z),s_n(z)\}$，满足如下的方程组与初边界条件：

$$w_{n+1\bar{z}} - t_0 F(z, w_{n+1}, w_{n+1z}) = (t - t_0) F(z, w_n, w_{nz}) + A(z), \tag{2.43''}$$

$$\operatorname{Re}[\bar{\lambda} w_{n+1}] - t_0 r(z, w_{n+1}, s_{n+1}) = (t - t_0) r(z, w_n, s_n) + R(z) + h(z), \tag{2.44''}$$

$$\operatorname{Im}[\overline{\lambda(a_j)} w_{n+1}(a_j)] = b_j, j = 1, \cdots, 2K+1, K \geq 0, \tag{2.45''}$$

$$s_{n+1y} - t_0 G(z, w_{n+1}, s_{n+1}) = (t - t_0) G(z, w_n, s_n) + B(z), \tag{2.46''}$$

$$a(z) s_{n+1} - t_0 b(z, w_{n+1}, s_{n+1}) = (t - t_0) b(z, w_n, s_n) + q(z). \tag{2.47''}$$

设$W_{n+1}=w_{n+1}-w_n, S_{n+1}=s_{n+1}-s_n$，从(2.43″)—(2.47″)，可得

$$W_{n+1\bar{z}} - t_0[F(z, w_{n+1}, w_{n+1z}) - F(z, w_n, w_{nz})]$$
$$= (t - t_0)[F(z, w_n, w_{nz}) - F(z, w_{n-1}, w_{n-1z})], \tag{2.48}$$

$$\operatorname{Re}[\bar{\lambda} W_{n+1}] - t_0[r(z, w_{n+1}, s_{n+1}) - r(z, w_n, s_n)]$$
$$= (t - t_0)[r(z, w_n, s_n) - r(z, w_{n-1}, s_{n-1})], \tag{2.49}$$

$$\operatorname{Im}[\overline{\lambda(a_j)} W_{n+1}(a_j)] = 0, j = 1, \cdots, 2K+1, K \geq 0. \tag{2.50}$$

$$S_{n+1y} - t_0[G(z, w_{n+1}, s_{n+1}) - G(z, w_n, s_n)]$$
$$= (t - t_0)[G(z, w_n, s_n) - G(z, w_{n-1}, s_{n-1})], \tag{2.51}$$

$$a(z) s_{n+1} - t_0[b(z, w_{n+1}, s_{n+1}) - b(z, w_n, s_n)]$$
$$= (t - t_0)[b(z, w_n, s_n) - b(z, w_{n-1}, s_{n-1})]. \tag{2.52}$$

由条件C，

$$L_{p_0}[F(z, w_n, w_{nz}) - F(z, w_{n-1}, w_{n-1z}), \bar{D}]$$
$$\leq L_{p_0}[W_{nz}, \bar{D}] + 2k_0 C_\beta[W_n, \bar{D}], \tag{2.53}$$

$$C_\alpha\{r[z(\zeta), w_n[z(\zeta)], s_n[z(\zeta)]] - r[z(\zeta), w_{n-1}[z(\zeta)],$$
$$s_{n-1}[z(\zeta)]], L\} \leq \varepsilon\{C_\alpha[W_n[z(\zeta)], L] + C_\alpha[s_n[z(\zeta)], l]\}, \tag{2.54}$$

$$C_\beta{}^*[G(z, w_n, s_n) - G(z, w_{n-1}, s_{n-1}), \bar{D}]$$
$$\leq k_0 C_\beta[W_n, \bar{D}] + \varepsilon C_\beta[S_n, \bar{D}], \tag{2.55}$$

$$C_\beta[b(z, w_n, s_n) - b(z, w_{n-1}, s_{n-1}), \gamma]$$
$$\leq k_0 C_\beta[W_n, \gamma] + \varepsilon C_\beta[s_n, \gamma], \tag{2.56}$$

根据定理 2.2，可得：

$$
\begin{aligned}
U_{n+1} &= C_\beta[W_{n+1},\overline{D}] + L_{p_0}[|W_{n+1\bar{z}}| + |W_{n+1z}|,\overline{D}] \\
&\leqslant |t-t_0|M_4U_n,
\end{aligned} \tag{2.57}
$$

$$
V_{n+1} \leqslant C_\beta^*[S_{n+1},\overline{D}] \leqslant |t-t_0|M_4V_n. \tag{2.58}
$$

其中 $M_4=M_4(q_0,p_0,k_0,\alpha,k,K)\geqslant 0$. 选取 $\delta=1/2(M_4+1)$，那么对 $t\in E$，当 $n>N+1>1$，可得

$$
U_{n+1} \leqslant \frac{1}{2}U_n \leqslant \frac{1}{2^N}U_1,\ V_{n+1} \leqslant \frac{1}{2^N}V_1. \tag{2.59}
$$

而且当 $n,m>N+1$ 时有

$$
\begin{aligned}
U(w_n-w_m) &= C_\beta[w_n-w_m,\overline{D}] + L_{p_0}[|(w_n-w_m)_{\bar{z}}| + |(w_n \\
&\quad - w_m)_z|,\overline{D}] \leqslant \frac{1}{2^N}\sum_{j=0}^{\infty}\frac{1}{2^j}U_1 = \frac{1}{2^{N-1}}U_1,
\end{aligned} \tag{2.60}
$$

$$
V(s_n-s_m) = C_\beta^*[s_n-s_m,\overline{D}] \leqslant \frac{1}{2^{N-1}}C_\beta^*[s_1,\overline{D}], \tag{2.61}
$$

这表明：当 $n,m\to\infty$ 时，$U(w_n-w_m)\to 0$，$V(s_n-s_m,\overline{D})\to 0$. 因此存在 $w_*(z)\in C_\beta(\overline{D})\cap W_{p_0}^1(D)$，$s_*(z)\in C_\beta^*(\overline{D})$，使得：当 $n\to\infty$ 时，$U(w_n-w_*)\to 0$，$V(s_n-s_*)\to 0$. 故$[w_*(z),s_*(z)]$是问题 B' 当 $t\in E$ 时的解．这样从 $t=0$ 时问题 B′ 可解，依次推出 $t=\delta,2\delta,\cdots,[\frac{1}{\delta}]\delta,1$ 时问题 B' 可解. 特别，当 $t=1$，$A=B=0$，$R=0$，$q=0$ 时，问题 B' 即(2.42)，(2.2)之问题 B 是可解的. 定理 2.3 证毕．

定理 2.4 在定理 2.2 同样的条件下，(2.1)，(2.2)之问题 B 是可解的．

证 我们引入 Banach 空间 $C(\overline{D})\times C(\overline{D})$ 中的有界闭凸集 B，其中每一个元素是满足以下条件的函数 $\omega=[w(z),s(z)]$：

$$
C[w(z),\overline{D}] \leqslant M_4,\ C[s(z),\overline{D}] \leqslant M_5, \tag{2.62}
$$

其中 M_4，M_5 是(2.31)，(2.32)中的常数．选取任意的 $\Omega=[W(z),S(z)]\in B$，并代入(2.1)中适当的位置，即得

$$
\begin{aligned}
w_{\bar{z}} &= f(z,W,w,w_z,S), \\
f &= Q_1(z,W,w_z,S)w_z + Q_2(z,W,w_z,S)\overline{w_z} + A_1(z,W,S)w \\
&\quad + A_2(z,W,S)\overline{w} + A_3(z,W,S)S + A_3(z,W,S).
\end{aligned} \tag{2.63}
$$

根据定理 2.3，可知初边值问题(2.63)，(2.2)，(2.10)，(2.12)，(2.7)具有解$[w(z),s(z)]$. 依据定理 2.2，此解满足估计式(2.31)，(2.32)，显然$\omega=[w,s]\in B$. 用$\omega=T[\Omega]$表示从$\Omega=[W,S]$到$\omega=[w,s]$的映射. 易知T是将B映射到自身的紧集.

为了证明T在B中的连续算子，选取函数序列$\Omega_n=[W_n,S_n]$ $(n=0,1,2,\cdots)$，使得当$n\to\infty$时，$C[W_n-W_0,\overline{D}]\to 0$，$C[S_n-S_0,\overline{D}]\to 0$. 而差$w_n-w_0=T(\Omega_n)-T(\Omega_0)$满足：

$$(w_n-w_0)_{\bar z}=f(z,W_n,w_n,w_{nz},S_n)-f(z,W_0,w_0,w_{0z},S_0),\tag{2.64}$$

$$\mathrm{Re}[\overline{\lambda(z)}(w_n-w_0)]=r(z,w_n,s_n)-r(z,w_0,s_0)+h(z),z\in\Gamma,\tag{2.65}$$

$$\mathrm{Im}[\overline{\lambda(a_j)}(w_n(a_j)-w_0(a_j))]=0,j=1,\cdots,2K+1,K\geqslant 0,\tag{2.66}$$

$$(s_n-s_0)_y=G(z,w_n,s_n)-G(z,w_0,s_0),\tag{2.67}$$

$$a(z)(s_n-s_0)=b(z,w_n,s_n)-b(z,w_0,s_0),z\in\gamma.\tag{2.68}$$

复方程(2.64)可改写成

$$(w_n-w_o)_{\bar z}-[f(z,W_n,w_n,W_{nz},S_n)-f(z,W_n,w_o,w_{oz},S_n)]$$
$$=c_n(z),$$
$$c_n=f(z,W_n,w_0,w_{0z},S_n)-f(z,W_0,w_0,w_{0z},S_0).$$

如定理 2.3 的证法，可证

$$C^1_\beta[w_n-w_0,\overline{D}],C_\beta[s_n-s_0,\overline{D}]\leqslant M_6L_{p_0}[c_n,\overline{D}],$$

$M_6(\geqslant 0)$是常数，由于$n\to\infty$，$C_\beta(c_n,\overline{D})\to 0$，因而$C_\beta[w_n-w_o,\overline{D}]\to 0$，$C_\beta[s_n-s_0,\overline{D}]\to 0$. 因此$w=T[\Omega]$将$B$连续映射到自身的紧集，由 Schauder 不动点定理，存在$\omega=[w(z),s(z)]\in B$，使得$\omega=T(\omega)$. 故$\omega=[w(z),s(z)]$是(2.1)，(2.2)之问题 B 的解.

定理 2.5 在定理 2.4 相同的条件下，

(1)当$K\geqslant 0$，方程组(2.1)，(2.2)之问题 A 是可解的；

(2)当$K<0$，问题 A 有$-2K-1$个可解条件.

证 (1)的结论是显然的. 而当$K<0$，将问题 B 的解$[w(z),$

$s(z)]$代入边界条件(2.10),若$h(t)=0$,即$h_0=0,h_m^{\pm}=0(m=1,\cdots,-K-1)$,共有$-2K-1$个实等式成立,则$[w(z),s(z)]$也是问题A的解,故(2)的结论成立.

最后,如果对任意的函数$w_j(z),s_j(z)\in C_\beta(\overline{D})(j=1,2)$,$U(z)\in L_{p_0}(\overline{D})(2<p_0<p)$,(2.1)中的$F(z,w,U,s)$满足

$$F(z,w_1,U,s_1)-F(z,w_2,U,s_2)=A_1^*(w_1-w_2)+A_2^*(s_1-s_2),\qquad(2.69)$$

其中$A_1^*,A_2^*\in L_{p_0}(\overline{D}),L_{p_0}[A_2^*,\overline{D}]\leqslant\varepsilon$,那么可证问题B解的唯一性.

定理2.6 设方程组(2.1),(2.2)满足条件C与(2.69),又(2.3),(2.8),(2.9),(2.69)中的ε足够小,则其问题B的解是唯一的.

证 设$[w_1(z),s_1(z)],[w_2(z),s_2(z)]$都是(2.1),(2.2)之问题$B$的解,则$[w,s]=[w_1-w_2,s_1-s_2]$是以下初边值问题的解:

$$w_{\bar z}=Qw_z+A_1^*w+A_2^*s,$$

$$Q=\begin{cases}[F(z,w_1,w_{1z},s_1)-F(z,w_1,w_{2z},s_1)]/w_z,w_z\neq 0,\\ 0,w_z=0,\end{cases}$$

$$s_y=B_1^*w+B_2^*\overline{w}+B_3^*s,$$

$$\mathrm{Re}[\overline{\lambda(t)}w(t)]=r(t,w_1,s_1)-r(t,w_2,s_2)+h(t),t\in\Gamma,$$

$$\mathrm{Im}[\overline{\lambda(a_j)}w(a_j)]=0,\ j=1,\cdots,2K+1,K\geqslant 0,$$

$$a(t)s(t)=b(t,w_1,s_1)-b(t,w_2,s_2),t\in\gamma.$$

使用定理2.2的证明方法,可得

$$C_\beta[w,\overline{D}]+L_{p_0}[|w_{\bar z}|+|w_z|,\overline{D}]=0,\ C_\beta^*(s,\overline{D})=0,$$

故$w(z)=0,s(z)=0$,即$w_1(z)\equiv w_2(z),s_1(z)\equiv s_2(z),z\in D$.

2.2 多个未知函数的非线性复合型方程组的初边值问题

如前,不妨设D是单位圆.这里我们讨论D上多个未知函数的非线性复合型方程组

$$\begin{cases} w_{\bar{z}}=F(z,w,w_z,s),w=(w_1,\cdots,w_n)',F=(F_1,\cdots,F_n)', \\ F=Q^1w_z+Q^2\overline{w_z}+A^1w+A^2\overline{w}+A^3s+A^4, \\ Q^j=(Q^j_{kl}),j=1,2,A^j=(A^j_{kl}),j=1,2,3,A^4=(A^4_{11},\cdots,A^4_{n1})', \end{cases} \tag{2.70}$$

$$\begin{cases} s_y=G(z,w,s),s=(s_1,\cdots,s_n)',G=(G_1,\cdots,G_n)', \\ G=B^1w+B^2\overline{w}+B^3s+B^4,B^j=(B^j_{kl}),j=1,2,3, \\ B^4=(B^4_{11},\cdots,B^4_{n1})' \end{cases} \tag{2.71}$$

其中 $Q^{(j)}_{kl}=Q^j_{kl}(z,w,w_z,s),j=1,2,A^j_{kl}=A^j_{kl}(z,w,s),B^j_{kl}=B^j_{kl}(z,w,s),j=1,\cdots,4,k,l=1,\cdots,n,w_k(z),Q^j_{kl},A^j_{kl},B^j_{kl}(j=1,2),A^4_{kl}$ 都是复值函数，$B^2_{kl}=\overline{B^1_{kl}},s_k(z),A^3_{kl},B^j_{kl}(j=3,4)$ 都是实值函数. 假定(2.70),(2.71)在区域 D 上满足类似加于方程组(2.1),(2.2)的条件，仍称为条件 C：

1) 对 $\overline{D}$ 上任意的连续函数向量 $w(z)$，$s(z)$，可测函数向量 $U(z)=(U_1(z),\cdots,U_n(z))',Q^j_{kl}(z,w,U,s)(j=1,2),A^j_{kl}(z,w,s)$ $(j=1,\cdots,4)$ 在 D 可测，且满足

$$\begin{aligned} &L_p[A^j_{kl}(z,w,s),\overline{D}]\leqslant k_0,j=1,2,4, \\ &L_p[A^3_{kl},\overline{D}]\leqslant \varepsilon,1\leqslant k,l\leqslant n, \\ &L_p[A^j_{kl},\overline{D}]\leqslant \varepsilon,j=1,2,\ 1\leqslant k<l<n, \end{aligned} \tag{2.72}$$

其中 $p(>2),k_0,\varepsilon$ 都是正常数，又上述函数对几乎所有的 $z\in D$ 与 $U_k\in C(k=1,\cdots,n)$ 关于 $w_k\in C$ 与 $s_k\in R$ 连续.

2)方程组(2.70)满足一致椭圆型条件，即对几乎所有的 $z\in D$ 与 $w_k,U^1_k,U^2_k\in C,s_k\in R$，有

$$\begin{cases} |F(z,w,U^1,s)-F(z,w,U^2,s)|\leqslant \sum_{l=1}^n q_{kl}|U^1_l-U^2_l|, \\ \sum_{l=1}^n q_{kl}\leqslant q_k<\dfrac{1}{n},k=1,\cdots,n, \\ q_{kl}\leqslant \varepsilon,1\leqslant k<l\leqslant n, \end{cases} \tag{2.73}$$

这里 $q_{kl},q_k(k,l=1,\cdots,n)$ 都是正常数.

3) $B^j_{kl}(z,w,s)(j=1,\cdots,4),G_k(z,w,s)(1\leqslant k,l\leqslant n)$ 对任意的 $w^j_k(z),s^j_k(z)\in C_\beta(\overline{D})(j=1,2,k=1,\cdots,n)$ 在 $\overline{D}$ 连续且满足：

$$C_\beta[B_{kl}^j(z,w^1,s^1),\overline{D}]\leqslant k_0,\ j=1,\cdots,4,$$
$$G(z,w^1,s^1)-G(z,w^2,s^2)=\widetilde{B}^1(w^1-w^2)+\widetilde{B}^2(\overline{w^1}-\overline{w^2})$$
$$+\widetilde{B}^3(s^1-s^2),\ w^j=(w_1^j,\cdots,w_2^j)',\ s^j=(s_1^j,\cdots,s_n^j)',\ j=1,2, \tag{2.74}$$

此处 $\widetilde{B}^j=(\widetilde{B}_{kl}^j)$, $\widetilde{B}_{kl}^j\in C_\beta(\overline{D})$, $j=1,\cdots,4.1\leqslant k,l\leqslant n$, $\beta(0<\beta<1)$ 是实常数.

我们讨论的是方程组(2.70),(2.71)适合如下初边界条件的初边值问题 B.

$$\mathrm{Re}[\overline{\lambda(z)}w(z)]=r(z)+h(z),\ \lambda(z)=(\lambda_{kl}(z)),$$
$$r(z)=(r_1(z),\cdots,r_n(z))',\ z\in\Gamma=\{|z|=1\}, \tag{2.75}$$
$$a(z)s(z)=b(z),\ a(z)=(a_{kl}(z)),\ b(z)=(b_1(z),\cdots,b_n(z))',$$
$$z\in\gamma=\{z\,|\,|z|=1,y\leqslant 0\}, \tag{2.76}$$

其中 $|\lambda_{kk}(z)|=1$, $|a_{kk}(z)|=1$, $k=1,\cdots,n$, $\lambda_{kl}(z)$, $r_k(z)$, $a_{kl}(z)$, $b_k(z)$ 满足条件:

$$\begin{cases}C_\alpha[\lambda_{kl}(z),\Gamma]\leqslant k_0,C_\alpha[r_k(z),\Gamma]\leqslant k_0,C_\alpha[a_{kl}(z),\gamma]\leqslant k_0,\\ C_\alpha[b_k(z),\gamma]\leqslant k_0,1\leqslant k,l\leqslant n,\\ C_\alpha[\lambda_{kl}(z),\Gamma]\leqslant\varepsilon,C_\alpha[a_{kl}(z),\gamma]\leqslant\varepsilon,1\leqslant k<l\leqslant n,\end{cases} \tag{2.77}$$

又

$$\begin{cases}h(z)=(h_1(z),\cdots,h_n(z))',\\ h_k(z)=\begin{cases}0,z\in\Gamma,\text{当 }K_k=\dfrac{1}{2\pi}\Delta_\Gamma\arg\lambda_{kk}(z)\geqslant 0\text{ 时},\\ h_{k0}+\mathrm{Re}\displaystyle\sum_{m=1}^{-K_k-1}(h_{km}^{+}+ih_{km}^{-})z^m,z\in\Gamma,\text{当 }K_k<0\text{ 时},\end{cases}\\ \qquad\qquad 1\leqslant k\leqslant n\end{cases}$$

此处 $\alpha(\frac{1}{2}<\alpha<1)$ 为常数, h_{k0}, $h_{km}^{\pm}(m=1,\cdots,-K_k-1,k=1,\cdots,n)$ 都是待定实常数. 而当 $K_k\geqslant 0$ 时, 还要求解 $w(z)$ 满足一些点型条件:

$$\mathrm{Im}[\overline{\lambda(a_j)}w(a_j)]=b^j,\ b^j=(b_1^j,\cdots,b_n^j)',$$
$$j\in\{j\}=1,\cdots,2K_k+1,1\leqslant k\leqslant n, \tag{2.78}$$

这里 $a_j(j=1,\cdots,2K_k+1)$ 是 Γ 上不同的点，$b_k^j(k=1,\cdots,2K_k+1,1\leqslant k\leqslant n)$ 都是实常数，满足条件：$|b_k^j|\leqslant k_0$.

类似于 2.1，我们先给出方程组(2.70)，(2.71)之问题 B 解的估计式，然后证明此问题 B 的可解性.

定理 2.7 设方程组(2.70)，(2.71)满足条件 C、又(2.72)，(2.73)，(2.77)中的正数 ε 足够小，那么(2.70)，(2.71)之问题 B 的解$[w(z),s(z)]$满足估计式

$$X = C_\beta[w(z),\overline{D}] + L_{p_0}[|w_{\bar z}| + |w_z|,\overline{D}]$$
$$= \sum_{k=1}^{n}\{C_\beta[w_k,\overline{D}] + L_{p_0}[|w_{k\bar z}| + |w_{kz}|,\overline{D}] \leqslant M_7, \tag{2.79}$$

$$Y = C_\beta^*[s,\overline{D}] = C_\beta[s,\overline{D}] + C[s_y,\overline{D}]$$
$$= \sum_{k=1}^{n}\{C_\beta[s_k,\overline{D}] + C[s_{ky},\overline{D}]\} \leqslant M_8, \tag{2.80}$$

其中 $M_j=M_j(q_0,p_0,k_0,\alpha,k)(j=7,8)$，$q_0=(q_1,\cdots,q_n)$，$K=(K_1,\cdots,K_n)$.

证 将$[w(z),s(z)]$代入到方程组(2.70)，(2.71)及初边界条件(2.75)，(2.76)，(2.78)，不难看出：$[w_k(z),s_k(z)]$是以下初边值问题的解：

$$\begin{cases} w_{k\bar z}-Q_{kk}^1 w_{kz}-Q_{kk}^2\overline{w_{k\bar z}}=A_{kk}^1 w_k+A_{kk}^2\overline{w_k}+A_{kk}^3 s_k+A_k, \\ A_k=A_{k1}^4+\sum\limits_{l\neq k}[Q_{kl}^1 w_{lz}+Q_{kl}^2\overline{w_{l\bar z}}+A_{kl}^1 w_l+A_{kl}^2\overline{w_l}+A_{kl}^3 s_l], \\ \qquad k=1,\cdots,n, \end{cases} \tag{2.81}$$

$$\begin{cases} s_{ky}=B_{kk}^1 w_k+B_{kk}^2\overline{w_k}+B_{kk}^3 s_k+B_k, \\ B_k=B_k^4+\sum\limits_{l\neq k}[B_{kl}^1 w_l+B_{kl}^2\overline{w}+B_{kl}^3 s_l], \\ \qquad k=1,\cdots,n, \end{cases} \tag{2.82}$$

$$\mathrm{Re}[\overline{\lambda_{kk}(z)}w_k(z)]=R_k(z)+h_k(z),\ R_k(z)=r_k(z)$$
$$-\sum_{l\neq k}\mathrm{Re}[\overline{\lambda_{kl}(z)}w_l(z)],\ z\in\Gamma,\ k=1,\cdots,n,$$
$$\mathrm{Im}[\overline{\lambda_{kk}(a_j)}w_k(a_j)]=T_k^j=b_k^j-\sum_{l\neq k}\mathrm{Im}[\overline{\lambda_{kl}(a_j)}w_l(a_j)],$$

$$j\in\{j\},k=1,\cdots,n, \tag{2.83}$$

$$a_{kk}(z)s_k(z)=S_k(z)=b_k(z)-\sum_{l\neq k}a_{kl}(z)s_l(z),z\in\gamma,$$
$$k=1,\cdots,n. \tag{2.84}$$

先考虑$[w_1(z),s_1(z)]$. 由条件C,(2.81)—(2.84)中的A_1,B_1, R_1,T_1^j,s_1满足:

$$\begin{aligned}
L_{p_0}[A_1,\overline{D}]&\leqslant L_{p_0}[A_1^4,\overline{D}]+\sum_{l=2}^{n}[q_{1l}L_{p_0}(w_{lz},\overline{D})+\sum_{k=1}^{2}L_{p_0}(A_{1l}^k,\overline{D})\\
&\qquad\times C(w_l,\overline{D})+L_{p_0}(A_{1l}^3,\overline{D})C(s_l,\overline{D})]\\
&\leqslant k_0+2\varepsilon[L_{p_0}(w_z,\overline{D})+C(w,\overline{D})+C(s,\overline{D})]\\
&\leqslant k_0+2\varepsilon(X+Y),\\
C_\beta(R_1,\Gamma)&\leqslant C_\beta(r_1,\Gamma)+\sum_{l=2}^{n}C_\beta(\lambda_{1l},\Gamma)C(w_l,\Gamma)\\
&\leqslant k_0+\varepsilon X,\\
|T_1^j|&\leqslant|b_1^j|+\sum_{l=2}^{n}C(\lambda_{1l},\Gamma)C(w_l,\Gamma)\\
&\leqslant k_0+\varepsilon X,C_\beta(B_1,\overline{D})\\
&\leqslant C_\beta(B_1^4,\overline{D})+\sum_{l=2}^{n}(B_{1l}^1w_l+B_{1l}^2\overline{w}_l+B_{1l}^3s_l)\\
&\leqslant k_0+2\varepsilon(X+Y),\\
C_\beta(s_1,\gamma)&\leqslant C_\beta(b_1,\gamma)+\varepsilon C(s,\gamma)\\
&\leqslant k_0+\varepsilon Y.
\end{aligned} \tag{2.85}$$

使用定理2.2的证法,可得

$$\begin{aligned}
U(w_1)&=C_\beta(w_1,\overline{D})+L_{p_0}[|w_{1\bar{z}}|+|w_{1z}|,\overline{D}]\\
&\leqslant M_9[3k_0+5\varepsilon(X+Y)]\\
&\leqslant N_1[1+\varepsilon(X+Y)],
\end{aligned} \tag{2.86}$$

$$\begin{aligned}
V(s_1)&=C_\beta(s_1,\overline{D})+C(s_{1y},\overline{D})\\
&\leqslant M_{10}[2k_0+3\varepsilon(X+Y)]\\
&\leqslant N_1'[1+\varepsilon(X+Y)],
\end{aligned}$$

这里 $N_1=M_p(3k_0+5)$，$N'_1=M_{10}(2k_0+3)$，$M_j=M_j(q_0,p_0,k_0,\alpha,K)(j=9,10)$. 其次考虑$[w_2(z),s_2(z)]$，从(2.81)—(2.84)$(k=2)$与条件$C$，我们有

$$
\begin{aligned}
L_{p_0}(A_2,\overline{D}) \leqslant{} & L_{p_0}(A_2^4,\overline{D}) + \sum_{l\neq 2}[q_{2l}L_{p0}(w_{lz},\overline{D}) \\
& + \sum_{j=1}^{2} L_{p_0}(A_{lz}^j,\overline{D})C(w_l,\overline{D}) + L_{p_0}(A_{2l}^3,\overline{D})C(s_l,\overline{D})] \\
\leqslant{} & k_0 + L_{p_0}(w_{1z},\overline{D}) + 2k_0[C(w_1,\overline{D}) + C(s_1,\overline{D})] \\
& + 2\varepsilon[X+Y], \\
C_\beta(R_2,\Gamma) \leqslant{} & C_\beta(r_2,\Gamma) + \sum_{l\neq 2} C_\beta(\lambda_{2l},\Gamma)C(w_l,\Gamma) \\
\leqslant{} & k_0 + k_0 C(w_1,\overline{D}) + \varepsilon X, \\
|T_2^j| \leqslant{} & |b_2^j| + \sum_{l\neq 2} C(\lambda_{2l},\Gamma)C(w_l,\Gamma) \\
\leqslant{} & k_0 + k_0 C(w_1,\overline{D}) + \varepsilon X, C_\beta[B_2,\overline{D}] \\
\leqslant{} & C_\beta(B_2^4,\overline{D}) + \sum_{l\neq 2}(B_{1l}^1 w_l + B_{2l}^2\overline{w}_l + B_{2l}^3 s_{2l}), \\
\leqslant{} & k_0 + 2k_0[C(w_1,\overline{D}) + C(s_1,\overline{D})] + 2\varepsilon(X+Y), \\
C_\beta(s_2,\gamma) \leqslant{} & C_\beta(b_2,\gamma) + \sum_{l\neq 2} C(a_{2l},\Gamma)C(s_l,\Gamma) \\
\leqslant{} & k_0 + k_0 C(s_1,\overline{D}) + \varepsilon Y.
\end{aligned}
\tag{2.87}
$$

类似于(2.86)，可导出：

$$
\begin{aligned}
U(w_2) \leqslant{} & M_p\{3k_0 + (4k_0+1)[U(w_1) + V(s_1)] + 4\varepsilon(X+Y)\} \\
\leqslant{} & M_9\{3k_0 + (4k_0+1)(N_1+N'_1)[1+\varepsilon(X+Y)] \\
& + 4\varepsilon(X+Y)\} \\
\leqslant{} & N_2[1+\varepsilon(X+Y)], V(s_2) \\
\leqslant{} & M_{10}\{2k_0 + 3k_0[U(w_1) + V(s_1)] + 3\varepsilon(X+Y)\} \\
\leqslant{} & N'_2[1+\varepsilon(X+Y)],
\end{aligned}
\tag{2.88}
$$

其中 $N_2=\max\{M_9[3k_0+(4k_0+1)(N_1+N'_1),M_9[3k_0+(4k_0+1)\cdot(N_1+N'_1)+4\}$，$N'_2=\max\{M_{10}[2k_0+3k_0(N_1+N'_1),M_9[2k_0+3k_0(N_1+N'_1)+3\}$. 进而，我们可得

$$U(w_k) \leqslant N_k[1+\varepsilon(X+Y)], \quad 2<k\leqslant n, \quad (2.89)$$
$$V(s_k) \leqslant N'_k[1+\varepsilon(X+Y)],$$

这里 $N_k, N'_k(2<k\leqslant n)$ 都是依赖于 M_9, M_{10}, k_0 的非负实常数．联合(2.86)，(2.88)，(2.89)，有

$$X+Y \leqslant \sum_{k=1}^{n}(N_k+N'_k)[1+\varepsilon(X+Y)].$$

选取 ε 足够小，使得 $1-\varepsilon\sum_{k=1}^{n}(N_k+N'_k)\geqslant\frac{1}{2}$，便有

$$X+Y \leqslant \sum_{k=1}^{n}(N_k+N'_k)/[1-\varepsilon\sum_{k=1}^{n}(N_k+N'_k)] \leqslant 2\sum_{k=1}^{n}(N_k+N$$

于是得到(2.79)，(2.80)．

为了讨论方程组(2.70)，(2.71)之问题 B 的可解性，我们考虑特殊的方程组

$$w_{\bar{z}} = \tilde{F}(z, w, w_z, s), \quad (2.90)$$

$$s_y = \tilde{G}(z, w, s), \quad (2.91)$$

即把(2.70)，(2.71)的系数限定为

$$Q^j_{kl} = Q^j_{kl}(z, w_z), j=1,2, A^j_{kl} = A^j_{kl}(z), B^j_{kl} = B^j_{kl}(z),$$
$$j = 1, \cdots, 4, \ 1 \leqslant k, l \leqslant n.$$

仿照定理 2.3 的证明，使用参数开拓法，定理 2.7 的结论及书[23]第六章中的定理，可证：

定理 2.8 如果方程组(2.90)，(2.91)满足条件 C，又正数 ε 足够小，那么它的问题 B 是可解的．

再如定理 2.4 的证法，使用 Schauder 不动点定理，可得

定理 2.9 在定理 2.7 相同的条件下，多个未知函数的复合型方程组(2.70)，(2.71)之问题 B 至少有一个解．

如果对方程组(2.70)作相应于(2.69)的假定，我们也可证明定理 2.9 所述初边值问题 B 解的唯一性．

§3. 非线性拟抛物型方程组的初边值问题

本节讨论一些二阶非线性拟抛物型方程组的两种初边值问题，即带时间 t 的 Riemann-Hilbert 初边值问题和 Riemann 初边值问题，这里考虑的区域是多连通区域，所给出的初边值问题都是可解的．我们先给出初边值问题解的先验估计式，然后用参数开拓法证明这些初边值问题解的存在性，最后对近似解作误差估计．

3.1 非线性拟抛物型方程组的 Riemann-Hilbert 边值问题

设 D 是 $z=x+iy$ 平面上的有界 $N+1$ 连通区域，其边界 Γ 由 $N+1$ 条简单闭曲线 $\Gamma_j(j=0,1,\cdots,N)$ 组成，$\Gamma_j(j=1,\cdots,N)$ 都在由 Γ_0 所围的有界区域内，又 $\Gamma\in C_\mu^1(0<\mu<1)$. 不失一般性，可认为 $\Gamma_j=\{|z-z_j|=\gamma_j\}(j=0,1,\cdots,N)$，$z_0=0\in D$，$\gamma_0=1$. 我们引进一些函数空间及其范数：设 $I=[0,T]$，T 为一正数，记

$$L_\infty(I)=\{f(t)\,|\,f(t)\text{ 在 } I \text{ 上可测且 } \|f\|_{\infty,I}=\operatorname*{ess\,sup}_{t\in I}|f(t)|<+\infty\}.$$

$$L_\infty^1(I)=\{f(t)\,|\,f(t),f_t(t)\in L_\infty(I),\text{ 其范数 } \|f\|_{\infty,I}^1=\|f\|_{\infty,I}+\|f'_t\|_{\infty,I}\}.$$

$$L_\infty(I,B)=\{f(t,z)\,|\,f(t,z)\in B(D),\ \|f\|_B \text{ 在 } I \text{ 上可测，且 } \|f\|_{\infty,I,B}=\operatorname*{ess\,sup}_{t\in I}\|f\|_B<+\infty\}.$$

这里 $B(D)$ 表示 Banach 空间．

$C(I,B)=\{f(t,z)\,|\,f(t,z)\in B(D),\ \|f\|_B$

在 I 上连续，$\|f\|_{0,I,B}=\max\limits_{t\in B}\|f\|_B<+\infty\}$.

$C^1(I,B)=\{f(t,z)\,|\,f(t,z),f_t(t,z)\in B(D),\ \|f\|_B,\ \|f'\|_B$ 在 I 上连续，其范数为 $\|f\|_{1,I,B}=\|f\|_{0,I,B}+\|f_t\|_{0,I,B}\}$.

$L_\infty^1(I,B)=\{f(t,z)\,|\,f(t,z),f_t(t,z)\in B(D),\ \|f\|_B,$

$\| f' \|_B$在 I 上可测，且范数 $\| f \|_{\infty,I,B} = \| f \|_{\infty,I,B} + \| f' \|_{\infty,I,B} < +\infty \}$.

$C^{1,m}_{0,\alpha}(\overline{G}) = \{ f(t,z) \mid f_t(t,z), f_{z^j\bar{z}^k}(t,z) \in C_\alpha(\overline{G}) (j,k \geqslant 0, j+k \leqslant m < +\infty, 0 < \alpha < 1 \}$,

且范数 $\| f \|_{C^{1,m}_{0,\alpha}(\overline{G})} = C[f_t, \overline{G}] + \sum\limits_{j+k \leqslant m}^{j} C_\alpha [f_{z^j\bar{z}^k}, \overline{G}]$，其中 $G = I \times D$.

我们考虑形如下的非线性拟抛物型方程组：

$$w_{t\bar{z}} = F(t,z,w,w_t,w_{\bar{z}};w_z,w_{tz}), \tag{3.1}$$

$$F = Q_1 w_{tz} + Q_2 w_z + Q_3 w_{\bar{z}} + Q_4 w_t + Q_5 w + Q_6,$$

其中 $Q_1 = Q_1(t,z,w,w_t,w_{\bar{z}},w_z,w_{tz})$，$Q_2 = Q_2(t,z,w,w_t,w_{\bar{z}},w_z)$，$Q_3 = Q_3(t,z,w,w_t,w_{\bar{z}})$，$Q_4 = Q_4(t,z,w,w_t)$，$Q_5 = Q_5(t,z,w)$，$Q_6 = Q_6(t,z)$. 我们假定拟抛物型方程组或复方程(3.1)在 $G = I \times D$ 上满足条件 C：

1）对于在 $\overline{G}$ 上任意的连续函数 $U_1(t,z)$，可测函数 $U_5(t,z)$ 与半连续函数 $U_k(t,z)(k=2,3,4)$（即 U_3, U_4 于 $\overline{D}$，U_2 于 I 上可测而 U_3, U_4 于 I，U_2 于 $\overline{D}$ 上连续），$Q_k(t,z,U_1,\cdots,U_{6-k})(k=1,\cdots,6)$均在 G 可测.

2）对于$(t,z,U_1,\cdots,U_5^k) \in \overline{G} \times C^5 (k=1,2)$，$F(t,z,U_1,\cdots,U_5)$ 满足

$$|F(t,z,U_1,\cdots,U_5^1) - F(t,z,U_1,\cdots,U_5^2)| \leqslant A_1(t,z) |U_5^1 - U_5^2|, \tag{3.2}$$

这里 $A_1(t,z)$是非负可测函数，$A_1 \leqslant q_0$，$q_0 (0 \leqslant q_0 < 1)$是常数.

3）对于 1）中所述任意的连续函数 $U_1^j(t,z)$、可测函数 $U_5(t,z)$ 与半连续函数 $U_k^j(t,z)(k=2,3,4,j=1,2)$，有

$$|F(t,z,U_1^1,U_2^1,U_3^1,U_4^1,U_5) - F(t,z,U_1^1,U_2^1,U_3^1,U_4^2,U_5)| \leqslant A_2(t,z) |U_4^1 - U_4^2|,$$

$$|F(t,z,U_1^1,U_2^1,U_3^1,U_4^1,U_5) - F(t,z,U_1^1,U_2^1,U_3^2,U_4^1,U_5)| \leqslant A_3(t,z) |U_3^1 - U_3^2|,$$

$$|F(t,z,U_1^1,U_2^1,U_3^1,U_4^1,U_5)-F(t,z,U_1^1,U_2^2,U_3^1,U_4^1,U_5)|$$
$$\leqslant A_4(t,z)|U_2^1-U_2^2|,$$
$$|F(t,z,U_1^1,U_2^1,U_3^1,U_4^1,U_5)-F(t,z,U_1^2,U_2^1,U_3^1,U_4^1,U_5)|$$
$$\leqslant A_5(t,z)|U_1^1-U_1^2|, \tag{3.3}$$

这里 $A_k(t,z)(k=2,\cdots,5)$ 是 $I\times\overline{D}$ 上的非负可测函数，满足条件：

$$A_k(t,z)\in L_\infty(I,L_\infty(D)), \tag{3.4}$$
$$\|A_k\|_{\infty,I,L_\infty(D)}\leqslant k_0,\ k=2,3,$$
$$A_k(t,I)\in L_\infty(I,L_p(\overline{D})), \tag{3.5}$$
$$\|A_k\|_{\infty,I,L_p(\overline{D})}\leqslant k_0,\ k=4,5,$$
$$Q_6(t,z)=F(t,z,0,0,0,0,0)\in L_\infty(I,L_p(\overline{D})),$$
$$\|Q_6\|_{\infty,I,L_p(\overline{D})}\leqslant k_1, \tag{3.6}$$

此处 $p(>2),k_0,k_1$ 都是非负实常数．

所谓复方程(3.1)在 $I\times D$ 上的 Riemann-Hilbert 初边值问题(问题 B)，即求(3.1)在 $I\times\overline{D}$ 上的连续解 $w(t,z)$，满足初边界条件：

$$\operatorname{Re}[\overline{\lambda(t,z)}w(t,z)]=r(t,z)+h(t),\ (t,z)\in I\times\Gamma, \tag{3.7}$$
$$w(0,z)=s(z),z\in\overline{D}, \tag{3.8}$$

其中 $|\lambda(t,z)|=1,(t,z)\in I\times\Gamma,\lambda(t,z),r(t,z)$ 与 $s(z)$ 满足条件：

$$\|\lambda\|_{1,I,C_\alpha(\Gamma)}=\|\lambda\|_{0,I,C_\alpha(\Gamma)}+\|\lambda_t\|_{0,I,C_\alpha(\Gamma)}\leqslant k_0,$$
$$\|r\|_{1,I,C_\alpha(\Gamma)}\leqslant k_2,\ \|s(z)\|_{W_p^1(D)}\leqslant k_3, \tag{3.9}$$

这里 $\alpha(\frac{1}{2}<\alpha<1),k_2,k_3$ 都是非负实常数，又

$$h(t)=\begin{cases}0,z\in\Gamma,\text{当 }K\geqslant N\text{ 时},\\ \left.\begin{array}{l}h_j(z),z\in\Gamma_j,j=1,\cdots,N-K,\\ 0,z\in\Gamma_j,j=N-K+1,\cdots,N+1\end{array}\right\}\text{当 }0\leqslant K<N\text{ 时},\\ \left.\begin{array}{l}h_j(z),z\in\Gamma_j,j=1,\cdots,N,\\ h_0(t)+\operatorname{Re}\sum\limits_{m=1}^{-K-1}[h_m^+(z)+ih_m^-(z)]z^m,z\in\Gamma_0\end{array}\right\}\text{当 }K<0\text{ 时},\end{cases}$$

此处 $K=\frac{1}{2\pi}\Delta_\Gamma\arg\lambda(t,z)$ 为整数，称为问题 B 的指数，$h_j(t)(j=0,1,\cdots,N)$，$h_m^{\pm}(t)(m=1,\cdots,-K-1,K<0)$ 都是 I 上待定的连续可微的实值函数．而要求(3.1)的解 $w(t,z)\in L_\infty^1(I,W_{p_0}^1(D))=\{w,\ w_t\in L_\infty(I,W_{p_0}^1(D))$，其范数为 $\|w\|_{\infty,I,W_{p_0}^1(D)}^1=\|w\|_{\infty,I,W_{p_0}^1}(D)+\|w_t\|_{\infty,I,W_{p_0}^1(D)}$，$2<p_0\leqslant\min(p,\frac{1}{1-\alpha})\}$，并适合如下点型条件：

$$\mathrm{Im}[\overline{\lambda(t,a_j)}w(t,a_j)]=b_j(t),$$

$$j\in\{j\}=\begin{cases}1,\cdots,2K-N+1,K\geqslant N,\\ N-K+1,\cdots,N+1,0\leqslant K<N,\end{cases}\tag{3.10}$$

其中 $a_j\in\Gamma_j(j=1,\cdots,N)$，$a_j(j=N+1,\cdots,2K-N+1)\in\Gamma_0$ 都是不同的边界点，$\sum_{j\in\{j\}}\|b_j\|_{1,I}\leqslant k_4<+\infty$.

为了给出复方程(3.1)之问题 B 解的估计式，我们先引入一个引理．

引理 3.1 设 $V(t,z)\in L_\infty[I,W_p^1(D)]$，$p>2$，则

$$\left\|\int_0^t V(\tau,z)d\tau\right\|_{W_p^1(D)}\leqslant M_1\left[\int_0^t(\|V(\tau,z)\|_{W_p^1(D)})^p d\tau\right]^{1/p},\tag{3.11}$$

这里 $M_1=3T^{1-1/p}$.

证 由 Hölder 不等式得

$$\begin{aligned}\underset{z\in\bar{D}}{\mathrm{Max}}\left|\int_0^t V(\tau,z)d\tau\right|&\leqslant\left[\int_0^t d\tau\right]^{1-1/p}\cdot\left[\int_0^t(\underset{z\in\bar{D}}{\mathrm{Max}}|V(\tau,z)|)^p d\tau\right]^{1/p}\\&\leqslant T^{1-1/p}\left[\int_0^t(\|V(\tau,z)\|_{W_p^1(D)})^p d\tau\right]^{1/p},\end{aligned}$$

$$\begin{aligned}\left[\iint_D\left|\int_0^t V_z(\tau,z)d\tau\right|^p d\sigma_z\right]^{1/p}&\leqslant T^{1-1/p}\left[\iint_D\int_0^t|V_z(\tau,z)|^p d\tau d\sigma_z\right]^{1/p}\\&\leqslant T^{1-1/p}\left[\int_0^t(\|V(\tau,z)\|_{W_p^1(D)})^p d\tau\right]^{1/p}.\end{aligned}$$

同理可得

$$\left[\iint_D \left|\int_0^t V_{\bar z}(\tau,z)d\tau\right|^p d\sigma_z\right]^{1/p}$$

$$\leqslant T^{1-1/p}\left[\int_0^t (\| V(\tau,z)\|_{W_p^1(\overline{D})})^p d\tau\right]^{1/p}.$$

联合以上三个不等式，即得(3.11).

定理 3.2 设复方程(3.1)满足条件 C，则其问题 B 的解 $w(t,z)$ 满足估计式

$$\| w \|^1_{\infty,I,W^1_{p_0}(D)} \leqslant M_2(k_1+k_2+k_3+k_4), \qquad (3.12)$$

这里 $M_2=M_2(q_0,p_0,k_0,\alpha,K,D,T)$.

证 将(3.1)之问题 B 的解 $w(t,z)$ 代入到(3.1)及初边界条件(3.7),(3.10)，则 $w(t,z)$ 可看成是以下线性拟抛物型复方程于 $I\times\overline{D}$ 上的连续解

$$w_{t\bar z}-Q_1w_{tz}-Q_4w_t=Q_2w_z+Q_3w_{\bar z}+Q_5w+Q_6, \qquad (3.13)$$

其中 $Q_j=Q_j(t,z)$, $j=1,\cdots,6$. 在(3.7),(3.10)对 t 求偏微商，有

$$\mathrm{Re}[\overline{\lambda(t,z)}w_t]=r_t-\mathrm{Re}[\overline{\lambda}_t w(t,z)]+h_t(t),(t,z)\in I\times\Gamma, \qquad (3.14)$$

$$\mathrm{Im}[\overline{\lambda(t,z)}w_t]|_{z=a_j}=b_{jt}(t)-\mathrm{Im}[\overline{\lambda}_t w]|_{z=a_j}, j\in\{j\}, \qquad (3.15)$$

由书[21]第五章定理 5.6，可得

$$\begin{aligned}\| w_t(t,z)\|_{W^1_{p_0}(D)} \leqslant & M_3[\| Q_2w_z+Q_3w_{\bar z}+Q_5w \\ & +Q_6\|_{\infty,I,L_{p_0}(\overline{D})}+\| r_t-\mathrm{Re}[\overline{\lambda}_t w]\|_{0,I,C_\beta(\Gamma)} \\ & +\sum_{j\in\{j\}}\| b_{jt}(t)-\mathrm{Im}[\overline{\lambda}_t w]|_{z=a_j}\|_{0,I}] \\ \leqslant & M_4[\| w\|_{\infty,I,W^1_{p_0}(D)}+k_1+k_2+k_4],\end{aligned}$$

此处 $\beta=\min(1-\dfrac{2}{p_0},\alpha)$, $M_j=M_j(q_0,p_0,k_0,\alpha,K,D,T)(j=3,4)$. 记 $V=w_t$，易知有

$$w(t,z)=\int_0^t V(\tau,z)d\tau+s(z), \qquad (3.16)$$

于是由引理 3.1，

$$\| V(t,z) \|_{W^1_{p_0}(D)} \leqslant M_4 \Big[\| \int_0^t V(\tau,z) d\tau \|_{W^1_{p_0}(D)} + \| s(z) \|_{W^1_{p_0}(D)} + k_1 + k_2 + k_4 \Big]$$

$$\leqslant M_1 M_4 \Big[\int_0^t (\| V(\tau,z) \|_{W^1_{p_0}(D)})^{p_0} \Big]^{1/p_0} + M_4(k_1 + k_2 + k_3 + k_4).$$

使用不等式：$(a+b)^p \leqslant 2^{p-1}(a^p+b^p), 0 \leqslant a,b < \infty, 1 \leqslant p < \infty$，有

$$[\| V(t,z) \|_{W^1_{p_0}(D)}]^{p_0} \leqslant 2^{p_0-1} \Big\{ (M_1 M_4)^{p_0} \times \int_0^t [\| V(\tau,z) \|_{W^1_{p_0}(D)}]^{p_0} d\tau \Big\} + 2^{p_0-1} M_4^{p_0} (k_1 + k_2 + k_3 + k_4)^{p_0}.$$

不难看出：对于 I 上的非负可积函数，如果

$$U(t) \leqslant M_5 + M_6 \int_0^t U(\tau) d\tau, t \in I,$$

其中 M_5, M_6 都是非负常数，则在 I 上有

$$U(t) \leqslant M_5 e^{M_6 t}.$$

由以上结果，又可得

$$\| V(t,z) \|_{W^1_{p_0}(D)} \leqslant 2M_4(k_1 + k_2 + k_4 + k_3) \times e^{(2M_1M_4)^{p_0} t / p_0}. \tag{3.17}$$

联合(3.16)，(3.17)，即得估计式(3.12)。

作为定理 3.2 的一个应用，我们将导出复方程(3.1)之问题 B 解的唯一性.

定理 3.3 在条件 C 下，复方程(3.1)之问题 B 的解是唯一的.

证 设 $w^1(t,z), w^2(t,z)$ 是(3.1)之问题 B 的两个解，记 $w(t,z)=w^1(t,z)-w^2(t,z)$，则它满足以下复方程与初边界条件.

$$w_{t\bar{z}} = Q'_1 w_{tz} + Q'_2 w_Z + Q'_3 w_{\bar{z}} + Q'_4 w_t + Q'_5 w,$$

$$Q_1 = \begin{cases} [F(t,z,w^1,w_t^1,w_{\bar{z}}^1,w_z^1,w_{tz}^1) - F(t,z,w^1,w_t^1,w_{\bar{z}}^1,w_z^1,w_{tz}^2)] / \\ (w_{tz}^1 - w_{tz}^2), w_{tz}^1 \neq w_{tz}^2, \\ 0, w_{tz}^1 = w_{tz}^2, \end{cases}$$

$$Q_2' = \begin{cases} [F(t,z,w^1,w_t^1,w_{\bar{z}}^1,w_z^1,w_{tz}^2) - F(t,z,w^1,w_t^1,w_{\bar{z}}^1,w_z^2,w_{tz}^2)]/ \\ (w_z^1 - w_{tz}^2), w_z^1 \neq w_z^2, \\ 0, w_z^1 = w_z^2, \end{cases}$$

$$Q_3' = \begin{cases} [F(t,z,w^1,w_t^1,w_{\bar{z}}^1,w_z^2,w_{tz}^2) - F(t,z,w^1,w_t^1,w_{\bar{z}}^2,w_z^2,w_{tz}^2)]/ \\ (w_{\bar{z}}^1 - w_{\bar{z}}^2), w_{\bar{z}}^1 \neq w_{\bar{z}}^2, \\ 0, w_{\bar{z}}^1 = w_{\bar{z}}^2, \end{cases}$$

$$Q_4' = \begin{cases} [F(t,z,w^1,w_t^1,w_{\bar{z}}^1,w_z^2,w_{tz}^2) - F(t,z,w^1,w_t^2,w_{\bar{z}}^2,w_z^2,w_{tz}^2)]/ \\ (w_t^1 - w_t^2), w_t^1 \neq w_t^2, \\ 0, w_t^1 = w_t^2, \end{cases}$$

$$Q_5 = \begin{cases} [F(t,z,w^1,w_t^2,w_{\bar{z}}^2,w_z^2,w_{tz}^2) - F(t,z,w^2,w_t^2,w_{\bar{z}}^2,w_z^2,w_{tz}^2)]/ \\ (w^1 - w^2), w^1(z) \neq w^2(z), \\ 0, w^1(z) \neq w^2_{(z)}, \end{cases}$$

$$(3.18)$$

$$\mathrm{Re}[\overline{\lambda(t,z)}w(t,z)] = h(t),\ (t,z) \in I \times D, \quad (3.19)$$

$$w(0,z) = 0,\ z \in D, \quad (3.20)$$

$$\mathrm{Im}[\overline{\lambda(t,a_j)}w(t,a_j)] = 0, j \in \{j\}, t \in I, \quad (3.21)$$

由于$|Q_1'| \leqslant q_0 < 1$, $|Q_2'| \leqslant A_2$, $|Q_3'| \leqslant A_3$, $|Q_4'| \leqslant A_4$, $|Q_5'| \leqslant A_5$, A_k满足条件(3.4),(3.5),又这里相应于(3.6)—(3.10)中的k_1, k_2, k_3, k_4均可取作0,因此根据定理3.2中的估计式,$\| w \|^1_{\infty,I,W^1_{p_0}(D)} = 0$,故$w(t,z) = 0, w^1(t,z) = w^2(t,z)$, $(t,z) \in I \times D$.

定理3.4 在定理3.3相同的条件下,复方程(3.1)之问题B是可解的.

证 考虑带有参数$\eta(0 \leqslant \eta \leqslant 1)$的初边值问题B′,

$$w_{t\bar{z}} = \eta F(t,z,w,w_t,w_{\bar{z}},w_z,w_{tz}) + Q(t,z), \quad (3.22)$$

$$\mathrm{Re}[\bar{\lambda} w_t] = r_t - \eta \mathrm{Re}[\bar{\lambda}_t w] + h_t(t),\ (t,z) \in I \times \Gamma, \quad (3.23)$$

$$\mathrm{Im}[\bar{\lambda} w_t]|_{z=a_j} = b_{jt} - \eta \mathrm{Im}[\bar{\lambda}_t w]|_{z=a_j},\ j \in \{j\}, \quad (3.24)$$

与(3.8),其中$Q(t,z) \in L_\infty(I, L_{p_0}(\bar{D}))$. 当$\eta = 0$时,易知初边值问题B′存在唯一解.

$$w_0(t,z) = \int_0^t V_0(\tau,z) d\tau + s(z), \quad (3.25)$$

这里 $V_0(t,z)$ 是以下 Riemann-Hilbert 边值问题的解：

$$\begin{cases} V_{0\bar{z}} = Q(t,z),\ (t,z) \in I \times D, \\ \mathrm{Re}[\bar{\lambda} V_0] = r_t + h_t,\ (t,z) \in I \times \Gamma, \\ \mathrm{Im}[\bar{\lambda} V_0]_{z=a_j} = b_{jt},\ j \in \{j\}. \end{cases} \tag{3.26}$$

假定当 $\eta = \eta_0 (0 \leqslant \eta_0 < 1)$，初边值问题 B′ 是可解的，下面将证明存在不依赖于 η_0 的正数 δ，对于任一 $\eta \in E = \{|\eta - \eta_0| \leqslant \delta, 0 \leqslant \eta \leqslant 1\}$，初边值问题 B′ 均可解. 事实上，可将(3.22)—(3.24)改写成：

$$w_{t\bar{z}} - \eta_0 F = (\eta - \eta_0) F + Q(t,z), \tag{3.27}$$

$$\mathrm{Re}[\bar{\lambda} w_t] + \eta_0 \mathrm{Re}[\bar{\lambda}_t w] = r_t - (\eta - \eta_0) \mathrm{Re}[\bar{\lambda}_t w] + h_t, \tag{3.28}$$

$$\{\mathrm{Im}[\bar{\lambda} w_t] + \eta_0 \mathrm{Im}[\bar{\lambda}_t w]\}|_{z=a_j} = b_{jt} - (\eta - \eta_0) \mathrm{Im}[\bar{\lambda}_t w]|_{z=a_j}, \tag{3.29}$$

将 $w_0(t,z) \in L^1_\infty(I, W^1_{p_0}(D))$ 特别可取 $w_0(t,z) = s(z)$ 代入(3.27)—(3.29)等号右边 w 的位置，我们可从这样的初边值问题 B′ 求出解 $w_1(t,z) \in L^1_\infty(I, W_{p_0}(D))$. 将此 $w_1(t,z)$ 代入(3.27)—(3.29)的右边，又可求得 $w_2(t,z) \in L^1_\infty(I, W^1_{p_0}(D))$. 如此继续下去，可得函数序列 $\{w_n(t,z)\}$，满足下列复方程与初边界条件：

$$\begin{cases} w_{n+1t\bar{z}} - \eta_0 F(t,z,w_{n+1},w_{n+1t},w_{n+1\bar{z}},w_{n+1z},w_{n+1tz}) \\ = (\eta - \eta_0) F(t,z,w_n,w_{nt},w_{n\bar{z}},w_{nz},w_{ntz}) + Q(t,z), \\ \mathrm{Re}[\bar{\lambda} w_{n+1t} + \eta_0 \bar{\lambda}_t w_{n+1}] = r_t - (\eta - \eta_0) \mathrm{Re}[\bar{\lambda}_t w_n] + h_t, \\ w_{n+1}(0,z) = s(z),\ z \in D, \\ \mathrm{Im}[\bar{\lambda} w_{n+1t} + \eta_0 \bar{\lambda}_t w_{n+1}]|_{z=a_j} = b_{jt} - (\eta - \eta_0) \mathrm{Im}[\bar{\lambda}_t w_n]|_{z=a_j}. \end{cases} \tag{3.30}$$

将对应于 $n+1$ 与 n 的以上复方程、初边界条件相减，则 $W_{n+1} = w_{n+1} - w_n$ 满足以下复方程与初边界条件：

$$\begin{cases} W_{n+1t\bar{z}} - \eta_0 f(t,z,w_{n+1},w_n) = (\eta - \eta_0) f(t,z,w_n,w_{n-1}), \\ \mathrm{Re}[\bar{\lambda} W_{n+1t} + \eta_0 \bar{\lambda}_t W_{n+1}] = (\eta_0 - \eta) \mathrm{Re}(\bar{\lambda}_t W_n) + h_t, \\ W_{n+1}(o,z) = 0,\ z \in D, \\ \mathrm{Im}[\bar{\lambda} W_{n+1t} + \eta_0 \bar{\lambda}_t W_{n+1}]|_{z=a_j} = (\eta_0 - \eta) \mathrm{Im}[\bar{\lambda}_t W_n]|_{z=a_j}, \end{cases} \tag{3.31}$$

此处 $f(t,z,w_n,w_{n-1})=F(t,z,w_n,w_{nt},w_{n\bar{z}},w_{nz},w_{ntz})-F(t,z,w_{n-1},w_{n-1t},w_{n-1\bar{z}},w_{n-1z},w_{n-1tz})$. 由条件 C 及定理 3.2 的证法，得

$$\| f(t,z,w_n,w_{n-1}) \|_{\infty,I,L_{p_0}(\bar{D})} \leqslant M_7 \| w_n - w_{n-1} \|^1_{\infty,I,W^1_{p_0}(D)}, \tag{3.32}$$

这里 $M_7=M_7(q_0,p_0,k_0,\alpha,K,D,T)$. 根据估计式(3.12)，有

$$\| W_{n+1} \|^1_{\infty,I,W^1_{p_0}(D)} = \| W_{n+1} \| \leqslant |\eta-\eta_0| M_2 M_7 \| W_n \|,$$

选取正数 δ 适当小，使 $d=\delta M_2 M_7<1$. 那么当 $\eta\in E$，

$$\| W_{n+1} \| \leqslant d \| W_n \| \leqslant d^n \| W_1 \|,$$

又当 $n\geqslant m>N$(足够大的正整数)，有

$$\| w_n - w_m \| \leqslant (d^{n-1}+\cdots+d^m) \| w_1 - w_0 \| \leqslant \frac{d^{N+1}}{1-d} \| w_1 - w_0 \|.$$

这表明：当 $n,m\to\infty$ 时，$\| w_n-w_m \| \to 0$. 由 Banach 空间 $L^1_\infty[I,W_{p_0}(D)]$ 的完备性，存在 $w_*(t,z)\in L^1_\infty[I,W^1_{p_0}(D)]$，使得当 $n\to\infty$ 时，$\| w_n-w_* \| \to 0$，故 $w_*(t,z)$ 是复方程(3.27)即(3.22)当 $\eta\in E$ 之问题 B′的解. 这样从 $\eta=0$ 时复方程(3.22)之问题 B′的可解性依次导出 $\eta=\delta,2\delta,\cdots,[\frac{1}{\delta}]\delta,1$ 时问题 B′的可解性. 特别当 $\eta=1,Q(t,z)=0$ 时即复方程(3.1)之问题 B 具有解.

在上面求得的 $w_n(t,z)$ 是复方程 (3.1) 之问题 B 的近似解 $w^\eta_n(t,z)$. 下面给出此近似解的误差估计.

定理 3.5 在定理 3.4 相同的假定下，复方程(3.1)问题 B 的解 $w(t,z)$ 与其近似解 $w^\eta_n(t,z)$ 具有如下的误差估计：

$$\| w - w^\eta_n \|^1_{\infty,I,W^1_{p_0}(D)} = \| w - w^\eta_n \| \leqslant \gamma k\left[\frac{1-\gamma^n|\eta-\eta_0|^n}{1-\gamma|\eta-\eta_0|}(1-\eta)+\gamma^n|\eta-\eta_0|^n(1-\eta_0)\right], \tag{3.33}$$

这里 $\gamma=M_2(q_0+k_0)$，$k=M_2(k_1+k_2+k_3+k_4)$，M_2 是(3.12)中的常数.

证 从复方程(3.1)与(3.30)中的复方程，并取其中的 $Q(t,z)=(1-\eta)F(t,z,0,0,0,0,0)$，又记 $g(t,z,w)=F(t,z,w,w_t,w_{\bar z},w_z,w_{tz})-F(t,z,0,0,0,0,0)$，可得

$$
\begin{aligned}
&(w-w_{n+1}^{\eta})_{t\bar z}\\
&=g(t,z,w)-\eta_0 g(t,z,w_{n+1}^{\eta})-(\eta-\eta_0)g(t,z,w_n^{\eta})\\
&=\eta_0 f(t,z,w,w_{n+1}^{\eta})+(\eta-\eta_0)f(t,z,w,w_n^{\eta})\\
&\quad+(1-\eta)g(t,z,w),\ (t,z)\in I\times D,
\end{aligned}
\tag{3.34}
$$

$$
\begin{aligned}
&\mathrm{Re}[\bar\lambda(w-w_{n+1}^{\eta})_t]\\
&=\eta_0\mathrm{Re}[\bar\lambda_t(w_{n+1}^{\eta}-w)]+(\eta-\eta_0)\mathrm{Re}[\bar\lambda_t(w_n^{\eta}-w)]\\
&\quad-(1-\eta)\mathrm{Re}[\bar\lambda_t w]+h_t,\ (t,z)\in I\times\Gamma,
\end{aligned}
\tag{3.35}
$$

$$
\begin{aligned}
&[w(0,z)-w_{n+1}^{\eta}(0,z)]\\
&=0,\quad z\in D,
\end{aligned}
\tag{3.36}
$$

$$
\begin{aligned}
&\mathrm{Im}[\bar\lambda(w-w_{n+1}^{\eta})_t]_{z=a_j}\\
&=\{\eta_0\mathrm{Im}[\bar\lambda_t(w_{n+1}^{\eta}-w)]+(\eta-\eta_0)\mathrm{Im}[\bar\lambda_t(w_n^{\eta}-w)]\\
&\quad-(1-\eta)\mathrm{Im}[\bar\lambda_t w]\}|_{z=a_j},\quad j\in\{j\}.
\end{aligned}
\tag{3.37}
$$

注意到条件 C，(3.34)中的 $(\eta-\eta_0)f(t,z,w,w_n^{\eta})$ 与 $(1-\eta)g(t,z,w)$ 满足

$$
\begin{aligned}
&\|(\eta-\eta_0)f(t,z,w,w_n^{\eta})\|_{0,I,L_{p_0}(\bar D)}\\
&\quad\leqslant|\eta-\eta_0|(q_0+k_0)\|w-w_n^{\eta}\|_{1,I,W^1_{p_0}(D)},\\
&\|(1-\eta)g(t,z,w)\|_{0,I,L_{p_0}(\bar D)}\\
&\quad\leqslant|1-\eta|(q_0+k_0)\|w\|_{1,I,W^1_{p_0}(D)}.
\end{aligned}
$$

又(3.35)、(3.37)中的 $(\eta-\eta_0)\mathrm{Re}[\bar\lambda_t(w_n^{\eta}-w)]-(1-\eta)\mathrm{Re}[\bar\lambda_t w]$ 与 $\{(\eta-\eta_0)\mathrm{Im}[\bar\lambda_t(w_n^{\eta}-w)-(1-\eta)\mathrm{Im}[\bar\lambda_t w]\}|_{z=a_j}$ 满足：

$$
\begin{aligned}
&\|(\eta-\eta_0)\mathrm{Re}[\bar\lambda_t(w_n^{\eta}-w)]-(1-\eta)\mathrm{Re}[\bar\lambda_t w]\|_{0,I,C_\beta(\Gamma)}\\
&\quad\leqslant|\eta-\eta_0|k_0\|w_n^{\eta}-w\|_{0,I,C_\beta(\Gamma)}+|1-\eta|k_0\|w\|_{0,I,C_\beta(\Gamma)},\\
&\|\{(\eta-\eta_0)\mathrm{Im}[\bar\lambda_t(w_n^{\eta}-w)-(1-\eta)\mathrm{Im}[\bar\lambda_t w]\}|_{z=a_j}\|_{0,I}\\
&\quad\leqslant|\eta-\eta_0|k_0\|w_n^{\eta}-w\|_{0,I,C_\beta(\Gamma)}+|1-\eta|k_0\|w\|_{0,I,C_\beta(\Gamma)}.
\end{aligned}
$$

这里 $\beta=\min(\alpha,1-2/p_0)$. 根据定理 3.2，可得

$$
\begin{aligned}
&\|w-w_{n+1}^{\eta}\|_{\infty,I,W_{p_0}^1(D)}\\
&\leqslant 3M_2(q_0+k_0)[|\eta-\eta_0|\,\|w-w_n^{\eta}\|^1_{\infty,I,W_{p_0}^1(D)}\\
&\quad+|1-\eta|\,\|w\|^1_{\infty,I,W_{p_0}^1(D)}\\
&\leqslant \gamma^{n+1}|\eta-\eta_0|^{n+1}\|w-w_0^{\eta}\|^1_{\infty,I,W_{p_0}^1(D)}+\gamma|1-\eta|(1-\\
&\quad\gamma^{n+1}|\eta-\eta_0|^{n+1})\|w\|^1_{\infty,I,W_{p_0}^1(D)}/(1-\gamma|\eta-\eta_0|), \quad (3.38)
\end{aligned}
$$

此处 $\gamma=3M_2(q_0+k_0)$. 由于 $w-w_0^{\eta}$ 是初边值问题(3.34)—(3.37)当 $\eta=\eta_0,w_{n+1}^{\eta}=w_0^{\eta}$ 时的解，又 $w(t,z)$ 是(3.1)之问题 B 的解，于是有

$$
\begin{aligned}
&\|w\|^1_{\infty,I,W_{p_0}^1(D)}\leqslant M_2(k_1+k_2+k_3+k_4)=k,\\
&\|w-w_0^{\eta}\|^1_{\infty,I,W_{p_0}^1(D)}\\
&\leqslant M_2|1-\eta_0|[\|g(t,z,w)\|_{\infty,I,L_{p_0}(\overline{D})}+2k_0\|w\|_{0,I,C_\beta(\Gamma)}]\\
&\leqslant 3M_2(q_0+k_0)|1-\eta_0|\,\|w\|^1_{\infty,I,W_{p_0}(D)}\\
&\leqslant \gamma|1-\eta_0|k.
\end{aligned}
$$

将以上两个不等式代入(3.38)，即得

$$
\begin{aligned}
&\|w-w_{n+1}^{\eta}\|^1_{\infty,I,W_{p_0}^1(D)}\\
&\leqslant \gamma k[\gamma^{n+1}|\eta-\eta_0|^{n+1}|1-\eta_0|\\
&\quad+|1-\eta|(1-\gamma^{n+1}|\eta-\eta_0|^{n+1})/(1-\gamma|\eta-\eta_0|),
\end{aligned}
$$

这就是式(3.33).

3.2 非线性拟抛物型方程组的 Riemann 边值问题

用 D^+ 表示如本节开始所述的 $N+1$ 连通区域 D，其边界 $\Gamma\in C_\mu^1(0<\mu<1)$，又 $D^-=\sum_{j=0}^{N}D_j^-$ 表示 $\overline{D}^+$ 在$\mathbb{C}$上的余集，D_j^- 是由 Γ_j 所围的有界区域($j=1,\cdots,N$)，D_0^- 是以 Γ_0 为边界的无界区域. 我们设非线性拟抛物型复方程(3.1)在 $I\times\mathbb{C}$ 上满足条件 C'，即把前面所谓条件$\mathbb{C}$中的 $I\times D$ 改为 $I\times(\mathbb{C}\setminus\Gamma)$，又(3.4)—(3.6)应改

为：

$$A_k(t,z)\in L_\infty[I,L_\infty(\mathbb{C})],\ \|A_k\|_{\infty,I,L_\infty(\mathbb{C})}\leqslant k_0,\ k=2,3,\tag{3.39}$$

$$A_k(t,z)\in L_\infty[I,L_{p,2}(\mathbb{C})],\ \|A_k\|_{\infty,I,L_{p,2}(\mathbb{C})}\leqslant k_0,\ k=4,5,\tag{3.40}$$

$$Q_6(t,z)\in L_\infty[I,L_{p,2}(\mathbb{C})],\ \|Q_6\|_{\infty,I,L_{p,2}(\mathbb{C})}\leqslant k_1.\tag{3.41}$$

其中 $p(>2),k_0,k_1$ 都是非负实常数．此外，还设 A_1,Q_6 满足条件

$$\|A_1/z\|_{\infty,I,L_{p,2}(\mathbb{C})}\leqslant k_0,\ \|Q_6z^K\|_{\infty,I,L_{p,2}(\mathbb{C})}\leqslant k_1,\tag{3.42}$$

此处 K 是负整数，是以下边值问题的指数．

这里考虑复方程(3.1)的 Riemann 初边值问题(简称问题 R)，即求(3.1)在 $I\times D^\pm$ 上的分片连续解 $w(t,z)=\begin{cases}w^+(t,z),(t,z)\in I\times\overline{D^+},\\ w^-(t,z),(t,z)\in I\times\overline{D^-}.\end{cases}$

在边界 Γ 上满足条件：

$$w^+(t,z)=G(t,z)w^-(t,z)+g(t,z),(t,z)\in I\times\Gamma,\tag{3.43}$$

$$w(0,z)=s(z),\ z\in\mathbb{C}\backslash\Gamma,\tag{3.44}$$

其中

$$G(t,z)\neq 0,G(t,z),g(t,z)\in C^1[I,C_\alpha(\Gamma)].$$

并且

$$\|G\|_{1,I,C_\alpha(\Gamma)}\leqslant k_0,\ \|g\|_{1,I,C_\alpha(\Gamma)}\leqslant k_2,\tag{3.45}$$

$$\|s(z)\|_{W^1_{p,2}(D^\pm)}\leqslant k_3,\tag{3.46}$$

这里 $k_j(j=2,3)$ 都是非负常数；当指数 $K=\frac{1}{2\pi}\Delta_\Gamma\arg G(t,z)<0$ 时，允许解 $w(t,z)$ 在点∞有不超过 $-K$ 级极点．

现在证明复方程(3.1)之问题 R 解的存在性，使用的方法与定理 3.5 相仿．

定理 3.6　在条件 C' 之下，复方程(3.1)之问题 R 是可解的．

证　引入带有参数 $\eta(0\leqslant\eta\leqslant1)$ 的 Riemann 初边值问题R′：

$$w_{t\bar z}=\eta F(t,z,w,w_t,w_{\bar z},w_z,w_{tz})+Q(t,z),\tag{3.47}$$

$$w_t^+-Gw_t^-=\eta G_tw^-+g_t,(t,z)\in I\times\Gamma,\tag{3.48}$$

与(3.44),其中

$$Q(t,z)(K\geqslant 0),Q(t,z)z^{|K|}(K<0)\in L_\infty[I,L_{p_0,2}(\mathbb{C})],$$

$p_0(2<p_0<p)$是常数．当$\eta=0$时,不难求得上述问题R′具有解$w_0(t,z)$. 假定当$\eta=\eta_0(0\leqslant\eta_0<1)$时,问题R′是可解的,我们可证:存在不依赖于$\eta_0$的正数$\delta$,对于任意的$\eta\in E=\{|\eta-\eta_0|\leqslant\delta,0\leqslant\eta\leqslant 1\}$,问题R′均可解. 这样从$\eta=0$,问题R′的可解性依次导出$\eta=\delta,2\delta,\cdots,[\frac{1}{\delta}]\delta,1$时问题R′的可解性. 特别当$\eta=0$时,$Q(t,z)=0$,即复方程(3.1)之问题R具有解．

下面,我们简要叙述问题R的解与其初值之差的估计．

定理3.7 在定理3.6相同的条件下,问题R的解$w(t,z)$与其初值$s(z)$之差具有如下的估计:

$$\|w(t,z)-s(z)\|_{\infty,I,W^1_{p_0,2}(D)}\leqslant 2M_8k(M_1T)^{1/p_0}e^{(2M_8M_1)^{p_0}T/p_0},\tag{3.49}$$

其中$k=k_1+k_2+k_3$,$M_8=M_8(q_0,p_0,k_0,\alpha,K,D,T)$,$K\geqslant 0$,而当$K<0$,(3.49)中的$w(t,z)-s(z)$应代以

$$w(t,z)-s(z)=\begin{cases}w(t,z)-s(z),\ |z|\leqslant 1,\\(w-s)z^{-|K|},\ |z|>1.\end{cases}$$

证 由(3.16)及引理3.1,当$K\geqslant 0$时,有

$$\|w(t,z)-s(z)\|_{\infty,I,W^1_{p_0,2}(D^\pm)}=\|\int_0^t w_\tau(\tau,z)d\tau\|_{\infty,I,W^1_{p_0,2}(D^\pm)}$$

$$\leqslant M_1\Big[\int_0^t\|w_\tau(\tau,z)\|^{p_0}_{\infty,I,W^1_{p_0,2}(D^\pm)}d\tau\Big]^{1/p_0}.$$

另一方面,根据论文[27]中的估计,可得

$$\|w_t(t,z)\|_{\infty,I,W^1_{p_0,2}(D^\pm)}\leqslant M_8[\|w\|_{\infty,I,W^1_{p_0,2}(D^\pm)}+k],$$

这里k,M_8如前所述．仿照(3.17)的导出,我们有

$$\|w_t(t,z)\|^{p_0}_{\infty,I,W^1_{p_0,2}(D^\pm)}\leqslant\Big\{M_8\Big[\|\int_0^t w_\tau(\tau,z)d\tau\|_{\infty,I,W^1_{p_0,2}(D^\pm)}$$

$$+k\Big]^{p_0}\Big\}\leqslant\Big\{M_8\Big[M_1\Big(\int_0^t\|w_\tau(\tau,z)\|^{p_0}_{\infty,I,W^1_{p_0}(D^\pm)}d\tau\Big)^{\frac{1}{p_0}}+k\Big]\Big\}^{p_0}$$

$$\leqslant 2^{p_0-1}M_8{}^{p_0}\Big[M_1^{p_0}\int_0^t\|w_\tau(\tau,z)\|^{p_0}_{\infty,I,W^1_{p_0,2}(D^\pm)}d\tau+k^{p_0}\Big]$$

$$\leqslant (2M_8k)^{p_0}e^{(2M_8M_1)^{p_0}T},$$

故

$$\|w(t,z)-s(z)\|_{L_\infty(I,W^1_{p_0,2}(D^\pm))}$$

$$\leqslant M_1[T(2M_8k)^{p_0}e^{(2M_8M_1)^{p_0}T}]^{1/p_0}$$

$$\leqslant 2M_1M_8kT^{1/p_0}e^{(2M_8M_1)^{p_0}T^{1/p_0}}.$$

当 $K<0$ 时，$w(t,z)$ 在点 ∞ 可能有不超过 $|K|$ 级极点，因此应将上面的 $w(t,z)-s(z)$ 代以

$$w^*(t,z)-s^*(z)=\begin{cases}w(t,z)-s(z), & |z|\leqslant 1,\\ (w-s)z^{-K}, & |z|>1.\end{cases}$$

§4. 二阶拟线性抛物型方程的初边值问题

本节中，我们要讨论二阶拟线性抛物型方程的一种初边值问题即混合边值问题．正如上节开头那样，设 D 是 $z=x+iy$ 平面上的 $N+1$ 连通圆界区域，其边界 $\Gamma=\sum_{j=0}^{N}\Gamma_j$，$\Gamma_j=\{|z-z_j|=\gamma_j\}$，$j=0,1,\cdots,N$，$z_0=0$，$\gamma_0=1$，$z=0\in D$；又记 $I=\{0\leqslant t\leqslant T\}$，$T$ 是正常数．以 G 表示三维欧氏空间 R^3 中的柱体 $\{t\in I,z\in D\}$，用 ∂G 表示柱体 G 的下底 $\partial G_1=\{t=0,z\in\overline{D}\}$ 与侧边 $\partial G_2=\{t\in I,z\in\Gamma\}$，称为 G 的边界．下面先证明二阶线性抛物型方程的极值原理，然后证明一类拟线性抛物型方程混合边值问题解的唯一性与存在性

4.1 二阶线性抛物型方程的极值原理

考虑柱体 G 上的二阶线性抛物型方程

$$au_{xx}+2bu_{xy}+cu_{yy}+du_x+eu_y+fu+g=u_t,\quad(4.1)$$

其中 a,b,c,d,e,f,g 都是闭区域 $\overline{G}$ 上的已知函数，满足条件：

$$\begin{cases}a,b,c,d,e,f,g\in C[I,C(\overline{D})],\\ ac-b^2\geqslant\Delta_0>0,a>0,\end{cases}\quad(4.2)$$

仿照书[21]第一章§2，方程(4.1)可转化为复 形式

$$u_{z\bar{z}} - \mathrm{Re}[Qu_{zz} + A_1u_z] - A_2u - A_3 = A_4u_t, \qquad (4.3)$$

也可写成

$$B_0u_{z\bar{z}} - \mathrm{Re}[qu_{zz} + B_1u_z] - B_2u - u_t = B_3, \qquad (4.4)$$

这里

$$Q = \frac{-a+c-2bi}{a+c} = A_4q, A_1 = \frac{-d-ei}{a+c} = A_4B_1,$$

$$A_2 = \frac{-f}{2(a+c)} = A_4B_2, A_3 = \frac{-g}{2(a+c)} = A_4B_3, \qquad (4.5)$$

$$A_4 = \frac{1}{2(a+c)} = \frac{1}{B_0},$$

且满足条件 C_0：

$$|Q| \leqslant q_0, C[Q,\bar{D}] \leqslant k_0, C[Q,I] \leqslant k_0,$$

$$C[A_j,\bar{D}] \leqslant k_0, C[A_j,I] \leqslant k_0, j = 1,\cdots,4, \qquad (4.6)$$

$$C[B_j,\bar{D}] \leqslant k_0, C[B_j,I] \leqslant k_0, j = 0,1,2,3,$$

这里 $q_0(0\leqslant q_0<1)$，$k_0(>0)$都是常数．

现在证明关于二阶抛物型方程(4.4)的极值原理．

引理 4.1 设方程(4.4)中的系数 $q(t,z)$，$B_j(t,z)(j=0,1,2,3)$在区域 G 上满足条件 C_0，并且 $B_2\geqslant 0$，$B_3\geqslant 0$，$(t,z)\in\bar{G}$，$u(t,z)$是方程(4.4)在 G 上的古典解，在 $\bar{G}$ 上连续，在点 $(t_0,z_0)\in fG_2(0<t<T)$达到非负的最大值，又 $u(t,z)<u(t_0,z_0)$，当 $(t,z)\in G$，则 $P(t,z)$沿方向 l 趋于点 $P_0(t_0,z_0)$时，$\cos(l,n)>0$，n 是 fG 在点 $P_0(t_0,z_0)$的外法线，则

$$\varliminf_{P\to P_0} \frac{u(P_0)-u(P)}{r(P_0,P)} > 0, \qquad (4.7)$$

这里 $r(P_0,P)$表示点 P_0，P 间的距离．又若 $B_2\geqslant 0$，$B_3\leqslant 0$，$(t,z)\in\bar{G}$，$u(t,z)$在点$(t_0z_0)\in fG_2(0<t<T)$取非正的最小值，且当$(t,z)\in G$ 时，$u(t,z)>u(t_0,z_0)$，则 $P(t,z)$沿方向 l 趋于 $P_0(t_0,z_0)$时，$\cos(l,n)>0$，则

$$\varlimsup_{P\to P_0} \frac{u(P_0)-u(P)}{r(P_0,P)} < 0. \qquad (4.8)$$

证 作球体 G 的相切于点 $P_0(t_0,z_0)$ 的内切球 S，中心在 (z_1,t_0)，半径为 R，用 fS 表示 S 的边界球面. 考虑辅助函数

$$V(P)=e^{-b[r^2+(t-t_0)^2]}-e^{-bR^2},\ r^2=|z-z_1|^2,b>0,\quad(4.9)$$

此处 b 是待定正常数. 显然在球 S 内，$V(P)>0$，而在边界 fS 上，$V(P)=0$. 通过计算，得

$$\begin{aligned}LV&=B_0V_{z\bar z}-\mathrm{Re}[qV_{zz}+B_1V_z]-B_2V-V_t\\&=e^{-b[r^2+(t-t_0)^2]}\{B_0(-b+b^2r^2)-b^2\mathrm{Re}[q(\overline{z-z_1})^2]\\&\quad+b\mathrm{Re}[B_1(\overline{z-z_1})]+2b(t-t_0)\}-B_2V.\end{aligned}$$

设 $S_1=\{|z-z_1|^2+(t-t_0)^2\leqslant R^2,\ |z-z_1|^2\geqslant\frac{1}{4}R^2\}$，取 b 足够大，使得在 S_1 上，$LV>0$. 作辅助函数 $W(P)=\varepsilon V(P)+u(P)-u(P_0)$，取正数 ε 足够小，使得在 $|z-z_1|^2=\frac{1}{4}R^2$ 处，$W(P)<0$. 而在 fS 上，显然有 $W(P)\leqslant0$，由此可推出：在 S_1 上，$W(P)\leqslant0$. 因为否则，$W(P)$ 在 S_1 的一内点达到正的最大值，根据多元函数在极大点的性质，可知在 $W(P)$ 的极大点，有 $LW\leqslant0$. 然而由 $W(P)$ 的定义，在此点有 $LW=\varepsilon LV+Lu(P)-Lu(P_0)>0$，此矛盾证明了 $W(P)\leqslant0$，当 $P\in S_1$. 注意到 $V(P_0)=0$，因而有当 $P\in S_1$ 时，$u(P_0)-u(P)\geqslant-\varepsilon[V(P_0)-V(P)]$，故当 P 沿外法线方向 n 趋于 $P_0(t_0,z_0)$ 时，有

$$\lim_{P\to P_0}\frac{u(P_0)-u(P)}{r(P_0,P)}\geqslant-\varepsilon\frac{\partial V}{\partial n}=2\varepsilon b\mathrm{Re}^{-bR^2}>0.\quad(4.10)$$

又因方向 l 满足 $\cos(l,n)>0$，故由上式即可推出式(4.7).

至于式(4.8)，只要考虑 $v(P)=-u(P)$，并使用(4.7)，即得

$$\overline{\lim_{P\to P_0}}\frac{u(P_0)-u(P)}{r(P_0,P)}=-\lim_{P\to P_0}\frac{v(P_0)-v(p)}{r(P_0,P)}<0.$$

(4.11)

引理 4.2 设方程(4.4)满足引理 4.1 中的条件，但在 $\overline{G}$ 上，$B_3=0$，函数 $u(t,z)$ 是方程(4.4)在 $\overline{G}$ 上的连续解，如果 $u(t,z)$ 在 G 的一内点 $P_0(t_0,z_0)$ 取非负的最大值(或非正的最小值)，则在 $G_0=\{(t,z)|z\in\overline{D},0\leqslant t\leqslant t_0\}$ 上，$u(t,z)=u(t_0,z_0)=u(P_0)$.

证 先证：若在 G_0 的一内点 $P_*(t,z)$ 上，$u(P_*)$ 取非负的最大值 $u(P_0)$，则在 G_0 内与 $P_*(t,z)$ 的 t 坐标相同的点集 D_0 上，$u(P)=u(P_0)$. 若不然，在点集 D_0 上，存在点 $P'(t,z')$，使 $u(P')<u(P_0)$，记 $E_0=\{(t,z)|u(t,z)=u(P_0),(t,z)\in D_0\}$，易知 E_0 是 D_0 内一闭集，那么不难找出球心在 D_0 上的一球，它与 E_0 上的一点 $P_1(t,z_1)$(D_0 的内点)相切，而对此球内的点 $P(t,z)$，均有 $u(P_1)>u(P)$. 根据引理 3.1，$u(P)$ 在此球面点 P_1 处的外法向的方向微商 $\frac{\partial u}{\partial n}>0$，另方面因 P_1 是 D_0 的内点，故在此点，$\frac{\partial u}{\partial x}=\frac{\partial u}{\partial y}=0$. 此矛盾证明了当 $P\in G_0$ 时，$u(P)=u(P_0)$.

用 F 表示在 G_0 上使 $u(P)=u(P_0)$ 的全体点 $P(t,z)$ 所成的集合，显然 F 是一闭集. 假如 $F\neq G_0$，则在 G_0 中存在一点 $P'(t',z')\in F$，我们可用一条直线段联结点 P' 与 P_0，此线段与 F 的第一个交点记作 $P_1(t_1,z_1)$. 在 G_0 内作一高为 d、准线平行于 t 轴、上底中心为 P_1 的小圆柱体 G_1，记 $S=\{|z-z_1|^2+|t+H|^2\leqslant(d+H)^2\}$ 为一球，$G_2=S\cap G_1$，设 Γ_1 为 G_2 在 fS 上的边界部分，Γ_2 为 G_2 的其余边界. 引入函数 $V(P)=|z-z_1|^2+(t+H)^2-(d+H)^2$，它在 S 内为负，在球面 fS 上等于 0，只要正数 H 充分大，d 足够小，就有 $LV=B_0-\mathrm{Re}[B_1(\bar{z}-\bar{z}_1)]-B_2[|z-z_1|^2+(t+H)^2-(d+H)^2]-2(t+H)<0$. 考虑辅助函数 $W(P)=-\varepsilon V(P)+u(P)$，这里 ε 是足够小的正数. 显然 $W(P)$ 不能在 G_2 内取最大值，这是因为由 $W(P)$ 的定义，$LW=-\varepsilon LV+Lu>0$，但由 $W(P)$ 在最大点的性质，在此点 $LW\leqslant 0$. 又在 Γ_2 上，$V(P)<0$，$u(P)<u(P_0)$，只要取 ε 足够小，可使 $W(P)=-\varepsilon V(P)+u(P)<u(P_0)=W(P_1)$，故 $W(P)$ 在 Γ_2 上不取最大值. 而 $W(P)$ 在 G_2 上的最大值只能在 Γ_1 上的点 P_1 达到，因此在点 P_1 上，有 $\frac{\partial W}{\partial t}=-\varepsilon\frac{\partial V}{\partial t}+\frac{\partial u}{\partial t}=0$，但在 G_2 上，$\frac{\partial V}{\partial t}=2(t+H)>0$，故 $\frac{\partial u}{\partial t}>0$，于是 $Lu<0$，这与方程 (4.4) 是矛盾的. 这样就证明了在 G_0 上，$u(t,z)=u(P_0)$.

同理可证关于 $u(t,z)$ 在 G 的内点 $P_0(t_0,z_0)$ 取非正最小值的相同结论.

4.2　二阶拟线性抛物型方程的混合边值问题

区域 G 如前所述,现在考虑在 G 上如下的二阶拟线性抛物型方程

$$a(t,z)u_{xx}+2b(t,z)u_{xy}+c(t,z)u_{yy}-u_t$$
$$=f(t,z,u,u_x,u_y), \tag{4.12}$$

类似于(4.4)的导出,方程(4.12)的复形式为

$$B_0u_{z\bar{z}}-\mathrm{Re}[qu_{zz}]-u_t=F(t,z,u,u_z), \tag{4.13}$$

其中 B_0,q 如(4.5)中所示,$F=f/2(a+c)$. 假设复方程(4.13)满足条件 C_1:

1) $B_0(t,z)(\delta\leqslant B_0(t,z)\leqslant\delta^{-1}),q(t,z)(|q/B_0|\leqslant q_0)\in C^{1,4}_{0,\alpha}(\overline{G}),\delta(>0),q_0(0\leqslant q_0<1),\alpha(0<\alpha<1)$都是常数.

2) $F,F_z,F_u,F_{uz}\in C^1(I)$,在其它各变量的有界区域内属于 C^1_α,且 $F,F_z,F_u,F_{uz},u_z=O(\varepsilon^2(|u_z|)|u_z|^2)$,又 $\varepsilon(p)p$ 是 $p\geqslant0$ 的增函数,当 $p\to\infty$ 时 $\varepsilon(p)\to0$.

3) $F_u|_{u_z=0}\geqslant A,A$ 是一常数.

我们考虑复方程(4.13)的混合边值问题简称问题 M.即求(4.13)于 $\overline{G}$ 上的连续解 $u=u(t,z)$,对 $z\in\overline{D}$ 具有连续偏微商,且满足初边界条件:

$$u(0,z)=g(z),z\in\overline{D};u(t,1)=b_0(t),t\in I, \tag{4.14}$$

$$\frac{\partial u}{\partial\nu}+2\sigma(t,z)u=2\tau(t,z)+h(t,z),\ (t,z)\in fG_2,$$

即

$$\mathrm{Re}[\overline{\lambda(t,z)}u_z]+\sigma(t,z)u=\tau(t,z)+h(t,z), \tag{4.15}$$

这里 $\cos(\nu,n)\geqslant0,\sigma\geqslant0,n$ 为 fG_2 的外法向,为了方便,均设 ν 在垂直于 fG_2 的平面内;用 I_j 表示 $0\leqslant t\leqslant T$ 上的点集,使得对每一个 $t\in I_j,\cos(\nu,n)\equiv0,\sigma(t,z)\equiv0,z\in\Gamma_j,0\leqslant j\leqslant N$;当 $1\leqslant j\leqslant N$ 时,设

$$\int_{\Gamma_j}\tau(t,z)dS=0,u(t,z_j+\gamma_j)=b_j(t),t\in I_j, \tag{4.16}$$

不妨设 $I_j(j=1,\cdots,N_0)$ 都是非空的，而 $I_j(j=N_0+1,\cdots,N)$ 都是空集，记 $\Gamma_* = \sum_{j=1}^{N_0}\Gamma_j, \Gamma_{**} = \Gamma\setminus(\Gamma_* \cup \Gamma_0), I_* = \sum_{j=1}^{N_0} I_j$，我们设 $g(z), b_j(t), t\in I_j(j=0,1,\cdots,N_0, I_0=I), \sigma(t,z), \tau(t,z), \lambda(t,z)=\cos(\nu,x)+i\cos(\nu,y)$ 满足条件 C_2，即

$$
\begin{gathered}
C_\alpha^6[g(z),\overline{D}] \leqslant d, C^1[b_j(t), I_j] \leqslant d, j=1,\cdots,N_0,\\
\|\lambda(t,z)\|_{C_{0,\alpha}^{1,5}(fG_2)} \leqslant d,\\
\|\sigma(t,z)\|_{C_{0,\alpha}^{1,5}(fG_2)} \leqslant d, \qquad (4.17)\\
\|\tau(t,z)\|_{C_{0,\alpha}^{1,5}(fG_2)} \leqslant d, C^1[b_0(t), I] \leqslant d,
\end{gathered}
$$

其中 $\alpha(\frac{1}{2}<\alpha<1), d(\geqslant 0)$ 都是常数，又 $h(t,z)$ 为待定函数

$$
h(t,z) = \begin{cases} h_0(t), (t,z) \in I\times\Gamma_0, \\ 0, (t,z) \in I\times\Gamma_j, j=1,\cdots,N. \end{cases} \qquad (4.18)
$$

此外 $g(z)$ 等在 $\{t=0\}\times\Gamma$ 上还满足相容性条件．如果 $I=I_j(j=0,\cdots,N)$，又选取 $h_0(t)$ 使得

$$
\psi(t,z) = \begin{cases} \int_1^z [\tau(t,z)+h_0(t)]ds + b_0(t), (t,z)\in I\times\Gamma_0, \\ \int_{z_j+\gamma_j}^z \tau(t,z)ds + b_j(t), (t,z)\in I\times\Gamma_j, j=1,\cdots,N, \end{cases}
$$

(4.19)

在 fG_2 上单值，此时问题 M 就是 Dirichlet 问题，其边界条件为

$$
u(t,z) = \begin{cases} g(z), (t,z)\in fG_1, \\ \psi(t,z), (t,z)\in fG_2. \end{cases} \qquad (4.20)
$$

如果 $\cos(\nu,n)=1, \sigma(t,z)=0, (t,z)\in fG_2$，则边界条件(4.15)为 Neumann 边界条件，又若 $\cos(\nu,n)>0, \sigma(t,z)\geqslant 0, (t,z)\in fG_2$，则(4.15)为第三边值问题的边界条件，也是正则斜微商问题的边界条件．而(4.15)中的 ν 可以在边界 fG_2 的一部分与 fG_2 相切，又在 fG_2 的另一部分与 fG_2 不相切，因此问题 M 包含一些非正则斜微商问题的边界条件．

定理 4.3 设复方程(4.13)之问题 M 满足条件 C_1 和条件

C_2,则其解是唯一的.

证 设$u_1(t,z),u_2(t,z)$是(4.13)之问题M的两个连续可微解,则$u(t,z)=u_1(t,z)-u_2(t,z)$满足以下复方程

$$B_0 u_{z\bar{z}} - \mathrm{Re}[q u_{zz}] - u_t = \mathrm{Re} B_1 u_z + B_2 u, \qquad (4.21)$$

与初边界条件

$$u(0,z) = 0, z \in \overline{D}; u(t,1) = 0, t \in I, \qquad (4.22)$$

$$\mathrm{Re}[\overline{\lambda(t,z)} u_z] + \sigma(t,z) u = h(t,z), (t,z) \in fG_2, \qquad (4.23)$$

$$u(t, z_j + \gamma_j) = 0, t \in I_j, j = 1, \cdots, N_0, \qquad (4.24)$$

此处

$$B_1 = 2\int_0^1 F[t,z,u_1,V]_V d\tau, \quad V = u_{2z} + \tau(u_1 - u_2)_z,$$

$$B_2 = \int_0^1 F[t,z,U]_U d\tau, \quad U = u_2 + \tau(u_1 - u_2),$$

根据条件C_1,F_u是具有下界的函数,即$F_u \geqslant A$,这里A是常数.作函数变换$u(t,z)=U(t,z)e^{Bt}$,则$U(t,z)$满足以下初边值问题:

$$B_0 U_{z\bar{z}} - \mathrm{Re}[q U_{zz} + B_1 U_z] - U_t = (B_2 + B) U, \qquad (4.25)$$

$$U(0,z) = 0, z \in \overline{D}; U(t,1) = 0, \quad t \in I, \qquad (4.26)$$

$$\mathrm{Re}[\overline{\lambda(t,z)} U_z] + \sigma(t,z) U = h(t,z) e^{Bt}, \qquad (4.27)$$

$$U(t, z_j + \gamma_j) = 0, t \in I_j, j = 1, \cdots, N_0, \qquad (4.28)$$

选取常数$B \geqslant |A|$,则$B_2 + B \geqslant 0$. 由引理4.2,$U(t,z)$不能在G内取到正的最大值与负的最小值,否则与(4.26)矛盾,因此$U(t,z)=u(t,z)=0$,即$u_1(t,z) \equiv u_2(t,z)$,$(t,z) \in G$.

如果$U(t,z)$在$I \times (\Gamma \backslash \Gamma_0)$上一点$P_0(t_0,z_0)$达到正的最大值$M$,则有以下几种情况可能发生.

1) 若$P_0(t_0,z_0) \in I_j \times \Gamma_j$,$1 \leqslant j \leqslant N_0$,因为$\cos(\nu,n)=0$,$\sigma(t,z)=0$,$t=t_0$,$z \in \Gamma_j$,$1 \leqslant j \leqslant N_0$,则$U(t_0,z_0)=M=U(t_0,z_j+\gamma_j)>0$,这与(4.28)矛盾.

2) 若$P_0(t_0,z_0) \in (I \backslash I_j) \times \Gamma_j (j=1,\cdots,N)$,则在此点可能出现两种情况:

a) $\cos(\nu,n)|_{P_0} > 0$与$\sigma(t_0,z_0) > 0$至少有一成立,由引理4.2

可知：$\frac{\partial U}{\partial \nu}|_{P_0}+2\sigma(t_0,z_0)U(t_0,z_0)>0$，因为$\frac{\partial U}{\partial \nu}=2\mathrm{Re}[\overline{\lambda(t,z)}U_z]$，故与(4.27)相矛盾．

b)$\cos(\nu,n)|_{P_0}=0,\sigma(t_0,z_0)=0$，以$\tilde{\Gamma}_j$表示$\{t=t_0\}\times\Gamma_j$上包含点$z_0$最长的一段弧，使得在这段弧的每一点$\cos(\nu,n)=0,\sigma(t_0,z)=0$；由于$M=U(t_0,z_0)>0$是最大值，则$\frac{\partial U}{\partial \nu}=2\mathrm{Re}[\bar{\lambda}U_z]=0,U(t_0,z)=M,z\in\tilde{\Gamma}_j$，然而不难得知：在$\tilde{\Gamma}_j$的一端点附近，必有一点$z_*\in\Gamma_j\backslash\tilde{\Gamma}_j$，在点$(t_0,z_*)$，$\cos(\nu,n)>0$与$\sigma(t_0,z_*)>0$至少有一成立，若前者成立，则根据$\cos(\nu,n),\cos(\nu,s),\frac{\partial U}{\partial n},\frac{\partial U}{\partial s}$在$\Gamma_j$上的连续性，前三个函数均为正，最后一个函数非负，故

$$\frac{\partial U}{\partial \nu}\bigg|_{z=z_*}^{t=t_0}=[\frac{\partial U}{\partial n}\cos(\nu,n)+\frac{\partial U}{\partial S}\cos(\nu,S)]\bigg|_{z=z_*}^{t=t_0}>0,$$

因此，(4.27)的左边在此点为正，但这是不可能的，于是在点(t_0,z_*)，$\cos(\nu,n)=0,\sigma(t,z_*)>0$，这又与(4.27)矛盾．同理可证$U(t,z)$在$I\times\Gamma_{**}$上不能达到正的最大值．相仿地还可证明：$U(t,z)$在$I\times\{\Gamma_*\cup\Gamma_{**}\}$上不能达到负的最小值．

任取两数$t_1,t_2(0<t_1<t_2\leqslant T)$，在闭区域$\overline{\tilde{G}}=\{t_1\leqslant t\leqslant t_2\}\times D$上，仿照前面的讨论，可知：$U(t,z)$在$\overline{\tilde{G}}$上正的最大值与负的最小值都不能在$\tilde{G}$内达到，注意到$U(t,z)$在$\tilde{G}$上的连续性，让$t_2\to t_1$，则可推得：$U(t,z)$在$\{t=t_1\}\times D$上的非负的最大值与非正的最小值分别在$\{t=t_1\}\times\Gamma$上的点$P_1(t_1,z_1)$与$P_2(t_1,z_2)$达到，因此在点$P_1,P_2$上，分别有

$$\left[\frac{\partial U}{\partial \nu}+2\sigma U\right]|_{P_1}=h_0(t_1)e^{Bt_1}\geqslant 0,$$

$$\left[\frac{\partial U}{\partial \nu}+2\sigma U\right]|_{P_2}=h_0(t_1)e^{Bt_1}\leqslant 0,$$

故$h_0(t_1)=0,0<t_1<T$．由此还可推出$h_0(t)=0,0\leqslant t\leqslant T$．再使用前面的方法，可证$U(t,z)$在$I\times\Gamma_0$上不能达到正的最大值与负的

最小值,故 $U(t,z)\equiv 0$,即 $U_1(t,z)\equiv U_2(t,z)$,$(t,z)\in\overline{G}$.

其次证明问题 M 解的存在性.

定理 4.4 在定理 4.3 相同的条件下,又(4.38)式成立,则方程(4.13)之问题 M 的解是存在的.

证 这里使用切片法.考虑 G 在 $t=n\Delta t(\leqslant T)$ 平面的切片:$N+1$ 连通区域 D_t,此处 n 是非负整数,$\Delta t>0$.在每一平面区域 D_t 上作函数 $u(n)=u(n\Delta t,z)$,这些函数是二阶椭圆型方程:

$$B_0u_{z\bar{z}}-\mathrm{Re}(qu_{zz}+B_1u_z)-B_2u-B_3=\frac{u(n)-u(n-1)}{\Delta t} \tag{4.29}$$

之问题 N 的解,其初边界条件为:

$$u(0,z)=g(z),z\in\overline{D},u(n)|_{z=1}=b_0(n), \tag{4.30}$$

$$\mathrm{Re}[\overline{\lambda(n)}u_z]+\sigma(n)u(n)=\tau(n)+h(n), \tag{4.31}$$

$$\int_{\Gamma_j}\tau(n)ds=0,u(n)|_{z=z_j+\gamma_j}=b_j(n),j=1,\cdots,N, \tag{4.32}$$

$$h(n)=\begin{cases}h_0(n),z\in\Gamma_0,\\0,z\in\Gamma_j,j=1,\cdots,N,\end{cases} \tag{4.33}$$

其中 $\sigma(n)=\sigma(n\Delta t,z)$,$\tau(n)=\tau(n\Delta t,z)$,$\lambda(n)=\lambda(n\Delta t,z)$,$b_j(n)=b_j(n\Delta t)(j=0,1,\cdots,N)$,$h(n)$ 是待定常数,$q=q(n\Delta t,z)$,$B_j=B_j(n\Delta t,z)(j=0,1,2,3)$ 是类似于方程(4.21)中相应的函数,即

$$B_1=2\int_0^1[F(n\Delta t,z,u,\tau u_z)]_{\tau u_z}d\tau,$$

$$B_2=\int_0^1[F(n\Delta t,z,\tau u,0)]_{\tau u}d\tau,B_3=F(n\Delta t,z,0,0).$$

当 Δt 足够小时,有 $\frac{1}{\Delta t}+B_2>0$,根据书[21]第六章定理 4.6,可知边值问题(4.29)—(4.33)(简称问题 P)具有连续解 $u(n)=u(n\Delta t,z)$,且 $u(n)\in C_\beta^1(\overline{D})$,$n=0,1,\cdots,[\frac{T}{\Delta t}]$,这里 $\beta=\min(\alpha,1-2/p_0)$,$2<p_0<p$.

下面要逐步证明:函数 $u(n)$ 及其对 $z,\bar{z}$ 的一阶、二阶微商对 Δt 和 n 都是一致有界的.

引理 4.5 在定理 4.4 相同的条件下，问题 P 的解 $u(n)$ 对 Δt 是一致有界的.

证 作变换

$$v(n) = v(n\Delta t, z) = u(n)e^{-2an\Delta t}, 0 < a < \infty, \tag{4.34}$$

则方程(4.29)可转化为方程

$$\begin{aligned} &B_0 v_{z\bar{z}} - \operatorname{Re}[q v_{zz} + B_1 v_z] - (B_2 + 2ae^{-2\theta a\Delta t})v \\ &- B_3 e^{-2an\Delta t} = \frac{v(n) - v(n-1)}{\Delta t} e^{-2a\Delta t}, \end{aligned} \tag{4.35}$$

此处 $2ae^{-2\theta a\Delta t} = (1 - e^{-2a\Delta t})/\Delta t, 0<\theta<1$. 先取 a 适当大，再取 Δt 充分小，使得：$a > -B_2, e^{-2\theta a\Delta t} \geqslant e^{-2a\Delta t} > \frac{1}{2}$，故方程(4.35)中 v 的系数 $-(B_2 + 2ae^{-2\theta a\Delta t}) \leqslant -a - B_2 < 0$，把 v 看成是 n 与 z 的函数，易知 $v(0) = v(0, z) = g(z)$，故

$$|v(0)| = |g(z)| \leqslant d, \text{当 } z \in fG_1. \tag{4.36}$$

若 $v^2 = [v(n)]^2$ 在 $\{0 < n < [\frac{T}{\Delta t}]\} \times D$ 内一点取到最大值，则从(4.35)可知，在此点

$$\begin{aligned} &\frac{B_0}{2}(v^2)_{z\bar{z}} - \frac{1}{2}\operatorname{Re}[q(v^2)_{zz} + B_1(v^2)_z] \\ &- B_0|v_z|^2 + \operatorname{Re}q(v_z)^2 - \frac{[v(n)]^2 - v(n)v(n-1)}{\Delta t} e^{-2a\Delta t} \\ &= [B_2 + 2ae^{-2\theta a\Delta t}]v^2 - B_3 e^{-2an\Delta t} v \leqslant 0. \end{aligned}$$

记 $k_0 = \max\limits_{(t,z)\in I\times\bar{D}} |B_3|$，则知在最大点，有

$$|v| \leqslant |B_3|/(a + A) \leqslant k_0/(a + A). \tag{4.37}$$

如果 $|v(n)|$ 在 fG_2 上一点达到最大值，又(4.15)中的 $\sigma(t,z)$ 在 fG_2 上满足

$$|\sigma(t,z)| \geqslant \sigma_0 > 0, \tag{4.38}$$

这里 σ_0 是正常数，则在最大点上，有

$$\frac{1}{2}\frac{\partial v^2}{\partial \nu} = -2\sigma(n)v^2 + 2\tau(n)v + h(n)ve^{-2an\Delta t} \geqslant 0,$$

此时可取 $h(n) = 0$，但不设 $u(n)|_{x=1} = b_0(n)$，因此在最大点上，有

$$|v| \leqslant 2|\tau(n)|/2\sigma_0 \leqslant d/\sigma_0. \tag{4.39}$$

联合(4.36)、(4.37)、(4.39)，即知 $v(n)$ 在 G 上满足估计式

$$|v(n)| \leqslant M_1 = \max[d, d/\sigma_0, k_0/(a+A)]. \qquad (4.40)$$

在本节最后，我们将取消条件(4.38)，并证明 $u(n)$ 对 Δt 和 n 是一致有界的.

引理 4.6 设 $u=u(n)$ 是问题 P 的解，则 $u_z, u_{z\bar{z}}$，及 u_{zz} 对 Δt 和 n 都是一致有界的.

证 作未知函数的变换 $u=u(n)=\varphi(v)=\varphi[v(n)]$，这里 $\varphi(v)$ 是待定函数，使得 $\varphi'(v)$ 是有界的，我们可取

$$\varphi(v) = -2M_2 + 3M_2 e\int_0^v e^{-s^2}ds, \qquad (4.41)$$

则有 $\varphi'(v)=3M_2ee^{-v^2}>0$，$[\varphi''(v)/\varphi'(v)]'=-2<0$，其中 M_2 是常数，使得 $-M_2<\varphi(v)\leqslant M_2$，于是 $0<v\leqslant 1$，因此我们若能证明 $p^2=|v_z|^2$ 对 Δt 一致有界，那么 $u_z=\varphi'(v)v_z, u_r, u_v$ 也具有同样性质. 记 $p=v_z$，则方程(4.29)即(4.13)可转化为

$$B_0 v_{z\bar{z}} - \mathrm{Re}qv_{zz} - \frac{\varphi''(v)}{\varphi'(v)}[|v_z|^2 - \mathrm{Re}q(v_z)^2] - \frac{F(n)}{\varphi'(v)}$$
$$= \frac{\varphi[v(n)] - \varphi[v(n-1)]}{\varphi'[v(n)]\Delta t}, \qquad (4.42)$$

其中 $F(n)=F[n\Delta t, z, \varphi(v(n)), \varphi'(v(n))v(n)_z]$. 将上式对 z 求微商，再乘 $2\bar{p}$，得

$$2B_0\bar{p}p_{z\bar{z}} - q\bar{p}p_{zz} - \bar{q}\bar{p}\bar{p}_{\bar{z}\bar{z}} + \frac{\varphi''(v)}{\varphi'(v)}[2\bar{p}((B_0|p|^2)_z + B_{0z}|P|^2$$
$$- q\bar{p}(p^2)_z - \bar{q}\bar{p}(\bar{p}^2)_z] + 2(\frac{\varphi''(v)}{\varphi'(v)})'|p|^2(B_0|p|^2 - \mathrm{Re}qp^2) +$$
$$2\frac{\varphi''(v)}{[\varphi'(v)]^2}\cdot$$
$$|p|^2F(n) - \frac{2\bar{p}}{\varphi'(v)}\{F_z + F_u\varphi'(v)p + p\varphi''(v)[pF_{u_z} + \bar{p}F_{u_{\bar{z}}}]$$
$$+ \varphi'(v)[p_zF_{u_z} + \bar{p}_zF_{u_{\bar{z}}}]\} + 2B_{0z}\bar{p}p_{\bar{z}} - q_z\bar{p}p_z - \bar{q}_z\bar{p}\bar{p}_{\bar{z}}$$
$$= 2\left\{\frac{\varphi'[v(n-1)]}{\varphi'(v)}\frac{|p|^2 - \bar{p}p'}{\Delta t} + \frac{\varphi'(v) - \varphi'[v(n-1)]}{\varphi'(v)\Delta t}|p|\right.$$
$$\left. - \frac{\varphi''(v)[\varphi(v) - \varphi(v(n-1))]}{[\varphi'(v)]^2\Delta t}|p|^2\right\}. \qquad (4.43)$$

这里 $p'=[v(n-1)]_z'$，又

$$\frac{|p|^2}{\phi(v)\Delta t}\left\{\phi(v)-\varphi(v(n-1))-\frac{\varphi'(v)}{\phi(v)}[\varphi(v)-\varphi(v(n-1))]\right\}$$

$$=\frac{|p|^2}{\phi(v)\Delta t}\int_{v(n-1)}^{v(n)}\phi(s)\left[\frac{\varphi'(s)}{\phi(s)}-\frac{\varphi'(v)}{\phi(v)}\right]ds, \tag{4.44}$$

而(4.43)的实部为

$$B_0[(|p|^2)_{z\bar{z}}-|p_z|^2-|p_{\bar{z}}|^2]-\mathrm{Re}[q(\bar{p}p_{zz}+pp_{z\bar{z}})]$$

$$+2\frac{\varphi'(v)}{\phi(v)}\mathrm{Re}[\bar{p}(B_0(|p|^2)_z+B_{0z}|p|^2)-q(|p|^2p_z+p^2p_{\bar{z}})]$$

$$+2\left(\frac{\varphi'(v)}{\phi(v)}\right)'|p|^2(B_0|p|^2-\mathrm{Re}qp^2)$$

$$+2\frac{\varphi'(v)}{[\phi(v)]^2}|p|^2F(n)-\frac{2}{\phi(v)}\mathrm{Re}\{F_z\bar{p}$$

$$+F_u\phi(v)|p|^2-2|p|^2\varphi'(v)\mathrm{Re}pF_{u_z}$$

$$+\phi(v)Fu_z(\bar{p}p_z+pp_{\bar{z}})\}+\mathrm{Re}\{\bar{p}[2B_{0z}p_{\bar{z}}-q_zp_z-\bar{q}_z\bar{p}_{\bar{z}}]\}$$

$$=2\left[\frac{\phi(v(n-1))}{\phi(v)}\frac{|p|^2-\mathrm{Re}\bar{p}p'}{\Delta t}\right.$$

$$\left.+\frac{|p|^2}{\phi(v)\Delta t}\int_{v(n-1)}^{v(n)}\phi(s)\left[\frac{\varphi'(s)}{\phi(s)}-\frac{\varphi'(v)}{\phi(v)}\right]ds,\right. \tag{4.45}$$

如果 $|p|=|v(n)_z|=|v(n\Delta t,z)_z|$ 在 G 内一点 $(n\Delta t,z_0)$ 达到最大值，则在此点，(4.44)非负

$$\frac{\phi(v(n-1))}{\phi(v)}\cdot\frac{|p|^2-\mathrm{Re}pp'}{\Delta t}\geqslant 0,$$

因此(4.45)的右边非负，而

$$\begin{aligned}\bar{p}p_{zz}+pp_{z\bar{z}}&=(|p|^2)_{zz}-2p_z\bar{p}_z+p(p_{z\bar{z}}-\bar{p}_{zz})\\&=(|p|^2)_{zz}-2p_z\bar{p}_z,\\|p|^2p_z+p^2p_{\bar{z}}&=p(|p|^2)_z+p^2(p_{\bar{z}}-\bar{p}_z)\\&=p(|p|^2)_z,\end{aligned}$$

故在 $|p|$ 的上述最大点，有

$$(|p|^2)_{z\bar{z}}-\mathrm{Re}[Q(|p|^2)_{zz}]\leqslant 0, Q=q/B_0, (|p|^2)_z=0,$$

$$|p_z|^2+|p_{\bar{z}}|^2-2\mathrm{Re}[Qp_z\bar{p}_z]\geqslant(|p_z|^2+|p_{\bar{z}}|^2)(1-q_0),$$

$$-2\left(\frac{\varphi'(v)}{\varphi(v)}\right)'|p|^2(|p|^2-\mathrm{Re}Qp^2)\geqslant 4|p|^4(1-q_0),$$

$$2\frac{\varphi'(v)}{[\varphi(v)]^2}|p|^2F(n)-\frac{2}{\varphi(v)}\mathrm{Re}\{F_z\overline{p}+F_u\varphi(v)|p|^2$$

$$-2|p|^2\varphi'(v)\mathrm{Re}QFu_z\}=O(|p|^4),$$

$$-2\mathrm{Re}Fu_z(\overline{p}p_z+pp_{\bar{z}})+\mathrm{Re}\{\overline{p}[2B_{0z}p_{\bar{z}}-q_zp_z-\overline{q}_z\overline{p_{\bar{z}}}]\}$$

$$\geqslant-\delta(|p_z|^2+|p_{\bar{z}}|^2)(1-q_0)+o(|p|^4),$$

于是有

$$0\geqslant B_0(|p|^2)_{z\bar{z}}-\mathrm{Re}[q(|p|^2)_{zz}]-2\frac{\varphi(v(n-1))}{\varphi(v)}\frac{|p|^2-\mathrm{Re}\overline{p}p}{\Delta t}$$

$$\geqslant(|p_z|^2+|p_{\bar{z}}|^2)(1-q_0)-(|p_z|^2+|p_{\bar{z}}|^2)(1-q_0)$$

$$+4|p|^4(1-q_0)+O(|p|^4)>0, \tag{4.46}$$

当$|p|$足够大时，上式最后一个不等式成立，这表明$|p|$对Δt与n是一致有界的.

当$t=0,z\in\overline{D}$，即$(t,z)\in fG_1$时，$p=u_z=g_z$对Δt是一致有界的.

为了估计$|P|=|u_z|$在fG_2上的最大值，以$Pp_0(n\Delta t,z_0)$表示$|p|$在fG_2上的最大点，作共形映射$\zeta=\xi+i\eta=\zeta(z)$，它把P_0变到$\zeta=0$，而把P_0所在的边界圆周变到虚轴$\xi=0$，把$t=n\Delta t$时的D变到$\mathrm{Re}\zeta>0$内，以$z(\zeta)$表示$\zeta(z)$的反函数，则方程(4.29)转化为$U=U(n)=u[n\Delta t,z(\zeta)]$所满足的方程

$$B'_0U_{\zeta\bar{\zeta}}-\mathrm{Re}[Q_0U_{\zeta\zeta}]-F_0(n\Delta t,\zeta,U,U_\zeta)=\frac{U-U'}{\Delta t}, \tag{4.47}$$

这里$B'_0=B_0/|z'(\zeta)|^2$，$Q_0=q/[z'(\zeta)]^2$，$F_0=-\mathrm{Re}qU_\zeta z''(\zeta)/[z'(\zeta)]^3+F[n\Delta t,z(\zeta),U(n),[U(n)]_\zeta/z'(\zeta)]$，$U'=U(n-1)$. 在$fG_2$上取包含$P_0$于其内的一曲面，它对应于$0\leqslant t\leqslant T$，$\mathrm{Re}\zeta=\xi=0$上的一曲面$S$，记$T_S=\{(t,\xi+i\eta)|(t,\eta)\in S,0\leqslant\xi\leqslant\frac{1}{K}\}$，引入辅助函数

$$W(n\Delta t,\zeta)=H(\eta)[U(n\Delta t,\zeta)-U(n\Delta t,i\eta)$$

$$+\frac{3M_2}{J}\int_1^{1-K\xi}\mathrm{tg}^{-1}SdS]+K^2\xi^2-3K\xi, \tag{4.48}$$

其中 $J=\int_0^1 \mathrm{tg}^{-1} S dS$，$K$ 为待定正常数，M_2 是(4.41)中的常数，$H(\eta)$ 是定义在 S 上的二次连续可微函数，在 S 的边界 fS 上等于 0，在 S 上非负，在 S_δ 上等于 1，S_δ 表示 S 上与 fS 之距大于 $\delta>0$ 的点集. 注意到

$$
\begin{aligned}
& B_0' W_{\zeta\bar\zeta} - \mathrm{Re}[Q_0 W_{\zeta\zeta}] - \frac{W-W'}{\Delta t} \\
&\quad = H\Big[B_0' U_{\zeta\bar\zeta} - \mathrm{Re} Q_0 U_{\zeta\zeta} - \frac{U-U'}{\Delta t} - B_0'(U|_{\zeta=0})_{\zeta\bar\zeta} \\
&\qquad + \mathrm{Re} Q_0 (U|_{\zeta=0})_{\zeta\zeta} + \frac{U-U'}{\Delta t}\Big|_{\xi=0} + \frac{3K^2 M_2}{4J} \frac{(B'_0 - \mathrm{Re} Q_0)}{1+(1-K\xi)^2} \\
&\qquad + [B'_0 H_{\zeta\bar\zeta} - \mathrm{Re} Q_0 H_{\zeta\zeta}]\Big[U - U|_{\xi=0} + \frac{3M_2}{J}\int_1^{1-K\xi} \mathrm{tg}^{-1} S dS\Big] \\
&\qquad + 2\mathrm{Re}\{B_0' H_\zeta [U_{\bar\zeta} - (U|_{\xi=0})_{\bar\zeta}] - Q_0 H_\zeta [U_\zeta - (U|_{\xi=0})_\zeta] \\
&\qquad - \frac{3KM_2}{2J} \mathrm{tg}^{-1}(1-K\xi)\} + K^2(B_0' - \mathrm{Re} Q_0)/2, \qquad (4.49)
\end{aligned}
$$

此处 $W'=W[(n-1)\Delta t,\zeta]$，$U'=U[(n-1)\Delta t,\zeta]$，当 $\cos(\nu,n)=0$，$(t,z)\in fG_2$（对其它情形，辅助函数作适当修改）. 若 W 在 T_S 内一点取到最大值，则在此点，(4.49) 的左边 $\leqslant 0$，又

$$
\frac{3K^2 M}{J}\cdot\frac{1-\mathrm{Re} Q_0}{1+(1-K\xi)^2} \geqslant \frac{3K^2 M_2}{2J}(1-q_0)\delta,
$$

$$
K^2(1-\mathrm{Re} Q_0) \geqslant K^2(1-q_0)\delta,
$$

$$
B_0' U_{\zeta\bar\zeta} - \mathrm{Re} Q_0 U_{\zeta\zeta} - \frac{U-U'}{\Delta t} = O[\varepsilon^2(|p|)p^2],
$$

$$
\frac{3KM_2}{J}\mathrm{tg}^{-1}(1-K\xi) = O(K),
$$

而其余各项为有界，或等于 $O(|U_\xi|)$，因此当选取 K 充分大，使得 $K=o(\max\limits_{fG_2}|p|)$ 与(4.49)的右边恒为正，因此 W 的最大值只能在 $\xi=0$，$\xi=\frac{1}{K}$，$t=0$ 或 $\xi\in fT_S$，$0<\xi<\frac{1}{K}$ 上达到. 当 $\xi=0$ 时，$W(n\Delta t,\xi)=0$. 当 $\xi=\frac{1}{K}$ 时，$W(n\Delta t,\xi)\leqslant -M_2 H-2<0$. 当 $\xi\in$

fT_S, $0<\xi<\frac{1}{K}$时，$W(n\Delta t,\xi)\leqslant K\xi(K\xi-3)<0,\xi\neq 0$. 又当 $t=0$ 时，有

$$[W(0,\xi)]_\xi \leqslant H[U(0,\xi)]_\xi - K,$$

当K 充分大时，以上不等式右边<0，故W 在$t=0,\xi>0$ 不能达到最大值，即 W 在 $\xi=0$ 上取最大值，而在 $\xi=0$ 上，$W_\xi|_{\xi=0}=H[U_\xi|_{\xi=0}-\frac{3KM_2}{J}\frac{\pi}{4}]-3K\leqslant 0$，故在 $H(\eta)=1$ 处，$U_\xi|_{\xi=0}\leqslant 3K(\frac{M_2\pi}{4J}+1)$. 若作辅助函数

$$W(n\Delta t,\xi)=H(\eta)[U(n\Delta t,\xi)]-U(n\Delta t,i\eta)$$
$$-\frac{3M_2}{J}\int_1^{1-K\xi}\mathrm{tg}^{-1}sds]-K^2\xi^2+3K\xi,$$

那么可得$U_\xi|_{\xi=0}$的下界估计，因此在$H(\eta)=1$ 处，

$$|U_\xi\|_{\xi=0}=|U_\xi\|_{\xi=0}+O(1)=O(K)=0(\max_{fG_2}|U_\xi|),$$

用S_δ 覆盖 fG_2，可知在 fG_2 上，以上估计式成立，因而

$$\max_{fG_2}|U_\xi|=0(\max_{fG_2}|U_\xi|),$$

这表明$|U_\xi|$对 Δt 是一致有界的.

用类似的方法，还可证明 $u_{z\bar{z}}$，u_{zz}对 Δt 也是一致有界的.

根据引理 4.5，引理 4.6，可知：从 $u(n)$，$[u(n)]_z$，$[u(n)]_{z\bar{z}}$，$[u(n)]_{zz}$对 Δt 的一致有界性能推出$\frac{u(n)-u(n-1)}{\Delta t}$对 Δt 的一致有界性.

将 $u(n)(n=0,1,\cdots,[\frac{T}{\Delta t}])$线性地进行开拓，即定义

$$u(t,\Delta t,z)=(\frac{t}{\Delta t}-n+1)u(n\Delta t,z)+(n-\frac{t}{\Delta t})u((n-1)\Delta t,z),$$

当$(n-1)\Delta t\leqslant t\leqslant n\Delta t,n=1,\cdots,[\frac{T}{\Delta t}]$ 时，

$u(t,\Delta t,z)=u([\frac{T}{\Delta t}]\Delta t,z)$，当$[\frac{T}{\Delta t}]\Delta t\leqslant t\leqslant T$ 时，

不难得知：

$$|u(t_2,\Delta t,z_2)-u(t_1,\Delta t,z_1)|\leqslant|t_2-t_1|\max\frac{u(n)-u(n-1)}{\Delta t}$$

$$+ 2|z_2 - z_1|\max|u_z|,$$

当 $t_1<t_2$，$(n_1-1)\Delta t<t_1\leqslant n_1\Delta t$，$n_2\Delta t\leqslant t_2<(n_2+1)\Delta t$ 时，这表明 $u(t,\Delta t,z)$ 对 t 适合 Lipschitz 条件，也是等度连续的. 从序列 $\{\Delta t_n=\frac{T}{2n}\}$ 中选取子序列 $\{\Delta t_{n_k}\}$，使 $\Delta t_{n_k}\to 0$，当 $k\to\infty$，于是 $u(t,\Delta t_{n_k},z)$，$u_x(t,\Delta t_{n_k},z)$，$u_y(t,\Delta t_{n_k},z)$ 在 $\overline{G}$ 上分别一致收敛到 $u(t,z)$，$u_1(t,z)$，$u_2(t,z)$，从等式

$$u(t,\Delta t_{n_k},z) - u(t,\Delta t_{n_k},x_1 + iy) = \int_{x_1}^{x} \frac{\partial u(t,\Delta t_{n_k},\xi + iy)}{\partial x} d\xi,$$

让 $\Delta t_{n_k}\to 0$，得

$$u(t,z) - u(t,x_1 + iy) = \int_{x_1}^{x} \frac{\partial u(t_1\xi + iy)}{\partial x} d\xi,$$

$$\frac{\partial u(t,z)}{\partial x} = u_1(t,z), \tag{4.50}$$

同理可证：$\frac{\partial u(t,z)}{\partial y} = u_2(t,z)$. 由于 $u(t,\Delta t,z)$，$u_z(t,\Delta t,z)$，$u_{z\bar{z}}(t,\Delta t,z)$，$u_{zz}(t,\Delta t,z)$ 在 $\overline{G}$ 上的一致有界性，可推知 $u(t,z)$ 是方程 (4.13) 在 G 上的解，满足问题 M 的初边界条件.

最后，对于满足条件 C_0，C_1，C_2 的方程(4.4)之问题 M，可以取消条件(4.38)，这只要证明：在这样的条件下，引理 4.5 中问题 P 的解 $u(n)$ 对 Δt 仍是一致有界的. 假如问题 P 的解 $u(n)$ 是无界的即存在满足上述条件的一致收敛序列 $\{q^m\}$，$\{B_j^m\}(j=0,1,2,3)$ 及 $\{g^m\}$，$\{\lambda^m\}$，$\{\sigma_m\}$，$\{\tau_m\}$，$\{b_j^m\}(j=0,\cdots,N_0)$ 及以下相应初边值问题 P 的解序列 $\{u_m(n)\}$，当 $m\to\infty$ 时，$\max|u_m(n)|=H_m\to\infty$：

$$B_0^m u_{mz\bar{z}} - \mathrm{Re}[q^m u_{mzz} + B_1^m u_{mz}] - B_2^m u_m - B_3^m$$
$$= \frac{u_m(n) - u_m(n)}{\Delta t}, \tag{4.51}$$

$$u_m(0) = g^m(z), z \in \overline{D}, u_m(n)|_{z=1} = b_0^m(n), \tag{4.52}$$

$$\mathrm{Re}[\overline{\lambda^m(n)} u_{mz}] + \sigma^m(n) u_m(n) = \tau^m(n) + h(n), \tag{4.53}$$

$$\int_{\Gamma_j} \tau^m(n) ds = 0, u_m(n)|_{z=z_j+\gamma_j} = b_j^m(n), n\Delta t \in E_j,$$
$$j = 1,\cdots,N_0, \tag{4.54}$$

类似于(4.34)，作变换 $v_m(n)=\frac{u_m(n)}{H_m}e^{-2an\Delta t}, 0<a<\infty$，则方程(4.51)与初边界条件(4.52)—(4.54)转化为

$$B_0^m v_{mz\bar{z}} - \mathrm{Re}[q^m v_{mzz} + B_1^m v_{mz}] - [B_2^m + 2ae^{-2\theta a\Delta t}]v_m -$$

$$\frac{B_3^m}{H_m}e^{-2an\Delta t} = \frac{v_m(n)-v_m(n-1)}{\Delta t}e^{-2a\Delta t}, \tag{4.55}$$

$$v_m(0)=g^m(z)/H_m, z\in\overline{D}, v_m(n)|_{z=1}=b_0^m(n)/H_m, \tag{4.56}$$

$$\frac{v_m}{\partial v_m}+2\sigma^m(n)v_m(n)=2\tau^m(n)/H_m+h(n), \tag{4.57}$$

$$\int_{\Gamma_j}\frac{\tau^m(n)}{H_m}ds=0, v_m(n)|_{z=z_j+\gamma_j}=b_j^m(n)/H_m. n\Delta t\in E_j,$$

$$j=1,\cdots,N_0. \tag{4.58}$$

由于 $\left|\frac{v_m(n)}{H_m}\right|\leqslant 1$，根据引理 4.6，可知 $\{v_m(n)_z\}$，$\{v_m(n)_{z\bar{z}}\}$，$\{v_m(n)_{zz}\}$ 对 Δt 是一致有界的，因此可以从 $\{v_m(n)\}$，$\{v_m(n)_z\}$ 选取子序列分别在 $\overline{G}$ 上一致收敛到函数 $v_0(n)$，$v_0(n)_z$，这里不妨先设对应于 $v_0(n)$ 的 $\Delta t>0$，而 $v_0(n)$ 是以下边值问题的解：

$$B_0^0 v_{0z\bar{z}} - \mathrm{Re}[q^0 v_{0zz} + B_1^0 v_{0z}] - [B_2^0 + 2ae^{-2\theta a\Delta t}]v_0$$

$$=\frac{v_0(n)-v_0(n-1)}{\Delta t}e^{-2a\Delta t}, \tag{4.59}$$

$$v_0(0)=0, z\in\overline{D}, v_0(n)|_{z=1}=0, \tag{4.60}$$

$$\frac{\partial v_0}{\partial v_0}+\sigma^0(n)v_0(n)=h(n), z\in fG_2, \tag{4.61}$$

$$v_0(n)|_{z=z_j+\gamma_j}=0, n\Delta t\in E_j, j=1,\cdots,N_0, \tag{4.62}$$

由引理 4.5 中已证的结论，可知从 $\{n\}$ 能选取子序列，不妨设原序列，使 $H_m=\max|v_m(n)|$ 在 fG_2 上达到. 因此 $|v_0(n)|$ 也在 fG_2 上达到最大值，实际上，从(4.35)可推出 $\max v_0(n)$ 与 $\min v_0(n)$ 都在 fG_2 上达到. 类似于定理 4.3 的证法，依次考虑 $n=1,2,\cdots,[\frac{T}{\Delta t}]$ 的平面 $t=n\Delta t$，$\max v_0(n)$ 与 $\min v_0(n)$ 也在 fG_2 上达到，对于方程(4.59)，我们也可得到相应于引理 4.1 的结论，因而可推知 $v_0(n)\equiv 0$. 然而从 $\max|u_m(n)|/H_m=1$ 可导出在 $\overline{G}$ 上有一点 $(z_*, n\Delta t)$，

使得$|v(z_*,n\Delta t)|=1$,此矛盾证明了$|u(n)|$的有界性.

如果在前面的$\{n\}$中选取的子序列不妨设原序列,使得当$m\to\infty$时,$\Delta t_m\to 0$,则仿(4.50)的导出,$\{v_m(n)\}$的极限函数v_0满足方程

$$B_0^0 v_{0z\bar{z}} - \mathrm{Re}[q^0 v_{0zz} + B_1^0 v_{0z}] - [B_2^0 + 2ae^{-2\theta a\Delta t}]v_0 = v_{0t}$$

及初边界条件(4.60)—(4.62),仿照定理4.3的证法,可推得:$v_0\equiv 0$,这是不可能的.因此$|u(n)|$对Δt是一致有界的.这样我们证明了以下结果.

定理4.7 在条件C_0,条件C_1与条件C_2下,方程(4.4)之问题M是可解的.

§5. Clifford 分析与一阶椭圆组、双曲组

Clifford 分析及其应用已由许多人所研究,在参考文献[2],[3]和[9]中作了详细的介绍.然而,Clifford 分析中的边值问题却研究得较少.在本节中,我们先介绍 Clifford 分析与一阶椭圆型方程组、双曲型方程组的关系,然后使用函数论方法,证明一些椭圆型方程组的斜微商边值问题与一类超双曲型方程组的 Dirichlet 边值问题的可解性.

5.1 在三维欧氏空间 $\mathbf{R}^3$ 中广义正则函数的斜微商边值问题

我们使用 Clifford 分析中的记号.以$V_3=\{e_1=1,e_2,e_3\}$表示空间R^3中的基,它们满足条件:$e_j^2=-1(j=2,3)$,$e_2e_3=-e_3e_2$,在R^3中任一点x可表示成$x=\sum_{j=1}^{3}x_je_j$. 设A_3是带有基$\{1,e_2,e_3,e_2e_3\}$的V_3的 Clifford 代数,为了方便,记$e_4=e_2e_3$. 而值在 Clifford 代数上的任一函数可写成$w(x)=\sum_{j=1}^{4}w_j(x)e_j$. 设$D$是$R^3$中的一区域,用

$$F_D^r=\{w\,|\,w:D\to A_3,w(x)=\sum_{j=1}^{4}w_j(x)e_j,$$

$$w_j(x) \in C^r(D), r \geqslant 0, j = 1, \cdots, 4\}.$$

表示所有在 D 内具有 r 阶连续偏微商的函数 $w(x)$ 的集合. 定义微分算子

$$\bar{\partial} = e_1(\ \ )_{x_1} + \cdots + e_4(\ \ )_{x_4}, \partial(\ \ ) = e_1(\ \ )_{x_1} - \cdots - e_4()_{x_4},$$

显然 $\bar{\partial}\partial = \partial\bar{\partial} = \sum_{j=1}^{4}()x_j^2$. 如果 $w(x) \in F_D^r(r \geqslant 2)$，又 $\bar{\partial}w = 0$，则 $w(x)$ 称为区域 D 内的左正则函数，简称正则函数. 由于 $\bar{\partial}w = 0$ 可写成一阶椭圆型方程组

$$\begin{pmatrix} ()_{x_1} & -()_{x_2} & -()_{x_3} & 0 \\ ()_{x_2} & ()_{x_1} & 0 & ()_{x_3} \\ ()_{x_3} & 0 & ()_{x_1} & -()_{x_2} \\ 0 & -()_{x_3} & ()_{x_2} & ()_{x_1} \end{pmatrix} \begin{pmatrix} w_1 \\ w_2 \\ w_3 \\ w_4 \end{pmatrix} = 0, \text{即} \quad \begin{aligned} w_{1x_1} - w_{2x_2} - w_{3x_3} &= 0, \\ w_{2x_1} + w_{1x_2} + w_{4x_3} &= 0, \\ w_{3x_1} - w_{4x_2} + w_{1x_3} &= 0, \\ w_{4x_1} + w_{3x_2} - w_{2x_3} &= 0, \end{aligned} \tag{5.1}$$

以上方程组与平面上的 Cauchy-Riemann 方程组相对应，因此区域 D 内的正则函数对应于平面区域内的解析函数. 所谓区域 D 内的广义左正则函数简称广义正则函数是指以下一阶椭圆型方程组在区域 D 内的解 $w(x) = \sum_{j=1}^{4} w_j(x)e_j \in C^2(D)$：

$$\bar{\partial}w = aw + b\overline{w} + c, \tag{5.2}$$

此处 $a(x) = \sum_{j=1}^{4} a_j(x)e_j$, $b(x) = \sum_{j=1}^{4} b_j(x)e_j$, $c(x) = \sum_{j=1}^{4} c_j(x)e_j \in C_\alpha^1(D)(0<\alpha<1)$，又 $\overline{w(x)} = w_1(x) - w_2(x)e_2 - w_3(x)e_3 - w_4(x)e_4$. 广义正则函数对应平面区域内的广义解析函数.

为了叙述简便，考虑区域 D 是以原点为心的球 $\sum_{j=1}^{3} x_j^2 < R^2 (0 < R < \infty)$，我们引入广义正则函数在 D 上的斜微商边值问题，即求方程组(5.2)的解 $w(x) \in C_\alpha^1(\overline{D}) \cap C^2(D)$，满足边界条件：

$$\begin{aligned} &\frac{\partial w_j}{\partial \nu_j} + \sigma_j(x)w_j(x) = \tau_j(x) + h_j, x \in \partial D, \\ &w_j(R) = u_j, j = 1, 2, \end{aligned} \tag{5.3}$$

其中 $\sigma_j(x),\tau_j(x)\in C_\alpha^1(\partial D),\sigma_j(x)\geqslant 0,x\in\partial D,j=1,2,h_j(j=1,2)$ 都是待定实函数，$u_j(j=1,2)$ 都是实常数，$\nu_j(j=1,2)$ 都是边界 ∂D 上点 x 处的(单位)向量，n 是 ∂D 上点 x 处的(单位)外法向量，$\cos(\nu_j,n)\geqslant 0,\cos(\nu_j,n)\in C_\alpha^1(\partial D)(j=1,2)$. 我们把以上边值问题简称为问题 P.

设 $w(x)=\sum_{j=1}^{4}w_j(x)e_j$ 是方程组(5.2)之问题 P 的解，可以验证 $[w_1(x),w_2(x)]$ 是以下二阶方程组于区域 D 内的解，且满足边界条件(5.3)：

$$\begin{aligned}\Delta w_1 &= \sum_{j=1}^{3}(A_j+B_j)w_{1x_j}+B_5w_1+B_6,\\ \Delta w_2 &= 2\sum_{j=1}^{3}B_jw_{2x_j}+B_7w_2+(A_2w_1)_{x_1}-(A_1w_1)_{x_2}\\ &\quad-(A_4w_1)_{x_3}-B_2w_{1x_1}+B_1w_{1x_2}+B_2w_{1x_3}+B_8w_1+B_9,\end{aligned}\tag{5.4}$$

在上式中，$A_j=a_j+b_j,B_j=a_j-b_j,j=1,\cdots,4,B_j$ 是 x_j 的函数，$j=1,2,3,B_4$ 是实常数，$B_5=-\sum_{j=1}^{4}A_jB_j+\sum_{j=1}^{3}A_{jx_j},B_6=-\sum_{j=1}^{4}B_jc_j+\sum_{j=1}^{2}c_{jx_j},B_7=\sum_{j=1}^{3}B_{jx_j}-\sum_{j=1}^{4}B_j^2,B_8=A_1B_2-A_2B_1-A_3B_4+A_4B_3,B_9=-c_{1x_2}-c_{2x_1}-c_{4x_3}-B_1c_2+B_1c_1+B_3c_4-B_4c_3$. 事实上，(5.2)可写成

$$\begin{cases}w_{1x_1}-w_{2x_2}-w_{3x_3}=A_1w_1-B_2w_2-B_3w_3-B_4w_4+c_1,\\ w_{2x_1}+w_{1x_2}+w_{4x_3}=A_2w_1+B_1w_2-B_4w_3+B_3w_4+c_2,\\ w_{3x_1}-w_{4x_2}+w_{1x_3}=A_3w_1+B_4w_2+B_1w_3-B_2w_4+c_3,\\ w_{4x_1}+w_{3x_2}-w_{2x_3}=A_4w_1-B_3w_2+B_2w_3+B_1w_4+c_4,\end{cases}\tag{5.5}$$

假设 $B_j=B_j(x_j)(j=1,2,3)$，B_4 是常数，则从(5.5)，可导出(5.4)的第一个方程，然后也可得到(5.4)的第二个方程.

反之，如果以下条件成立：

$$B_5 \geqslant 0, B_7 \geqslant 0, x \in \overline{D}, \tag{5.6}$$

那么根据论文[15]中的结果,可知边值问题(5.4),(5.3)是可解的. 进而,如果

$$B_3 = B_4 = 0, x \in \overline{D}, \tag{5.7}$$

那么可由以下积分确定函数 $w_3(x), w_4(x)$.

$$\begin{aligned} w_3(x) &= \int_0^{x_3} [w_{1x_1} - w_{2x_2} - A_1 w_1 + B_2 w_2 - c_1] dx_3 + \varphi_3(x_1, x_2) \\ w_4(x) &= \int_0^{x_3} [-w_{2x_1} - w_{1x_2} + A_2 w_1 + B_1 w_2 + c_2] dx_3 \\ &\quad + \varphi_4(x_1, x_2), \end{aligned} \tag{5.8}$$

此处 $\varphi_3(x_1, x_2), \varphi_4(x_1, x_2)$ 满足方程组

$$\begin{cases} \varphi_{3x_1} - \varphi_{4x_2} - B_1\varphi_3 + B_2\varphi_4 - c_3 = \psi_3(x_1, x_2), \\ \varphi_{3x_2} + \varphi_{4x_1} - B_2\varphi_3 - B_1\varphi_4 - c_4 = \psi_4(x_1, x_2), \end{cases} \tag{5.9}$$

这里 $\psi_3(x_1, x_2) = [-w_{1x_3} + A_3 w_1]|_{x_3=0}, \psi_4(x_1, x_2) = -[w_{2x_3} + A_4 w_1]|_{x_3=0}$,又 A_j, B_j, c_j 还满足一些条件. 假设 $\varphi = \varphi_3 + \varphi_4 e_2 = \varphi_3 + i\varphi_4$ 满足边界条件:

$$\begin{cases} \mathrm{Re}[\overline{\lambda(t)}\varphi(t)] = r(t) + h(t), t = t_1 + t_2 i \in \Gamma = \partial D \cap \{x_3 = 0\}, \\ h(t) = \begin{cases} 0, \text{当} K = \dfrac{1}{2\pi}\Delta_\Gamma \arg\lambda(t) \geqslant 0, t \in \Gamma, \\ h_0 + \mathrm{Re}\displaystyle\sum_{m=1}^{-K-1}(h_m^+ + h_m^- i)t^m, \text{当} K < 0 \text{时}, \end{cases} \\ \mathrm{Im}[\overline{\lambda(d_j)}\varphi(d_j)] = g_j, j = 1, \cdots, 2K+1, \text{当} K \geqslant 0 \text{时}, \end{cases} \tag{5.10}$$

其中 $|\lambda(t)| = 1, \lambda(t), r(t) \in C_\alpha^2(\Gamma), h_0, h_m^\pm (m = 1, \cdots, -K-1$,当 $K < 0$ 时)都是待定实常数,$d_j (j = 1, \cdots, 2K+1)$ 是 Γ 上不同的点,$g_j (j = 1, \cdots, 2K+1)$ 都是实常数. 由书[21]第五章§3—§5,可知以上 Riemann-Hilbert 边值问题存在唯一解 $\varphi_3(x_1, x_2), \varphi_4(x_1, x_2)$,因而 $w_3(x), w_4(x)$ 也唯一地被确定. 这样,我们便得:

定理 5.1 如果方程组(5.2)的系数满足条件(5.6),(5.7),又 $W = w_3 + w_4 i$ 满足边界条件

$$\mathrm{Re}[\overline{\lambda(t)}W(t)] = r(t) + h(t),\ t \in \Gamma = \partial D \cap \{x_3 = 0\},$$
$$\mathrm{Im}[\overline{\lambda(d_j)}W(d_j)] = g_j, j = 1,\cdots,2K+1, K \geqslant 0,$$
$$(5.11)$$

此处 $\lambda(t), r(t), h(t), d_j, g_j$ 和 K 如(5.10)中所示，那么方程组(5.2)之问题 P 存在唯一解 $w(x) = \sum_{j=1}^{4} w_j(x)e_j \in C_\alpha^1(\overline{D}) \cap C^2(D)$，$\alpha(0<\alpha<1)$是实常数.

其次，讨论一阶退化椭圆型方程组

$$\begin{cases} w_{1x_1} - w_{2x_2} - x_3^\mu w_{3x_3} = A_1 w_1 - B_2 w_2 - B_3 x_3^{1+\mu} w_3 - B_4 w_4 + c_1 \\ w_{2x_1} + w_{1x_2} + w_{4x_3} = A_2 w_1 + B_1 w_2 - B_4 x_3^\mu w_3 + B_3 w_4 + c_2, \\ x_3^\mu w_{3x_1} - w_{4x_2} + w_{1x_3} = A_3 w_1 + B_2 w_2 + B_1 x_3^\mu w_3 - B_2 w_4 + c_3, \\ w_{4x_1} + x_3^\mu w_{3x_2} - w_{2x_3} = A_4 w_1 - B_3 w_2 + B_2 x_3^\mu w_3 + B_1 w_4 + c_4, \end{cases} \tag{5.12}$$

其中 $A_j(x), B_j(x), c_j(x), j=c1,\cdots,4$ 是如(5.5)中所述的函数，$c_1(x)=x_3^{1+\mu}C_1(x), c_j(x)=x_3^\mu C_j(x)(j=2,3,4), c_j(x)\in c_\alpha^1(\overline{D})(j=1,\cdots,4), \alpha(0<\alpha<1), \mu(\geqslant 0)$都是常数，$D$ 是半空间 $x_3>0$ 内一有界区域，其边界 $\partial D=G_1\cap G_2\in C_\alpha^2, G_1$ 是 D 在 $x_3>0$ 上的边界，G_2 是 D 在 $x_3=0$ 上的边界，$\Gamma=\overline{G}_1\cap\{x_3=0\}$. 所谓方程组(5.12)在 D 上的斜微商边值问题(简称问题 P)，即求(5.12)的解 $w(x)=\sum_{j=1}^{4} w_j(x)e_j\in C^2(D)\cap C_\alpha^1(D\cup G_1)$，且满足边界条件：

$$\begin{cases} \dfrac{\partial w_j}{\partial \nu_j} + \sigma_j(x)w_j(x) = \tau_j(x), x \in G_1, \\ w_j(x)\ \text{有界}, x \in G_2, j = 3,4, \end{cases} \tag{5.13}$$

$$\begin{cases} \mathrm{Re}[\overline{\lambda(\zeta)}(w_1(\zeta) + iw_2(\zeta))] = r(\zeta) + h[t(\zeta)], \\ \zeta = x_1 + ix_2 \in \Gamma, \\ \mathrm{Im}[\overline{\lambda(\zeta_j)}(w_1(\zeta_j) + iw_2(\zeta_j))] = g_j, \\ j = 1,\cdots,2K+1, K \geqslant 0, \end{cases} \tag{5.14}$$

这里 $\cos(\nu_j, n)>0(j=3,4)$，n 是 $x\in\partial D$ 的外法向，$\sigma_j(x)>0, x\in$

∂D, $\cos(\nu_j,n)$, $\sigma_j(x)$, $\tau_j(x)\in C_\alpha^1(\partial D)$, $j=3,4$, $\lambda(\zeta)$, $r(\zeta)$, g_j, K 类似于(5.10)中所述，$t(\zeta)$ 是将区域 G_2 共形映射到单位圆 $|t|<1$ 的单叶解析函数，$\zeta_j(j=1,\cdots,2K+1,K\geqslant 0)$ 是 Γ 上不同的点．类似于方程组(5.2)的斜微商问题，若 B_j 仅是 x_j 的函数，$j=1,2,3$，B_4 是常数，又 $A_j=B_j(j=1,\cdots,4)$，那么(5.12)之问题 P 的解 $w(x)=\sum_{j=1}^{4}w_j(x)e_j$ 中的 $[w_3(x),w_4(x)]$ 也是以下二阶方程组带有边界条件(5.13)之问题 Q 的解：

$$
\begin{aligned}
\Delta w_3 &= 2B_1 w_{3x_1}+2B_2 w_{3x_2}+A_5 x_3^{-1} w_{3x_3}+A_6 w_3+A_7,\\
\Delta w_4 &= \sum_{j=1}^{3}(A_j+B_j)w_{4x_j}+A_8 w_4+A_9 w_3+A_{10},
\end{aligned}\qquad (5.15)
$$

此处 $A_5=-\mu+B_3x_3(1+x_3)$，$A_6=(\mu+1)B_3-\sum_{j=1}^{4}B_j^2+\sum_{j=1}^{3}B_{jx_j}+(B_3^2-B_{3x_3})(1-x_3)$，$A_7=(-B_1c_3-B_2c_4+B_3c_1+B_4c_2-c_{1x_3}+c_{3x_1}+c_{4x_2})x_3{}^{-\mu}$，$A_8=-\sum_{j=1}^{4}B_j^2+\sum_{j=1}^{3}B_{jx_j}$，$A_9=A_4x_3{}^{\mu-1}(B_4\mu+A_3x_3-B_3x_3^2)$，$A_{10}=-A_1c_4+A_2c_3-A_3c_2+A_4c_1+c_{2x_3}-c_{3x_2}+c_{1x_1}$，$A_5\in C^2(\overline{D})$．

反之，若以下条件成立：

$$A_6\geqslant 0,A_8\geqslant 0,x\in\overline{D},\qquad (5.16)$$

那么根据[12]、[15]中的结果，(5.15)之问题 Q 是可解的．又若

$$A_3=A_4=0,x\in\overline{D},\qquad (5.17)$$

则由以下积分可确定函数 $w_1(x)$，$w_2(x)$：

$$
\begin{cases}
w_1(x)=\int_0^{x_3}[-x_3^\mu w_{3x_1}+w_{4x_2}+B_1x_3{}^\mu w_3-B_2w_4+c_3]dx_3\\
\qquad +\varphi_1(x_1,x_2),\\
w_2(x)=\int_0^{x_3}[x_3^\mu w_{3x_2}+w_{4x_1}-B_2x_3{}^\mu w_3-B_1w_4-c_4]dx_3\\
\qquad +\varphi_2(x_1,x_2),
\end{cases}\qquad (5.18)
$$

其中 $\varphi_1(x_1,x_2),\varphi_2(x_1,x_2)$ 满足方程组:

$$\begin{cases}\varphi_{1x_1}-\varphi_{2x_2}-A_1\varphi_1+B_2\varphi_2=\psi_1(x_1,x_2),\\ \varphi_{2x_1}+\varphi_{1x_2}-A_2\varphi_1-B_1\varphi_2=\psi_2(x_1,x_2),\end{cases}\tag{5.19}$$

这里 $\psi_1(x_1,x_2)=[x_3^{\mu}\mu w_{3x_3}+c_1]_{x_3}=0,\psi_2(x_1,x_2)=[-w_{4x_3}+c_2]|_{x_3=0}$.又 A_j,B_j,Σ_j 还满足一些条件,此外还要求 $\varphi=\varphi_1+\varphi_2e_2=\varphi_1+i\varphi_2$ 适合边界条件(5.14),即

$$\begin{aligned}&\mathrm{Re}[\overline{\lambda(\zeta)}\varphi(\zeta)]=r(\zeta)+h[t(\zeta)],\zeta\in\Gamma,\\&\mathrm{Im}[\overline{\lambda(\zeta_j)}\varphi(\zeta_j)]=g_j,j=1,\cdots,2K+1,K\geqslant 0\end{aligned}\tag{5.20}$$

如前,可以唯一地确定函数 $\varphi_1(x_1,x_2),\varphi_2(x_1,x_2)$,因而函数 $w_1(x)$、$w_2(x)$ 也可唯一地确定. 于是我们可得

定理 5.2 设方程组(5.12)的系数满足条件(5.16),(5.17)以及如上所述的其它条件,那么(5.12)之问题 P 具有解 $w(x)=\sum_{j=1}^{4}w_j(x)e_j\in C^2(D)\cap C_\alpha^1(D\cup G_1)$, $0<\alpha<1$.

最后,我们还要提及:如果将边界条件(5.13)代以

$$w_3(x)=\tau_3(x),w_4(x)=\tau_4(x),x\in\partial D,\tag{5.21}$$

那么也可类似地讨论方程组(5.12)的这种 Dirichlet 边值问题的可解性.

5.2 在四维欧氏空间 R^4 中的一阶椭圆组与双曲组

类似于 5.1,以 $V_4=\{e_i=1,e_2,e_3,e_4\}$ 表示空间 R^4 中具有条件 $e_j^2=-1,e_ie_j=-e_je_i,2\leqslant i,j\leqslant 4$ 的基,而 R^4 中任一点 x 可写成 $x=\sum_{j=1}^{4}x_je_j$. 设 A_4 是 V_4 具有基$\{1,e_2,e_3,e_4,e_2e_3,e_2e_4,e_3e_4,e_2e_3e_4\}$的 Clifford 代数,而基的任一元素可写成 $e_{\alpha_1}\cdots e_{\alpha_h}$,这里 $A=\{\alpha_1,\cdots,\alpha_h\}\subset\{1,2,3,4\},1\leqslant\alpha_1<\cdots<\alpha_h\leqslant 4,h\leqslant 4$. A_4 中任一数可表示成 $a=\sum_A a_Ae_A$,其中 a_A 是实常数. 显然此 Clifford 代数是不可交换的. 用 G 表示 R^4 中的区域,又用

$$F_G^r=\{f\mid f:G\to A_4,f(x)=\sum_A f_A(x)e_A,f_A(x)\in C^r(G),r\geqslant 0\}$$

表示具有 r 阶连续偏微商的函数 $f(x)$ 的集合. 定义微分算子 $\bar{\partial}()$

$=e_1()_{x_1}+\cdots+e_4()_{x_4}$，$\partial()=e_1()_{x_1}-\cdots-e_4()_{x_4}$，显然 $\bar{\partial}\partial()=\overline{\partial\partial}()=\sum_{j=1}^{4}()_{x_j^2}$. 如果 $f(x)\in F_G^r(r\geqslant 2)$ 及 $\bar{\partial}f=0$，则 $f(x)$ 称为区域 G 上的左正则函数，简称正则函数. 为了方便，记 $e_5=e_2e_3$，$e_6=e_2e_4$，$e_7=e_3e_4$，$e_8=e_2e_3e_4$，则函数 $f(x)=\sum_A f_A(x)e_A=\sum_{j=1}^{8}f_j(x)e_j$，而正则函数 $f(x)=\sum_{j=1}^{8}f_j(x)e_j$ 便是以下一阶椭圆型方程组于 G 内的解.

$$\begin{cases}f_{1x_1}-f_{2x_2}-f_{3x_3}-f_{4x_4}=0, f_{1x_2}+f_{2x_1}+f_{5x_3}+f_{6x_4}=0,\\ f_{1x_3}+f_{3x_1}-f_{5x_2}+f_{7x_4}=0, f_{1x_4}+f_{4x_1}-f_{6x_2}-f_{7x_3}=0,\\ -f_{2x_3}+f_{3x_2}+f_{5x_1}-f_{8x_4}=0, -f_{2x_4}+f_{4x_2}+f_{6x_1}+f_{8x_3}\\ =0,\\ -f_{3x_4}+f_{4x_3}+f_{7x_1}-f_{8x_2}=0, f_{5x_4}-f_{6x_3}+f_{7x_2}+f_{8x_1}=0.\end{cases} \tag{5.22}$$

而区域 G 上的广义正则函数 $f(x)$ 是指在 G 上满足方程组

$$\bar{\partial}f=Af+B\bar{f}+C \tag{5.23}$$

的解 $f(x)=\sum_{j=1}^{8}f_j(x)e_j$，其中 $A(x)=\sum_{j=1}^{8}A_j(x)e_j$，$B(x)=\sum_{j=1}^{8}B_j(x)e_j$，$c(x)=\sum_{j=1}^{8}c_j(x)e_j$，$\overline{f(x)}=f_1(x)-\sum_{j=2}^{7}f_j(x)e_j$.

下面设 $G=\{\sum_{j=1}^{8}|x_j|^2<R^2, 0<R<\infty\}$，并考虑方程组(5.22)在 G 上的斜微商边值问题(问题 P)，即求(5.22)的解 $f(x)=\sum_{j=1}^{8}f_j(x)e_j\in C^2(G)\cap C'_\alpha(\overline{G})$(指 $f_j(x)\in C^2(G)\cap C_\alpha^1(\overline{G})$，$j=1,\cdots,8$，$0<\alpha<1$)，且满足边界条件：

$$\frac{\partial f_j}{\partial\nu_j}+\sigma_j(x)f_j(x)=\tau_j(x)+h_j, x\in\partial G,$$
$$f_j(R)=u_j, j=1,2,3,5 \tag{5.24}$$

此处 $\sigma_j(x),\tau_j(x)\in C_\alpha^1(\partial G)$，$\sigma_j(x)\geqslant 0$，$x\in\partial G$，$j=1,2,3,5$，$h_j(j=1,2,3,5)$ 是待定实函数，$u_j(j=1,2,3,5)$，$\alpha(0<\alpha<1)$ 都是实常

数，$\nu_j(j=1,2,3,5)$都是在点$x\in\partial G$处的向量，$\cos(\nu_j,n)\geqslant 0$，n是此点的外法向，且$\cos(\nu_j,n)\in C_\alpha^1(\partial G)(j=1,2,3,5)$.

我们先依次对方程组(5.22)的前四个方程求关于x_1,x_2,x_3，x_4的偏微商，并相加之，可得

$$\Delta f_1 = f_{1x_1^2} + \cdots + f_{1x_4^2} = 0, \tag{5.25}$$

类似地还可求得

$$\Delta f_j = f_{jx_1^2} + \cdots + f_{jx_4^2} = 0, j = 2,3,5. \tag{5.26}$$

根据论文[15]中的结果，可知边值问题(5.25)，(5.26)，(5.24)具有解$[f_1(x),f_2(x),f_3(x),f_5(x)]$，这里$f_j(x)\in C^2(G)\cap C_\alpha^1(\overline{G})(j=1,2,3,5)$. 将这些函数代入到方程组(5.22)的第一、二、三、五个方程中去，我们有

$$\begin{cases} f_{4x_4} = f_{1x_1} - f_{2x_2} - f_{3x_3}, f_{6x_4} = - f_{1x_2} - f_{2x_1} - f_{5x_3}, \\ f_{7x_4} = - f_{1x_3} - f_{3x_1} + f_{5x_2}, f_{8x_4} = - f_{2x_3} + f_{3x_2} + f_{5x_1}. \end{cases} \tag{5.27}$$

从以上方程组，易得

$$\begin{aligned} f_4(x) &= \int_0^{x_4}[f_{1x_1} - f_{2x_2} - f_{3x_3}]dx_4 + g_4(x_1,x_2,x_3), \\ f_6(x) &= \int_0^{x_4}[- f_{1x_2} - f_{2x_1} - f_{5x_3}]dx_4 + g_6(x_1,x_2,x_3), \\ f_7(x) &= \int_0^{x_4}[- f_{1x_3} - f_{3x_1} + f_{5x_2}]dx_4 + g_7(x_1,x_2,x_3), \\ f_8(x) &= \int_0^{x_4}[- f_{2x_3} + f_{3x_2} + f_{5x_1}]dx_4 + g_8(x_1,x_2,x_3), \end{aligned} \tag{5.28}$$

其中$g_j(x_1,x_2,x_3)(j=4,6,7,8)$满足一阶方程组

$$\begin{aligned} g_{4x_1} - g_{6x_2} - g_{7x_3} &= - f_{1x_4}|_{x_4=0} = a_1, \\ g_{4x_2} + g_{6x_1} + g_{8x_3} &= f_{2x_4}|_{x_4=0} = a_2, \\ g_{4x_3} + g_{7x_1} - g_{8x_2} &= f_{3x_4}|_{x_4=0} = a_3, \\ g_{6x_3} - g_{7x_2} - g_{8x_1} &= f_{5x_4}|_{x_4=0} = a_4, \end{aligned} \tag{5.29}$$

将g_4,g_6,g_7,g_8分别用w_1,w_2,w_3,w_4代替，则方程组(5.29)可改

写成

$$w_{1x_1}-w_{2x_2}-w_{3x_3}=a_1, w_{1x_2}+w_{2x_1}+w_{4x_3}=a_2,$$
$$w_{1x_3}+w_{3x_1}-w_{4x_2}=a_3, w_{2x_3}-w_{3x_2}-w_{4x_1}=a_4, \tag{5.30}$$

即 $w(x)=\sum_{j=1}^{3}w_j(x)e_j$ 满足 $\bar{\partial}w=e_1w_{x_1}+e_2w_{x_2}+e_3w_{x_3}=a$，这里 $a=\sum_{j=1}^{4}a_je_j$. 而方程组(5.30)正是(5.2)当 $a(x)=b(x)=0$ 时，$C(x)=a(x)$ 的特殊情形．根据定理 5.1 及[9]，在区域 $D=G\cap\{x_4=0\}$ 内，(5.30)具有解 $w(x)=\sum_{j=1}^{4}w_j(x)e_j$，此处 $w_j(x)\in C^2(D)\cap C_a^1(\overline{D})$. 这样函数 $g_4(x),g_6(x),g_7(x),g_8(x)$ 就找到了．将这些函数代入(5.28)，便确定了函数 $f_j(x)(j=4,6,7,8)$. 而以上所求得的 $f(x)=\sum_{j=1}^{8}f_j(x)e_j$ 正是方程组(5.22)之问题 P 的解．

定理 5.3 一阶椭圆型方程组(5.22)即正则函数在区域 G 上问题 P 的解是存在的．

至于广义正则函数，在一定条件下，也可证明其问题 P 解的存在性．

其次，以 $V_4=\{e_1=1,e_2,e_3,e_4\}$ 表示在 R^4 中具有条件：$e_2^2=-1,e_j^2=1,j=3,4,e_ie_j=-e_je_i,2\leqslant i,j\leqslant 4$ 的基，而 $A_4,F_D^r,\bar{\partial}(),\partial()$ 的定义类似于前，由此可推得：$\bar{\partial}\partial()=\partial\bar{\partial}()=\sum_{j=1}^{2}[()_{x_j^2}-()_{x_{j+2}^2}]$. 设 D 是 R^4 中的有界区域，如果函数 $f(x)\in F_D^2$，又 $\bar{\partial}f=0$，则称 $f(x)$ 是左正则函数，简称为正则函数，它也是以下一阶超双曲方程组于 D 内的解：

$$\begin{cases} f_{1x_1}-f_{2x_2}+f_{3x_3}+f_{4x_4}=0, f_{1x_2}+f_{2x_1}-f_{5x_3}-f_{6x_4}=0, \\ f_{1x_3}+f_{3x_1}-f_{5x_2}-f_{7x_4}=0, f_{1x_4}+f_{4x_1}-f_{6x_2}+f_{7x_3}=0, \\ -f_{2x_3}+f_{3x_2}+f_{5x_1}+f_{8x_4}=0, f_{2x_4}-f_{4x_2}-f_{6x_1}+f_{8x_3}=0, \\ -f_{3x_4}+f_{4x_3}+f_{7x_1}-f_{8x_2}=0, f_{5x_4}-f_{6x_3}+f_{7x_2}+f_{8x_1}=0. \end{cases}$$

(5.31)

记 $y=x_1+x_2i, z=x_3+x_4i$，而 D_y 表示 y 平面上以解析曲线 Γ_y 为边界的有界区域，又 D_z 表示 z 平面上以解析曲线 Γ_z 为边界的有界区域，不妨设 $y=0\in D_y, z=0\in D_z$，且 $D=D_y\times D_z$ 是 R^4 中的一凸区域．我们考虑一阶超双曲型方程组(5.31)在 D 上的 Dirichlet 边值问题，即求(5.31)在 D 上的连续可微解 $f(x)\in F_D^1$，使它满足边界条件

$$f_j(x)=r_j(y,z),(y,z)\in\Gamma=\Gamma_y\times\Gamma_z, j=1,3,4,7, \tag{5.32}$$

其中 $r_j(y,z)(j=1,3,4,7)$ 都是 Γ 上足够光滑的已知实值函数．

如前，函数 $f_j(x)(j=1,3,4,7)$ 在 D 内满足二阶超双曲方程组

$$\sum_{i=1}^{2}[f_{jx_i^2}-f_{jx_{i+2}}^2]=0, j=1,3,4,7. \tag{5.33}$$

以 $\lambda(y)$ 与 $\varphi(y)$ 分别表示区域 D_y 上的特征值与特征函数，即 $\lambda(y)$ 与 $\varphi(y)$ 是以下方程的解：

$$\begin{cases}\Delta\varphi(y)+\lambda(y)\varphi(y)=0, \ y\in D_y,\\ \varphi(y)=0, y\in\Gamma_y, \iint_{D_y}\varphi^2(y)d\sigma_y=1.\end{cases} \tag{5.34}$$

类似地，用 $\mu(z)$ 与 $\varphi(z)$ 分别表示区域 D_z 上的特征值与特征函数，并假定 $|\lambda(y)-\mu(y)|\neq 0$，且一致有界．根据书[13]中的结果，可知边值问题(5.31)，(5.32)具有解 $[f_1(x), f_3(x), f_4(x), f_7(x)]$，这里 $f_j(x)\in C^1(\overline{D})(j=1,3,4,7)$．

我们还要由已知函数 $f_j(x)(j=1,3,4,7)$ 求出函数 $f_j(x)(j=2,5,6,8)$．将 $f_j(x)(j=1,3,4,7)$ 代入超双曲型方程组(5.31)，得

$$\begin{cases}f_{2x_2}=f_{1x_1}+f_{3x_3}+f_{4x_4}, f_{5x_2}=f_{1x_3}+f_{3x_1}-f_{7x_4},\\ f_{6x_2}=f_{1x_4}+f_{4x_1}+f_{7x_3}, f_{8x_2}=-f_{3x_4}+f_{4x_3}+f_{7x_1},\end{cases} \tag{5.35}$$

与

$$\begin{cases} f_{2x_1} - f_{5x_3} - f_{6x_4} = - f_{1x_2}, - f_{2x_3} + f_{5x_1} + f_{8x_4} = - f_{3x_2}, \\ - f_{2x_4} + f_{6x_1} - f_{8x_3} = - f_{4x_2}, f_{5x_4} - f_{6x_3} + f_{8x_1} = - f_{7x_2}. \end{cases}$$

(5.36)

从(5.35),可得

$$\begin{cases} f_2(x) = \int_0^{x_2} [f_{1x_1} + f_{3x_3} + f_{4x_4}] dx_2 + g_2(x_1, x_3, x_4), \\ f_5(x) = \int_0^{x_2} [f_{1x_3} + f_{3x_1} - f_{7x_4}] dx_2 + g_5(x_1, x_3, x_4), \\ f_6(x) = \int_0^{x_2} [f_{1x_4} + f_{4x_1} + f_{7x_3}] dx_2 + g_6(x_1, x_3, x_4), \\ f_8(x) = \int_0^{x_2} [- f_{3x_4} + f_{4x_3} + f_{7x_1}] dx_2 + g_8(x_1, x_3, x_4) \end{cases}$$

(5.37)

将以上各函数代入(5.36),我们有

$$\begin{cases} g_{2x_1} - g_{5x_3} - g_{6x_4} = a_1 = - f_{1x_2}|_{x_2=0}, \\ g_{5x_1} - g_{2x_3} + g_{8x_4} = a_2 = - f_{3x_2}|_{x_2=0}, \\ g_{6x_1} - g_{8x_3} - g_{2x_4} = a_3 = - f_{4x_2}|_{x_2=0}, \\ g_{8x_1} - g_{6x_3} + g_{5x_4} = a_4 = - f_{7x_2}|_{x_2=0}. \end{cases} \quad (5.38)$$

如果将变量 $x_1, x_3, x_4, g_2, g_5, g_6, g_8$ 分别代以 $x_1, x_2, x_3, w_1, w_2, w_3, w_4$,则方程组(5.38)成为一阶双曲型方程组

$$\begin{cases} w_{1x_1} - w_{2x_2} - w_{3x_3} = a_1, w_{2x_1} - w_{1x_2} + w_{4x_3} = a_2, \\ w_{3x_1} - w_{4x_2} - w_{1x_3} = a_3, w_{4x_1} - w_{3x_2} + w_{2x_3} = a_4. \end{cases}$$

(5.39)

根据书[17]中的方法,可求得方程组(5.39)于区域 $G = D \cap \{x_2 = 0\}$ 上的解 $[w_1, w_2, w_3, w_4] = [g_2, g_5, g_6, g_8]$. 将这些函数代入(5.37),便求得函数 $f_j(x)(j=2,5,6,8)$.

定理 5.4 在前述条件下,超双曲型方程组(5.31)满足边界条件(5.32)之 Dirichlet 问题的解 $f(x) = \sum_{j=1}^{8} f_j(x)$ 是存在的.

最后还要指出:(5.39)的齐次方程组

$$
\begin{cases}
w_{1x_1} - w_{2x_2} - w_{3x_3} = 0, w_{2x_1} - w_{1x_2} + w_{4x_3} = 0, \\
w_{3x_1} - w_{4x_2} - w_{1x_3} = 0, w_{4x_1} - w_{3x_2} + w_{2x_3} = 0,
\end{cases}
\tag{5.40}
$$

在区域 G 上的解 $w(x) = \sum_{j=1}^{3} w_j(x) e_j$ 是 R^3 中区域 G 上的正则函数，这里 $V_3 = \{e_1 = 1, e_2, e_3\}$ 是 R^3 中满足条件：$e_2^2 = -1, e_3^2 = 1, e_2 e_3 = -e_3 e_2$ 的基，又 A_4 是具有基 $\{1, e_2, e_3, e_2 e_3\}$ 的 V_3 的 Clifford 代数，定义 $\bar{\partial}() = ()_{x_1} e_1 + ()_{x_2} e_2 + ()_{x_3} e_3$，$\partial() = ()_{x_1} e_1 - ()_{x_2} e_2 - ()_{x_3} e_3$，区域 G 上的（左）正则函数 $w(x)$ 是指满足 $\bar{\partial} w = 0$ 的函数 $w(x) = \sum_{j=1}^{3} w_j(x) e_j \in F_G^2$. 对于这样的正则函数，$w_j(x)$ 在 G 上满足二阶双曲型方程

$$
w_{jx_1^2} + w_{jx_2^2} - w_{jx_3^2} = 0, j = 1,2,3.
$$

§6. 四元数空间中的某些边值问题

本文先引入四元数（其基为 $\{1, i, j, k\}$，满足条件：$i^2 = j^2 = k^2 = -1, ij = -ji = k$）空间中的正则函数与正则调和函数及它们间的关系，证明数量调和函数的共轭向量调和函数的存在性，然后讨论圆柱区域上正则函数与广义正则函数的 Dirichlet 边值问题的可解性，而使用的方法也适用于处理更一般的边值问题．

6.1 四元数空间的正则函数与正则调和函数

用 $x = x_1 + ix_2 + jx_3 + kx_4$ 表示四维欧氏空间 R^4 中的点，称为四元数，其中 $\{1, i, j, k\}$ 是如前所述的基，则 x_1 叫作 x 的数量部分，$x_0 = ix_1 + jx_2 + kx_3$ 叫作 x 的向量部分．设 D 是 R^4 中的一有界区域，用 $U = u_1 + iu_2 + ju_3 + ku_4$ 表示 D 上的四元函数．如果 $U = U(x)$ 的每个分量在 D 内具有二阶连续偏微商，且

$$
\partial_x U = [U_{x_1} + iU_{x_2} + jU_{x_3} + kU_{x_4}] = 0, \tag{6.1}
$$

这里微分算子 $\partial_x = ()_{x_1} + i()_{x_2} + j()_{x_3} + k()_{x_4}$，那么称 $u(x)$ 为 D 上的正则函数．(6.1)可改写成一阶椭圆型方程组：

$$\begin{cases} u_{1x_1} - u_{2x_2} - u_{3x_3} - u_{4x_4} = 0, \\ u_{1x_2} + u_{2x_1} - u_{3x_4} + u_{4x_3} = 0, \\ u_{1x_3} + u_{2x_4} + u_{3x_1} - u_{4x_2} = 0, \\ u_{1x_4} - u_{2x_3} + u_{3x_2} + u_{4x_1} = 0. \end{cases} \tag{6.2}$$

又记 $\partial_{\bar{x}} = ()_{x_1} - i()_{x_2} - j()_{x_3} - k()_{x_4}$，则 $\partial_x\partial_{\bar{x}} = \partial_{\bar{x}}\partial_x = ()_{x_1^2} + ()_{x_2^2} + ()_{x_3^2} + ()_{x_4^2} = \Delta$ 为 Laplace 算子．容易看出：正则函数 $U(x)$ 的每个分量 $u_n(x)$ 满足 Laplace 方程，即

$$\sum_{m=1}^{4} u_{nx_m^2} = 0, n = 1, \cdots, 4, \tag{6.3}$$

因此称 $u_n(x)(n=1,\cdots,4)$ 是正则调和函数．一个正则函数的数量部分 $u_1(x)$ 与向量部分 $u_0(x) = iu_1(x) + ju_2(x) + ku_3(x)$ 叫作互为共轭的函数. 引入记号 $U_{12} = u_1 + iu_2, U_{34} = u_3 + iu_4$，则 $U = U_{12} + U_{34}j$；又 $()_{\overline{z_{12}}} = \frac{1}{2}[()_{x_1} + i()_{x_2}], ()_{z_{34}} = \frac{1}{2}[()_{x_3} - i()_{x_4}]$，则

$$()_x = 2[()_{\overline{z_{12}}} + j()_{z_{34}}]. \tag{6.4}$$

引理 6.1 设 $U_{12} = u_1 + iu_2$ 在区域 D 内满足 $\Delta U_{12} = 0$，则在 D 内存在函数 $U_{34} = u_3 + iu_4$，使 $U = U_{12} + U_{34}j$ 在 D 内正则，即

$$\partial_x U = \partial_x(U_{12} + U_{34}j) = 0. \tag{6.5}$$

证 若要(6.5)式成立，只要 $\partial_x U_{34} j = -\partial_x U_{12}$；由(6.4)，易知有

$$\begin{aligned} U_{34\overline{z_{12}}} + jU_{34z_{34}} &= [U_{12\overline{z}_{12}} + jU_{12\overline{z}_{34}}]j \\ &= j\overline{U_{12z_{12}}} - \overline{U_{12\overline{z_{34}}}}. \end{aligned}$$

由以上方程组，可得

$$U_{34\overline{z_{12}}} = -\overline{U_{12\overline{z_{34}}}}, U_{34z_{34}} = \overline{U_{12z_{12}}}. \tag{6.6}$$

而方程组(6.6)有解当且仅当以下条件成立：

$$-(\overline{U_{12\overline{z_{34}}}})_{z_{34}} = (\overline{U_{12z_{12}}})_{\overline{z_{12}}}. \tag{6.7}$$

从引理的条件：$\Delta U_{12} = 0$，即 $\Delta u_1 + i\Delta u_2 = 0$，于是 $\Delta u_1 = \Delta u_2 = 0$，故 $\Delta\overline{U_{12}} = \Delta u_1 - i\Delta u_2 = 0$. 又因 $\Delta\overline{U_{12}} = \partial_x \partial_{\bar{x}}\overline{U_{12}} = 4[()_{\overline{z_{12}}} + j()_{z_{34}}][()_{z_{12}} - j()_{\overline{z_{34}}}]\overline{U_{12}}$，则得

$$(\overline{U_{12\bar{z}_{12}}})_{z_{12}} + (\overline{U_{12\overline{z_{34}}}})_{z_{34}} = 0,$$

此即式(6.7). 从方程组(6.6)可求出解U_{34},并知$U=U_{12}+U_{34}j$在D内正则. 引理6.1得证.

容易看出:当方程组(6.6)可解时,其解U_{34}不是唯一的. 事实上,若$(U_{34})_0$是(6.6)的一个解,则$(U_{34})_0+f(z_{12},z_{34})$也是(6.6)的解,这里$f(z_{12},z_{34})$是关于$z_{12}$,$\overline{z_{34}}$的任意二元解析函数.

定理6.2 若四元数量函数φ在单连通区域D内正则调和,则在D内存在共轭向量函数ψ.

证 任取D内的正则调和函数u_2,记$U_{12}=\varphi+iu_2$,由引理6.1,可求得$U_{34}=u_3+iu_4$,使得$U_{12}+U_{34}j$在D内正则,而$\psi=iu_2+ju_3+ku_4$即为所求之共轭向量函数.

引理6.3 对于方程组

$$\varphi_{x_m} = P_m(x), m = 1,\cdots,4, \tag{6.8}$$

它可解的充要条件是下列六个条件成立:

$$\begin{cases} p_{1x_2} = p_{2x_1}, p_{2x_3} = p_{3x_2}, p_{3x_1} = p_{1x_3}, \\ p_{3x_4} = p_{4x_3}, p_{4x_1} = p_{1x_4}, p_{4x_2} = p_{2x_4}. \end{cases} \tag{6.9}$$

证 由(6.9)的前三个条件,并固定x_4,可从(6.8)的前三个方程求出形如下的解

$$\Phi = \int_{(x_1{}^0,x_2{}^0,x_3{}^0)}^{(x_1,x_2,x_3)} p_1dx_1 + p_2dx_2 + p_3dx_3 + C(x_4), \tag{6.10}$$

将此函数代入(6.8)的第四个方程,得

$$\begin{aligned}\Phi_{x_4} &= \left[\int_{(x_1{}^0,x_2{}^0,x_3{}^0)}^{(x_1,x_2,x_3)} p_1dx_1 + p_2dx_2 + p_3dx_3\right]_{x_4} + C'(x_4) \\ &= \int_{(x_1{}^0,x_2{}^0,x_3{}^0)}^{(x_1,x_2,x_3)} p_{1x_4}dx_1 + p_{2x_4}dx_2 + p_{3x_4}dx_3 + C'(x_4) \\ &= \int_{(x_1{}^0,x_2{}^0,x_3{}^0)}^{(x_1,x_2,x_3)} p_{4x_1}dx_1 + p_{4x_2}dx + p_{4x_3}dx_3 + C'(x_4) \\ &= p_4(x) - p_4(x^0) + C'(x_4) = p_4(x),\end{aligned}$$

其中$x^0=x_1^0+ix_2^0+jx_3^0+kx_4^0$,并取(6.10)中$x_4$的任意函数

$$C(x_4) = \int_{x_4^0}^{x_4} p_4(x_1^0, x_2^0, x_3^0, x_4) dx_4,$$

因而 $C'(x_4) = p_4(x_1^0, x_2^0, x_3^0, x_4)$. 这表明当(6.9)成立时，方程组(6.8)是可解的. 又引理中的必要性是显然的.

引理 6.4 对于方程组(6.2)，若 u_1, u_2, u_3 是已知的正则调和函数，则

$$u_{1x_m} = p_m, m = 1, \cdots, 4, \tag{6.11}$$

此处

$$\begin{aligned} p_1 &= u_{2x_2} + u_{3x_3} + u_{4x_4}, \quad p_2 = -u_{2x_1} + u_{3x_4} - u_{4x_3}, \\ p_3 &= -u_{2x_4} - u_{3x_1} + u_{4x_2}, \quad p_4 = u_{2x_3} - u_{3x_2} - u_{4x_1}, \end{aligned} \tag{6.12}$$

可解的充要条件是

$$p_{1x_2} = p_{2x_1}, p_{1x_3} = p_{3x_1}, p_{1x_4} = p_{4x_1}. \tag{6.13}$$

证 由 $p_{1x_2} = p_{2x_1}$，可推出

$$(u_{2x_1^2} + u_{2x_2^2}) + (u_{3x_2x_3} - u_{3x_1x_4}) + (u_{4x_2x_4} + u_{4x_1x_3}) = 0, \tag{6.14}$$

又因 $\Delta u_2 = 0$，从上式可得

$$(u_{2x_3^2} + u_{2x_4^2}) - (u_{3x_2x_3} - u_{3x_1x_4}) - (u_{4x_1x_3} + u_{4x_2x_4}) = 0, \tag{6.15}$$

由上式，便知 $p_{3x_4} = p_{4x_3}$. 同样由 $p_{1x_3} = p_{2x_1}$, $p_{1x_4} = p_{4x_1}$ 可分别推出

$$p_{2x_4} = p_{4x_2}, p_{2x_3} = p_{3x_2}.$$

即当(6.13)成立时，有式(6.9). 根据引理 6.3，便知方程组(6.11)是可解的. 而引理中的必要性部分是明显的. 引理 6.4 证毕.

记 $\nabla = i()_{x_1} + j()_{x_2} + k()_{x_3}$, $U = u_1 + \psi$，则

$$\begin{aligned} \partial_x U &= [()_{x_1} + \nabla](u_1 + \psi) \\ &= u_{1x_1} + \nabla u_1 + \psi_{x_1} - \nabla \cdot \psi + \nabla \times \psi. \end{aligned}$$

由[6]中的结果，可知 $U = u_1 + \psi$ 在 D 内正则的充要条件是 $u_{1x_1} = \nabla \cdot \psi$, $\nabla u_1 = -\psi_{x_1} - \nabla \times \psi$.

定理 6.5 对于在 D 内分量，为正则调和函数的向量函数 ψ，

在 D 内存在共轭数量函数的充要条件为

$$\nabla(\nabla\cdot\psi)=-\psi_{x_1}^2-(\nabla\times\psi)_{x_1}. \tag{6.16}$$

证 (6.16)式也是(6.13)的向量表示式，由引理 6.4 即知本定理成立.

6.2 正则函数和广义正则函数的边值问题

设 D 是 R^4 中的一个单连通圆柱区域，$D=G_1\times G_2$，G_1、G_2 分别是 $z_{12}=x_1+ix_2$，$z_{34}=x_3+ix_4$ 复平面上的有界区域，其边界分别为 Γ_1、$\Gamma_2\in C_\alpha^1(0<\alpha<1)$，不妨设 $z_{12}=0\in G_1$，$z_{34}=0\in G_2$. 考虑区域 D 上四元正则函数的 Dirichlet 边值问题简称问题 D，即求 D 上的正则函数 $U(x)$，在 $\overline{D}$ 上连续，且满足边界条件：

$$U_{12}(x)=\varphi(x),\ x\in\Gamma=\partial D, \tag{6.17}$$

其中 $\varphi(x)=\varphi_1(x)+i\varphi_2(x)$，$\varphi_1(x)$，$\varphi_2(x)$ 是 Γ 上的实值连续函数，且在 D 的特征边界 $\Gamma_0=\Gamma_1\times\Gamma_2(\Gamma_j=\partial G_j,j=1,2)$ 上具有 Hölder 连续偏微商，即 $\varphi_j(x)\in C_\alpha^1(\Gamma_0)(0<\alpha<1,j=1,2)$.

引理 6.6 若在区域 D 上，有 $\Delta U_{12}=0$，又 U_{12} 在 $\overline{D}$ 上连续，且 $U_{12}\in C_\alpha^1(\Gamma_0)$，则方程组

$$U_{34\overline{z_{12}}}=-\overline{U_{12\overline{z_{34}}}},\ U_{34z_{34}}=\overline{U_{12z_{12}}} \tag{6.18}$$

具有在 $\overline{D}$ 上 Hölder 连续的特解：

$$U_{34}(z_{12},z_{34})=T_{G1}(-\overline{U_{12\overline{z_{34}}}})+\overline{T}_{G2}(\Phi_{0z_{12}}), \tag{6.19}$$

此处

$$T_{G_1}(-\overline{U_{12\overline{z_{34}}}})=\frac{1}{\pi}\iint_{G_1}\frac{[\overline{U_{12}(\zeta,z_{34})}]_{\overline{z_{34}}}}{\zeta-z_{12}}d\sigma_\zeta,$$

$$\overline{T}_{G2}(\Phi_{0z_{12}})=-\frac{1}{\pi}\iint_{G_2}\frac{\Phi_0(z_{12},\zeta)_{z_{12}}}{\overline{\zeta}-\overline{z_{34}}}d\sigma_\zeta,$$

$$\Phi_0=\frac{1}{2\pi i}\int_{\Gamma_1}\frac{\overline{U_{12}(\zeta,z_{34})}}{\zeta-z_{12}}d\zeta.$$

证 因为对固定的 z_{34}，Φ_0 关于 $z_{12}\in G_1$ 解析，故$[T_G(\Phi_{0z_{12}})]_{\overline{z_{12}}}=0$， 而

$$[T_{G_1}(-\overline{U_{12\overline{z_{34}}}})]_{\overline{z_{12}}}=-\overline{U_{12\overline{z_{34}}}},$$

所以(6.19)是(6.18)的第一个方程的解.

当 $\Delta U_{12}=0$ 时,由引理 6.1 证明中所得的式(6.7),使用 Pompeiu 公式,有

$$[T_{G_1}(-\overline{U_{12\overline{z_{34}}}})]_{z_{31}}=\frac{1}{\pi}\iint_{G_1}\frac{[\overline{U_{12}(\zeta,z_{34})_{\overline{z_{34}}}}]_{z_{34}}}{\zeta-z_{12}}d\sigma_\zeta$$

$$=-\frac{1}{\pi}\iint_{G_1}\frac{[\overline{U_{12}(\zeta,z_{34})_\zeta}]_{\bar\zeta}}{\zeta-z_{12}}d\sigma_\zeta$$

$$=[\overline{U_{12}(z_{12},z_{34})}]_{z_{12}}-\frac{1}{2\pi i}\int_{\Gamma_1}\frac{[\overline{U_{12}(\zeta,z_{34})}]_{\bar\zeta}}{\zeta-z_{12}}d\zeta.$$

再使分部积分法,可得

$$\Phi_{0z_{12}}=\frac{1}{2\pi i}\int_{\Gamma_1}\frac{[\overline{U_{12}(\zeta,z_{34})}]_{\bar\zeta}}{\zeta-z_{12}}d\zeta,$$

因而

$$[T_{G_1}(-\overline{U_{12\overline{z_{34}}}})]_{z_{31}}=[\overline{U_{12}(z_{12},z_{34})}]_{z_{12}}-\Phi_{0z_{12}}.$$

又$[\overline{T}_{G_2}(\Phi_{0z12})]_{z34}=\Phi_{0z12}$,即知(6.19)是(6.18)的第二个方程的解.故(6.19)是方程组(6.18)的特解.由书[18]中第一章定理1.10和定理 1.19,还可推出 $U_{34}(x)$ 在 $\overline{D}$ 上的 Hölder 连续性.

为了证明正则函数问题 D 解的存在性.引入区域 D 内 Dirichlet 问题的 Green 函数 $G(P,Q)$,则 U_{12} 可表示成[8]

$$U_{12}=\int_\Gamma\frac{\partial G}{\partial n}\varphi(Q)d\Gamma_Q,\tag{6.20}$$

这里 $\varphi(Q)$ 是(6.17)式中所示的边界值,n 为 Γ 的外法线方向.而分量函数 U_{34} 可由方程组(6.18)确定,由引理 6.6,可求得(6.18)的通解

$$U_{34}=T_{G_1}(-\overline{U_{12\overline{z_{34}}}})+\overline{T}_{G_2}(\Phi_{0z_{12}})+f(z_{12},z_{34}),\tag{6.21}$$

此处 $f(z_{12},z_{34})$ 是 D 内关于 z_{12} 与 $\overline{z_{34}}$ 的二元解析函数,并且在 $\overline{D}$ 上连续.我们将此结果写成:

定理 6.7 四元正则函数的问题 D 是可解的,其解可由(6.20),(6.21)通过边界值 φ 来表示.

其次,考虑区域 D 上的偏微分方程

$$\partial_{\bar{x}} U = AU + B\overline{U} + C, \tag{6.22}$$

其中 $A(x)=a_1(x)+ia_2(x)+ja_3(x)+ka_4(x)$，$B(x)=b_1(x)+ib_2(x)+jb_3(x)+kb_4(x)$，$C(x)=c_1(x)+ic_2(x)+jc_3(x)+kc_4(x)$，$\overline{U}=u_1-iu_1-ju_2-ku_4$，而实值函数 $a_n(x)$，$b_m(x)$，$c_m(x)\in C^1(\overline{D})$，$m=1,\cdots,4$. 我们把在 D 内满足方程组(6.22)的解 $U(x)$ 称为广义正则函数. 并且还设在 D 内

$$\partial_{\bar{x}} A = 0, \partial_{\bar{x}} B = 0, \sum_{m=1}^{4} b_m^2 \geqslant \sum_{m=1}^{4} a_m^2. \tag{6.23}$$

广义正则函数 $U(x)=u_1+iu_2+ju_3+ku_4$ 等价于以下方程组的解 $[u_1,u_2,u_3,u_4]$：

$$\begin{aligned}
u_{1x_1} - u_{2x_2} - u_{3x_3} - u_{4x_4} &= (a_1u_1 - a_2u_2 - a_3u_3 - a_4u_4) \\
&\quad + (b_1u_1 + b_2u_2 + b_3u_3 + b_4u_4) + c_1, \\
u_{1x_2} + u_{2x_1} - u_{3x_4} + u_{4x_3} &= (a_2u_1 + a_1u_2 - a_4u_3 + a_3u_4) \\
&\quad + (b_2u_1 - b_1u_2 + b_4u_3 - b_3u_4) + c_2, \\
u_{1x_3} + u_{2x_4} + u_{3x_1} - u_{4x_2} &= (a_3u_1 + a_4u_2 + a_1u_3 - a_2u_4) \\
&\quad + (b_3u_1 - b_4u_2 - b_1u_3 + b_2u_4) + c_3, \\
u_{1x_4} - u_{2x_3} + u_{3x_2} + u_{4x_1} &= (a_4u_1 - a_3u_2 + a_2u_3 + a_1u_4) \\
&\quad + (b_4u_1 + b_3u_2 - b_2u_3 - b_1u_4) + c_4.
\end{aligned} \tag{6.24}$$

所谓广义正则函数在区域 D 上的 Dirichlet 问题 D′，即求方程组(6.22)或(6.24)于 $\overline{D}$ 上的连续解 U，使它满足边界条件

$$u_1 = \varphi,\ x \in \Gamma, \tag{6.25}$$

这里 φ 是 Γ 上的连续实值函数.

对方程组(6.22)两边作算子运算 ∂_x 得

$$\Delta U = \partial_x (AU + B\overline{U} + C). \tag{6.26}$$

引入记号$[\,]_m$，表示四元数的第 m 个分量，使用(6.24)，我们有

$$\begin{aligned}
&[\partial_x(AU + B\overline{U})]_1 \\
&= a_1(u_{1x_1} + u_{2x_2} + u_{3x_3} + u_{4x_4}) \\
&\quad + b_1(u_{1x_1} - u_{2x_2} - u_{3x_3} - u_{4x_4}) \\
&\quad + a_2(u_{1x_2} - u_{2x_1} + u_{3x_4} - u_{4x_3}) \\
&\quad + b_2(u_{1x_2} + u_{2x_1} - u_{3x_4} + u_{4x_3})
\end{aligned}$$

$$
\begin{aligned}
&+ a_3(u_{1x_3} - u_{2x_4} - u_{3x_1} + u_{4x_2}) \\
&+ b_3(u_{1x_3} + u_{2x_4} + u_{3x_1} - u_{4x_2}) \\
&+ a_4(u_{1x_4} + u_{2x_3} - u_{3x_2} - u_{4x_1}) \\
&+ b_4(u_{1x_4} - u_{2x_3} + u_{3x_2} + u_{4x_1}) \\
= {} & a_1[2u_{1x_1} - (a_1u_1 - a_2u_2 - a_3u_3 - a_4u_4) \\
&- (b_1u_1 + b_2u_2 + b_3u_3 + b_4u_4) - c_1] \\
&+ a_2[2u_{1x_2} - (a_2u_1 + a_1u_2 - a_4u_3 + a_3u_4) \\
&- (b_2u_1 - b_1u_2 + b_4u_3 - b_3u_4) - c_2] \\
&+ a_3[2u_{1x_3} - (a_3u_1 + a_4u_2 + a_1u_3 - a_2u_4) \\
&- (b_3u_1 - b_4u_2 - b_1u_3 + b_2u_4) - c_3] \\
&+ a_4[2u_{1x_4} - (a_4u_1 - a_3u_2 + a_2u_3 + a_1u_4) \\
&- (b_4u_1 + b_3u_2 - b_2u_3 - b_1u_4) - c_4] \\
&+ b_1[(a_1u_1 - a_2u_2 - a_3u_3 - a_4u_4) \\
&+ (b_1u_1 + b_2u_2 + b_3u_3 + b_4u_4) + c_1] \\
&+ b_2[(a_2u_1 + a_1u_2 - a_4u_3 + a_3u_4) \\
&+ (b_2u_1 - b_1u_2 + b_4u_3 - b_3u_4) + c_2] \\
&+ b_3[(a_3u_1 + a_4u_2 + a_1u_3 - a_2u_4) \\
&+ (b_3u_1 - b_4u_2 - b_1u_3 + b_2u_4) + c_3] \\
&+ b_4[(a_4u_1 - a_3u_2 + a_2u_3 + a_1u_4) \\
&+ (b_4u_1 + b_3u_2 - b_2u_3 - b_1u_4) + c_4] \\
= {} & 2\sum_{m=1}^{4} a_m u_{1x_m} + \sum_{m=1}^{4}(b_m^2 - a_m^2)u_1 + \sum_{m=1}^{4}(b_m - a_m)c_m.
\end{aligned}
$$

由条件(6.26)，有

$$
\begin{aligned}
\Delta u_1 - 2\sum_{m=1}^{4} a_m u_{1x_m} - \sum_{m=1}^{4}(b_m^2 - a_m^2)u_1 \\
= \sum_{m=1}^{4}(b_m - a_m)c_m + [\partial_{\bar{x}} C]_1,
\end{aligned}
\tag{6.27}
$$

及(6.25)成立. 由于条件(6.23)，根据[8]中的定理 6.13，关于 u_1 的二阶椭圆型方程的 Dirichlet 边值问题(6.27)，(6.25)存在唯一解 $u_1 \in C(\overline{D}) \cap C^2(D)$. 而

$$
\begin{aligned}
&[\partial_{\bar{x}}(AU + B\overline{U})]_2 \\
&= a_1(-u_{1x_2} + u_{2x_1} + u_{3x_4} - u_{4x_3}) \\
&\quad + b_1(-u_{1x_2} - u_{2x_1} - u_{3x_4} + u_{4x_3}) \\
&\quad + a_2(u_{1x_1} + u_{2x_2} - u_{3x_3} - u_{4x_4}) \\
&\quad + b_2(u_{1x_1} - u_{2x_2} + u_{3x_3} + u_{4x_4}) \\
&\quad + a_3(u_{1x_4} + u_{2x_3} + u_{3x_2} + u_{4x_1}) \\
&\quad + b_3(u_{1x_4} - u_{2x_3} - u_{3x_2} - u_{4x_1}) \\
&\quad + a_4(-u_{1x_3} + u_{2x_4} - u_{3x_1} + u_{4x_2}) \\
&\quad + b_4(-u_{1x_3} - u_{2x_4} + u_{3x_1} - u_{4x_2}) \\
&= a_1[2u_{2x_1} - (a_2u_1 + a_1u_2 - a_4u_3 + a_3u_4) \\
&\quad - (b_2u_1 - b_1u_2 + b_4u_3 - b_3u_4) - c_2] \\
&\quad + a_2[2u_{2x_2} + (a_1u_1 - a_2u_2 - a_3u_3 - a_4u_4) \\
&\quad + (b_1u_1 + b_2u_2 + b_3u_3 + b_4u_4) + c_1] \\
&\quad + a_3[2u_{2x_3} + (a_4u_1 - a_3u_2 + a_2u_3 + a_1u_4) \\
&\quad + (b_4u_1 + b_3u_2 + b_2u_3 - b_1u_4) + c_4] \\
&\quad + a_4[2u_{2x_4} - (a_3u_1 + a_4u_2 + a_1u_3 - a_2u_4) \\
&\quad - (b_3u_1 - b_4u_2 - b_1u_3 + b_2u_4) - c_3] \\
&\quad + b_1[-2u_{1x_2} - 2u_{2x_1} + (a_2u_1 + a_1u_2 - a_4u_3 + a_3u_4) \\
&\quad + (b_2u_1 - b_1u_2 + b_4u_3 - b_3u_4) + c_2] \\
&\quad + b_2[2u_{1x_1} - 2u_{2x_2} - (a_1u_1 - a_2u_2 - a_3u_3 - a_4u_4) \\
&\quad - (b_1u_1 + b_2u_2 + b_3u_3 + b_4u_4) - c_1] \\
&\quad + b_3[2u_{1x_4} - 2u_{2x_3} - (a_4u_1 - a_3u_2 + a_2u_3 + a_1u_4) \\
&\quad - (b_4u_1 + b_3u_2 - b_2u_3 - b_1u_4) - c_4] \\
&\quad + b_4[-2u_{1x_3} - 2u_{2x_4} + (a_3u_1 + a_4u_2 + a_1u_3 - a_2u_4) \\
&\quad + (b_3u_1 - b_4u_2 - b_1u_3 + b_2u_4) + c_3] \\
&= 2\sum_{m=1}^{4}(a_m - b_m)u_{2x_m} - \sum_{m=1}^{4}(a_m - b_m)^2u_2 \\
&\quad + 2(-b_1u_{1x_2} + b_2u_{1x_1} + b_3u_{1x_4} - b_4u_{1x_3}) \\
&\quad + 2(-a_1b_2 + a_2b_1 + a_3b_4 - a_4b_3)u_1 \\
&\quad + [(b_1 - a_1)c_2 - (b_2 - a_2)c_1 - (b_3
\end{aligned}
$$

$$- a_3)c_4 + (b_4 - a_4)c_3].$$

同样可得

$$\begin{aligned}[\partial_{\bar{x}} AU + B\overline{U})]_3 = & 2\sum_{m=1}^{4}(a_m - b_m)u_{3x_m} - \sum_{m=1}^{4}(a_m - b_m)^2 u_3 \\ & + 2(-b_1 u_{1x_3} - b_2 u_{1x_4} + b_3 u_{1x_1} + b_4 u_{1x_2}) \\ & + 2(-a_1 b_3 - a_2 b_4 + a_3 b_1 + a_4 b_2)u_1 \\ & + [(b_1 - a_1)c_3 + (b_2 - a_2)c_4 \\ & - (b_3 - a_3)c_1 - (b_4 - a_4)c_2],\end{aligned}$$

$$\begin{aligned}[\partial_{\bar{x}}(AU + B\overline{U})]_4 = & 2\sum_{m=1}^{4}(a_m - b_m)u_{4x_m} - \sum_{m=1}^{4}(a_m - b_m)^2 u4 \\ & + 2(-b_1 u_{1x_4} + b_2 u_{1x_3} - b_3 u_{1x_2} + b_4 u_{1x_1}) \\ & + 2(-a_1 b_4 + a_2 b_3 - a_3 b_2 + a_4 b_1)u_1 \\ & + [(b_1 - a_1)c_4 - (b_2 - a_2)c_3 \\ & + (b_3 - a_3)c_2 - (b_4 - a_4)c_1].\end{aligned}$$

将从(6.27)求得的 u_1 代入到以上三式，由(6.26)可得

$$\begin{aligned}\Delta u_2 & - 2\sum_{m=1}^{4}(a_m - b_m)u_{2x_m} + \sum_{m=1}^{4}(b_m - a_m)^2 u_2 \\ & = 2(-b_1 u_{1x_2} + b_2 u_{1x_1} + b_3 u_{1x_4} - b_4 u_{1x_3}) \\ & \quad + 2(-a_1 b_2 + a_2 b_1 + a_3 b_4 - a_4 b_3)u_1 \\ & \quad + [(b_1 - a_1)c_2 - (b_2 - a_2)c_1 - (b_3 - a_3)c_4 \\ & \quad + (b_4 - a_4)c_3] + [\partial_{\bar{x}} C]_2, \end{aligned} \tag{6.28}$$

$$\begin{aligned}\Delta u_3 & - 2\sum_{m=1}^{4}(a_m - b_m)u_{3x_m} + \sum_{m=1}^{4}(a_m - b_m)^2 u_3 \\ & = 2(-b_1 u_{1x_3} - b_2 u_{1x_4} + b_3 u_{1x_1} + b_4 u_{1x_2}) \\ & \quad + 2(-a_1 b_3 - a_2 b_4 + a_3 b_1 + a_4 b_2) \\ & \quad + [(b_1 - a_1)c_3 + (b_2 - a_2)c_4 - (b_3 - a_3)c_1 \\ & \quad - (b_4 - a_4)c_2] + [\partial_{\bar{x}} C]_3, \end{aligned} \tag{6.29}$$

$$\begin{aligned}
&\Delta u_4 - 2\sum_{m=1}^{4}(a_m - b_m)u_{4x_m} + \sum_{m=1}^{4}(a_m - b_m)^2 u_4 \\
&\quad = 2(-b_1 u_{1x_4} + b_2 u_{1x_3} - b_3 u_{1x_2} + b_4 u_{1x_1}) \\
&\qquad + 2(-a_1 b_4 + a_2 b_3 - a_3 b_2 + a_4 b_1)u_1 \\
&\qquad + [(b_1 - a_1)c_4 - (b_2 - a_2)c_3 \\
&\qquad + (b_3 - a_3)c_2 - (b_4 - a_4)c_1] + [\partial_{\bar{x}} C]_4. \quad (6.30)
\end{aligned}$$

当 $a_m = b_m, m = 1, \cdots, 4$ 时，(6.28)—(6.30)都是 Poisson 方程，显然都具有解，因此在一些条件下，(6.28)—(6.30)是可解的．由上面的讨论，我们得到以下结果：

定理 6.8 广义正则函数即方程组(6.22)或(6.24)之问题 D′，当关于 u_2, u_3, u_4 的二阶椭圆型方程(6.28)—(6.30)有解时才可解．

此外，我们还可讨论：在一定条件下，方程组(6.22)或(6.24)之斜微商边值问题的可解性．这种斜微商问题的边界条件类似于 §5 中相应边值问题的边界条件．类似于 §5 中关于退化椭圆型方程组的边值问题，对于四元数空间，我们也可讨论一类退化椭圆型方程组之 Dirichlet 边值问题和斜微商边值问题的可解性．本节的主要结果可参看论文[29].

参 考 文 献

[1] Begehr H., Wen G. C., and Zhao Z., An initial and boundary value problem for nonlinear composite type systems of three equations, Math. Pannonica, (1), 2 (1991), 49—61.

[2] Brackx F., Delanghe R., and Sommen F., Clifford Analysis, Pitman Advanced Publishing Program, 1982.

[3] Chisholm J. S. R. and Common A. K., Clifford Algebras and Their Applications in Mathematical Physics, Reidel Publishing Co., 1986.

[4] Coddington E. and Levinson N., Differential Equations, McGraw Hill, 1955.

[5] Dai Daoqing, On an initial boundary value problem for nonlinear pseudoparabolic equations, Complex Variables, 14 (1990), 139—151.

[6] Deavous C. A., The quaternion calculus, Amer. Math. Mon., 80 (1973), 995—1008.

[7] Dzhuraev A., Systems of equations of composite type, Longman Scientific and Technical, 1989.

[8] 吉尔巴格 D. 和塔丁格 N. S.，二阶椭圆型偏微分方程，上海科学技术出版社，1981.

[9] Gilbert R. P. and Buchanan J. L., First Order Elliptic Systems: A Function Theoretic Approach, Academic Press, 1983.

[10] Goluzin G. M., Geometric Theory of Functions of a Complex Variable, Amer. Math. Soc., 1969.

[11] Ladyshenskaja O. A. and Uraltseva N. N., Linear and Quasilinear Elliptic Equations, Academic Press, 1968.

[12] 李名德和秦禹春，一类奇性椭圆型偏微分方程的斜微商问题，杭州大学学报(自然科学)，2(1980)，1—18.

[13] 凌岭，超双曲型方程，西北大学出版社，1987.

[14] Monakhov V. N., Boundary Value Problems with Free Boundaries for Elliptic Systems of Equations, Amer. Math. Soc., 1983.

[15] Panejah B. P., On the theory of solvability of the oblique derivative problem, Math. Sbornik, 114 (1981), 226—268.

[16] Привалов И. И.，解析函数的边界性质，科学出版社，1956.

[17] Sakamoto R., Hyperbolic Boundary Value Problems, Cambrige University Press, 1982.

[18] 维库阿 И. Н.，广义解析函数，人民教育出版社，1960.

[19] Виноградов В. С.，Об одном аналоге системы Коши-Римана b четырехмерном пространстве，ДАН СССР，154(1964)，16--19.

[20] 闻国椿，共形映射与边值问题，高等教育出版社，1985.

[21] 闻国椿，线性与非线性椭圆型复方程，上海科学技术出版社，1986.

[22] 闻国椿，杨广武和黄沙等，广义解析函数及其拓广，河北教育出版社，1989.

[23] Wen Guochun and Begehr H. G. W., Boundary Value Problems for Elliptic Equations and Systems, Longman Scientific and Technical, 1990.

[24] Wen Guochun and Zhao Zhen (Chief Editors), Integral Equations and Boundary Value Problems, World Scientific, 1991.

[25] Wen Guochun and Zhao Zhen (Chief Editors), Selected Papers of the International Conference on Integral Equations and Boundary Value Problems, J. Sichuan Normal Vniv. (Natural Sci.), 1991, 1.

[26] 闻国椿，Clifford 分析中的斜微商问题，烟台大学学报(自然科学与工程版)，(1)，(1990)，1—6.

[27] 闻国椿，李子植和李鸿振，一阶非线性椭圆型复方程于全平面上解的性质及应用，

河北大学学报(自然科学),(2),(1981),28—35.

[28] Xu Zhenyuan, On linear and nonlinear Riemann Hilbert boundary value problems for regular functions with values in a Clifford algebra, Chinese Ann. Math. Ser. 11 B(1990), 349—357.

[29] 杨丕文,四元数空间中的正则函数与某些边值问题,四川师范大学学报(自然科学版),(6),(1994),1—7.

[30] 周毓麟,关于非线性椭圆型方程与非线性抛物型方程的一些问题,北京大学学报(自然科学),5(1959),283—326.

《现代数学基础丛书》已出版书目

1　数理逻辑基础(上册)　1981.1　胡世华　陆钟万　著
2　数理逻辑基础(下册)　1982.8　胡世华　陆钟万　著
3　紧黎曼曲面引论　1981.3　伍鸿熙　吕以辇　陈志华　著
4　组合论(上册)　1981.10　柯　召　魏万迪　著
5　组合论(下册)　1987.12　魏万迪　著
6　数理统计引论　1981.11　陈希孺　著
7　多元统计分析引论　1982.6　张尧庭　方开泰　著
8　有限群构造(上册)　1982.11　张远达　著
9　有限群构造(下册)　1982.12　张远达　著
10　测度论基础　1983.9　朱成熹　著
11　分析概率论　1984.4　胡迪鹤　著
12　微分方程定性理论　1985.5　张芷芬　丁同仁　黄文灶　董镇喜　著
13　傅里叶积分算子理论及其应用　1985.9　仇庆久　陈恕行　是嘉鸿　刘景麟　蒋鲁敏　编
14　辛几何引论　1986.3　J.柯歇尔　邹异明　著
15　概率论基础和随机过程　1986.6　王寿仁　编著
16　算子代数　1986.6　李炳仁　著
17　线性偏微分算子引论(上册)　1986.8　齐民友　编著
18　线性偏微分算子引论(下册)　1992.1　齐民友　徐超江　编著
19　实用微分几何引论　1986.11　苏步青　华宣积　忻元龙　著
20　微分动力系统原理　1987.2　张筑生　著
21　线性代数群表示导论(上册)　1987.2　曹锡华　王建磐　著
22　模型论基础　1987.8　王世强　著
23　递归论　1987.11　莫绍揆　著
24　拟共形映射及其在黎曼曲面论中的应用　1988.1　李　忠　著
25　代数体函数与常微分方程　1988.2　何育赞　萧修治　著
26　同调代数　1988.2　周伯壎　著
27　近代调和分析方法及其应用　1988.6　韩永生　著
28　带有时滞的动力系统的稳定性　1989.10　秦元勋　刘永清　王　联　郑祖庥　著
29　代数拓扑与示性类　1989.11　[丹麦] I. 马德森　著
30　非线性发展方程　1989.12　李大潜　陈韵梅　著

31　仿微分算子引论　1990.2　陈恕行　仇庆久　李成章　编
32　公理集合论导引　1991.1　张锦文　著
33　解析数论基础　1991.2　潘承洞　潘承彪　著
34　二阶椭圆型方程与椭圆型方程组　1991.4　陈亚浙　吴兰成　著
35　黎曼曲面　1991.4　吕以辇　张学莲　著
36　复变函数逼近论　1992.3　沈燮昌　著
37　Banach 代数　1992.11　李炳仁　著
38　随机点过程及其应用　1992.12　邓永录　梁之舜　著
39　丢番图逼近引论　1993.4　朱尧辰　王连祥　著
40　线性整数规划的数学基础　1995.2　马仲蕃　著
41　单复变函数论中的几个论题　1995.8　庄圻泰　杨重骏　何育赞　闻国椿　著
42　复解析动力系统　1995.10　吕以辇　著
43　组合矩阵论(第二版)　2005.1　柳柏濂　著
44　Banach 空间中的非线性逼近理论　1997.5　徐士英　李　冲　杨文善　著
45　实分析导论　1998.2　丁传松　李秉彝　布　伦　著
46　对称性分岔理论基础　1998.3　唐　云　著
47　Gel'fond-Baker 方法在丢番图方程中的应用　1998.10　乐茂华　著
48　随机模型的密度演化方法　1999.6　史定华　著
49　非线性偏微分复方程　1999.6　闻国椿　著
50　复合算子理论　1999.8　徐宪民　著
51　离散鞅及其应用　1999.9　史及民　编著
52　惯性流形与近似惯性流形　2000.1　戴正德　郭柏灵　著
53　数学规划导论　2000.6　徐增堃　著
54　拓扑空间中的反例　2000.6　汪　林　杨富春　编著
55　序半群引论　2001.1　谢祥云　著
56　动力系统的定性与分支理论　2001.2　罗定军　张　祥　董梅芳　著
57　随机分析学基础(第二版)　2001.3　黄志远　著
58　非线性动力系统分析引论　2001.9　盛昭瀚　马军海　著
59　高斯过程的样本轨道性质　2001.11　林正炎　陆传荣　张立新　著
60　光滑映射的奇点理论　2002.1　李养成　著
61　动力系统的周期解与分支理论　2002.4　韩茂安　著
62　神经动力学模型方法和应用　2002.4　阮　炯　顾凡及　蔡志杰　编著
63　同调论——代数拓扑之一　2002.7　沈信耀　著
64　金兹堡-朗道方程　2002.8　郭柏灵　黄海洋　蒋慕容　著

65 排队论基础 2002.10 孙荣恒 李建平 著
66 算子代数上线性映射引论 2002.12 侯晋川 崔建莲 著
67 微分方法中的变分方法 2003.2 陆文端 著
68 周期小波及其应用 2003.3 彭思龙 李登峰 谌秋辉 著
69 集值分析 2003.8 李 雷 吴从炘 著
70 强偏差定理与分析方法 2003.8 刘 文 著
71 椭圆与抛物型方程引论 2003.9 伍卓群 尹景学 王春朋 著
72 有限典型群子空间轨道生成的格(第二版) 2003.10 万哲先 霍元极 著
73 调和分析及其在偏微分方程中的应用(第二版) 2004.3 苗长兴 著
74 稳定性和单纯性理论 2004.6 史念东 著
75 发展方程数值计算方法 2004.6 黄明游 编著
76 传染病动力学的数学建模与研究 2004.8 马知恩 周义仓 王稳地 靳 祯 著
77 模李超代数 2004.9 张永正 刘文德 著
78 巴拿赫空间中算子广义逆理论及其应用 2005.1 王玉文 著
79 巴拿赫空间结构和算子理想 2005.3 钟怀杰 著
80 脉冲微分系统引论 2005.3 傅希林 闫宝强 刘衍胜 著
81 代数学中的 Frobenius 结构 2005.7 汪明义 著
82 生存数据统计分析 2005.12 王启华 著
83 数理逻辑引论与归结原理(第二版) 2006.3 王国俊 著
84 数据包络分析 2006.3 魏权龄 著
85 代数群引论 2006.9 黎景辉 陈志杰 赵春来 著
86 矩阵结合方案 2006.9 王仰贤 霍元极 麻常利 著
87 椭圆曲线公钥密码导引 2006.10 祝跃飞 张亚娟 著
88 椭圆与超椭圆曲线公钥密码的理论与实现 2006.12 王学理 裴定一 著
89 散乱数据拟合的模型、方法和理论 2007.1 吴宗敏 著
90 非线性演化方程的稳定性与分歧 2007.4 马 天 汪宁宏 著
91 正规族理论及其应用 2007.4 顾永兴 庞学诚 方明亮 著
92 组合网络理论 2007.5 徐俊明 著
93 矩阵的半张量积:理论与应用 2007.5 程代展 齐洪胜 著
94 鞅与 Banach 空间几何学 2007.5 刘培德 著
95 非线性常微分方程边值问题 2007.6 葛渭高 著
96 戴维-斯特瓦尔松方程 2007.5 戴正德 蒋慕蓉 李栋龙 著
97 广义哈密顿系统理论及其应用 2007.7 李继彬 赵晓华 刘正荣 著
98 Adams 谱序列和球面稳定同伦群 2007.7 林金坤 著

99 矩阵理论及其应用 2007.8 陈公宁 编著
100 集值随机过程引论 2007.8 张文修 李寿梅 汪振鹏 高 勇 著
101 偏微分方程的调和分析方法 2008.1 苗长兴 张 波 著
102 拓扑动力系统概论 2008.1 叶向东 黄 文 邵 松 著
103 线性微分方程的非线性扰动(第二版) 2008.3 徐登洲 马如云 著
104 数组合地图论(第二版) 2008.3 刘彦佩 著
105 半群的 S-系理论(第二版) 2008.3 刘仲奎 乔虎生 著
106 巴拿赫空间引论(第二版) 2008.4 定光桂 著
107 拓扑空间论(第二版) 2008.4 高国士 著
108 非经典数理逻辑与近似推理(第二版) 2008.5 王国俊 著
109 非参数蒙特卡罗检验及其应用 2008.8 朱力行 许王莉 著
110 Camassa-Holm 方程 2008.8 郭柏灵 田立新 杨灵娥 殷朝阳 著
111 环与代数(第二版) 2009.1 刘绍学 郭晋云 朱 彬 韩 阳 著
112 泛函微分方程的相空间理论及应用 2009.4 王 克 范 猛 著
113 概率论基础(第二版) 2009.8 严士健 王隽骧 刘秀芳 著
114 自相似集的结构 2010.1 周作领 瞿成勤 朱智伟 著
115 现代统计研究基础 2010.3 王启华 史宁中 耿 直 主编
116 图的可嵌入性理论(第二版) 2010.3 刘彦佩 著
117 非线性波动方程的现代方法(第二版) 2010.4 苗长兴 著
118 算子代数与非交换 L_p 空间引论 2010.5 许全华 吐尔德别克 陈泽乾 著
119 非线性椭圆型方程 2010.7 王明新 著
120 流形拓扑学 2010.8 马 天 著
121 局部域上的调和分析与分形分析及其应用 2011.4 苏维宜 著
122 Zakharov 方程及其孤立波解 2011.6 郭柏灵 甘在会 张景军 著
123 反应扩散方程引论(第二版) 2011.9 叶其孝 李正元 王明新 吴雅萍 著
124 代数模型论引论 2011.10 史念东 著
125 拓扑动力系统——从拓扑方法到遍历理论方法 2011.12 周作领 尹建东 许绍元 著
126 Littlewood-Paley 理论及其在流体动力学方程中的应用 2012.3 苗长兴 吴家宏 章志飞 著
127 有约束条件的统计推断及其应用 2012.3 王金德 著
128 混沌、Mel'nikov 方法及新发展 2012.6 李继彬 陈凤娟 著
129 现代统计模型 2012.6 薛留根 著
130 金融数学引论 2012.7 严加安 著
131 零过多数据的统计分析及其应用 2013.1 解锋昌 韦博成 林金官 著

132　分形分析引论　2013.6　胡家信　著

133　索伯列夫空间导论　2013.8　陈国旺　编著

134　广义估计方程估计方程　2013.8　周　勇　著

135　统计质量控制图理论与方法　2013.8　王兆军　邹长亮　李忠华　著

136　有限群初步　2014.1　徐明曜　著

137　拓扑群引论(第二版)　2014.3　黎景辉　冯绪宁　著

138　现代非参数统计　2015.1　薛留根　著